普通高等教育公共基础课系列教材·信息技术类

Photoshop 图像处理与应用教程

周洪建 主编

梅松青 蔡桂艳 张俊妍 副主编

科学出版社

北 京

内 容 简 介

本书以培养学生自主学习能力、提高学生动手能力为目的，运用简洁流畅的语言，结合丰富实用的练习和实例，由浅入深、循序渐进地讲解了 Photoshop 的操作方法和使用技巧。

本书共 10 章，主要介绍了 Photoshop 的基础操作，图像的修饰与美化，绘图功能的应用，选区的创建与编辑，图像色彩的调整，图层与蒙版的基础操作和高级操作，通道的应用，路径和形状工具的应用，文字工具的应用及滤镜的应用等内容。本书配以大量有趣的实用范例，既有设计理念和思路，又有具体实践的方法和知识，能够使读者快速掌握数字图像处理与应用的技巧。

本书既可作为本科院校、高等职业学校、培训学校的教材，也可作为计算机应用人员和计算机爱好者的参考用书。

图书在版编目（CIP）数据

Photoshop 图像处理与应用教程/周洪建主编. —北京：科学出版社，2020.8
（普通高等教育公共基础课系列教材 · 信息技术类）

ISBN 978-7-03-065921-7

Ⅰ. ①P… Ⅱ. ①周… Ⅲ. ①图像处理软件-高等学校-教材
Ⅳ. ①TP391.413

中国版本图书馆 CIP 数据核字（2020）第 158658 号

责任编辑：吕燕新 吴超莉 / 责任校对：马英菊
责任印制：吕春珉 / 封面设计：东方人华平面设计部

科学出版社 出版
北京东黄城根北街 16 号
邮政编码：100717
http://www.sciencep.com

三河市骏杰印刷有限公司印刷
科学出版社发行 各地新华书店经销
*
2020 年 9 月第 一 版 开本：787×1092 1/16
2021 年 8 月第二次印刷 印张：22
字数：522 000

定价：59.00 元

（如有印装质量问题，我社负责调换〈骏杰〉）
销售部电话 010-62136230 编辑部电话 010-62135319-2030

前　言

在当今这个多种媒体迅速发展的时代，图像凭借其对视觉的冲击力，已经成了当代社会信息传递的主流方式，掌握图像设计与处理技术已经成为我们在生活和工作中不可或缺的基本信息素养之一。

Photoshop 是一款专业的图形图像处理软件，其以良好的工作界面、强大的图像处理功能及完善的可扩充性成为摄影师、专业美工人员、平面广告设计者、网页制作者、效果图制作者及广大计算机爱好者的必备工具。

本书根据编者多年的教学实践经验，在内容的取舍上结合初学者的特点，合理安排知识点，结合丰富实用的练习和实例，由浅入深地讲解 Photoshop 在平面图像处理中的应用方法，使读者可以在最短的时间内学习到最实用的知识，轻松掌握 Photoshop 在平面图像处理专业领域中的应用方法和技巧。

本书共 10 章，主要内容如下。

第 1 章讲解 Photoshop 工作区的设置方法、查看图像的方法，以及图像文件的基本操作和辅助工具的使用方法。

第 2 章讲解图像的移动、裁剪、绘制、修复等基础工具的应用和操作技巧。

第 3 章讲解使用各种工具对图像选区进行创建、编辑、填充，以及对拾色器的操作方法与技巧。

第 4 章讲解图像色彩的操作方法及技巧。

第 5 章讲解图层的操作、图层混合模式、图层样式、各种蒙版的使用方法和技巧。

第 6 章讲解通道的基本操作、通道分离和合并、通道计算、应用图像、通道抠图的方法和技巧。

第 7 章讲解各种路径和形状工具的使用方法，以及路径的创建与编辑方法。

第 8 章讲解文本、段落文本和蒙版文本的创建方法及文本的编辑方法。

第 9 章讲解主要滤镜的使用方法与技巧。

第 10 章讲解如何灵活运用所学知识，进行平面设计的综合实例。

本书由周洪建担任主编，梅松青、蔡桂艳、张俊妍担任副主编。具体编写分工如下：第 1 章由梅松青编写，第 3～6 章由蔡桂艳编写，第 2、7～9 章由张俊妍编写，第 10 章由张俊妍、蔡桂艳共同编写，周洪建对全书进行了规划、组稿、修改和定稿。

为了配合教学需要，本书提供配套的 PPT 课件、微课视频、各章实例和练习用到的素材、图像处理的结果，以及全部习题参考答案。读者如有需要可向作者索取（邮箱：406090687@qq.com）。

由于编者水平有限，书中难免有不妥和疏漏之处，恳请读者提出宝贵意见。

编　者

2020 年 4 月

目　录

第 1 章

初识 Photoshop

本章主要介绍 Photoshop CS6 图像处理的基础知识，包括图像处理基础、Photoshop CS6 的工作界面、文档的基本操作及辅助工具的使用等。

1.1 Photoshop 简介

Photoshop 是 Adobe 公司发布的一款图形图像编辑软件，广泛应用于印刷、广告设计、封面制作、网页图像制作、照片编辑等方面。该软件提供图像编辑、图像合成、校色调色及特效制作等功能。

1）图像编辑是图像处理的基础，对图像进行变换，如放大、缩小、旋转、倾斜、镜像、透视等操作，还可对图像进行复制、去除斑点、修补、修饰残损等操作。

2）图像合成是指将多幅图像通过图层操作、蒙版等工具应用合成完整的、传达明确意义的图像，该软件提供的绘图工具可让外部图像与创意很好地融合。

3）校色调色是指对图像的颜色进行明暗、色偏的调整和校正，在不同颜色模式之间切换以满足图像在不同领域如网页设计、印刷、多媒体等方面的应用。

4）特效制作是指通过蒙版、滤镜、通道等工具完成图像特效创意和特效字的制作，如油画、浮雕、石膏画、素描等常用的传统美术技巧都可借由软件特效完成。

1987 年，Photoshop 的主要设计师托马斯·诺尔和约翰·诺尔开发了基于 Mac 平台的一个图像处理插件，把它交给名为 Barneyscan XP 的扫描仪公司搭配售卖。

1991 年 6 月，Adobe 正式发行 Photoshop 2.0，增加了矢量编辑软件 Illustrator、CMYK 颜色及钢笔工具。

1993 年，Adobe 发布了支持 Windows 版本的 Photoshop。

1994 年，Photoshop 3.0 正式发布。

1997 年 9 月，Adobe Photoshop 4.0 版本发行，主要改进用户界面，把 Photoshop 的用户界面和其他 Adobe 产品统一化。

1998 年 5 月，Adobe Photoshop 5.0 发布，引入了历史记录和色彩管理的概念。

1999 年，Adobe Photoshop 5.5 发行，增加了支持 Web 的功能并引入了 Image Ready 2.0。

2000 年 9 月，Adobe Photoshop 6.0 发布，引入了支持形状的功能，改进了支持图层风格和矢量图形的功能。

2002 年 3 月，Adobe Photoshop 7.0 发布，增加了 Healing Brush 等图片修改工具、EXIF 数据、文件浏览器等数码照相机功能。

2003 年，Photoshop 7.0.1 发布，加入了处理最高级别数码格式 RAW（无损格式）的插件。

2003 年 10 月，Adobe Photoshop CS 发行，支持相机 RAW2.x，Highly modified “Slice Tool”，阴影/高光命令、颜色匹配命令、镜头模糊滤镜、实时柱状图，使用 Safe cast 的 DRM 复制保护技术，支持 JavaScript 脚本语言及其他语言。

2005 年 4 月，Adobe Photoshop CS2 发布，Photoshop CS2 是对数字图形编辑和创作专业工业标准的一次重要更新。它作为独立软件程序或 Adobe Creative Suite 2 的一个关键构件来发布，支持相机 RAW 3.x、智慧对象、图像扭曲、点恢复笔刷、红眼工具、镜头校正滤镜、智慧锐化、Smart Guides、消失点，还支持高动态范围成像、改变图层选取等。

2007 年 4 月，Adobe Photoshop CS3 发行，可应用于英特尔的麦金塔平台，增强对 Windows Vista 的支持，具有全新的用户界面、Feature additions to Adobe Camera RAW、快速选取工具，支持改进曲线、消失点、色版混合器、亮度和对比度、打印对话窗，具有黑白转换调整、自动合并和自动混合、智慧（无损）滤镜、移动器材的图像支持、Improvements to cloning and healing，以及更完整的 32bit/HDR 支持和快速启动。

2008 年 9 月，Adobe Photoshop CS4 发行，它支持基于内容的智能缩放，支持 64 位操作系统、更大容量内存，基于 OpenGL 的 GPU（graphics processing unit，图形处理单元）通用计算加速。

2008 年，Adobe 发布了基于闪存的 Photoshop 应用，提供有限的图像编辑和在线存储功能。

2009 年，Adobe 为 Photoshop 发布了 iPhone（手机上网）版，从此 Photoshop 登录了手机平台。

2012 年，Adobe Photoshop CS6 发行，新功能有内容识别修复，可以利用最新的内容识别技术更好地修复图片。另外，Photoshop 采用了全新的用户界面，背景选用深色，以便用户更关注自己的图片。

2013 年 6 月 17 日，Adobe 在 MAX 大会上推出了 Photoshop CC（creative cloud），新功能包括相机防抖动、Camera RAW 功能改进、图像提升采样、属性面板改进、Behance 集成等功能，以及 Creative Cloud，即创意云功能。

2014 年 6 月 18 日，Adobe 发行 Photoshop CC 2014，新功能包括智能参考线的增强、链接的智能对象的改进、智能对象中的图层复合功能改进、带有颜色混合的内容识别功能的加强、Photoshop 生成器的增强、3D 打印功能改进；新增使用 Type kit 字体、搜索字体、路径模糊、旋转模糊、选择位于焦点中的图像区域等。

2015 年 6 月 16 日，Adobe 针对旗下的创意云 Creative Cloud 套装推出更新。新功能包括画板、设备预览和 Preview CC 伴侣应用程序、模糊画廊 | 恢复模糊区域中的杂色、Adobe Stock、设计空间（预览）、Creative Cloud 库、导出画板、图层等更多内容。

Adobe Photoshop CS6 是 Adobe Photoshop 的第 13 代，是一个较为重大的版本更新。Photoshop 在前几代加入了 GPU OpenGL 加速、内容填充等新特性，加强 3D 图像编辑，采用新的暗色调用户界面，其他改进还有整合 Adobe 云服务、改进文件搜索等。

1.2 基本概念

本节主要介绍图像处理涉及的基本概念，了解决定图像质量和显示效果的相关因素。

1.2.1 像素与分辨率

1. 像素

像素是构成图像的最小单位。一个图像像素越多，包含的图像信息就越多，表现的内容则越丰富，细节越清晰，图像质量越高，同时保存它们需要更多的磁盘空间，处理起来也越复杂。

2. 分辨率

分辨率是衡量图像细节表现力的技术参数。分辨率的种类有很多，其含义也各不相同。正确理解分辨率在各种情况下的具体含义，了解不同表示方法之间的相互关系，是至关重要的一步。

（1）图像分辨率

图像分辨率指图像中存储的信息量，一般指每英寸（1英寸=2.54cm）的像素数。图像分辨率和图像尺寸的值，一起决定文件的大小及输出质量，该值越大图形文件所占用的磁盘空间也就越多。图像分辨率以比例关系影响着文件的大小，即文件大小与其图像分辨率的平方成正比。如果保持图像尺寸不变，将图像分辨率提高1倍，则其文件大小增大为原来的4倍。

（2）显示器分辨率

显示器分辨率指在显示器的有效显示范围内，显示器的显像设备可以在每英寸屏幕上产生的光点的数目。

（3）输出分辨率

输出分辨率指用打印机输出图像时，在每英寸打印纸上可以打印出多少个表征图像输出效果的色点。打印机分辨率越大，表明图像输出的色点就越小，输出的图像效果就越精细。打印机色点的大小只同打印机的硬件工艺有关，而与要输出图像的分辨率无关。

1.2.2 位图与矢量图

1. 位图图形

位图也称为栅格图像，由排列在网格中的点组成。每一个点称为一个像素，每个像素都具有特定的位置和颜色值。

位图图形也称为栅格图形，它由一系列的像素点组成，在对位图图形进行处理时相当于对像素点进行处理。位图图形与分辨率有关，它们包含固定数量的像素。位图图形的优点是色彩表现非常丰富，一般位图图形的像素非常多而且很小，因此图形看起来非常细腻。但是如果将图形放大到一定的比例，不管图形分辨率有多高，看起来都像马赛克一样。例如，将皇冠上的十字架放大5倍，效果如图1-2-1所示。此外，在打印位图图形时采用的分辨率过低，位图图形也可能会呈锯齿状。

2. 矢量图形

矢量图形也称为向量图，使用数学的概念进行绘图，通过一系列包含颜色和位置信息的直线和曲线（矢量）呈现图形。矢量图形与分辨率无关，它可以缩放成任意尺寸，当更改矢量图形的颜色、形状，或者更改输出设备的分辨率时，其外观品质不会发生变化。图 1-2-2 所示是将皇冠上的十字架放大 5 倍的效果。矢量图形可以按任意分辨率在输出设备上输出，不会损失细节或降低其清晰度。矢量图形的缺点是颜色数量较少，色彩表现力较差。

图 1-2-1　位图图形放大后的效果

图 1-2-2　矢量图形放大后的效果

1.2.3　颜色模型

现实世界是五颜六色、多彩缤纷的，那么现实世界中的颜色怎样在各种电子设备中表现出来呢？这些是由颜色模式决定的。以下是 5 种常用的颜色模式，通过不同的方式在各种电子设备中表示现实世界中的颜色。

1. 黑白模式

黑白模式是指用黑、白两种颜色值来表示图像中的像素。它的每一个像素用一个位来记录图像的色彩信息，因此要求的磁盘空间最少。

2. RGB 模式

RGB 模式包括三原色——R 代表 Red（红色），G 代表 Green（绿色），B 代表 Blue（蓝色）。每种颜色用 1 字节表示，共表示 256 种颜色，3 种颜色混合之后可以达到 1600 多万种颜色，在自然界中肉眼所能看到的任何色彩都可以通过这 3 种颜色混合而成。

RGB 模式又称 RGB 颜色空间，它广泛用于实际生活中。RGB 是利用颜色发光的原理来设计的，通俗来说，它的颜色混合方式就好像有红、绿、蓝 3 盏灯，当它们的光相互叠合时，色彩相混，亮度等于两者亮度的总和，混合的光越多亮度越高，即 RGB 模式是使用不同数量的红、绿和蓝 3 种基色相加来产生颜色的，RGB 模式因此也被称为加色模式，如电视机、计算机显示屏、幻灯片等都是利用光来呈色的。RGB 颜色空间如图 1-2-3 所示。

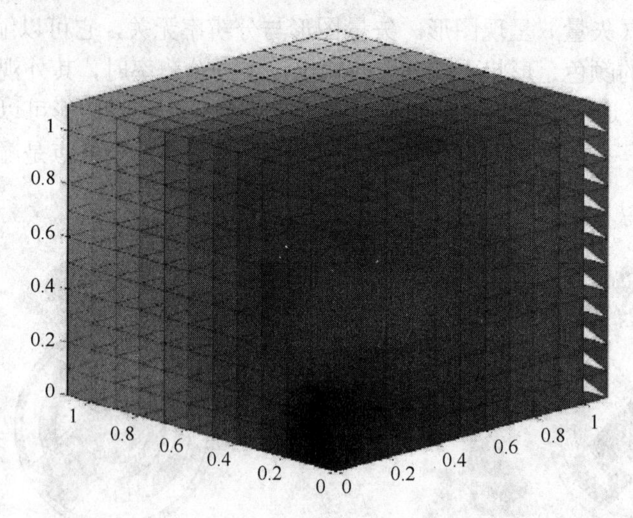

图 1-2-3　RGB 颜色空间

3. CMYK 模式

CMYK 也称为印刷色彩模式，是一种依靠反光的色彩模式。和 RGB 类似，CMY 是 3 种印刷油墨名称的首字母：Cyan（青色）、Magenta（洋红色）、Yellow（黄色），而 K 取的是 Black 的最后一个字母，之所以不取首字母，是为了避免与 Blue（蓝色）混淆。从理论上来说，只需要 CMY 3 种油墨就足够了，它们 3 个加在一起就可以得到黑色。但是由于目前制造工艺还不能制造出高纯度的油墨，CMY 相加的结果实际上是一种暗红色，所以在实际应用的时候需要添加一个黑色通道。

CMYK 模式是在白光中减去不同数量的青、洋红、黄、黑 4 种颜色而产生的颜色，CMYK 模式因此被称为减色模式。CMYK 模式构成图像的方式如图 1-2-4 所示。

4. LAB 模式

RGB 模式是一种发光屏幕的加色模式，CMYK 模式是一种颜色反光的印刷减色模式。而 LAB 模式既不依赖于光线，也不依赖于颜料，它是 CIE（Commission Internationale de léclairage，国际照明委员会）组织确定的一个理论上包括了人眼可以看见的所有色彩的色彩模式。LAB 模式弥补了 RGB 和 CMYK 两种色彩模式的不足。RGB 在蓝色与绿色之间的过渡色太多，绿色与红色之间的过渡色又太少；CMYK 模式在编辑处理图片的过程中损失的色彩则更多，LAB 模式在这些方面都有所补偿。

图 1-2-4　CMYK 颜色模型

LAB 模式由 3 个通道组成，但不是 R、G、B 通道。它的一个通道是亮度，即 L；另外两个是色彩通道，用 A 和 B 来表示。A 通道包括的颜色是从深绿色（低亮度值）到灰色（中亮度值）再到亮粉红色（高亮度值）；B 通道则是从亮蓝色（低亮度值）到灰色（中亮度值）再到黄色（高亮度值）。因此，这种色彩混合后将产生明亮的色彩。

LAB 模式与 RGB 模式相似，色彩的混合将产生更亮的色彩。只有亮度通道的值才会影响色彩的明暗变化。可以将 LAB 模式看作是两个通道的 RGB 模式加一个亮度通道的模式。

LAB 模式是与设备无关的，可以用这一模式编辑处理任何一个图片（包括灰度图像），并且与 RGB 模式同样快，比 CMYK 模式快好几倍。LAB 模式可以保证在进行色彩模式转换时使 CMYK 范围内的色彩没有损失。

5. HSB 模式

HSB 模式中的 H、S、B 分别表示色相、饱和度、亮度，这是一种从视觉的角度定义的颜色模式。基于人类对色彩的感觉，HSB 模式描述的颜色特征有以下 3 个。

1）色相（hue，H）：在 0°～360°的标准色轮上，色相是按位置度量的。在通常的使用中，色相是由颜色名称标识的，如红色、绿色或橙色。

2）饱和度（saturation，S）：是指颜色的强度或纯度。饱和度表示色相中彩色成分所占的比例，用 0%（灰色）～100%（完全饱和）的百分比来度量。在标准色轮上，饱和度是从中心逐渐向边缘递增的。

3）亮度（brightness，B）：是颜色的相对明暗程度，通常是用 0（黑）～100%（白）的百分比来度量的。

HSB 颜色空间用于定义台式计算机图形程序中的颜色，利用 3 条轴定义颜色，如图 1-2-5 所示。

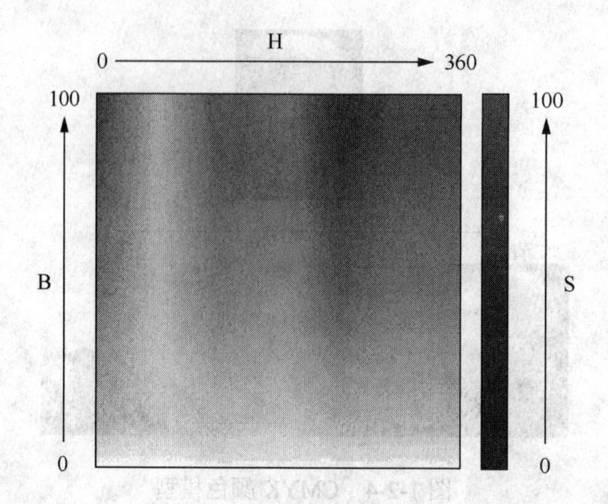

图 1-2-5　HSB 颜色空间

1.3 界面与布局

启动 Photoshop CS6，并打开一幅图像后，可以看到 Photoshop CS6 的详细工作环境。Photoshop CS6 的工作界面由 6 个部分组成：菜单栏、视图控制栏、工具属性栏、文档窗口、工具箱和浮动面板，如图 1-3-1 所示。

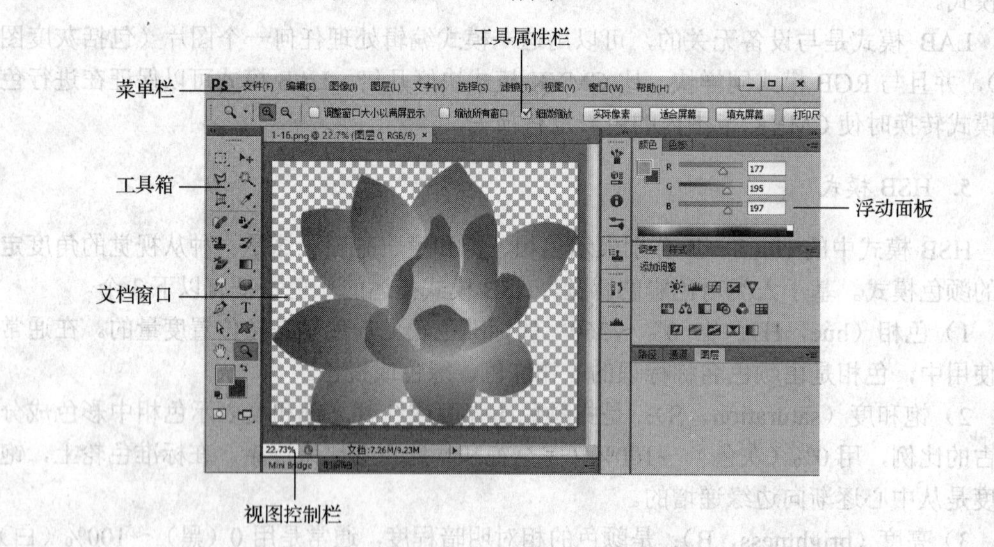

图 1-3-1　Photoshop CS6 的工作界面

1. 菜单栏

菜单栏包括文件、编辑、图像、图层、文字、选择、滤镜、视图、窗口、帮助等 10

个菜单，在后面的章节会具体介绍各个菜单的功能和使用方法。

1）文件：包括文件的新建、打开、保存、导入和导出等功能。

2）编辑：包括文档内容的剪切、复制、粘贴、查找和替换等功能，以及图像的初步编辑、描边、填充、变形等功能。

3）图像：调整画布大小、图像大小，设置图像颜色模式，调整颜色、亮度和曝光度等。

4）图层：对图层进行相应的操作，如新建图层、变换图层、复制图层、合并图层等操作。

5）文字：包括对文本的编辑和设置等功能，包括字体大小、颜色、变形等。

6）选择：包括图像选区的创建、编辑等功能。

7）滤镜：包括 Photoshop 中所有的滤镜效果。

8）视图：包括规范图像、对整个视图进行调整功能，以及设置标尺、参考线等辅助工具。

9）窗口：打开或关闭各种窗口和面板，对面板布局进行管理。

10）帮助：查看 Photoshop 的帮助，访问 Adobe 的在线支持中心。

2. 视图控制栏

视图控制栏只有一个下拉菜单，选择视图显示的百分比，将在“4. 文档窗口”的“显示比例”部分介绍。

3. 工具属性栏

Photoshop CS6 的工具属性栏主要是用来设置各种工具的属性的，其会随着选择的工具不同，显示不同的选项，如图 1-3-2 所示是矩形选框工具的相关属性。

图 1-3-2　矩形选框工具的相关属性

4. 文档窗口

文档窗口是工作窗口的主要部分，文档的建立、编辑都在文档窗口中完成，并且可以方便地进行比例查看、动画控制等操作，如图 1-3-3 所示。

（1）标题栏

图像窗口的标题栏，用于显示已打开图像的文件名，单击该标题栏上的文件名可切换文档。

（2）显示比例

显示比例区中显示的是当前文档的大小和缩放比例，其中显示比例可根据需要进行调整。

图 1-3-3 文档窗口

5. 工具箱

Photoshop CS6 的工具箱位于工作界面的左侧，选择“窗口”→“工具”命令，就可以显示或隐藏工具箱，要使用某种工具，只需在工具箱单击该工具即可。“工具箱”被编排为 6 个类别：选择、修饰、位图、矢量、颜色和视图。

由于 Photoshop CS6 提供的工具比较多，因此工具箱并不能显示出所有的工具，有些工具被隐藏在相应的子菜单中。在工具箱的某些工具右下角可以看到一个小三角，表示该工具拥有相关的子工具。例如，“减淡工具”属于修饰工具组，该工具组还包括“加深工具”“海绵工具”等，如图 1-3-4 所示。

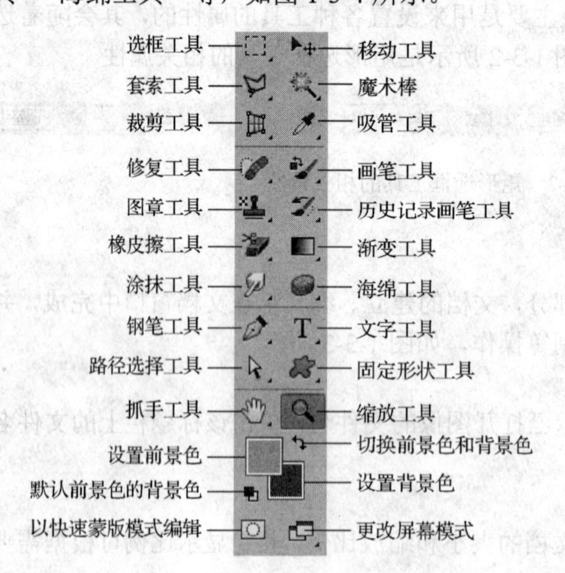

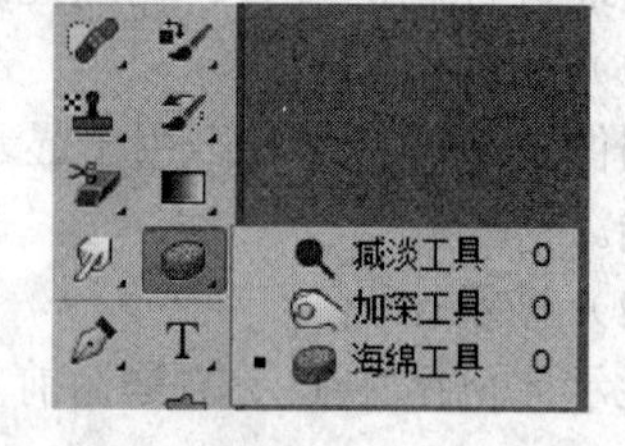

图 1-3-4 工具箱

（1）显示或隐藏工具箱

选择“窗口”→“工具”命令，就可以显示或隐藏工具箱。

（2）选择工具

1）单个工具：单击对应的工具按钮即可。

2）工具组：在工具按钮右下角的小三角上，长按鼠标左键，即可弹出工具组的所有工具，然后选择需要的工具即可。

6. 浮动面板

浮动面板位于工作界面的右侧，利用它编辑文档中所选对象或元素的各个方面，如用于处理路径、图层、通道等。

（1）常用浮动面板

1）导航器面板：通过放大或缩小图像来查找指定区域，利用视图文本框迅速移动图像的显示内容，便于搜索大图像。

2）信息面板：用于显示鼠标指针位置的坐标值、鼠标指针当前位置颜色的数值。当选择一块图像或移动图像时，会显示出所选范围的大小、旋转角度的信息。左上角显示的是 RGB 颜色模式参数，右上角显示的是 CMYK 颜色模式参数。

3）图层面板：用来显示组成当前图像的各个图层，完成图层相关的操作，该面板提供图层的创建、删除、合并等功能，并可设置图像的不透明度、图像的混合模式及图层蒙版等。

4）路径面板：该面板可以应用各种路径相关功能，包括路径的新建、将选区转换为路径、将路径转换为选区等。

5）通道面板：该面板用于创建 Alpha 通道及有效管理颜色通道，如 RGB 通道，R、G、B 三原色通道，以及利用通道管理指定的选区。

6）历史记录面板：该面板将图像操作过程按顺序记录下来，可以用于恢复操作过程。

7）直方图面板：在该面板中可以看到图像的所有色调的分布情况，图像的色调分为最亮的区域（高光）、中间区域（中间调）和暗调区域（阴影）3 部分。

8）动作面板：用来录制连续的编辑操作，保存为特定的动作过程，该面板可以利用这些操作过程实现自动化操作。

9）工具预设面板：用来保存常用工具，如画笔、文本等工具的预设参数。可以将相同的工具保存为不同的设置，以此提高操作效率。

10）样式面板：用来完成样式的相关操作，如新建样式、应用样式。

11）字符面板：用来控制文字的字符格式、文字大小、字体、颜色、字间距等。

12）段落面板：用来控制文本的段落相关格式，如调整行间距、增加缩进等。

13）字符样式面板：在该面板中可以对文字进行字体、符号、文字间距、特殊效果的设置，字符样式仅作用于选定的字符。

14）调整面板：该面板显示颜色调整命令的快捷图标，用于对图像进行破坏性的调整。

15）仿制源面板：可以设置 5 个不同的样本源，用于仿制图章工具或修复画笔工具，在面板中可以修改每个样本的属性，以设置为新的样本。

16）色板面板：该面板用于保存经常使用的颜色。单击相应的色块，该颜色就会被指定为前景色。

17）颜色面板：用于设置背景色和前景色。拖动滑块可以设置当前的前景色和背景色颜色，也可以通过输入相应的颜色值来指定。

（2）面板的相关操作

1）折叠/展开面板：单击图标可以折叠面板，单击图标可以展开面板，拖动面板左边缘可以调整面板的宽度，让面板更易于操作和查看。

2）组合面板：拖动面板的标题栏到另一个面板的标题栏，当面板边缘变成蓝色时释放鼠标左键，可实现面板的组合。

3）链接面板：拖动面板到另一个面板的下方，当面板边缘变成蓝色时释放鼠标左键，可实现面板的链接。链接的面板可以同时移动或折叠。

4）打开面板菜单：单击面板标题栏右侧的图标可以打开面板的下拉列表，在其中可选择执行相关的操作命令。

1.4 文件的基本操作

1. 新建文件

选择“文件”→“新建”命令，弹出“新建”对话框，如图 1-4-1 所示。

1）名称：为文件设置合适的名称。

2）宽度和高度：根据实际应用需要设置。宽度和高度的单位可以是像素、毫米或厘米。

3）分辨率：如果图片只是用于在计算机上查看，则分辨率设为 72；如果图片要用于印刷，则分辨率设为 300。

4）颜色模式：设置图片的颜色构成方式，有 RGB 颜色、CMYK 颜色、LAB 颜色、灰度等模式。

5）背景内容：可以选择白色、透明色或背景色。如果需要创建特殊背景颜色的图像，可以在工具栏的颜色框中设置背景颜色，然后新建相应背景色的图像。

设置完成后，单击“确定”按钮，即可新建一个文件。

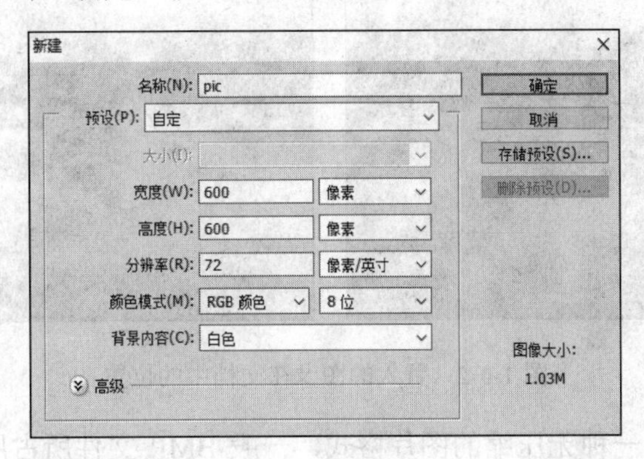

图 1-4-1 “新建”对话框

2. 打开图像文件

选择“文件”→“打开”命令，在弹出的“打开”对话框中选择文件并单击“打开”按钮即可打开文件。

3. 打开最近使用过的文件

选择“文件”→“最近打开文件”命令，在弹出的二级命令列表中会显示最近打开过的文件，选择所需文件并单击即可打开相应的文件。

4. 向文档中添加其他图片

选择“文件”→“置入”命令，在弹出的“置入”对话框中选择文件并单击“打开”按钮后，鼠标指针变成直角形状，移动鼠标指针画出虚线框，表示导入的图像在文档中的位置和大小，如图 1-4-2 所示。

5. 储存文件

选择“文件”→“存储为”命令，在弹出的“存储为”对话框中输入文件名和保存的格式，常用的文件格式有 PSD、BMP、JPG、GIF、PNG 等。

1）PSD 文件，Photoshop 默认保存的图片格式，可以保存所有的图层和相关操作设置，如果想把文件保存起来以方便以后修改，就存储为 PSD 文件。

图 1-4-2　置入的图像在文档中的位置

2）BMP 文件，一种无压缩的图片格式，一般 BMP 文件所占用的空间比较大，故不建议使用。

3）JPG 文件，一种很常见的图片格式，对于用于印刷的文件，必须保存为 JPG 文件格式。JPG 是有损压缩的，其压缩技术十分先进，它用有损压缩方式在去除冗余的图像和彩色数据，取得极高压缩率的同时能展现十分丰富生动的图像，即可用最少的磁盘空间得到较好的图像质量。

4）GIF 文件，它最多只能呈现 256 色，所以它并不适合色彩丰富的照片和具有渐变效果的图片。它适合色彩比较少的图片。另外，GIF 文件可以保存成背景透明的格式，或者做成多帧的动画。

5）PNG 格式，是目前保存最不失真的格式，它汲取了 GIF 和 JPG 二者的优点，存储形式丰富，兼有 GIF 和 JPG 的色彩模式；它的另一个特点是能把图像文件压缩到极限以利于网络传输，但又能保留所有与图片品质有关的信息。

6. *存储为 Web 所用格式文件*

网页支持的颜色没有那么丰富，同时也要方便在网络中传输，Photoshop 处理过的图片要正确地在网页中显示，就必须采用网页支持的颜色，所以要存储为 Web 所用的格式文件，这种文件会比较小。

在 Photoshop 中选择“文件”→“存储为 Web 所用格式”命令，在弹出的“存储为 Web 所用格式”对话框中，设置文件存储类型，如常用格式 GIF、JPEG 或 PNG-8 格式，然后设置颜色的精度或颜色的位数，最后设置图像的尺寸，在左下角可以看到存储文件的大小，当文件大小符合要求后，单击“存储”按钮即可保存文件，如图 1-4-3 所示。

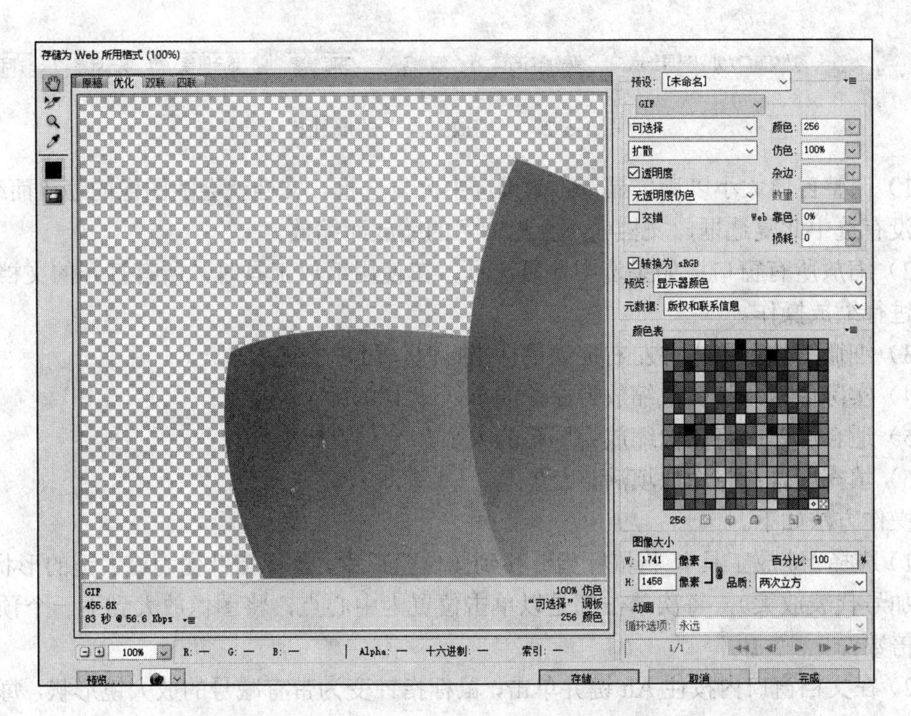

图 1-4-3 “存储为 Web 所用格式”对话框

1.5 查看图像

Photoshop 提供了缩放工具和抓手工具组，如图 1-5-1 所示，还提供了导航器，用户在处理图像的过程中可以利用它们查看图像。

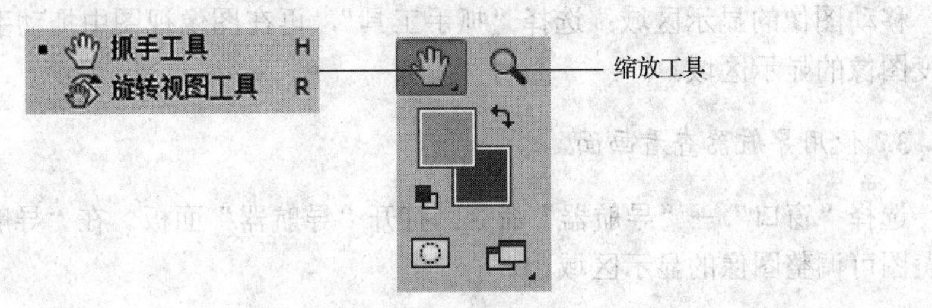

图 1-5-1 缩放工具和抓手工具组

1. 缩放工具

对图像的某些细节进行编辑时，可以放大/缩小图像的显示比率，使图像局部放大/缩小。“缩放工具”的属性栏如图 1-5-2 所示。

调整窗口大小以满屏显示 缩放所有窗口 细微缩放 实际像素 适合屏幕 填充屏幕 打印尺寸

图 1-5-2 “缩放工具”的属性栏

1）调整窗口大小以满屏显示：如果选中此复选框，文档就会随图像的缩放而缩放；如果没有选中此复选框，文档就不会随图像的缩放而缩放。

2）缩放所有窗口：如果选中此复选框，在使用缩放工具时，所有打开的文档窗口都会进行缩放操作。

3）细微缩放：单击并左右拖动鼠标指针时，可以实现缩放。

4）实际像素：将图像缩放为原始大小，即 100%。

5）适合屏幕：将图像缩放为屏幕的大小。

6）填充屏幕：将图像填满整个屏幕。

操作方法如下。

1）选择“缩放工具”，将鼠标指针移到图像窗口中，鼠标指针变为放大镜的形状（里面有加号代表放大），每次单击都是以单击位置为中心点，将图像放大到下一个预设的缩放倍数。

2）在文档窗口内按住 Alt 键并单击，鼠标指针变为带有减号的放大镜形状，每次单击都将视图缩小为下一个预设的百分比。

3）若要将图像恢复为 100%的缩放比率，在窗口左下方的“设置缩放比率”文本框中输入“100%”即可。

2. 抓手工具

抓手工具主要是用来移动画布、移动图像的显示区域的，并且只有在画布超出视觉范围的时候才有效果。

移动图像的显示区域：选择“抓手工具”，再在图像视图中拖动手形指针，就可以改变图像的显示区域。

3. 使用导航器查看画面

选择“窗口”→“导航器”命令，打开“导航器”面板。在“导航器”面板中拖动缩览图可调整图像的显示区域。

4. 旋转视图工具

在 Photoshop 中绘画或修饰图像时，可使用“旋转视图工具”旋转画布，方便从各个角度去查看图像。具体操作方法如下：打开素材文件，在工具栏中选择“旋转视图工具”，在窗口单击，会出现一个罗盘，红色的指针指向北方，按住鼠标左键拖动即可旋转画布。“旋转视图工具”的属性栏如图 1-5-3 所示。

图 1-5-3　“旋转视图工具”的属性栏

1）旋转角度：在“旋转角度”文本框中输入角度值，精确旋转画布。

2）旋转所有窗口：如果打开多个图像，选中“旋转所有窗口”复选框，可以同时旋转多个窗口。

3）复位视图：恢复到原始角度。

1.6 Photoshop 中的撤销与还原操作

为了方便控制图像的操作状态，Photoshop CS6 提供了多种方法来撤销和还原图像的编辑操作。

1. 撤销与还原命令

选择“编辑”→“后退一步”命令，即可将操作的编辑步骤撤销一步，选择多次该命令即可向前撤销多步。

选择“编辑”→“前进一步”命令，即可向前还原一步撤销的操作，选择多次该命令即可向前还原多步。

2. 恢复文件

选择“文件”→“恢复”命令，可以恢复到文件的初始状态。

3. 使用“历史记录”面板还原操作

在“历史记录”面板中，直接选择要恢复到的状态，可以一次性删除多个操作，恢复到想要的操作状态，如图 1-6-1 所示。

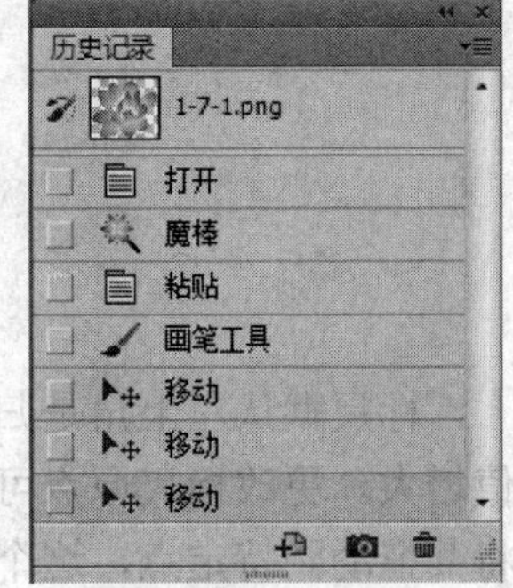

图 1-6-1　“历史记录”面板

1.7 辅 助 工 具

Photoshop CS6 的辅助工具包括标尺、参考线和网格。适当地使用辅助工具，对图像的处理将更精确。另外，Photoshop 还提供了对齐功能，可用于处理图像。

标尺、参考线、网格、目标路径、选区边缘、切片、文本边界、文本基线和文本选区都是不会打印出来的额外内容，要显示它们，需要执行“视图”→“显示额外内容”命令，然后在“视图”菜单中选择要显示的项目即可。

1. 标尺

标尺主要用来确定图像或元素的位置，可以帮助用户精确测量和规划作品的布局。

如果显示标尺，标尺会出现在现用窗口的顶部和左侧。当移动鼠标指针时，标尺内的标记显示指针的位置。

要显示或隐藏标尺，选择“视图”→“标尺”命令即可，标尺显示效果如图 1-7-1 所示。可以在标尺上右击，然后在弹出的快捷菜单中更改标尺的单位，如像素、英寸、厘米等。

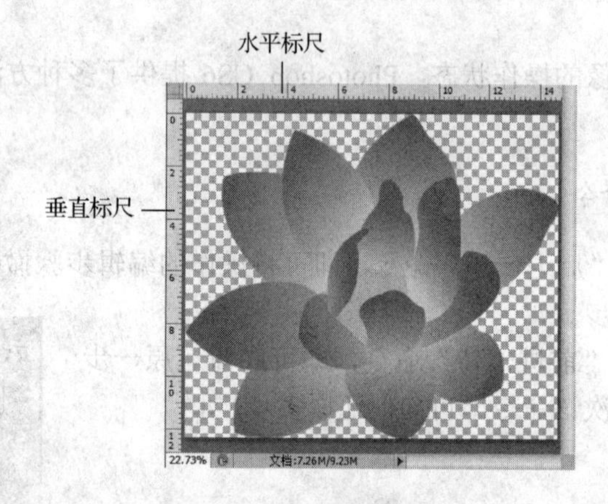

图 1-7-1　标尺显示效果

标尺默认左上角是归零点，水平标尺从左往右，数值增大；垂直标尺从上往下，数值增大。更改标尺原点可以从图像上的特定点开始度量，通过单击左上角的灰色方块，将其拖动到特定点，这个位置就变成新的坐标原点。双击左上角可以恢复原先的原点。标尺原点也确定了网格的原点。

2. 参考线

参考线为浮动在图像上方但不会打印出来的线条，可以精确地确定图像或元素的位置。

在菜单栏中选择“视图”→“新建参考线”命令，弹出“新建参考线”对话框，如图 1-7-2（a）所示。其中，“水平”和“垂直”选项，用来确定参考线的形式，即水平参考线或垂直参考线；“位置”选项用来设置参考线建立的标尺长度位置。如图 1-7-2（b）所示为新建了垂直方向 10 厘米位置的参考线。

1）新建参考线：除了菜单命令，也可单击标尺将其拖动到对应位置，在该位置新建参考线。

2）删除参考线：将参考线拖动到标尺位置，即可删除参考线。

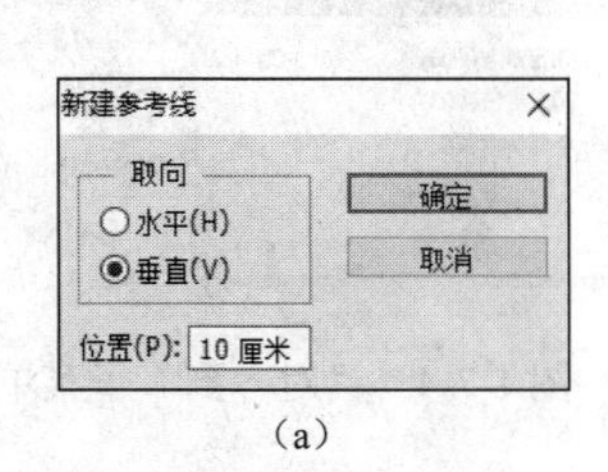

（a）

（b）

图 1-7-2 “新建参考线”对话框及效果

3）隐藏参考线：使用“隐藏额外内容”命令即可隐藏参考线。

4）移动参考线：用鼠标单击并拖动参考线，即可改变参考线的位置。

5）锁定参考线：可以防止无意中移动参考线，使用“视图”→“锁定参考线”命令即可锁定参考线。

标尺和参考线一起配合使用，可以使图片布局更加精准。

3. 网格

网格在画布上显示一个由横线和竖线构成的体系，用于精确地放置对象，特别是对称地布置图像，如图 1-7-3 所示。选择“视图”→“显示”→“网格”命令，即可将网格显示或隐藏。

4. 对齐

对齐功能有助于精确地放置选区、裁剪选框、切片、形状和路径。如果要启用对齐功能，需要首先执行“视图”→“对齐”命令，使该命令处于选中状态，然后在“视图”→“对齐到”子菜单中选择一个对齐项目，带有“√”标记的命令表示启用了该对齐功能，如图 1-7-4 所示，对齐方式有如下几种。

1）参考线：使对象与参考线对齐。

2）网格：使对象与网格对齐。网格被隐藏时不能选择该选项。

3）图层：使对象与图层中的内容对齐。

4）切片：使对象与切片的边界对齐。切片被隐藏时不能选择该选项。

5）文档边界：使对象与文档的边缘对齐。

6）全部：可以选择所有“对齐到”命令。

7）无：表示取消所有“对齐到”命令的选择。

图 1-7-3　网格线效果

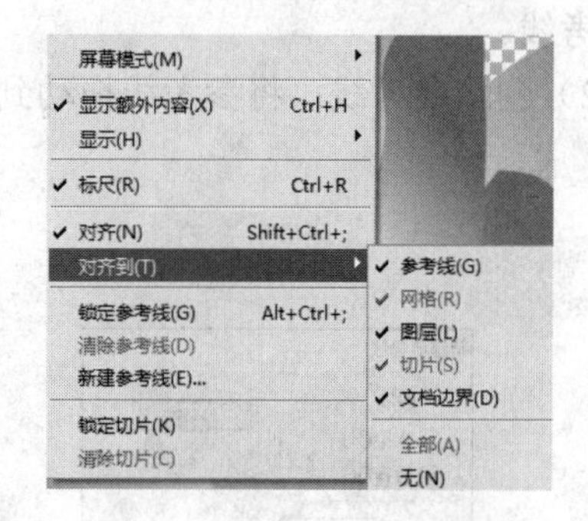

图 1-7-4　“对齐到”子菜单

第 2 章 编辑与修饰图像

本章将介绍图像的编辑和修饰，Photoshop 提供了丰富的工具用于对图像进行绘制、仿制、修复、模糊、锐化等操作，使图像产生涂抹效果，色彩减淡、加深及改变图像色彩的饱和度。

2.1 图像的尺寸

图像的尺寸包括图像大小和画布大小。图像大小是照片本身的尺寸，画布大小是图像背景的尺寸。

画布指的是图像放置的地方，“画布大小”命令修改作图区域，改变了图像放置的大小，影响视图的效果。

图像指的是照片本身，设置图像大小改变了图像的内容、所有图像素材及画布的大小。

2.1.1 调整图像大小

“图像大小”命令可以改变照片的像素尺寸，不仅会影响屏幕上图像的大小，还会使图像品质和锐化程度下降，影响图像打印特性，即打印尺寸或图像分辨率。

选择“图像”→“图像大小”命令，弹出如图 2-1-1 所示的“图像大小”对话框，设置合适的宽度和高度等参数，然后单击“确定”按钮即可调整图像大小。

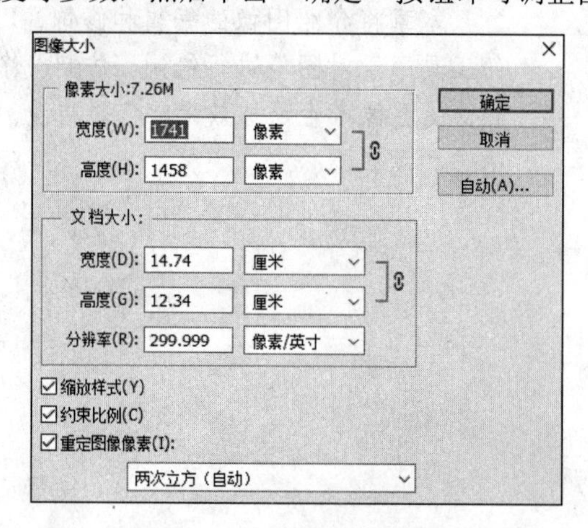

图 2-1-1 “图像大小”对话框

1）约束比例：指要保持当前的像素宽度和像素高度的比例。选中该复选框，更改高度时，系统将自动更新宽度，反之亦然。

2）宽度和高度：在“像素大小”选项组中输入数值以修改图像的像素尺寸。要输入当前尺寸的百分比值，请选择“百分比”命令作为度量单位。

3）重定图像像素：根据选择的插值方法，重定义缩放后图像的各个像素。

4）缩放样式：图像中图层具有样式效果，选择本复选框后，可对图层样式效果进行缩放，以让样式效果与缩放后的图像大小相匹配。选中“约束比例”复选框后，才能使用此选项。

2.1.2 修改画布大小

“画布大小”命令用于添加或移去现有图像周围的工作区，该命令还可用于通过缩小画布区域来裁剪图像。

选择“图像”→“画布大小”命令，弹出如图 2-1-2 所示的“画布大小”对话框，设置合适的宽度、高度、画布扩展的方向等参数，单击“确定”按钮即可调整画布大小。

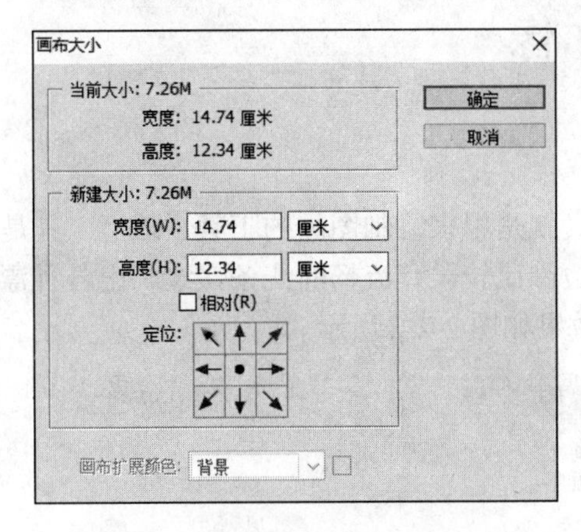

图 2-1-2 “画布大小”对话框

1）宽度和高度：画布的尺寸。在“宽度”或“高度”文本框右侧的下拉列表中可选择所需的度量单位。

2）相对：输入的值为画布大小增加或减少的数量。

3）定位：锚点所在的方块，指示现有图像在新画布上的位置，箭头方块表示画布扩展的方向。

4）画布扩展颜色：画布扩展后显示的颜色，有如下几个选项。

① 前景：用当前的前景颜色填充新画布。

② 背景：用当前的背景颜色填充新画布。

③ 白色、黑色或灰色：用相应的颜色填充新画布。

④ 其他：使用拾色器选择新画布颜色。

2.1.3 图像旋转

“图像旋转”命令可以旋转或翻转整个图像，单个图层或图层的一部分、路径，以及选区边框等对象。

选择“图像”→“图像旋转”命令，并从子菜单中选择相应的命令进行操作。

1）180°：将图像旋转 180°。

2）90°（顺时针）：将图像顺时针旋转 90°。

3）90°（逆时针）：将图像逆时针旋转 90°。

4）任意角度：按指定的角度旋转图像。可在弹出的“旋转画布”对话框的“角度”文本框中输入-359.99°～+359.99°范围内的角度。

5）水平翻转画布：沿垂直轴水平翻转图像。

6）垂直翻转画布：沿水平轴垂直翻转图像。

2.2 绘制图像

2.2.1 画笔工具

画笔工具，顾名思义就是用来绘制图画的工具。画笔工具是绘制图像时最常用的工具，可用来上色，画出边缘比较柔和流畅的线条，绘制出各种漂亮的图案，其属性栏如图 2-2-1 所示，绘制的效果如图 2-2-2 所示。

图 2-2-1 “画笔工具”属性栏

图 2-2-2 画笔绘制效果

1）“画笔预设”选取器：单击可打开“画笔预设”选取器，如图 2-2-3 所示，可以设置画笔的大小、硬度，选择预设好的画笔模式。单击右上角的按钮可以弹出“画笔预设”下拉列表，如图 2-2-4 所示，在下拉列表中可以对预设画笔进行管理操作，并导入系统预设画笔。

2）切换画笔面板：单击此按钮可打开“画笔”面板，如图 2-2-5 所示，可以设置画笔的高级属性。

3）绘画模式：用于设置绘制的颜色与图像原有颜色的混合方式，具体混合模式参考图层混合模式。

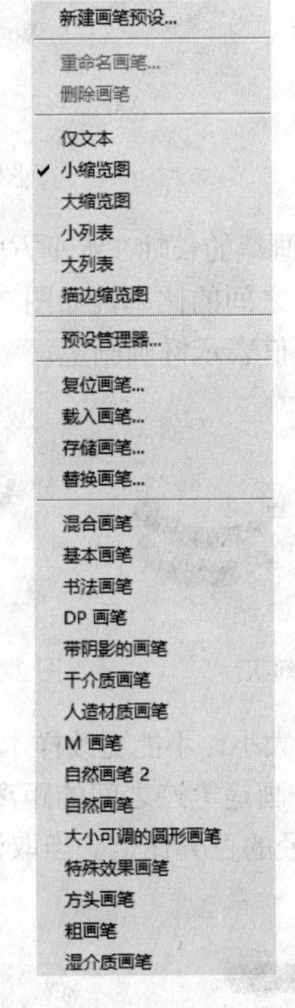

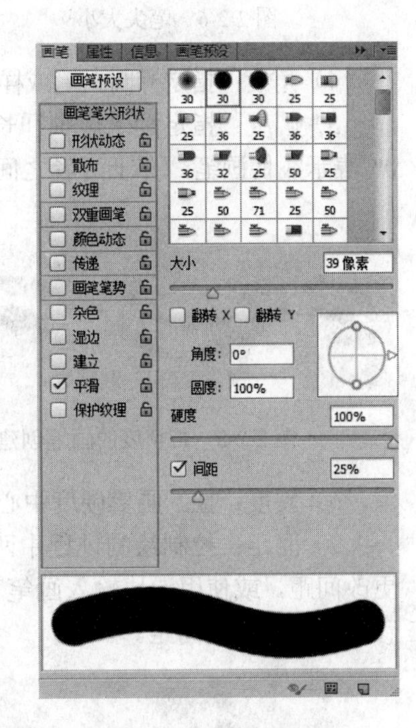

图 2-2-3 “画笔预设”选取器　图 2-2-4 “画笔预设”下拉列表　图 2-2-5 “画笔”面板

1. 画笔笔尖形状

1）大小：控制画笔的直径，如图 2-2-6 所示，输入以像素为单位的值，或拖移滑块设置参数。

2）翻转 X：改变画笔笔尖在其 *X* 轴上的方向，将画笔笔尖在其 *X* 轴上翻转。例如，对于图 2-2-7（a）所示原图，翻转 *X* 后，效果如图 2-2-7（b）所示。

3）翻转 Y：改变画笔笔尖在其 *Y* 轴上的方向，将画笔笔尖在其 *Y* 轴上翻转。例如，对于图 2-2-7（a）所示原图，翻转 *Y* 后，效果如图 2-2-7（c）所示。

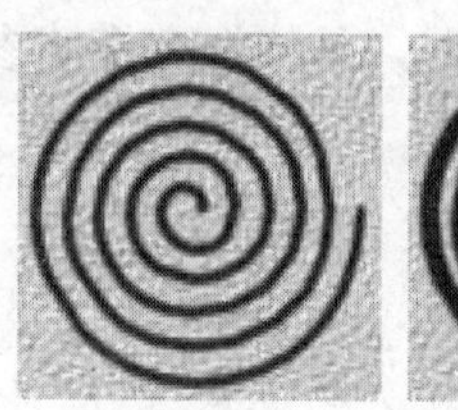

图 2-2-6　笔尖大小

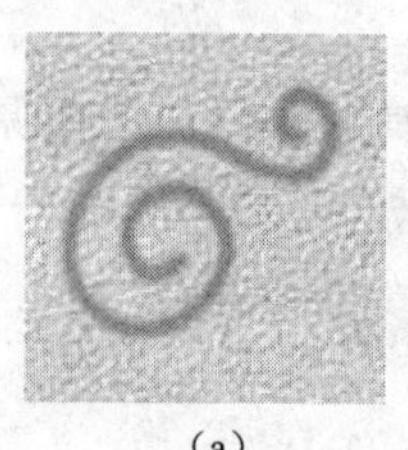
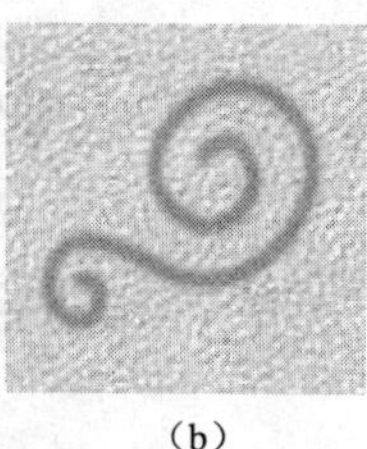
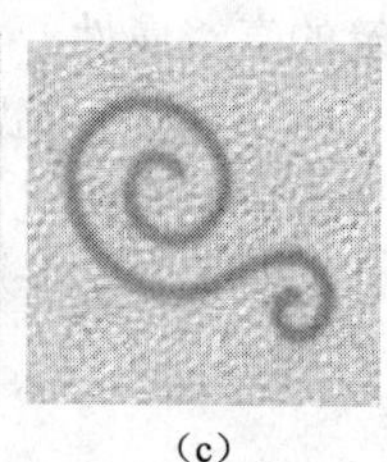

（a）　（b）　（c）

图 2-2-7　翻转的效果

4）角度：指定椭圆画笔或样本画笔的长轴在水平方向旋转的角度，如图 2-2-8 所示。

5）圆度：指定画笔短轴和长轴之间的比率，如图 2-2-9 所示。100%表示圆形画笔，0%表示线性画笔，介于两者之间的值表示椭圆画笔。

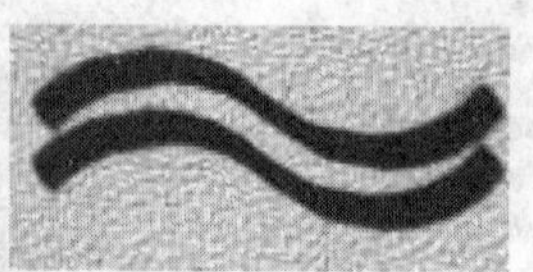

图 2-2-8　带角度的画笔创建雕刻状

图 2-2-9　调整圆度以压缩画笔笔尖形状

6）硬度：控制画笔硬度中心的大小，不能更改样本画笔的硬度，如图 2-2-10 所示。

7）间距：控制绘制过程中两个画笔笔迹之间的距离，如图 2-2-11 所示。输入数字更改间距，或使用滑块输入画笔直径的百分比值。当取消选中此复选框时，鼠标指针的移动速度将确定间距。

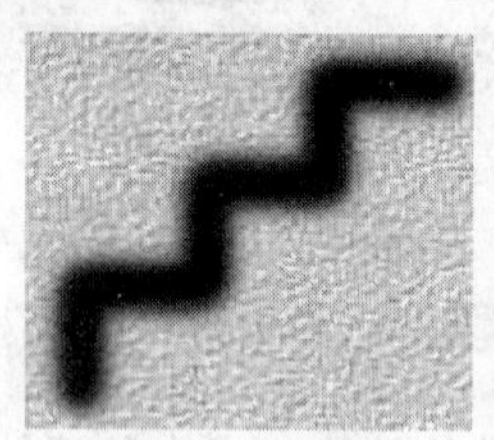
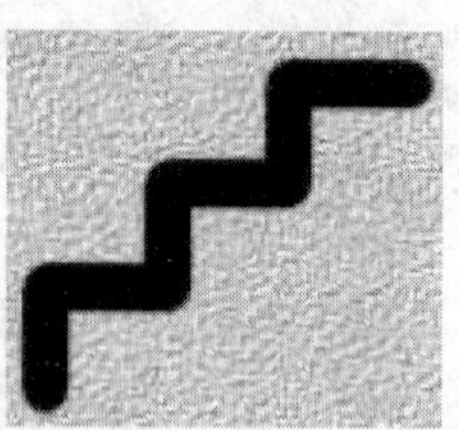

图 2-2-10　具有不同硬度值的画笔绘制效果

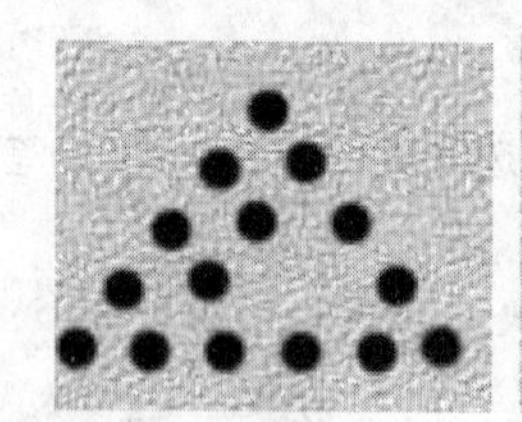

图 2-2-11　增大间距效果

2. 形状动态

形状动态决定绘制过程中画笔笔迹的变化，如图 2-2-12 所示。

1）大小抖动：指定绘制过程中画笔笔迹大小抖动的最大百分比。

2）控制：在下拉列表中选择相应的命令来控制画笔笔迹的大小变化。

① 关：不控制画笔笔迹的大小变化。

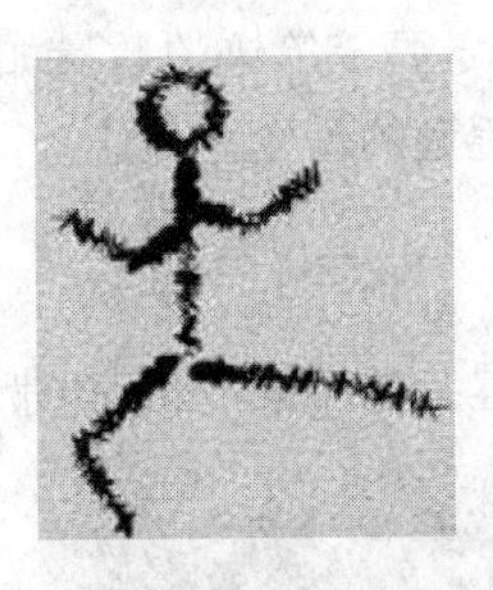

图 2-2-12　无形状动态和有形状动态的画笔笔尖绘制效果

② 渐隐：按指定数量的步长在初始直径和最小直径之间渐隐画笔笔迹的大小。每个步长等于画笔笔尖的一个笔迹，该值的范围为 1～9999。例如，步长 10 会产生以 10 为增量的渐隐。

③ 钢笔压力、钢笔斜度、光笔轮、旋转：依据钢笔压力、钢笔斜度、光笔轮位置或钢笔的旋转来改变初始直径和最小直径之间的画笔笔迹大小。

3）最小直径：指定当启用“大小抖动”或“控制”时画笔笔迹缩放的最小百分比。

4）倾斜缩放比例：指定当“大小抖动”设置为“钢笔斜度”时，在旋转前应用于画笔高度的比例。

5）角度抖动：指定绘制过程中画笔笔迹角度的改变方式。

6）圆度抖动：指定绘制过程中画笔笔迹圆度的改变方式。

3. 散布

画笔“散布”确定绘制过程中笔迹的数目和分布情况，如图 2-2-13 所示，有散布的画笔绘制的草会比较随机地分布。

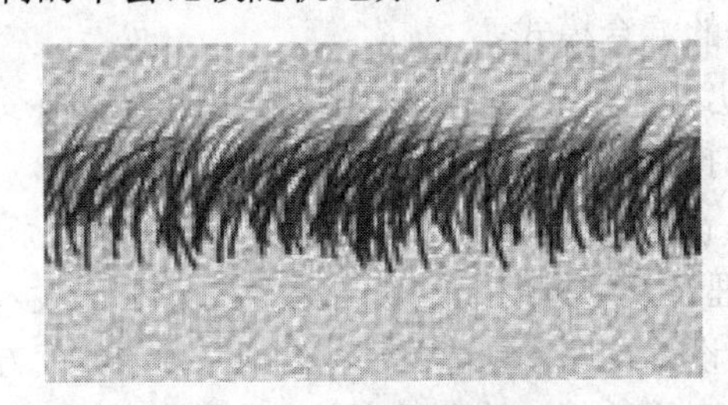
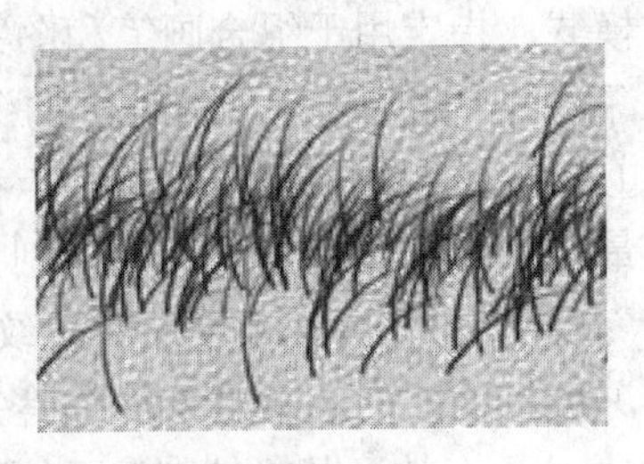

图 2-2-13　无散布的画笔（左图）和有散布的画笔（右图）

1）散布：指定画笔在绘制过程中的笔迹散布最大百分比。当选中“两轴”复选框时，画笔笔迹按径向分布。当取消选中“两轴”复选框时，画笔笔迹垂直于绘制路径分布。

2）控制：指定希望如何控制画笔笔迹的散布变化。

3）数量：指定在每个间距间隔应用的画笔笔迹数量。在不增大间距值或散布值的情况下增加数量，绘画性能可能会降低。

4）数量抖动：指定画笔笔迹的数量如何针对各种间距间隔而变化，控制在每个间距间隔处涂抹的画笔笔迹的最大百分比。

4. 纹理

纹理画笔通过设置纹理图案，达到在带纹理的画布上绘制的效果，如图 2-2-14 所示。

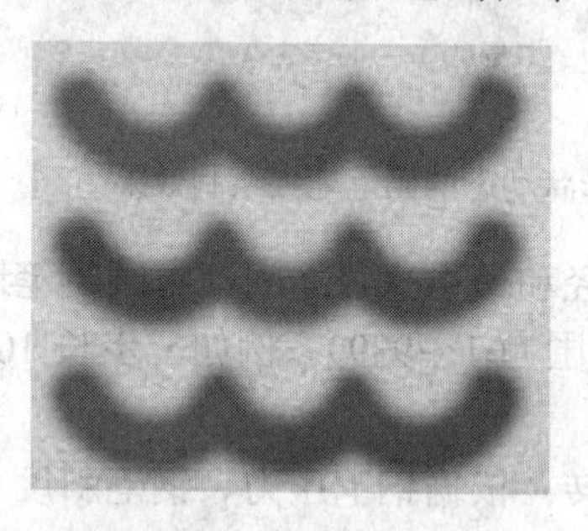
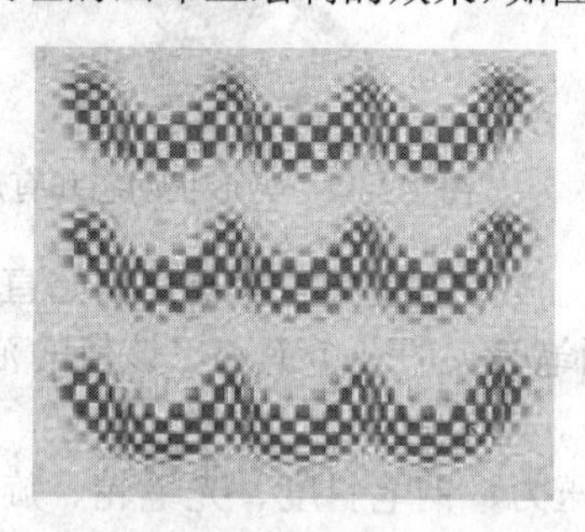

图 2-2-14　无纹理的画笔（左图）和有纹理的画笔（右图）

1）图案样本：从下拉列表中选择一个图案。

2）反相：基于图案中的色调反转纹理中的亮点和暗点。当选中“反相”复选框时，图案中的最亮区域是纹理中的暗点，因此接收最少的油彩；图案中的最暗区域是纹理中的亮点，因此接收最多的油彩。当取消选中“反相”复选框时，图案中的最亮区域接收最多的油彩；图案中的最暗区域接收最少的油彩。

3）缩放：指定图案的缩放比例，确定图案大小的百分比。

4）为每个笔尖设置纹理：指定在绘画时是否分别渲染每个笔尖。如果不选中此复选框，则无法使用“深度”变化选项。

5）模式：指定用于组合画笔和图案的混合模式。

6）深度：指定油彩渗入纹理中的深度。如果是 100%，则纹理中的暗点不接收任何油彩。如果是 0%，则纹理中的所有点都接收相同数量的油彩，从而隐藏图案。

7）最小深度：指定当“深度控制”设置为“渐隐”、“钢笔压力”、“钢笔斜度”或“光笔轮”，并选中“为每个笔尖设置纹理”复选框时，油彩可渗入的最小深度。

8）深度抖动：当选中“为每个笔尖设置纹理”复选框时，控制深度的改变方式，设置抖动的最大百分比。从“控制”下拉列表中选择一个相应的命令控制画笔笔迹的深度变化。

① 关：不控制画笔笔迹的深度变化。

② 渐隐：指定数量的步长从“深度抖动”百分比渐隐到“最小深度”百分比。

③ 钢笔压力、钢笔斜度或光笔轮：依据钢笔压力、钢笔斜度或光笔轮的位置来改变深度。

5. 双重画笔

双重画笔使用两个笔尖创建画笔笔迹，如图 2-2-15 所示。在“画笔”面板的“画笔笔尖形状”选项卡中设置主要笔尖的选项，在“画笔”面板的“双重画笔”选项卡中选择另一个画笔笔尖，然后设置以下选项。

1）模式：选择在主要笔尖和双重笔尖组合画笔笔迹时要使用的混合模式。

2）大小：控制双笔尖的大小。以像素为单位输入值，或者单击“使用取样大小”按钮来使用画笔笔尖的原始直径。

3）间距：控制绘制过程中双笔尖画笔笔迹之间的距离。要更改间距，请输入数字，或使用滑块输入笔尖直径的百分比。

4）散布：指定绘制过程中双笔尖画笔笔迹的分布方式。当选中“两轴”复选框时，双笔尖画笔笔迹按径向分布。当取消选中“两轴”复选框时，双笔尖画笔笔迹垂直于绘制笔迹分布。要指定散布的最大百分比，请输入数字或使用滑块来输入值。

5）数量：指定在每个间距间隔应用的双笔尖画笔笔迹的数量。输入数字，或者使用滑块来输入值。

图 2-2-15　单笔尖绘制效果（左图）和双重笔尖绘制效果（右图）

6. 颜色动态

颜色动态决定绘制路线中油彩颜色的变化方式，如图 2-2-16 所示。

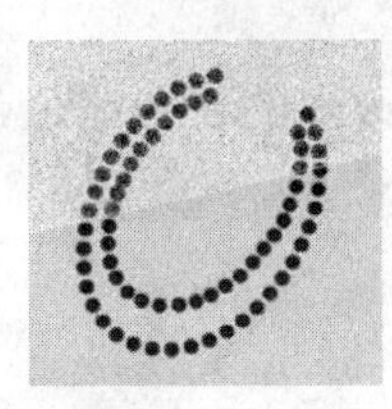
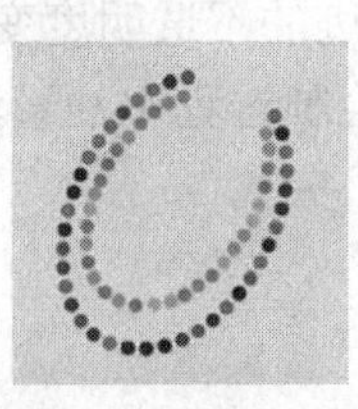

图 2-2-16　无颜色动态的画笔（左图）和有颜色动态的画笔（右图）

1）前景/背景抖动：设定前景色和背景色之间的油彩变化百分比，在“控制”下拉列表中选择一个相应的命令来控制画笔笔迹的颜色变化。

① 关：指定不控制画笔笔迹的颜色变化。

② 渐隐：按指定数量的步长在前景色和背景色之间改变油彩颜色。

③ 钢笔压力、钢笔斜度、光笔轮、旋转：依据钢笔压力、钢笔斜度、光笔轮位置或钢笔的旋转来改变前景色和背景色之间的油彩颜色。

2）色相抖动：指定绘制过程中油彩色相可以改变的百分比。较低的值在改变色相的同时保持接近前景色的色相，较高的值增大色相间的差异。

3）饱和度抖动：指定绘制过程中油彩饱和度可以改变的百分比。较低的值在改变饱和度的同时保持接近前景色的饱和度，较高的值增大饱和度级别之间的差异。

4）亮度抖动：指定绘制过程中油彩亮度可以改变的百分比。较低的值在改变亮度的同时保持接近前景色的亮度，较高的值增大亮度级别之间的差异。

5）纯度：增大或减小颜色的饱和度，输入-100～100 范围内的数字。-100 表示颜色将完全去色，100 表示颜色将完全饱和。

7. 传递

传递选项确定油彩在绘制路线中色彩的改变方式，如图 2-2-17 所示。

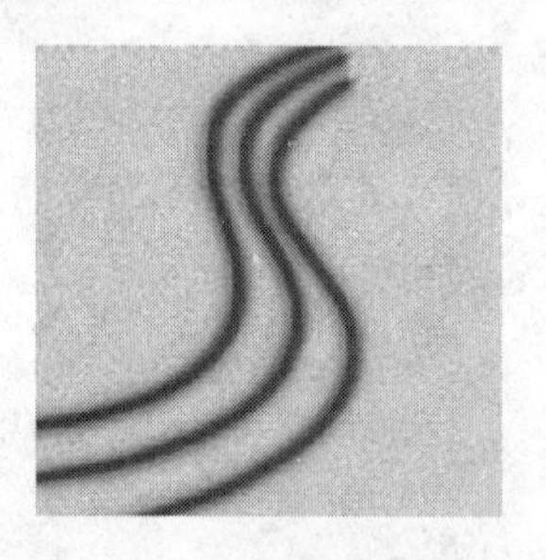
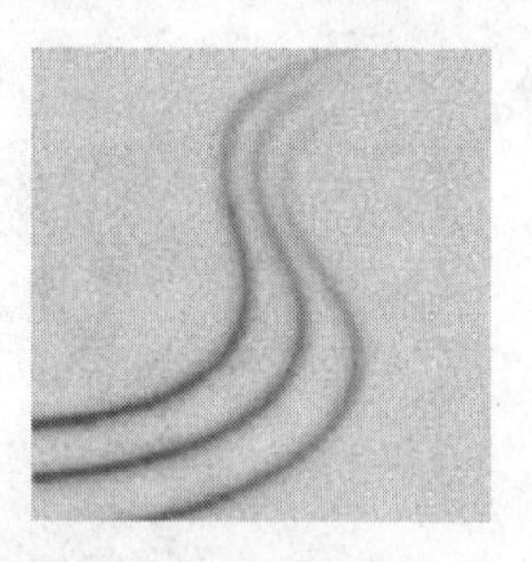

图 2-2-17 无传递的画笔（左图）和有传递的画笔（右图）

1）不透明度抖动：指定画笔在绘制过程中油彩不透明度变化的百分比，最高值是选项栏中指定的不透明度值。要指定油彩不透明度，可以在“控制”下拉列表中选择一个相应的命令控制画笔笔迹的不透明度变化。

2）流量抖动：画笔绘制过程中油彩流量改变的百分比，最高（但不超过）值是选项栏中指定的流量值。

8. 其他画笔选项

1）杂色：为个别画笔笔尖增加额外的随机性。当应用于柔画笔笔尖（包含灰度值的画笔笔尖）时，此选项最有效。

2）湿边：沿画笔绘制的边缘增大油彩量，从而创建水彩效果。

3）喷枪：将渐变色调应用于图像，同时模拟传统的喷枪技术。“画笔”面板中的“喷枪”选项与属性栏中的“喷枪”选项相对应。

4）平滑：在画笔绘制过程中生成更平滑的曲线。当使用光笔进行快速绘画时，此选项最有效，但在绘制渲染中可能会导致轻微的滞后。

5）保护纹理：将相同图案和缩放比例应用于具有纹理的所有画笔预设。选择此选项后，在使用多个纹理画笔笔尖绘画时，可以模拟出一致的画布纹理。

2.2.2 铅笔工具

铅笔工具用于绘制硬边的直线，所用方法与使用真正的硬笔绘制硬边直线非常相似，铅笔工具主要用来构图、勾绘线框，其属性栏如图 2-2-18 所示。

图 2-2-18 “铅笔工具”的属性栏

铅笔工具的设置和画笔工具基本一样，不同的是硬度设置基本没有变化，没有边缘过渡。铅笔工具有自动抹除选项，设置该选项可以在包含前景色的区域绘制背景色，相当于抹除图像的内容。

2.2.3 橡皮擦工具组

为了清除图像的像素，Photoshop 提供了 3 种类型的橡皮擦工具，如图 2-2-19 所示。

1. 橡皮擦工具

橡皮擦工具会在图像中涂抹时清除图像中的像素。如果图层的背景或透明区域被锁定，橡皮擦工具将图像像素更改为背景色；否则图像像素将被抹成透明。选择工具箱中的“橡皮擦工具”，其属性栏如图 2-2-20 所示。

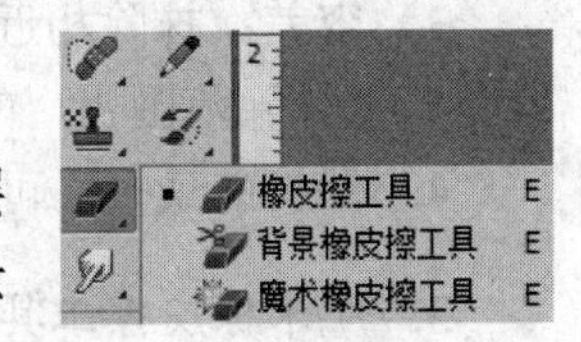

图 2-2-19 橡皮擦工具组

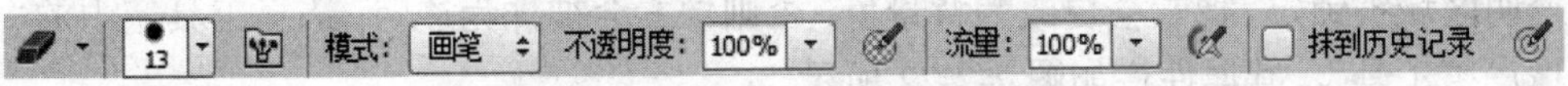

图 2-2-20 “橡皮擦工具”的属性栏

1）模式：有“画笔”、“铅笔”和“块”3 个选项。

2）不透明度：定义抹除的强度。100%的不透明度将完全抹除像素，较低的不透明度将部分抹除像素。

3）流量：指定涂抹油彩的流动速率。

4）喷枪按钮：将画笔当作喷枪使用。

5）抹到历史记录：橡皮擦工具将擦除对图像的操作，返回到“历史记录”面板中选中的状态。要使用该功能，必须先在“历史记录”面板中设置要返回的状态，然后在属性栏中选中“抹到历史记录”复选框，参考历史记录画笔。

2. 背景橡皮擦工具

背景橡皮擦工具在涂抹时将图像像素抹成透明，在抹除背景的同时在前景中保留对象的边缘。通过设定不同的取样方式和容差选项，控制透明度的范围和边界的锐化程度，其属性栏如图 2-2-21 所示。

图 2-2-21 “背景橡皮擦工具”的属性栏

1）取样方式：背景橡皮擦工具采集画笔中心的色样，并删除在画笔半径范围内的与中心色相同的颜色，同时还在前景对象的边缘采集颜色。因此，如果将前景对象粘贴到其他图像中，将看不到色晕。

取样方式有 3 个选项，分别为：“取样：连续”，随着鼠标指针移动连续采取色样；“取样：一次”，只抹除包含第一次单击时的颜色的区域；“取样：背景色板”，只抹除包含当前背景色的区域。

2）限制：抹除操作的范围。限制包含 3 个选项：“不连续”抹除出现在画笔下任何位置的样本颜色；“连续”抹除包含样本颜色并且相互连接的区域；“查找边缘”抹除包含样本颜色的连接区域，同时更好地保留形状边缘的锐化程度。

3）容差：抹除相近颜色的范围。低容差表示抹除与样本颜色非常相似的区域，高容差表示抹除范围更广的颜色区域。

4）保护前景色：可防止抹除与工具框中的前景色匹配的区域。

3. 魔术橡皮擦工具

使用魔术橡皮擦工具在图层中单击时，会自动更改所有相似的像素。如果图层背景或透明区域被锁定，像素会更改为背景色；否则像素会被抹为透明。选择工具箱中的“魔术橡皮擦工具”，其属性栏如图 2-2-22 所示。

图 2-2-22 “魔术橡皮擦工具”的属性栏

1）容差：定义可抹除的颜色范围。低容差会抹除颜色值范围内与单击处像素非常相似的像素，高容差会抹除范围更广的像素。

2）消除锯齿：使抹除区域的边缘平滑。

3）连续：抹除与单击处像素邻近的像素，取消选中此复选框则抹除图像中的所有相似像素。

4）对所有图层取样：利用所有可见图层中的组合数据来采集抹除色样。

5）不透明度：定义抹除强度。100% 的不透明度将完全抹除像素，较低的不透明度将部分抹除像素。

2.2.4 历史记录画笔工具

历史记录画笔工具是将部分图像恢复到某一历史状态，以形成特殊的图像效果。在使用时，需要在“历史记录”面板中设置历史记录画笔源，通过历史记录画笔工具在图像中涂抹就可以消除在源节点之后的操作效果，但不是将整个图像全都恢复到以前的状态，它是对部分区域进行恢复，完成对图像更细微的控制。历史记录画笔工具的应用方法如下。

1）打开素材文件，创建选区，如图 2-2-23（a）所示，选择“图层”→“新建”→“通过拷贝的图层”命令，把选区内的图像复制一份，载入图层选区，选择渐变工具，为选区添加一个五彩渐变，并把图层混合模式设为“颜色”，结果如图 2-2-23（b）所示。

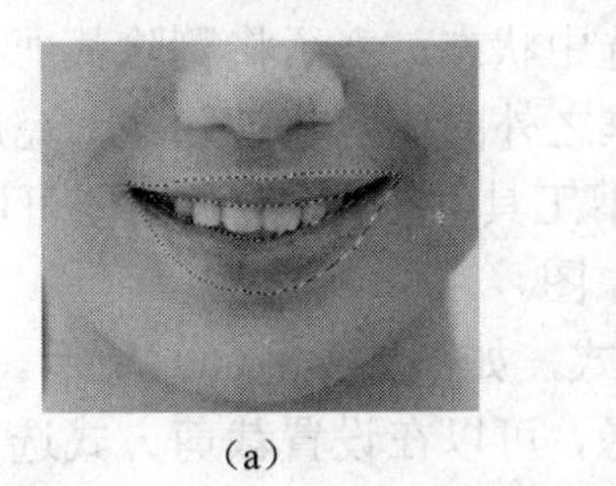
（a）

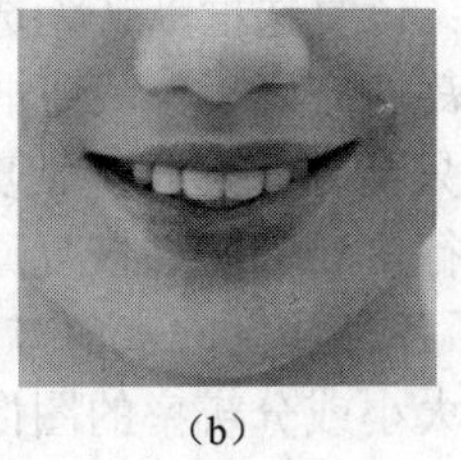
（b）

图 2-2-23　选区及渐变效果

2）为了让渐变效果边缘更加平滑，要擦除边缘多余的渐变。选择工具箱中的“历史记录画笔工具”，在“历史记录”面板中设置画笔源，要把渐变的效果擦除，则选择前一步作为画笔源，如图 2-2-24（a）所示；然后设置合适的画笔大小，在图像渐变边缘涂抹，得到效果图，如图 2-2-24（b）所示。

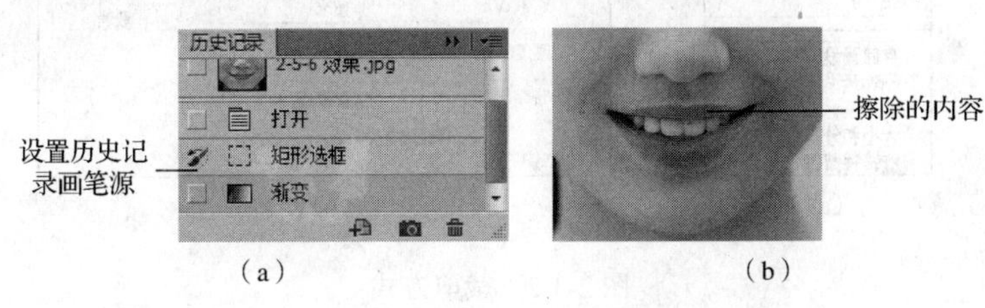

（a）　　（b）

图 2-2-24　历史记录画笔的应用效果

2.3 修剪图像

修剪是移去部分图像以形成突出或加强构图效果的过程，可以使用“裁剪工具”和“裁切”命令来裁剪图像，也可以使用“裁剪并修齐”及“裁切”命令来裁切像素。

2.3.1 裁剪

裁剪，即选定一个区域，或是裁剪工具选择的范围，并将其裁剪出来，删除其他多余的部分。裁剪只能在横向和竖向以矩形的方式进行，取最大选区的直径作为边距。

注意：裁剪是面向所有图层的，因此在裁剪前，必须确定其他图层上没有切掉需要的元素。

在工具箱中选择“裁剪工具”，或者选择“图像”→“裁切”命令，其属性栏如图 2-3-1 所示。

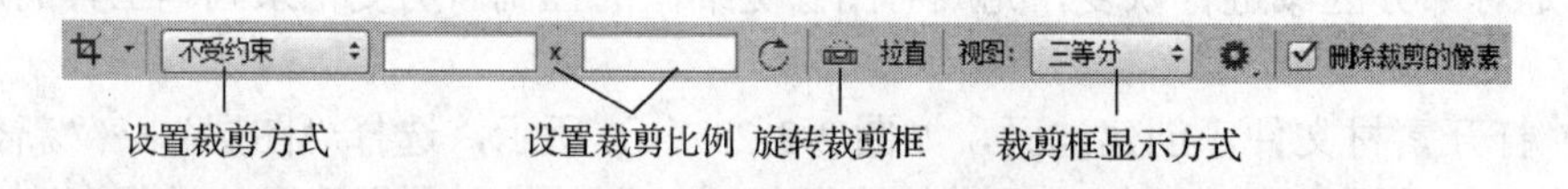

图 2-3-1 “裁剪工具”的属性栏

删除裁剪的像素：该复选框默认为选中状态，表示将删除裁剪框之外的内容。如果不选中该复选框，则裁剪完之后，裁剪框之外的内容将被隐藏。完成裁剪后，如果想重新显示被裁剪区域，只需再次选择“裁剪工具”，并单击画面便可以看到之前裁剪时被隐藏的画面，可以进行重新裁剪或恢复原图。

Photoshop 提供了各种比例的裁剪方式，如图 2-3-2（a）所示。

如果要裁剪特定大小或分辨率的图像，可以在设置裁剪方式选项中选择“大小和分辨率”命令，弹出如图 2-3-2（b）所示的“裁剪图像大小和分辨率”对话框。

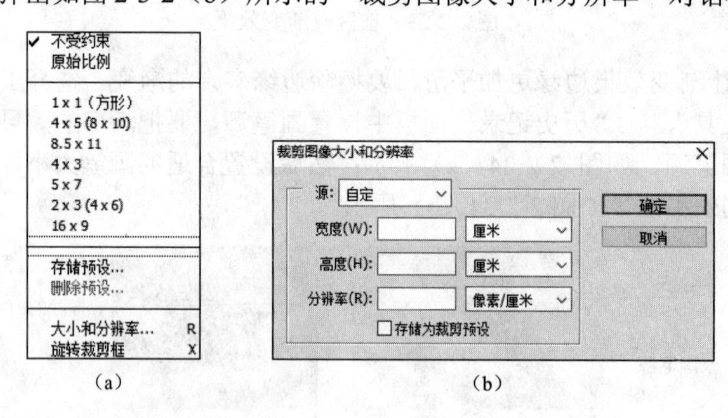

图 2-3-2 裁剪方式

1）宽度、高度：输入图像裁剪后的尺寸参数。

2）分辨率：输入数值确定裁剪后图像的分辨率，可选择分辨率的单位。

为了方便裁剪相同尺寸的图像，“裁剪工具”提供了“存储为裁剪预设”命令，可将本次裁剪的样式存储，下次需要使用时直接单击“存储预设”按钮调用即可，如果不需要则可单击“删除预设”按钮进行删除。

1. 裁剪图像

打开素材图像，在工具箱中选择“裁剪工具”，这时图像四周会出现裁剪框，边框周围会出现控制柄。拖动控制柄，设置要裁剪的范围，然后单击属性栏中的“确定”按钮✓，即可实现裁剪照片的效果，如图 2-3-3 所示，暗处的图像为要删除的部分。

图 2-3-3　裁剪效果

2. 利用裁剪工具修正倾斜的照片

打开素材图像，在工具箱中选择“裁剪工具”，这时图像四周会出现裁剪框，边框周围会出现控制柄。将鼠标指针移动到边角控制柄的外围，当鼠标指针变成一个圆弧状双箭头时拖动鼠标，图像会随着拖动旋转，如图 2-3-4 所示，当到了合适的角度时，单击属性栏中的“确定”按钮，即可实现修正倾斜照片的效果。

图 2-3-4　旋转裁剪效果

3. “裁剪并修齐”命令

“裁剪并修齐”命令主要应用在一个图像文件中，存储若干张照片需要分离的情形。“裁剪并修齐”命令是一项自动化功能，能够在图像中识别出各个图片，并旋转使它们在水平方向和垂直方向上正好对齐，然后将它们复制到新文档中，并保持原始文档不变。

打开素材文件，选择“文件”→“自动”→“裁剪并修齐”命令，等待裁剪与修齐操作自动完成，如图 2-3-5 所示，左侧为原图，右侧 3 个图像为裁剪修齐后的结果。

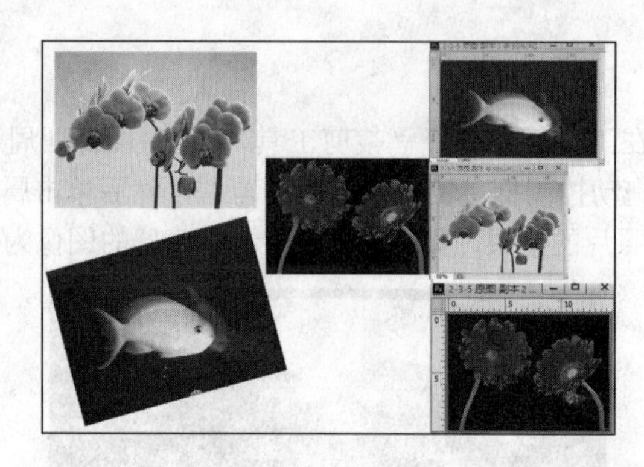

图 2-3-5　裁剪并修齐效果

2.3.2　透视裁剪工具

在 Photoshop 的裁剪工具中，添加了全新的“透视裁剪工具”，如图 2-3-6 所示。透视裁剪工具可以把具有透视的影像进行裁剪，把画面拉直并纠正成正确的视角。

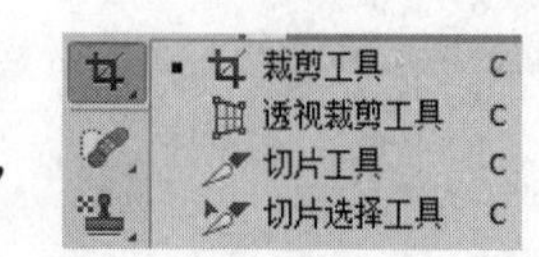

图 2-3-6　裁剪工具组

在工具箱中选择“透视裁剪工具”，其属性栏如图 2-3-7 所示。

图 2-3-7　“透视裁剪工具”的属性栏

要裁剪图像中的某个倾斜的元素，通过“透视裁剪工具”可以裁剪为平排的样式，裁剪工具则可以裁剪出不规则形状的图片。

“透视裁剪工具”不会自动生成裁剪框。在裁剪过程中，首先要单击裁剪对象的左上角，按住鼠标左键沿着对角线向下拖动到右下角释放鼠标左键，Photoshop 会在图像周围添加裁剪框，边框周围会出现控制柄，如图 2-3-8（a）所示，移动手柄，建立一个不规则形状，如图 2-3-8（b）所示，然后确定裁剪，可以裁剪出平排的图像，如图 2-3-8（c）所示。

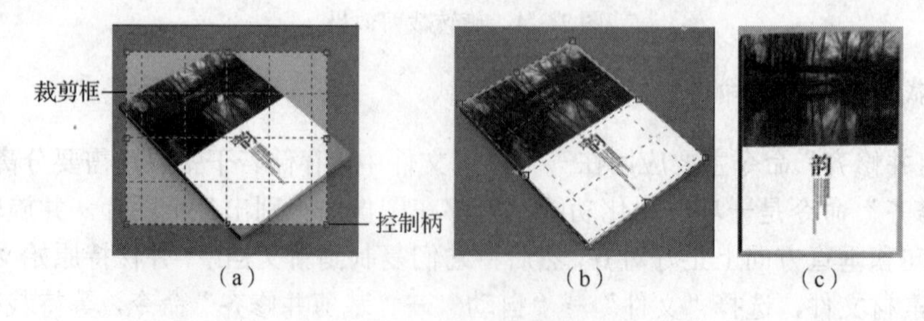

图 2-3-8　透视裁剪的应用效果

2.3.3 “裁切”命令

与前面所介绍的裁剪相比，裁切是裁剪的一种，但是比较智能。其主要可以用来修裁掉整张图片的四周边缘部分。

1）裁切只能自动作用于整张图片，而不能进行选区操作。

2）裁切只能裁掉四周相同颜色的部分，并且裁剪形状只能是矩形。

3）当四周颜色与图片保留部分的颜色非常接近时，很容易有残留。

选择“文件”→“裁切”命令，弹出如图2-3-9（a）所示的“裁切”对话框。

首先要设置裁切的参考点，可以裁切透明像素，或者以左上角或右下角的像素颜色为参考。

其次选择“顶”、“底”、“左”和“右”4个裁切方位。

单击“确定”按钮后，就可以完成裁切操作，图2-3-9（b）所示为裁切“裁剪并修齐”命令所用素材的效果，可以发现裁切了周围白色部分。和裁剪相同的是，裁切后画面会缩小，并作用到所有的图层。

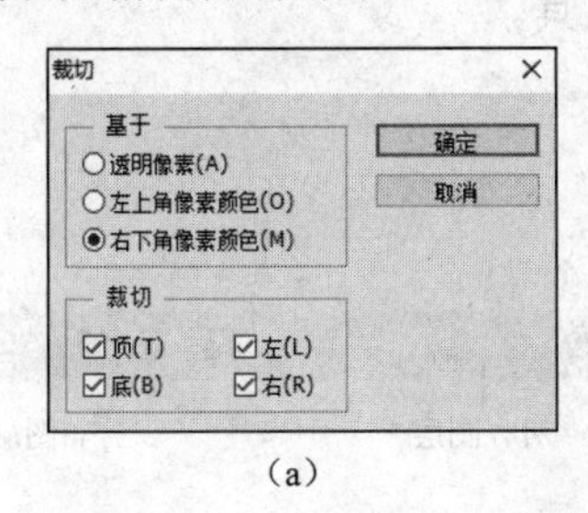

（a）

（b）

图2-3-9　“裁切”命令的应用效果

2.4 变换与变形

在Photoshop中，移动、旋转和缩放称为变换操作；扭曲和斜切则称为变形操作。Photoshop可以对整个图层、多个图层、选区、路径、矢量形状、矢量蒙版和Alpha通道进行变换和变形处理。

“编辑”→“变换路径”下拉列表中包含各种变换命令。执行这些命令时，当前对象周围会出现一个定界框，定界框中央有一个中心点，四周有控制点。中心点位于对象的中心，它用于定义对象的变换中心，拖动它可以移动到其他位置。拖动控制点则可以进行变换操作。

“变换路径”中的命令如下。

1）缩放：可相对于其参考点增大或缩小项目，可以水平缩放、垂直缩放或同时沿这两个方向缩放。

2）旋转：围绕参考点转动项目。默认情况下，该点位于对象的中心；但是，可以将它移动到另一个位置。

3）斜切：用来修复垂直或水平的倾斜项目，将对象沿多个方向倾斜变形。

4）扭曲：可以在各个方向更改对象的大小和比例。

5）透视：用来修复在拍摄过程中使用不同相机距离和视角拍摄的图像所呈现出不同的透视扭曲。

6）变形：可用于变换对象的形状。可在属性栏中的“变形样式”下拉列表中选择一种变形，或者执行自定义变形，拖动网格内的控制点、线或区域，以更改定界框和网格的形状。

重复上次变换时，可选择“编辑”→“变换路径”→“再次”命令。

2.4.1 移动工具

移动工具是常用的工具之一，无论是移动文档中的图层、选区内的图像，还是将其他文档中的图像拖入当前文档，都需要使用该工具。

1. “移动工具”介绍

“移动工具”的属性栏如图 2-4-1 所示。

图 2-4-1 “移动工具”的属性栏

1）自动选择：如果文档中包含多个图层或组，可选中该复选框并在下拉列表中选择要移动的内容。选择“图层”命令，使用“移动工具”在画面单击时，可以自动选择工具下面包含像素的最顶层的图层；选择“组”命令，则在画面单击时，可以自动选择工具包含像素的最顶层的图层所在的图层组。

2）显示变换控件：选中该复选框后，选择一个图层时，就会在图层内容的周围显示定界框，此时拖动控制点可以对图像进行变换操作。如果文档中的图层数量较多，并且需要经常进行缩放、旋转等变换操作时，该选项比较有用。

3）对齐图层：选择两个或多个图层后，可单击相应的按钮让所选图层对齐。这些按钮包括“顶对齐”、“垂直居中对齐”、“底对齐”、“左对齐”、“水平居中对齐”和“右对齐”。

4）分布图层：如果选择了 3 个或 3 个以上的图层，可单击相应的按钮使所选图层按照一定的规则均匀分布。这些按钮包括“按顶分布”、“垂直居中分布”、“按底分布”、“按左分布”、“水平居中分布”、“按右分布”和“自动对齐图层”。

2. “移动工具”的应用

（1）在同一文档中移动图像

在“图层”面板中选择对象所在的图层，使用“移动工具”在画面中单击并拖动鼠标即可移动所选图层中的图像。如果创建了选区，则在选区内单击并拖动鼠标可以移动选中的图像。

（2）在不同的文档间移动图像

打开两个或多个文档，选择工具箱中的“移动工具”，将鼠标指针放在画面中，单击并拖动鼠标至另一个文档的标题栏，停留片刻切换到该文档，移动到画面中释放鼠标左键即可将图像拖入该文档。

2.4.2 自由变换

“自由变换”命令可用于在一个操作中连续地应用变换（旋转、缩放、斜切、扭曲和透视）。其属性栏如图 2-4-2 所示。

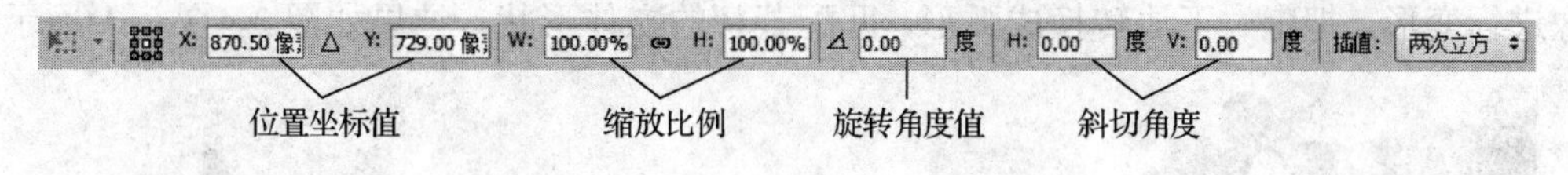

图 2-4-2 “自由变换”命令的属性栏

1. “自由变换”命令介绍

选择要变换的对象，选择“编辑”→“自由变换”命令；或者选择“移动工具”，在其属性栏中选中“显示变换控件”复选框，图像对象会显示调整框和控制柄，执行下列变换操作。

1）缩放：拖动控制柄可以放大或缩小对象。拖动角控制柄时按住 Shift 键可按比例缩放图像。

2）数字缩放：在属性栏的“设置水平缩放比例”和“设置垂直缩放比例”文本框中输入百分比。单击“保持长宽比”按钮以保持长宽比。

3）旋转：将鼠标指针移到定界框之外（指针变为弯曲的双向箭头），然后拖动。按住 Shift 键可将旋转限制为按 15° 增量进行。

4）数字旋转：在属性栏的“设置旋转”文本框中输入度数。

5）按中心点进行扭曲：按住 Alt 键的同时拖动控制柄即可按中心点扭曲图像。

6）自由扭曲：按住 Ctrl 键的同时并拖动手柄即可自由扭曲图像。

7）斜切：按 Ctrl+Shift 组合键，当鼠标指针定位到边控制柄上时，鼠标指针变为带一个小双向箭头的白色箭头，拖动边控制柄即可完成斜切操作。

8）数字斜切：在属性栏的“设置水平斜切”和“设置垂直斜切”文本框中输入角度。

9）透视：按 Ctrl+Alt+Shift 组合键，当鼠标指针定位到角控制柄上时，鼠标指针变为灰色箭头，拖动角控制柄即可完成透视操作。

10）变形：单击属性栏中的“在自由变换和变形模式之间切换”按钮，拖动控制点以变换对象的形状，或在属性栏的“变形样式”下拉列表中选择一种变形。

11）更改参考点：单击属性栏中参考点定位符上的方块。

12）移动：在属性栏的“设置参考点的水平位置”和“设置参考点的垂直位置”文本框中输入参考点的新位置的值。单击“使用参考点相关定位”按钮即可相对于当前位置指定新位置。

2. “自由变换”命令的应用

打开素材文件，如图 2-4-3 所示，利用“移动工具”将图 2-4-3（a）拖动到茶杯图像［图 2-4-3（b）］中，选择“编辑”→“自由变换”命令，对图像大小进行缩放，然后按住 Ctrl 键并拖动 4 个角的手柄，对杯身进行变换，将其变为梯形状，最后单击属性栏中的“在自由变换和变形模式之间切换”按钮，自由变换工具变换为变形模式，对图像进行变形，把上、下边转换成弧形，匹配茶杯的立体形状，结果如图 2-4-3（c）所示。

（a）

（b）

（c）

图 2-4-3 “自由变换”命令的应用

2.4.3 内容识别比例

“缩放”命令在调整图像大小时会统一影响所有像素，内容识别缩放可在不更改重要可视内容（如人物、建筑、动物等）的情况下，缩放没有重要可视内容的区域中的像素。内容识别缩放可以放大或缩小图像以改善合成效果、适合版面或更改显示方向。

1. “内容识别比例”命令介绍

选择“编辑”→“内容识别比例”命令，其属性栏如图 2-4-4 所示。

图 2-4-4 “内容识别比例”命令的属性栏

1）X 和 Y：设置参考点的位置坐标。

2）W 和 H：设置缩放的比例。

3）数量：设置内容识别比例的阈值，最大限度地降低扭曲度。

4）保护：选择 Alpha 通道，根据 Alpha 通道选区设置要保护的内容。如果要在缩放图像时保留特定的区域，则在调整大小的过程中使用 Alpha 通道创建选区来保护内容。

5）保护肤色：表示保护皮肤颜色。

内容识别缩放适用于处理图层和选区，不适用于处理调整图层、蒙版、通道、智能对象、3D 图层、视频图层、图层组或同时处理多个图层。

2. “内容识别比例”命令的应用

1）打开素材文件，在要保护的内容周围建立选区，然后在“通道”面板中，单击“将选区存储为通道”按钮，将选区存储为 Alpha 通道，如图 2-4-5（a）所示，然后取消选区（快捷键为 Ctrl+D）。

2）选择“编辑”→“内容识别比例”命令，在属性栏中选取所创建的 Alpha 通道。拖动外框上的手柄以缩放图像，效果如图 2-4-5（b）所示，可以发现，图片中的其他内容缩小了，但是老鼠的大小基本上没有改变。

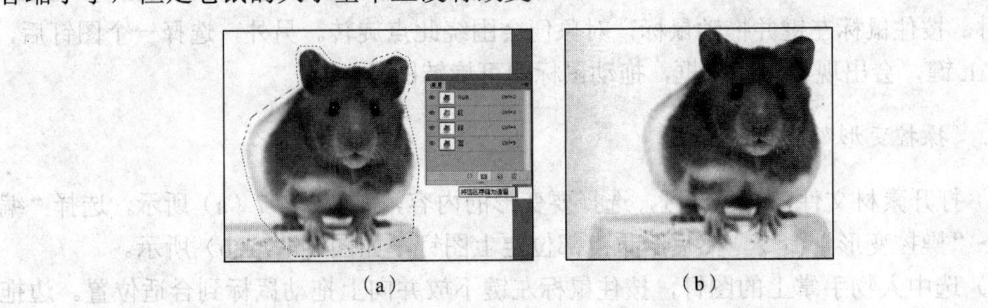

（a）　　（b）

图 2-4-5　内容识别比例的效果

2.4.4　操控变形

操控变形是一种可视网络，可以随意地扭曲特定的图像区域，而且可以保持其他区域不变，常用于修改人物的动作、发型等。

1. “操控变形”命令介绍

选择“编辑”→“操控变形”命令，其属性栏如图 2-4-6 所示。

模式：正常　浓度：正常　扩展：2像素　显示网格　图钉深度：　旋转：自动　0　度

图 2-4-6　“操控变形”命令的属性栏

1）模式：设置变形方式，“刚性”会使变形效果精确，但是缺少柔和的过渡；“正常”不仅会使变形效果准确，还有柔和的过渡；“扭曲”既有变形，又有透视效果。

2）浓度：用来控制图像中网状点的数量，包含“较少点”、“正常”和“较多点”3个选项。

3）扩展：设置变形效果的缩减范围。值较大时，变形网格的范围会向外扩张，且变形之后，图像的边缘会更加平滑；值较小时，变形之后图像的边缘很生硬。

4）显示网格：在图像上显示变形网格或隐藏网格。

5）图钉深度：设置图钉的深度。选择一个图钉，单击第一个按钮，可以将其向上层移动一个堆叠顺序；单击第二个按钮，则可以将其向下层移动一个堆叠顺序。

6）旋转：如果选择“自动”命令，在拖动图钉对图像进行扭曲时，Photoshop 会自动对图像内容进行旋转操作；如果设置了准确的旋转角度，则需要选择“固定”命令，然后在其右侧的文本框中输入需要旋转的角度值。

7）删除图钉：按住 Alt 键，将鼠标指针移动到图钉上，当出现“剪刀”图标时，单击图钉即可删除这个图钉。删除所有图钉，将鼠标指针放到要删除的图钉上右击，在弹出的快捷菜单中选择“移去所有图钉”命令，即可删除所有图钉。

8）旋转操作：选择图钉，按住 Alt 键，将鼠标指针移动到图钉外围，当出现“圆圈”图标时，按住鼠标左键并拖动鼠标，对象便会围绕此点旋转。另外，选择一个图钉后，按住 Alt 键，会出现一个变换框，拖动鼠标即可旋转图像。

2. “操控变形”命令的应用

1）打开素材文件，创建选区，选择要变形的内容，如图 2-4-7（a）所示，选择“编辑”→“操控变形”命令，然后给重点部位定上图钉，如图 2-4-7（b）所示。

2）选中人物手掌上的图钉，按住鼠标左键不放并向上拖动鼠标到合适位置。边拖动边观察效果，如图 2-4-7（b）所示。

3）使用“修复画笔工具”修复图像中的瑕疵，达到如图 2-4-8 所示的效果即可。

（a）

（b）

图 2-4-7 “操控变形”命令的应用

图 2-4-8 操控变形的效果

2.5 修复图像

图像修复主要针对图像的细节进行，实际运用在后期修图、斑点的去除、内容的复制、污迹的修复、去水印等方面。Photoshop 提供了多个图像修复工具，包括“仿制图章工具”、“图案图章工具”、“污点修复画笔工具”、“修复画笔工具”、“修补工具”和“红眼工具”等。

2.5.1 仿制图章工具

仿制图章工具主要用来复制取样的图像，从图像中取样，将样本应用到其他图像或同一图像的其他部分，或将图层的一部分仿制到另一个图层。对于复制对象或修复图像中的缺陷，仿制图章工具都十分有用。

1. “仿制图章工具”介绍

在工具箱中选择“仿制图章工具”，其属性栏如图 2-5-1 所示，其工具属性和画笔基本上是一致的。

22 模式: 正常 不透明度: 100% 流量: 100% 对齐 样本: 当前图层

图 2-5-1 “仿制图章工具”的属性栏

1）对齐：选中“对齐”复选框，在每次停止并重新开始绘画时使用新的取样点，这个取样点和初始取样点的位移关系，与当前绘制点和第一次绘制点的位移相等，即是对齐的。取消选中“对齐”复选框，则在每次停止并重新开始绘画时使用初始取样点中的样本像素。

2）样本：设置取样的图层。“所有图层”是指从所有可见图层取样；“当前图层”是指从现用图层取样；“当前和下方图层”是指从现用图层及下方图层取样。

3）取样方式：按住 Alt 键，单击相应位置进行定点取样即可。

注意：在一个图像中取样，仿制到另一个图像时，这两个图像的颜色模式必须相同。

2. “仿制图章工具”的应用

打开素材文件，在工具箱中选择“仿制图章工具”，在其属性栏中设好画笔大小和硬度，按住 Alt 键，鼠标指针变成瞄准镜形状，在图像中选择合适的参考点单击进行定点取样，如图 2-5-2（a）所示；在图像中涂抹，开始涂抹（初始点）复制的图像为取样点所在位置的图像，后期涂抹会根据涂抹点与初始点之间的位移，让参考点与取样点具有相同的位移，然后根据参考点，复制画笔半径范围的图像，如图 2-5-2（b）所示，其中圆圈所示为画笔半径范围。

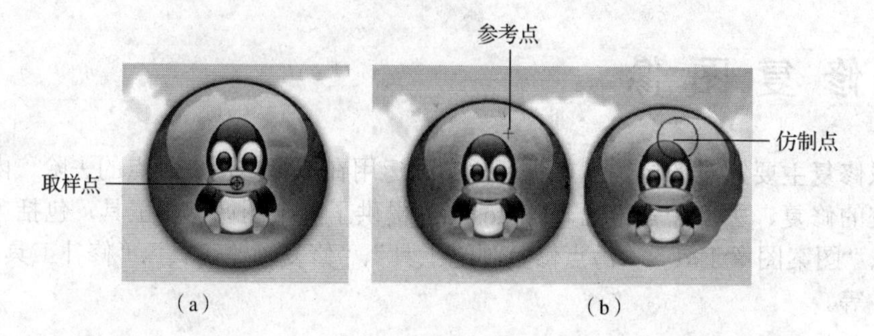

图 2-5-2 “仿制图章工具”的应用

2.5.2 图案图章工具

用户可以利用图案图章工具从图案库中选择图案或自己创建图案，把图案绘制到目标图像中。

1. “图案图章工具”介绍

在工具箱中选择“图案图章工具”，其属性和“仿制图章工具”是一致的，区别在于：“仿制图章工具”是在图像当中选择参考点进行仿制；“图案图章工具”是在属性栏的“图案”下拉列表中选择图案，然后进行仿制。

“图案图章工具”特有属性——印象派效果：将图案渲染为绘画轻涂以获得印象派效果。

2. 图案的管理

图案是一种图像，当使用这种图像来填充图层或选区时，将会重复使用图案填充整个选区。

Photoshop 附带了各种预设图案，也可以创建新图案并将其存储在库中，供不同的工具和命令使用。预设图案显示在油漆桶工具、图案图章工具、修复画笔工具和修补工具属性栏的弹出式面板中，以及“图层样式”对话框中。

（1）定义图案

打开图像素材，使用“矩形选框工具”选择要用作图案的区域，选区不能有“羽化”效果，如图 2-5-3（a）所示，然后选择“编辑”→“定义图案”命令，在弹出的“图案名称”对话框的“名称”文本框中输入图案的名称，即可定义图案，如图 2-5-3（b）所示，然后单击“确定”按钮。

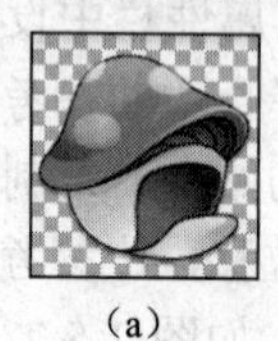

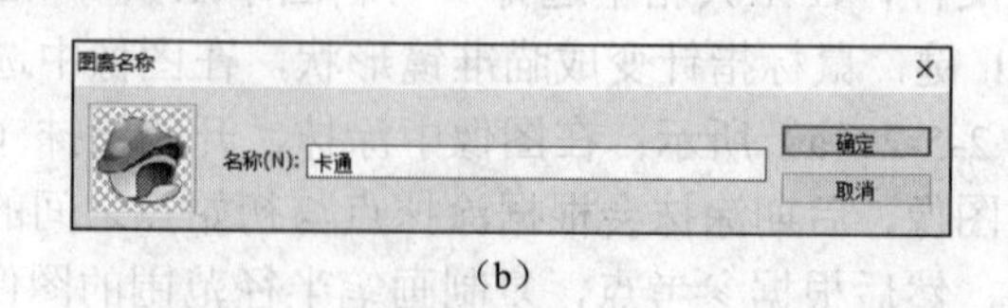

图 2-5-3 定义图案

（2）载入图案

在“图案”下拉列表中选择载入图案，选择要使用的库文件，将库添加到当前列表；替换图案，选择要使用的库文件，用另一个库替换当前列表。

选择下拉列表底部的系统图案库列表中的库，在弹出的对话框中单击“确定”按钮，用选择的图案替换当前图案面板中显示的图案；单击“追加”按钮，将选择的图案追加到图案面板中。

3. “图案图章工具”的应用

打开素材文件，在工具箱中选择“图案图章工具”，在属性栏设好画笔大小和硬度，选择定义的图案，如图 2-5-4（a）所示，然后在图像中进行涂抹，即可把图案复制到图像中，如图 2-5-4（b）所示。

（a）　　（b）

图 2-5-4　“图案图章工具”的应用

2.5.3　污点修复画笔工具

污点修复画笔工具自动从所修饰区域的周围取样，使用图像或图案中的样本像素进行绘画，并将样本像素的纹理、光照、透明度和阴影与所修复的像素相匹配，从而达到修复的目的。

1. “污点修复画笔工具”介绍

污点修复画笔工具通过单击污点，或者单击并拖动以消除区域中的不理想部分。其属性栏如图 2-5-5 所示。

图 2-5-5　“污点修复画笔工具”的属性栏

污点修复画笔工具的源取样类型包括以下 3 种。

1）近似匹配：在选区边缘周围查找区域像素，来修补图像区域。

2）创建纹理：使用选区中的所有像素创建一个用于修复该区域的纹理。

3）内容识别：自动识别选区内的像素内容，自动修复图像。

2. “污点修复画笔工具”的应用

打开素材文件，如图 2-5-6（a）所示，在工具箱中选择“污点修复画笔工具”，在属性栏中设好画笔大小和硬度，然后在图像中单击污点，即可修复图像，如图 2-5-6（b）所示。

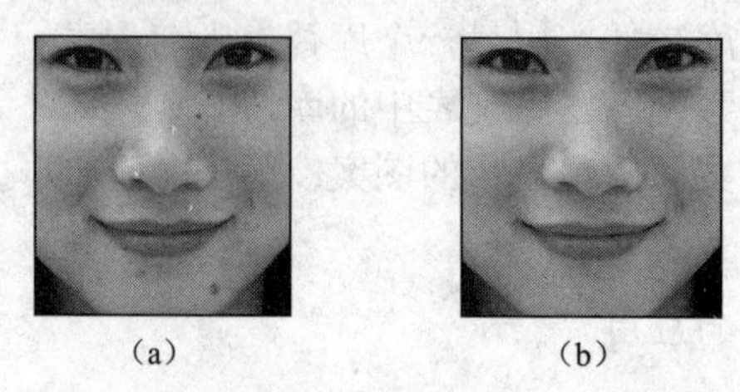

（a）　　（b）

图 2-5-6　“污点修复画笔工具”的应用

2.5.4　修复画笔工具

修复画笔工具利用图像或图案中的样本像素来绘画，同时将样本像素的纹理、光照、透明度和阴影与所修复的像素进行匹配，使修复后的像素不留痕迹地融入图像的其余部分。

1. “修复画笔工具”介绍

在工具箱中选择“修复画笔工具”，其属性栏如图 2-5-7 所示。

图 2-5-7　“修复画笔工具”的属性栏

源：“取样”使用当前图像的像素；“图案”使用在下拉列表中选择的图案中的像素。

2. “修复画笔工具”的应用

打开素材文件，在工具箱中选择“修复画笔工具”，在属性栏中设好画笔大小和硬度，按住 Alt 键，鼠标指针变成瞄准镜形状，在图像中选择合适的参考点单击进行定点取样，如图 2-5-8（a）所示，然后在图像的其他部分涂抹，即可修复图像，如图 2-5-8（b）所示。

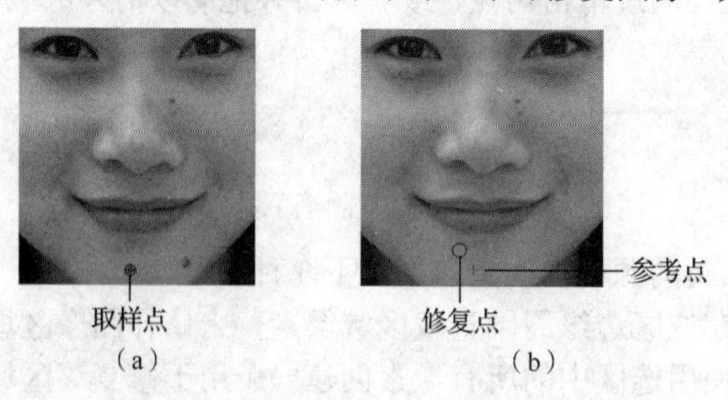

（a）　　（b）

图 2-5-8　“修复画笔工具”的应用

注意：为了达到更好的修复效果，要多次取样，使取样点的纹理、光照、透明度和阴影与所修复的像素相近。

2.5.5 修补工具

修补工具是一个基于选区的修复工具，其使用图像中的其他区域或图案中的像素来修复选中的区域。修补工具会将样本像素的纹理、光照和阴影与源像素进行匹配，使修复后的像素不留痕迹地融入图像的其余部分。

1. “修补工具”介绍

在工具箱中选择“修补工具”，其属性栏如图 2-5-9 所示。

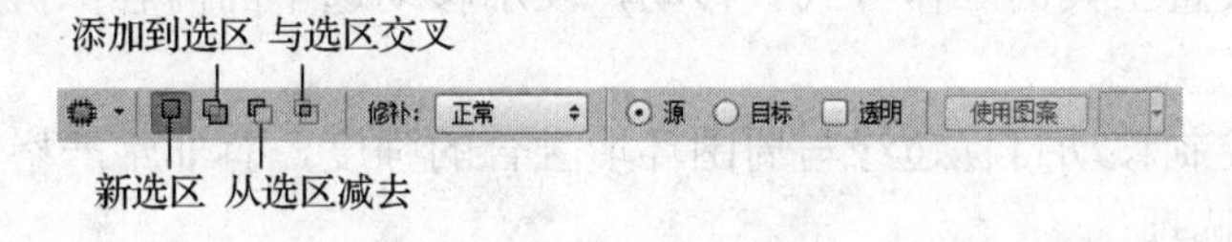

图 2-5-9 “修补工具”的属性栏

1）源：表示将用图像中的其他部分来修复创建的选区中的内容。

2）目标：表示创建的选区中的内容，将用来修复图像中的瑕疵部分。

要调整选区，可以使用以下方法。

1）按 Shift 键并在图像中绘制，添加到现有选区。

2）按 Alt 键并在图像中绘制，从现有选区中减去部分选区。

3）按 Alt+Shift 组合键并在图像中绘制，创建与现有选区交叉的区域。

2. “修补工具”的应用

打开素材文件，在工具箱中选择“修补工具”，在属性栏中单击“新选区”按钮，在图像中创建一个合适的选区，如图 2-5-10（a）所示，然后把选区内容拖放到要修复的瑕疵区域，即可修复图像，如图 2-5-10（b）所示。

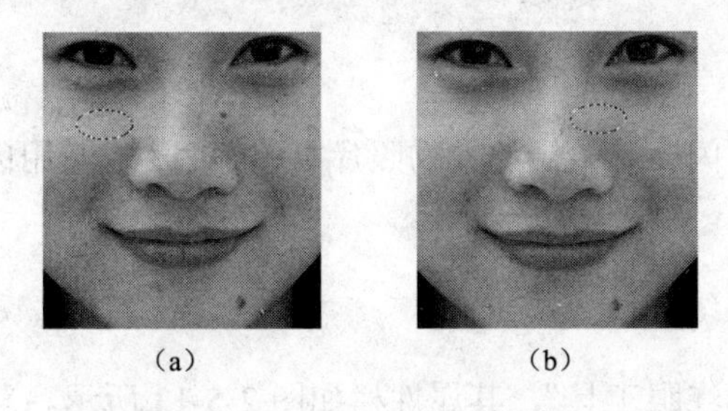

（a）　（b）

图 2-5-10 “修补工具”的应用

2.5.6 内容感知移动工具

内容感知移动工具可以将物体移动或复制到图像的其他区域，复制后的边缘会自动柔化处理，并重新混合组色，实现更加完美的图片合成效果。

1. “内容感知移动工具”介绍

在工具箱中选择“内容感知移动工具”，其属性栏如图 2-5-11 所示。

图 2-5-11 “内容感知移动工具”的属性栏

1）模式：设置工具的工作方式。移动，表示移动选中的内容；扩展，表示复制所选内容。

2）适应：控制移动目标边缘与周围环境融合的强度，有非常严格、严格、中、松散、非常松散等选项。

2. “内容感知移动工具”的应用

打开图像素材文件，选择工具箱中的“内容感知移动工具”，在属性栏中设置模式为“扩展”、适应为“严格”，使用“内容感知移动工具”在要复制的图像部分创建选区，并拖动到其他部分，实现对图像的复制，如图 2-5-12 所示。

图 2-5-12 “内容感知移动工具”的应用

2.5.7 红眼工具

红眼工具可修复用闪光灯拍摄的人物照片中的红眼，以及用闪光灯拍摄的动物照片中的白色或绿色反光。

1. “红眼工具”介绍

在工具箱中选择“红眼工具”，其属性栏如图 2-5-13 所示。

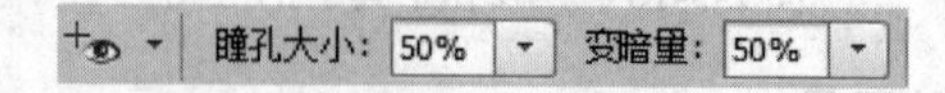

图 2-5-13 “红眼工具”的属性栏

1）瞳孔大小：设置瞳孔，即眼睛暗色的中心的大小。

2）变暗量：设置瞳孔的暗度。

注意：为了避免红眼，可使用相机的红眼消除功能，或使用安装在相机上远离相机镜头位置的独立闪光装置。

2. “红眼工具”的应用

打开素材文件，如图 2-5-14（a）所示，在工具箱中选择“红眼工具”，选用默认属性，在眼睛处单击即可修复红眼，如图 2-5-14（b）所示。

（a）

（b）

图 2-5-14 “红眼工具”的应用

2.5.8 颜色替换工具

颜色替换工具使用校正颜色在目标颜色上绘画，替换图像中的特定颜色。颜色替换工具不适用于“位图”、“索引”或“多通道”颜色模式的图像。

1. “颜色替换工具”介绍

在工具箱中选择“颜色替换工具”（该工具在画笔组），其属性栏如图 2-5-15 所示。

图 2-5-15 “颜色替换工具”的属性栏

1）模式：设置为“颜色”。

2）取样：设置被替换颜色取样的方式。“取样：连续”，在拖动时连续对颜色取样；“取样：一次”，只替换第一次单击时的目标颜色；“取样：背景色板”，替换当前背景色所代表的颜色。

3）限制：设置替换颜色的位置范围。“不连续”表示替换任何位置的样本颜色；“连续”表示替换与鼠标单击处相邻的近似颜色；“查找边缘”表示替换包含样本颜色的连接区域，同时更好地保留形状边缘的锐化程度。

4）容差：设置替换颜色的范围，设置为 0%～100%范围内的一个数值。设置较小的数值表示替换与所单击坐标处像素非常相似的颜色，设置较大的数值表示可替换的颜色范围更广。

5）消除锯齿：为所校正的区域定义平滑的边缘。

2. “颜色替换工具”的应用

打开素材文件，如图 2-5-16（a）所示，设置前景色为粉红色，在工具箱中选择“颜色替换工具”，在属性栏中设好画笔大小和硬度，单击“取样：连续”按钮，将“容差”设置为 30%，然后在花瓣上涂抹，就可以替换花瓣的颜色了，如图 2-5-16（b）所示。

（a）（b）

图 2-5-16 “颜色替换工具”的应用效果

2.6 修饰图像

Photoshop 提供了图像修饰工具，使图像产生涂抹效果，色彩减淡、加深及改变图像色彩的饱和度。

2.6.1 模糊与锐化工具

模糊工具可柔化硬边缘或减少图像中的细节，减少像素间的对比度，使图像像素模糊。模糊工具常用于增加图像的空间感和距离感，从而可以实现聚焦、突出图像主体的效果。

锐化工具可聚焦软边缘，增加像素的对比度，使图像变得锐利，以提高清晰度或聚焦程度。锐化工具广泛用于修复因扫描引起问题的照片或用于修复聚焦不准的照片。

1. “模糊工具”/“锐化工具”介绍

在工具箱中选择“模糊工具”/“锐化工具”，其属性栏如图 2-6-1 所示。

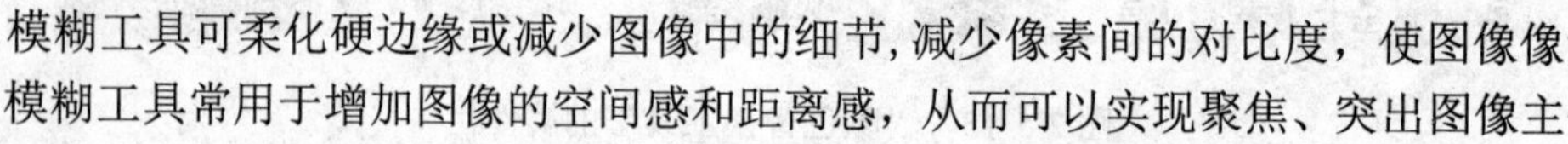

图 2-6-1 “锐化工具”的属性栏

1）模式：指的是模糊或锐化效果的颜色模式，在进行模糊或锐化处理的同时对图像的颜色会有所影响。

2）强度：用于调节工具的效果强度。

3）对所有图层取样：指的是对所有可见图层进行模糊或锐化处理。当选中“对所有图层取样”复选框时，模糊或锐化处理都会作用到正在处理的目标图层上。

4）保护细节：可以轻微保护图像像素，在进行锐化处理时防止画面失真。

注意：锐化工具和模糊工具的效果是不可以相互转换的。使用模糊工具，会损失很多的图像细节像素，锐化工具是基于当前图像的像素进行锐化处理的，并不能找回丢失掉的像素。

2. “模糊工具”/“锐化工具”的应用

打开素材文件，如图 2-6-2（a）所示，在工具箱中选择“模糊工具”，在属性栏中选择画笔笔尖，设置模式和强度，选中“对所有图层取样”复选框，以便使用所有可见图层中的数据进行模糊处理。然后在要进行模糊处理或锐化处理的图像部分上涂抹，结果如图 2-6-2（b）所示。

（a）

（b）

图 2-6-2　模糊和锐化效果

2.6.2　涂抹工具

涂抹工具模拟将手指滑过湿油漆时所产生的效果，可以改变图像形状。该工具可拾取画笔开始位置的颜色，并沿滑动的方向展开这种颜色。

1. “涂抹工具”介绍

在工具箱中选择“涂抹工具”，其属性栏如图 2-6-3 所示。

图 2-6-3　“涂抹工具”的属性栏

手指绘画：选中该复选框，使用前景色进行涂抹；如果取消选中该复选框，则使用涂抹的起点处鼠标指针所指的颜色进行涂抹。

2. “涂抹工具”的应用

打开素材文件，选择工具箱中的“涂抹工具”，在属性栏中选择画笔笔尖并设置模式选项，在图像中单击拖动鼠标以涂抹像素，结果如图 2-6-4 所示。

图 2-6-4　涂抹效果（前景色为红色）

在 Photoshop CS6 中，按住 Alt 键的同时使用“涂抹工具”在图像中涂抹，可实现“手指绘画”的涂抹效果。

2.6.3　减淡与加深工具

减淡工具和加深工具是基于调节照片特定区域曝光度的工具，可增加光线使照片中的某个区域变亮（减淡），或减少曝光度使照片中的区域变暗（加深）。通过使用加深工具/减淡工具来给对象添加光影效果，让画面更逼真、自然。

1. “减淡工具”/“加深工具”介绍

在工具箱中选择“减淡工具”/“加深工具”，其属性栏如图 2-6-5 所示。

图 2-6-5　“减淡工具”的属性栏

1）范围：加深工具和减淡工具的作用范围是用高光、阴影、中间调作为划分标准，分别意味着加深工具或减淡工具影响图像的高光区域、不亮也不暗的区域及阴影区域。涂抹过的区域就会根据光影分布区域来进行颜色的加深或减淡处理。

2）曝光度：设置画笔的曝光度。

3）保护色调：最小化阴影和高光中的修剪，并防止颜色发生色相的偏移。

2. “减淡工具”/“加深工具”的应用

打开图像素材文件，选择工具箱中的“减淡工具”或“加深工具”，在属性栏中选择画笔笔尖并设置画笔选项，在属性栏中选择范围为“中间调”：更改灰色的中间范围，为“减淡工具”或“加深工具”指定曝光。在要变亮或变暗的图像部分上涂抹，结果如图 2-6-6 所示。

图 2-6-6　减淡/加深效果

2.6.4　海绵工具

海绵工具可增加或降低图像局部区域的饱和度。在灰度模式下，该工具通过使灰阶远离或靠近中间灰色来增加或降低对比度。

1. “海绵工具”介绍

在工具箱中选择“海绵工具”，其属性栏如图 2-6-7 所示。

图 2-6-7　“海绵工具”的属性栏

1）模式：一种是降低饱和度；另一种是饱和，即增加饱和度。

2）流量：设置画笔涂抹的流量数值，数值越大、效果越明显。

3）自然饱和度：根据图像的整体明亮程度，最小化修剪以获得完全饱和色或不饱和色。

2. “海绵工具”的应用

打开图像素材文件，如图 2-6-8（a）所示，选择工具箱中的“海绵工具”，在属性栏中设置相关属性，在要修改的图像部分拖移即可。如图 2-6-8（b）所示为增加饱和度的效果。

（a）

（b）

图 2-6-8　增加饱和度效果

第3章 选区与填充

选区指分离图像的一个或多个部分。通过选择特定区域，可以编辑效果和滤镜并将效果和滤镜应用于图像的局部，同时保持未选定区域不会被改动。选区作为位图最基本的操作，在很大程度上影响位图的编辑调整效果。

Photoshop 提供了选框工具组、套索工具组、魔棒工具组用于建立位图选区，如图 3-0-1 所示。使用“选择”菜单中的命令可选择全部像素、取消选择或重新选择；对选区进行编辑、复制、移动和粘贴，或将选区存储在 Alpha 通道中。

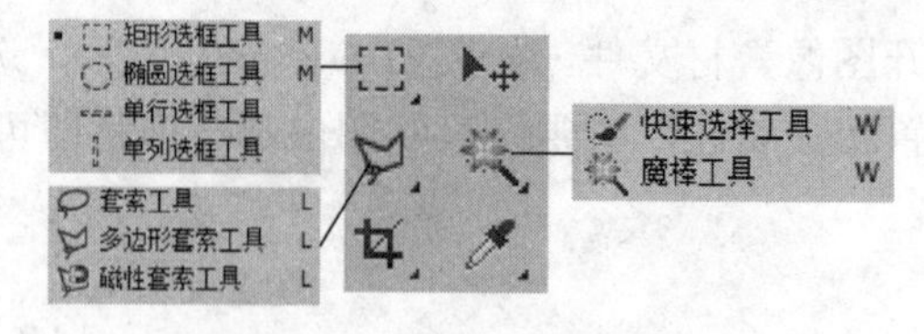

图 3-0-1　选区工具

3.1 选区工具的基础应用

3.1.1 矩形选框工具

矩形选框工具用于创建矩形或正方形的选区。操作方法是，选择工具箱中的“矩形选框工具”，在如图 3-1-1 所示的属性栏中设置选取框的样式和边缘。按住鼠标左键并拖动鼠标，就可以创建以起点和终点为对角线的矩形选框，如图 3-1-2（a）所示。

若要创建正方形选取框，选择工具箱中的“矩形选框工具”，按住 Shift 键并拖动鼠标即可。

若要从中心点绘制选取框，按住 Alt 键并拖动鼠标即可。

图 3-1-1 “矩形选框工具”的属性栏

“矩形选框工具”属性栏中各选项的含义如下。

1）从左到右依次为“新选区”“添加到选区”“从选区减去”“与选区交叉”。

2）羽化：可以柔化选区的边缘，使选区内外衔接的部分模糊化，使选区内外的像素达到自然衔接的效果。如图 3-1-2（b）所示，是羽化 0 像素和 30 像素的效果。

3）消除锯齿：使选区边缘更平滑，防止选取框中出现锯齿状的边缘。

4）样式：设置选取的方式，样式有以下选项。

① 正常：通过在图像中拖动鼠标自主确定选取框的比例。

② 固定比例：设置长宽比的值。若要绘制一个宽是高 2 倍的选取框，输入“宽度”为 2 和“高度”为 1，结果如图 3-1-2（c）所示。

③ 固定大小：为选取框的高度和宽度指定固定的值。输入整数像素值，创建 1 英寸选区所需的像素数取决于图像的分辨率。

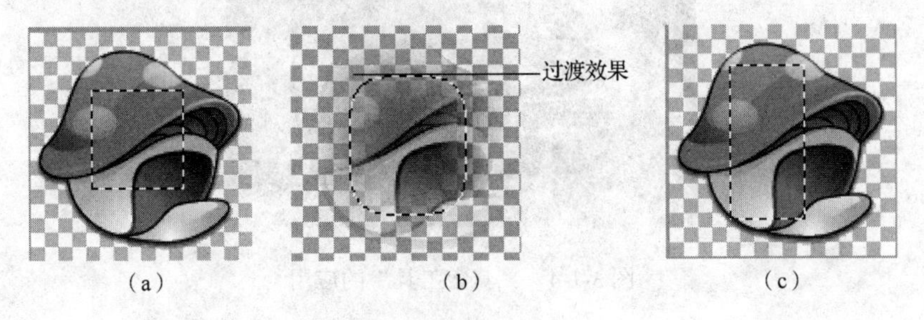

图 3-1-2 “矩形选框工具”的应用

3.1.2 椭圆选框工具

椭圆选框工具用于创建椭圆形或标准圆形的选区，在其属性栏中进行设置、更改选区的样式和边缘效果等，使用方法和“矩形选框工具”一致。

若要创建圆形选取框，选择工具箱中的“椭圆选框工具”，按住 Shift 键并拖动鼠标即可，效果如图 3-1-3（a）所示。

若要从中心点绘制选取框，选择工具箱中的“椭圆选框工具”，按住 Alt 键并拖动鼠标即可，效果如图 3-1-3（b）所示。

（a）

（b）

图 3-1-3 椭圆选取框

3.1.3 单行/单列选框工具

单行/单列选框工具是选择一个像素的行和列，其本质是一个缩小了宽度的矩形选区。在平面设计中，用该组工具配合填充工具绘制一些辅助线条。

3.1.4 套索工具

套索工具采用手绘的方式绘制选区边框。

选择工具箱中的“套索工具”，在其属性栏中设置属性，然后在图像中单击并拖动鼠标，以绘制手绘的选区边框，如图 3-1-4 所示。

图 3-1-4 “套索工具”的应用

要绘制直线选区边框，按 Alt 键，然后单击线段的起点和终点。可以在绘制手绘线段和直线线段之间切换。

要删除绘制的线段，按 Delete 键直到删除所绘线段的控制点。

3.1.5 多边形套索工具

多边形套索工具用于绘制直线线段的选区边框。

选择工具箱中的“多边形套索工具”，其属性与“套索工具”相同，在其属性栏中设置属性，在图像中单击以设置起点，然后执行下列操作。

1）若要绘制直线段，将鼠标指针移动到第一条直线段结束的位置，然后单击，形成控制点，继续单击设置后续线段的控制点。在绘制过程中，拐点处一定要添加控制点，如图 3-1-5（a）所示，最后将鼠标指针移动到起点单击，使直线段闭合，完成选取，形成选区，如图 3-1-5（b）所示。

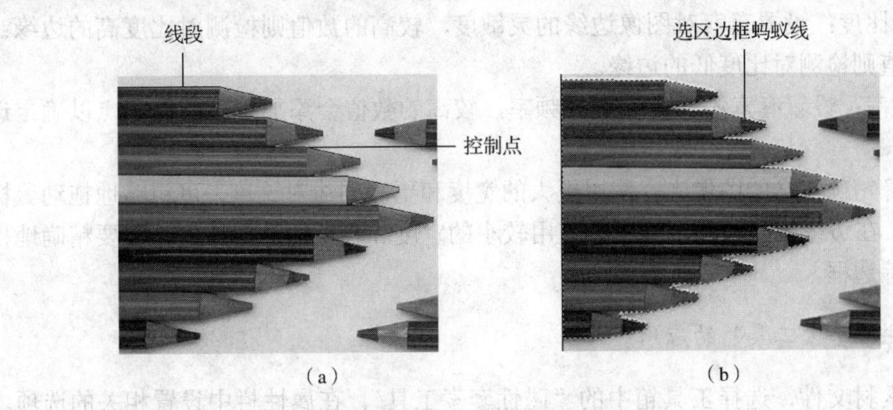

图 3-1-5 多边形套索工具

2）要以 45° 角线段的形式绘制直线，在移动时按住 Shift 键，然后单击下一个线段的控制点即可。

3）要绘制手绘线段，按住 Alt 键然后单击拖动鼠标即可绘制线段。

4）按 Delete 键可删除最近添加的控制点。

关闭选区的操作如下。

1）将“多边形套索工具”的指针移动到起点上，指针旁边会出现一个闭合的圆，单击即可闭合选区。

2）如果指针不在起点上，双击或按 Ctrl 键的同时单击即可关闭选区。

3.1.6 磁性套索工具

磁性套索工具根据图像边缘的对比度，自动选取边界，并将选区边框与图像中所定义区域的边缘对齐。磁性套索工具特别适合快速选择与背景对比强烈且边缘复杂的对象。

1. “磁性套索工具”介绍

在工具箱中选择“磁性套索工具”，其属性栏如图 3-1-6 所示。

图 3-1-6 “磁性套索工具”的属性栏

1）宽度：指定检测宽度，Photoshop 检测从指针开始指定的宽度以内的边缘。按 CapsLock 键可以在指针处显示套索检测宽度。

在创建选区时，按右方括号键（]）可将磁性套索边缘宽度增大 1 像素；按左方括号键（[）可将宽度减小 1 像素。

2）对比度：设置套索对图像边缘的灵敏度，较高的数值则检测对比度高的边缘；较低的数值则检测对比度低的边缘。

3）频率：设置套索添加控制点的频率，较高的数值会添加更多的控制点以确定选区边框。

在边缘精确定义的图像上，使用更大的宽度和更高的边对比度，可粗略地拖动鼠标跟踪边框。在边缘较柔和的图像上，使用较小的宽度和较低的边对比度，需要精确地拖动鼠标跟踪边框。

2. “磁性套索工具”的应用

打开素材文件，选择工具箱中的“磁性套索工具”，在属性栏中设置相关的选项。在图像中单击，设置第一个控制点，沿着想要跟踪的边缘拖动鼠标，“磁性套索工具”会自动添加控制点，绘制选区边界，如图 3-1-7（a）所示。在拐角处，可以通过单击的方式添加控制点，最后回到第一个控制点单击，形成闭合选区，如图 3-1-7（b）所示。

（a）

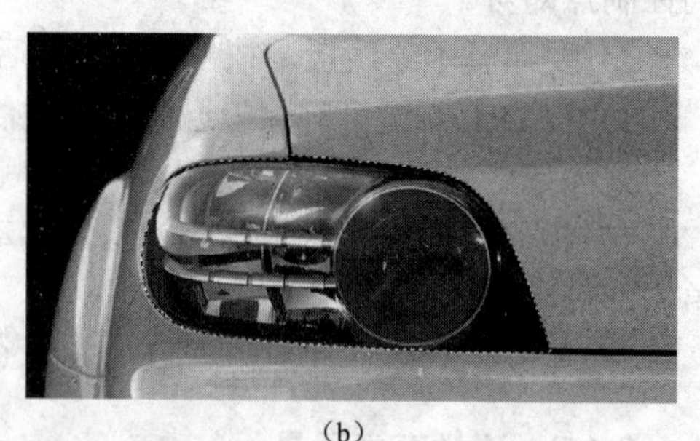

（b）

图 3-1-7 “磁性套索工具”的应用

在创建控制点的过程中，如果添加了错误的控制点，可以通过按 Delete 键来删除。如果找不到第一个控制点，可以通过双击的方式结束选择。

3.1.7 魔棒工具

魔棒工具用于选择颜色比较一致的图像，而不必跟踪其轮廓。

1. “魔棒工具”介绍

在工具箱中选择“魔棒工具”，其属性栏如图3-1-8所示。

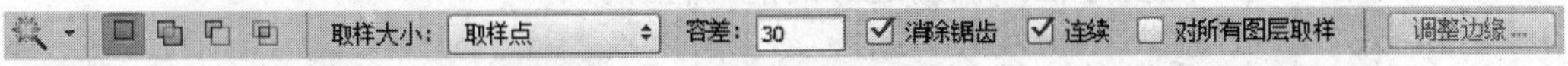

取样大小：取样点 容差：30 ☑消除锯齿 ☑连续 ☐对所有图层取样 调整边缘...

图3-1-8 “魔棒工具”的属性栏

1）容差：选定像素的相似点差异，数值范围为0～255。如果值较低，则会选择与所单击处像素非常相似的少数几种颜色。如果值较高，则会选择范围更广的颜色。

2）消除锯齿：定义平滑的边缘。

3）连续：只选择使用相同颜色的邻近区域。否则，将会选择整个图像中使用相同颜色的所有像素。

2. “魔棒工具”的应用

魔棒工具用于选择颜色比较一致的图像，如图3-1-9（a）所示。打开图像素材，要求选择相框边缘部分为小狗图像添加相框，制作如图3-1-9（c）所示的效果。对比图像，发现图像中间部分颜色比较单一，适合使用“魔棒工具”。在工具箱中选择“魔棒工具”，在其属性栏中设置“容差”为30，选中“连续”复选框，在图像中间单击，可以创建如图3-1-9（a）所示的选区。然后选择“选择”→“反向”命令，创建如图3-1-9（b）所示的选区，利用“移动工具”，将图像拖动到目标图像中，结果如图3-1-9（c）所示。

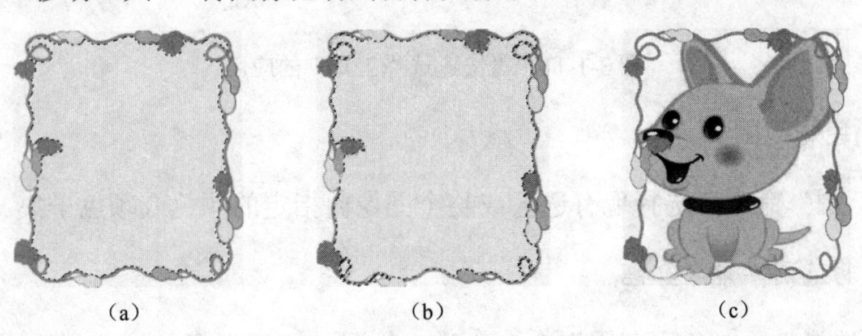

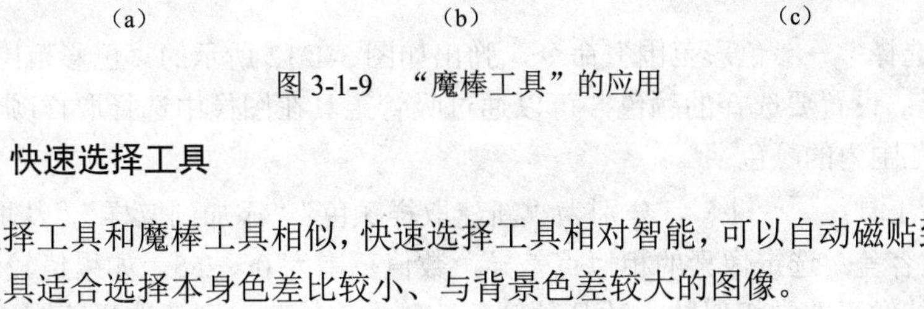

（a） （b） （c）

图3-1-9 “魔棒工具”的应用

3.1.8 快速选择工具

快速选择工具和魔棒工具相似，快速选择工具相对智能，可以自动磁贴到对象边缘。快速选择工具适合选择本身色差比较小、与背景色差较大的图像。

1. “快速选择工具”介绍

在工具箱中选择“快速选择工具”，其属性栏如图3-1-10所示。

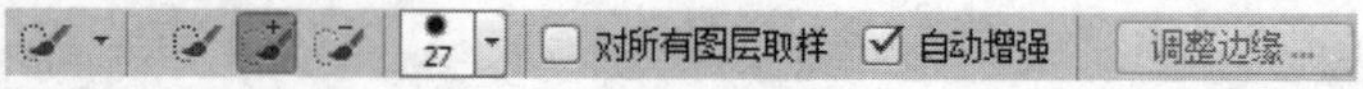

图3-1-10 “快速选择工具”的属性栏

自动增强：选中此复选框，识别边缘的能力会加强。

2. “快速选择工具”的应用

“快速选择工具”可以应用于图像颜色复杂，但是边界比较明显的图像。打开图像素材，选择工具箱中的“快速选择工具”，选中属性栏中的“自动增强”复选框。在人物区域涂抹，“快速选择工具”会自动根据取样点识别边界创建选区，多次涂抹，可以选择整个人物。在选区边缘可以通过单击的方式，添加边缘未选中区域，创建如图3-1-11（a）所示的选区，利用“移动工具”，将图像拖动到目标图像中，效果如图3-1-11（b）所示。

（a） （b）

图3-1-11 “快速选择工具”的应用

3.1.9 色彩范围

“色彩范围”命令可选择现有选区或整个图像内指定的颜色或颜色子集。

1. “色彩范围”命令介绍

选择“选择”→“色彩范围”命令，弹出如图3-1-12所示的“色彩范围”对话框。

1）选择：设置要选择的颜色，可以通过吸管工具在图像中选择取样颜色，选择取样颜色容差范围内的颜色。

2）吸管工具：，分别为“新建取样颜色”“添加到取样”“从取样减去”。

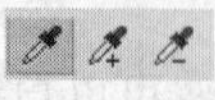

3）颜色容差：选定像素的相似点差异，数值范围为0～255。如果值较低，则会选择与所单击处像素非常相似的少数几种颜色；如果值较高，则会选择范围更广的颜色。

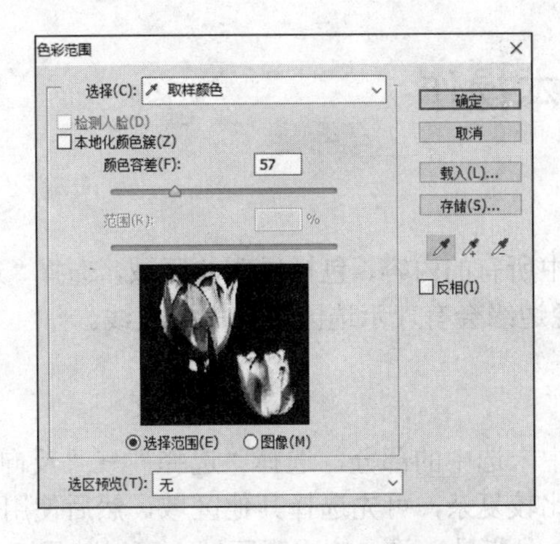

图 3-1-12 “色彩范围”对话框

4）选择范围或图像：缩览图的显示方式，“选择范围”表示缩览图中显示的为选区的蒙版图像，“图像”表示缩览图中显示的是图像。

5）选区预览：设置选区在图像视图窗口的显示方式，可以“灰度”“黑色杂边”“白色杂边”“快速蒙版”模式来显示选区。

6）反相：反相选区。

2. “色彩范围”命令的应用

打开图像素材，选择“选择”→“色彩范围”命令，在弹出的“色彩范围”对话框中设置颜色容差，并选择吸管工具，在图像缩览图中单击创建选区，选择“添加到取样”吸管工具，单击图像添加采样颜色，扩大选区，如图 3-1-13（a）所示，单击“确定”按钮后，得到如图 3-1-13（b）所示的选区。选择“图像”→“调整”→“色相/饱和度”命令，在弹出的“色相/饱和度”对话框中拖动相应色相的滑块，修改图像的色相，然后单击“确定”按钮，结果如图 3-1-13（c）所示。

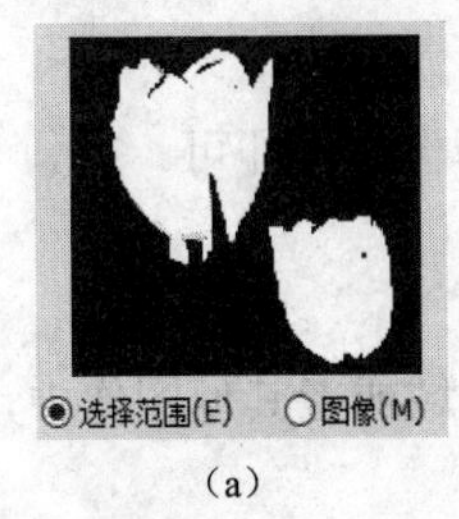

（a）

（b）

（c）

图 3-1-13 使用“色彩范围”命令创建选区

3.2 选区的基本操作

1. 全选

全选用来选择图像中所有的内容，包括透明的区域，选择“选择”→“全部”命令，如图 3-2-1 所示，在图像边缘会有表示选区边框的蚂蚁线。

2. 反选

反选用来选择图像中未选中的部分，选择“选择”→“反向”命令。

如果要选择的内容比较复杂，可先选择其他区域，然后使用“反选”命令选择需要的内容，如图 3-2-2 所示。背景为单一的透明区域，可以使用“魔棒工具”单击选取，然后选择“反向”命令，即可得到蘑菇房子的选区。

图 3-2-1　全选效果图

图 3-2-2　反选效果图

3. 取消选区

取消选区用来取消图像中选择的内容，选择“选择”→“取消选择”命令即可取消选区。

4. 重新选择

要重新选择取消的选区，选择“选择”→“重新选择”命令即可。

5. 移动选区位置

当创建好选区之后，如果想将其移动到图像的其他区域或者其他图像中，可以采用以下方法。

1）选择一个选区工具，在属性栏中设置为“新选区”模式，将鼠标指针放在选区框内，当鼠标指针变成▫形状时，单击拖动鼠标指针到目标区域，即可移动选区，如图 3-2-3 所示。

图 3-2-3　移动选区的效果

要将移动方向限制为 45° 的倍数，在开始拖动鼠标之后，按住 Shift 键即可。

注意：如果要移动选区内的像素内容，则要使用“移动工具”。

2）移动选区到其他图像：将选区拖动到另一个图像的标题栏，在视图区显示目标图像后，再把选区拖动到画布上，即可将选区移动到另一个图像中。

3）使用控制键移动选区：要以 1 个像素的增量移动选区，可使用箭头键实现；若要以 10 个像素的增量移动选区，可按住 Shift 键并配合使用箭头键来实现。

6. 隐藏、显示选区

选择“视图”→“显示额外内容”命令，将显示或隐藏选区边缘、网格、参考线、目标路径、切片和注释。

选择“视图”→“显示”→“选区边缘”命令，将切换选区边缘的视图，只影响当前选区。在建立另一个选区时，选区边框将重现。

7. 储存选区

Photoshop 可以把复杂的选区保存起来方便下次使用，步骤如下。

1）使用选区工具创建选区。

2）选择“选择”→“存储选区”命令，弹出“存储选区”对话框，如图 3-2-4 所示。

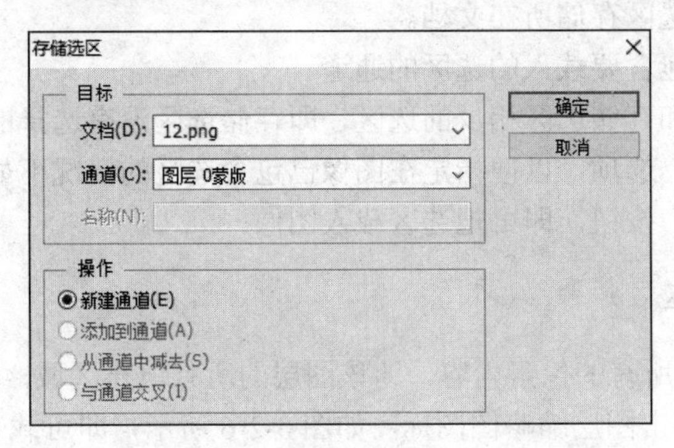

图 3-2-4　“存储选区”对话框

3）在“存储选区”对话框中，设置“目标”选项组。

① 文档：选择通道的来源。

② 通道：选择创建一个新通道，或选择选区要存储的通道。

③ 名称：当“文档”或“通道”选项设为“新建”时，为选区输入一个名称。

4）设置“操作”选项组，在目标图像已包含选区的情况下合并选区，方法如下。

① 新建通道：将当前选区存储在新通道中。

② 添加到通道：将当前选区添加到目标通道中的现有选区。

③ 从通道中减去：从目标通道内的现有选区中减去当前选区。

④ 与通道交叉：从与当前选区和目标通道中的现有选区交叉的区域中存储一个选区。

5）单击“确定”按钮，即可把选区存储，供后期使用。

8. 载入选区

将存储的选区载入图像中，步骤如下。

1）选择“选择”→“载入选区”命令，弹出如图 3-2-5 所示的“载入选区”对话框。

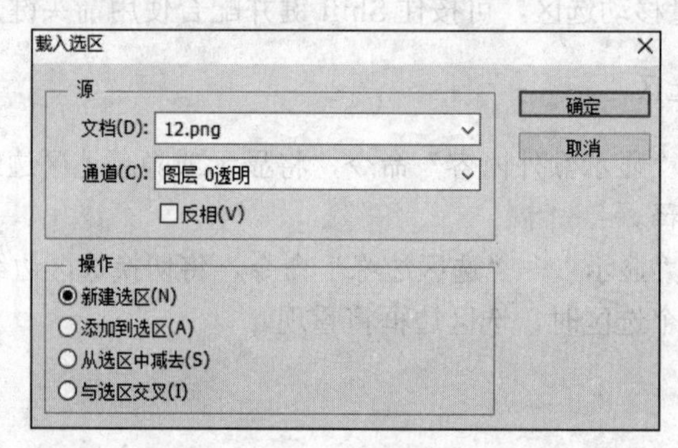

图 3-2-5 “载入选区”对话框

2）在“载入选区”对话框中指定“源”选项。

① 文档：选择选区存储所在文档。

② 通道：选择包含要载入的选区的通道。

③ 反相：载入和存储选区相反的选区，即存储选区没有选择的区域。

3）选择“操作”选项，以便指定在图像已包含选区的情况下如何合并选区。

4）单击“确定”按钮，即可把选区载入图像。

9. 载入图层选区

如要选择图像中所有的像素内容，即该图层的所有填充区域，不包括透明的区域，按住 Ctrl 键的同时单击图层缩略图图标，如图 3-2-6 所示，即可载入图层选区，选择图像中有像素图案的部分。

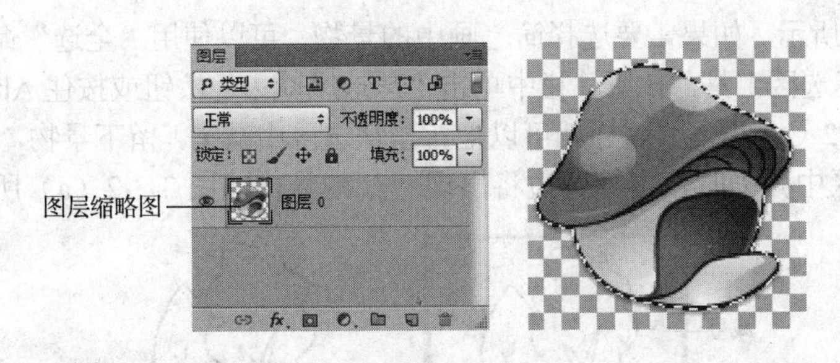

图 3-2-6　载入图层效果

3.3 选区的编辑

3.3.1　增减选区

在创建选区的时候，无法一次性选择所有的像素内容，Photoshop 提供了命令，可以向选区内增加内容、减少选区内容或与原选区求交集。

在各选区工具的属性栏中，有按钮选项，从左到右依次为“新选区”“添加到选区”“从选区减去”“与选区交叉”。在创建好选区后，修改选区工具的属性，选择相应的选项，再次在图像中绘制即可进一步增减选区或获得新选区与原选区的交集。

1. 添加到选区

建立选区，选择选区工具，在属性栏中单击“添加到选区”按钮或按住 Shift 键，然后在图像中单击并拖动鼠标，创建的选区将和原选区合并。

如图 3-3-1（a）所示，如要选择盾牌中的蓝色区域和五角星，可以先选择五角星，然后在属性栏中单击“添加到选区”按钮或按住 Shift 键，选择另外的蓝色背景，在添加到选区时，选区工具的指针旁边将出现一个加号，如图 3-3-1（b）所示。

（a）　（b）

图 3-3-1　添加到选区

2. 从选区减去

建立选区，选择选区工具，在属性栏中单击“从选区减去”按钮或按住 Alt 键，然后在图像中单击并拖动鼠标，原选区将减去与新建选区的交叉部分。

如图 3-3-2 所示，如果需要选择简笔画中的景物，可以使用“全选”命令先选择整个图像，然后选择选区工具，在属性栏中单击“从选区减去”按钮或按住 Alt 键，选择白色背景，如图 3-3-2（a）所示，这样就可以把背景从选区中减去，留下景物，如图 3-3-2（b）所示。在从选区中减去时，指针旁边将出现一个减号，如图 3-3-2（a）所示。

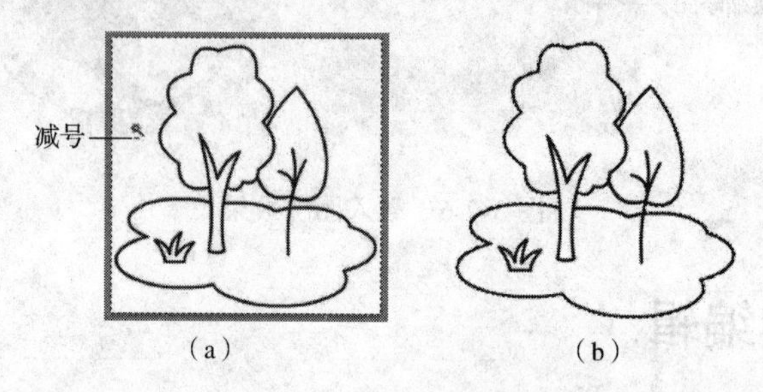

图 3-3-2　从选区中减去

3. 选择与原选区交叉的区域

建立选区，选择选区工具，在属性栏中单击“与选区交叉”按钮或按 Alt+Shift 组合键，然后在图像中单击并拖动鼠标，将保留原选区与新建选区的交叉部分。

创建如图 3-3-3（a）所示的选区，选择工具箱中的“矩形选框工具”，在属性栏中单击“与选区交叉”按钮或按 Alt + Shift 组合键，框选右上角的区域，如图 3-3-3（b）所示，即可和原选区求交集，留下小鸟，如图 3-3-3（c）所示。当选择交叉选区时，指针的旁边将出现一个“×”。

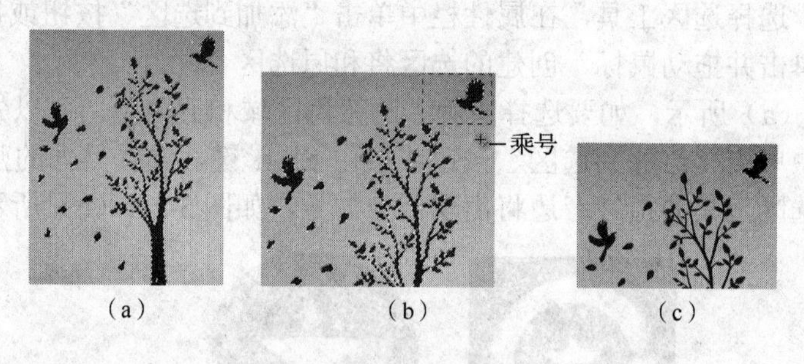

图 3-3-3　交叉选区

3.3.2　变换选区

在 Photoshop 中，可以对选区进行旋转、变形和缩放等变换操作。

在图像中创建选区，如图 3-3-4（a）所示，“选择”→“变换选区”命令，会出现一个定界框，定界框中央有一个中心点，四周有控制点，如图 3-3-4（b）所示。中心点位于对象的中心，它用于定义对象的变换中心，拖动它可以将对象移动到其他位置。拖动控制点则可以进行变换操作。

1）缩放：拖动控制点可以缩放选区。

2）旋转：把鼠标指针移动至角控制点，当鼠标指针变成双箭头圆弧形状时，拖动鼠标即可旋转选区。

3）变形：按住 Ctrl 键，单击拖动左、右下角控制点，可以对选区进行扭曲、变形操作，如图 3-3-4（c）所示。

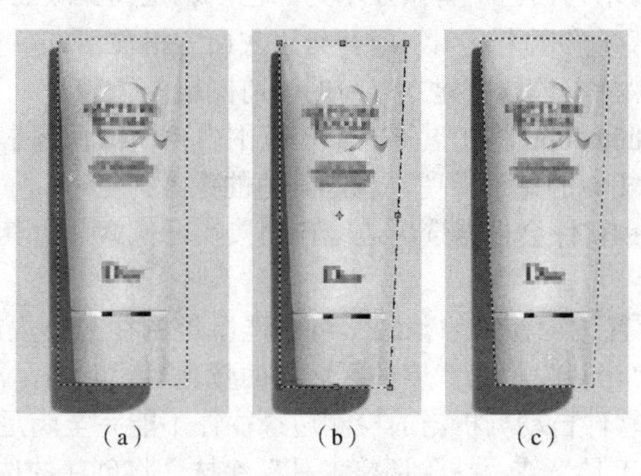

（a）（b）（c）

图 3-3-4 变换选区

3.3.3 调整选区边缘

调整边缘命令用于调整选区的边缘，以完善选区。

1．“调整边缘”命令介绍

在选区工具的属性栏中，单击“调整边缘”按钮，或者选择“选择”→“调整边缘”命令，弹出如图 3-3-5 所示的“调整边缘”对话框，具体参数如下。

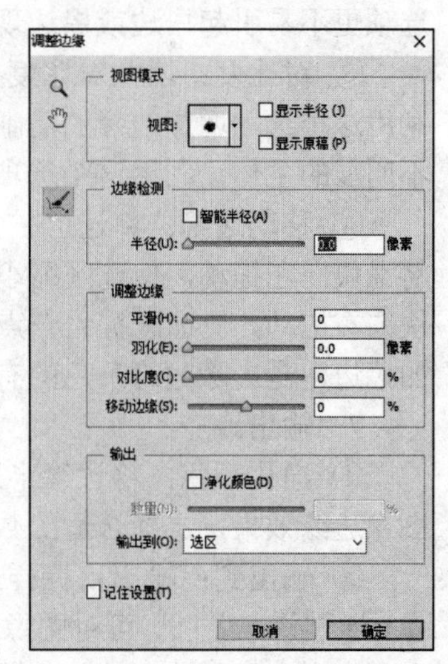

图 3-3-5 “调整边缘”对话框

1）缩放工具：使用“缩放工具”编辑打开的图片，将打开的图像放大或缩小。

2）抓手工具：使用“抓手工具”移动放大的图像，以便于观察图像。

3）“调整半径工具”与“抹除调整工具”组成的工具组：使用“调整半径工具”涂抹，可扩大选区，把漏选的内容选进来；使用“抹除调整工具”涂抹，可缩小选区，将多选的内容删除掉。

4）“视图模式”选项组：显示半径，图像会被黑色完全遮蔽；显示原稿，显示出全部图像。

通过“视图”下拉列表，可设置选区内图像的模式。

① 闪烁虚线：用蚂蚁线显示选区。

② 叠加：用快速蒙版方式显示选区。

③ 黑底：背景用黑色显示。

④ 白底：背景用白色显示。

⑤ 黑白：主体显示为白色，背景显示为黑色，就是用蒙版显示。

⑥ 背景图层：背景显示为透明，即背景用灰白方格显示。

⑦ 显示图层：保持主体选区建立以前的当前图层的原貌。

5）边缘检测。Photoshop 将在设置的半径范围内判断图像像素是属于主体，还是属于背景。与主体色彩相似的像素保留，删除其他的像素。

① “智能半径”：软件会根据选区边缘自动按实际像素分析其宽度，对边缘进行有效的调整。

② “半径”：设置边缘检测的范围，可让选区范围往外扩大或往内缩小一部分。Photoshop 通过对以“半径”值为宽度的区域内的颜色对比判断，决定选区的内容。

在实际应用中，软件自动分析出的检测边缘往往不能完全满足要求，需要手动进行调整，用“调整半径工具”或“抹除调整工具”涂抹，将创建的选区扩大或缩小。

6）调整边缘。

① 平滑：增加平滑值可以将选区中的细节弱化，去除毛刺或缝隙，使选区更加平滑。减小平滑值可以使选区边缘清晰、生硬。对于精细抠图，一般取值为 2、3。

② 羽化：“羽化”选项可以将选区边缘进行模糊处理，它和“半径”选项是不同的，“半径”选项是向选区内部渐隐，而“羽化”选项则向边缘两侧软化。相比来讲，“半径”选项更不易引起白边或黑边现象。

③ 对比度：增大对比度数值，边缘将变得生硬。如果选取边缘十分清晰的主体，利用这个选项增加边缘的清晰程度。减小对比度数值，边缘将变得柔和。如果选取边缘不明显的主体，利用这个选项减小边缘的清晰程度。

④ 移动边缘：将选区扩大或缩小。如果选区选得过大，会露出一部分背景，那么将滑块向左拖动，使选区缩小一点；如果选区选得过小，主体没有全选入选区，就将滑块向右拖动，使选区扩大一点。当边缘出现多余的色边时，减小边缘可以消除背景造成的色边，是去除边缘杂色的有效方法。

7）输出。

① 净化颜色：将边缘半透明颜色去除，去除边缘杂色。设置“数量”值，并观察图像边缘效果，选择合适的数值。

② 输出到：输出目标样式。“新建带有图层蒙版的图层”，以新图层显示选择的图像，通过修改蒙版，可对图像进一步修改。“新建文档”或“新建带有图层蒙版的文档”，在新窗口中以创建文档的方式保存选区图片。

8）记住设置：保存当前设置。

2. “调整边缘”命令的应用

打开素材文件，使用“多边形套索工具”创建如图3-3-6（a）所示的选区，选择“选择”→“调整边缘”命令，弹出“调整边缘”对话框，设置“视图”为黑底（图片为白色，选择黑底增加对比度，方便查看选区内容）、“半径”为8.9、“羽化”为1.6、“对比度”为8、“移动边缘”为-5，把选区图像复制到草地中，可以发现，选区边缘比调整前柔和，图像能很好地和背景融合，如图3-3-6（b）所示。

（a）

（b）

图3-3-6　“调整边缘”命令的应用

3.3.4　修改选区

在创建完选区后，可进一步对选区进行修改，在“选择”→“修改”菜单中，Photoshop提供了“边界”“平滑”“羽化”“扩展”“收缩”等命令。

1. 创建边界

“边界”命令用来在选区周围绘制一个设定大小的实边缘边框。其一般和“渐变工具”“描边”命令配合使用，用于创建图像边框。

2. 平滑选区

“平滑”命令用于清除基于颜色的选区边缘的杂散像素，使选区边缘更光滑。

打开素材文件，如图3-3-7（a）所示，选择“选择”→“修改”→“平滑”命令，在弹出的“平滑选区”对话框中的“取样半径”文本框中，输入1～100范围内的像素值，然后单击“确定”按钮，平滑效果如图3-3-7（b）所示。

3. 羽化选区

“羽化”命令可以柔化选区的边缘，使选区内外衔接的部分模糊化，使选区内外的像素达到自然衔接的效果。

选择“选择”→“修改”→“羽化”命令，在弹出的“羽化选区”对话框中的“羽化半径”文本框中，输入1～255范围内的像素值，然后单击“确定”按钮，羽化效果如图3-3-7（c）所示。

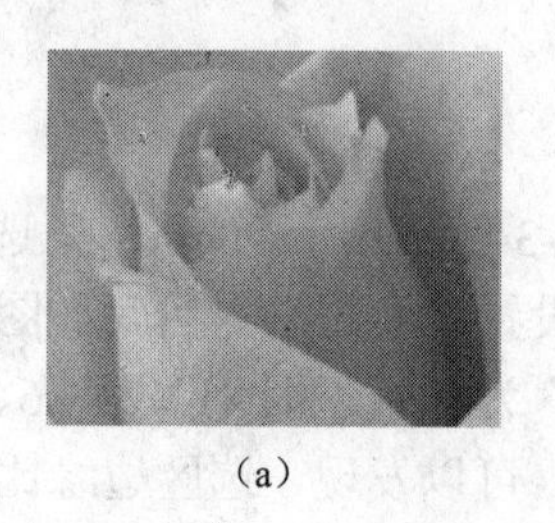
(a)

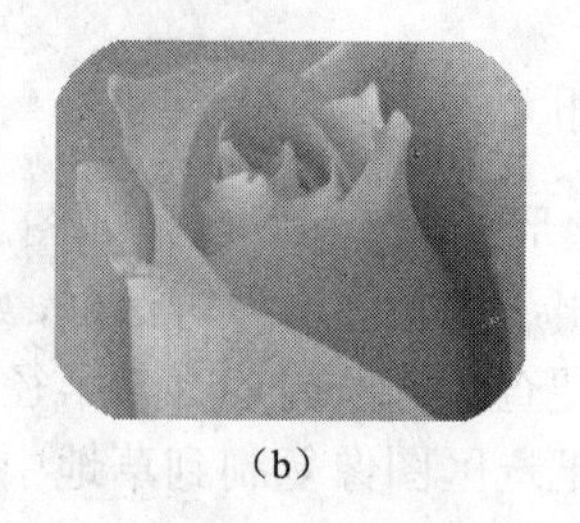
(b)

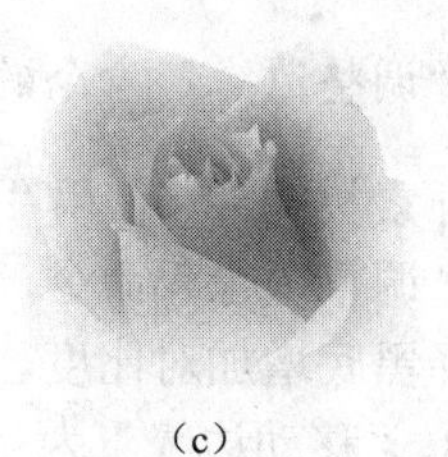
(c)

图 3-3-7　平滑、羽化选区的效果

注意：羽化有两种方式，第一种是创建完选区后，选择“羽化”命令对选区进行羽化操作；第二种是在选取工具的属性栏中，设置羽化属性，表示在创建选区的过程中同时自动执行羽化操作，即得到的选区是已经羽化后的选区。

4. 扩展、收缩选区

“扩展”“收缩”命令可按特定数量的像素扩大或收缩选区，用于对选区大小做细微的调整，选区边框中沿画布边缘分布的部分不受影响。例如，对于图 3-3-8（a）所示原图，其扩展选区和收缩选区后的效果如图 3-3-8（b）、（c）所示。

(a)

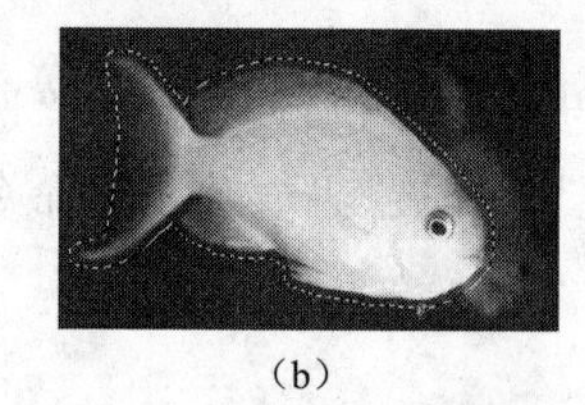
(b)

(c)

图 3-3-8　原图及扩展、收缩选区后的效果

3.3.5　扩大选取和选取相似

在创建完选区后，可以扩大选区，以包含图像中与选区相似的像素区域。打开素材文件，如图 3-3-9（a）所示，选择“选择”→“扩大选取”命令，以包含所有位于魔棒选项中所指定容差范围内的相邻像素，如图 3-3-9（b）所示。

选择“选择”→“选取相似”命令，以包含整个图像中位于容差范围内的像素，而不只是相邻的像素，如图 3-3-9（c）所示。

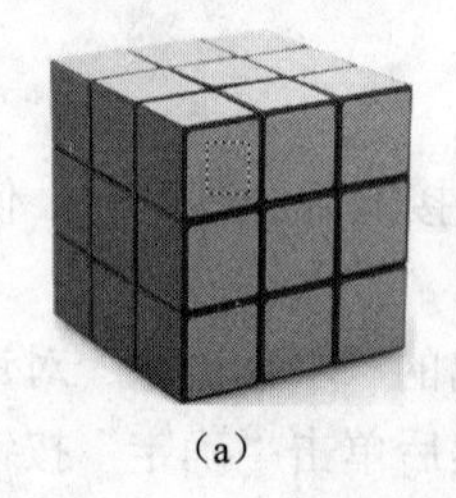
(a)

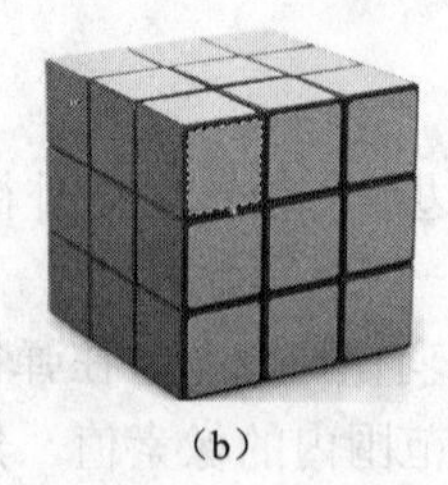
(b)

(c)

图 3-3-9　扩大选取、选取相似的效果

3.4 颜色设置

1. 前景色与背景色

Photoshop 工具箱底部有一组用于设置前景色和背景色的图标，如图 3-4-1 所示，前景色决定了使用绘画工具绘制线条，以及使用文字工具创建文字时的颜色。背景色用来生成渐变填充和在图像已抹除的区域中填充的颜色。默认的前景色为黑色，背景色为白色，单击“默认前景色和背景色”按钮（快捷键 D）可以快速恢复默认的前景色和背景色。单击“切换前景色和背景色”按钮可以交换前景色和背景色。

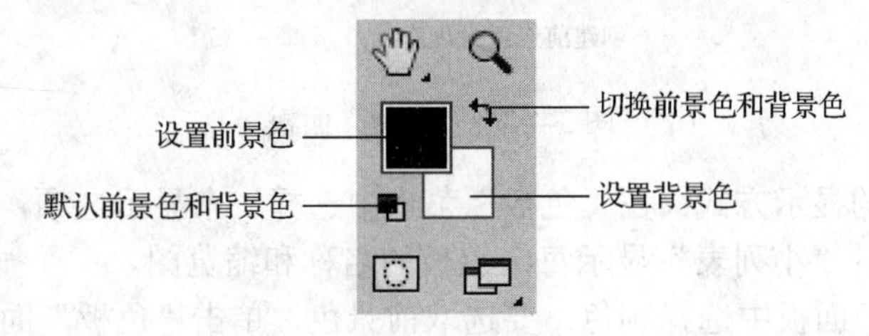

图 3-4-1　工具箱

2. 在“拾色器”中选取颜色

单击“前景色”（或“背景色”）图标，弹出“拾色器（前景色）”对话框，如图 3-4-2 所示。显示的为当前前景色的 RGB 值等参数，设置颜色的方法如下。

1）在色相列表框中选择合适的色相，然后在左侧的颜色列表框中选择合适的颜色。

2）在 R、G、B 文本框中输入 R、G、B 值，可以设置当前的颜色，也可以使用 CMYK 或 HSB 参数设置当前颜色。

3）在“#”文本框中输入十六进制的颜色值，可以设置当前的颜色，设置完成后单击“确定”按钮。

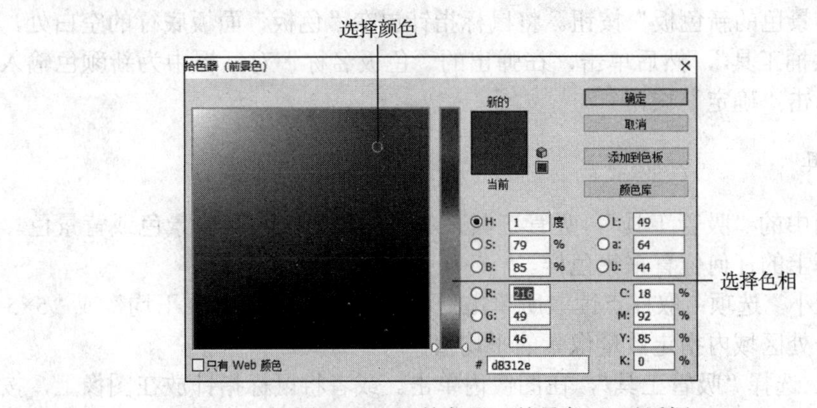

图 3-4-2　“拾色器（前景色）”对话框

3. 使用“色板”面板

“色板”面板存储需要经常使用的颜色。可以在“色板”面板中添加或删除颜色，或者为不同的项目显示不同的颜色库。

选择“窗口”→“色板”命令，即可打开如图 3-4-3 所示的“色板”面板。

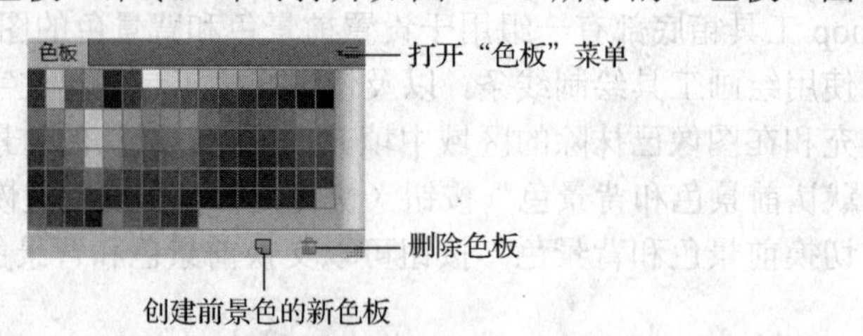

图 3-4-3 “色板”面板

1）更改色板的显示方式：在“色板”菜单中选择一个显示选项，“小缩览图”显示每个色板的缩览图；“小列表”显示每个色板的名称和缩览图。

2）在“色板”面板中选择颜色：要选取前景色，单击“色板”面板中的颜色即可；要选取背景色，按住 Ctrl 键的同时单击“色板”面板中的颜色即可。

3）载入色板库。

①“载入色板”：将库添加到当前列表，选择此命令，在弹出的“载入”对话框中选择要使用的库文件，然后单击“载入”按钮。

②“替换色板”：用另一个库替换当前列表，选择此命令，在弹出的“载入”对话框中选择要使用的库文件，然后单击“载入”按钮。

选择“色板”面板右上角的下拉列表中的颜色库文件，在弹出的对话框中单击“确定”按钮，用选择的库颜色列表替换色板中显示的当前颜色列表；单击“追加”按钮，将选择的库颜色列表追加到色板中显示的当前颜色列表。

4）将颜色添加到“色板”面板。把要添加的颜色设置为前景色，在“色板”面板中单击“创建前景色的新色板”按钮。将鼠标指针放在“色板”面板底行的空白处，指针会变成“油漆桶工具”，然后单击，在弹出的“色板名称”对话框中为新颜色输入一个名称，然后单击“确定”按钮。

4. 吸管工具

选择工具箱中的“吸管工具”，吸管工具采集色样以指定新的前景色或背景色。可从现图像或屏幕上的任何位置采集色样。

1）“取样大小”选项：取样点读取所单击处像素的精确值。“3×3 平均”或“5×5 平均”读取所单击处区域内指定数量像素的平均值。

2）前景色：选择“吸管工具”，在图像内单击。或者将鼠标指针放在图像上，按住鼠标左键在屏幕上拖动，前景色选取框会随着拖动而动态地变化，释放鼠标左键，即可拾取新颜色。

3）设置背景色：按住 Alt 键并在图像内单击。或者将鼠标指针放在图像上，按住 Alt 键的同时按住鼠标左键在屏幕上拖动，背景色选取框会随着拖移而动态地变化，释放鼠标左键即可拾取新颜色。

5. “颜色”面板

“颜色”面板显示当前前景色和背景色的颜色值。要显示“颜色”面板，选择“窗口”→“颜色”命令即可。

1）在“颜色”面板中选择颜色。

选择“颜色”面板中的前景色，然后按下面的方法设置颜色。

① 拖移颜色滑块：滑块颜色会随着滑块的拖动而改变。

② 在颜色滑块右侧的文本框中输入值。

③ 单击“设置前景色”按钮，在弹出的“拾色器（前景色）”对话框中选择一种颜色。将鼠标指针放在色带上，鼠标指针会变成吸管状，然后单击即可采集色样。

2）更改颜色滑块的颜色模型：在“颜色”菜单中选择一个滑块选项，如图 3-4-4 所示。

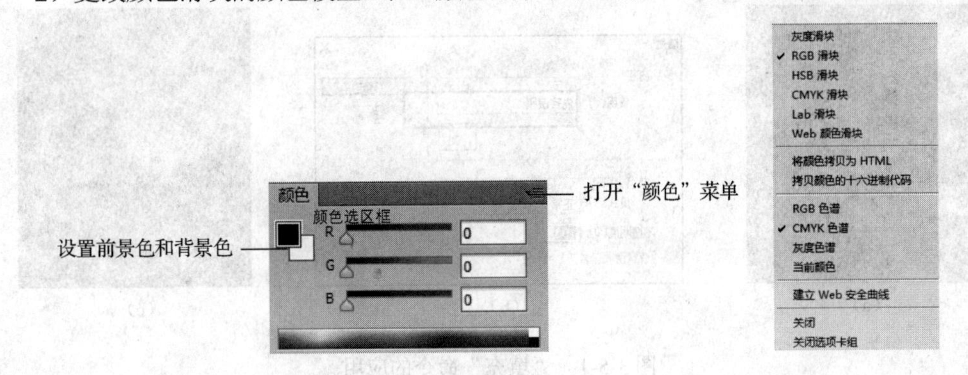

图 3-4-4 “颜色”面板和菜单

3）更改“颜色”面板中显示的色谱：在“颜色”菜单中选择一个色谱，如“RGB 色谱”“CMYK 色谱”“灰度色谱”等，“当前颜色”表示显示当前前景色和背景色之间的色谱。

3.5 填充与描边

1. “填充”命令

“填充”命令用颜色、图案或选区内容自动识别以对选区或图层进行填充。

（1）“填充”命令介绍

选择“编辑”→“填充”命令，弹出“填充”对话框。

1）“内容”选项组：设置填充的内容，填充方式有以下几种。

① 颜色填充：可选择“前景色”“背景色”“黑色”“50%灰色”“白色”或使用指定的颜色填充选区。

② 图案填充：使用图案填充选区。单击“自定图案”下拉按钮，在弹出的下拉列表中选择图案。

③ 内容识别：自动识别选区内的像素内容，自动填充像素。根据图像的纹理、光照和阴影与选区像素进行匹配，使填充后的像素不留痕迹地融入图像的其余部分。

④ 历史记录：将选定区域恢复为在“历史记录”面板中设置为源的状态。

2）“混合”选项组：设置填充像素与图层的混合模式，参考图层混合模式。

（2）“填充”命令的应用

打开图像素材文件，选择选区工具，创建一个选区，如图 3-5-1（a）所示，选择“编辑”→“填充”命令，在弹出的“填充”对话框的“内容”下的“使用”文本框中设置“内容识别”，如图 3-5-1（b）所示，然后单击“确定”按钮即可把图像中的瑕疵修复，如图 3-5-1（c）所示。

（a）

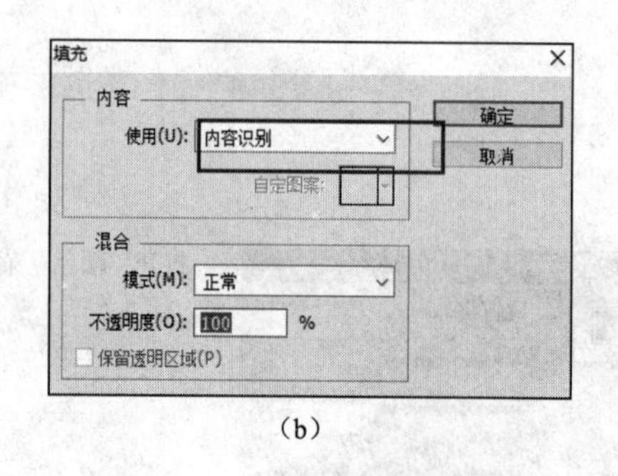

（b）

（c）

图 3-5-1 “填充”命令的应用

2. 油漆桶工具

油漆桶工具用颜色或图案填充与单击处像素颜色在容差范围内的相邻像素。

（1）“油漆桶工具”介绍

选择工具箱中的“油漆桶工具”，其属性栏如图 3-5-2 所示。

图 3-5-2 “油漆桶工具”的属性栏

1）填充内容：用前景色或图案填充选区。

2）容差：定义必须填充的像素的颜色相似程度，值的范围为 0～255。低容差会填充颜色值范围内与所单击处像素非常相似的像素，高容差则填充更大范围内的像素。

3）消除锯齿：平滑填充选区的边缘。

4）连续的：仅填充与所单击处像素邻近的像素。

5）所有图层：基于所有可见图层中的合并颜色数据填充像素。

（2）“油漆桶工具”的应用

打开图像素材文件，如图 3-5-3（a）所示，在工具箱中设置好前景色，选择工具箱中的“油漆桶工具”，设置用前景色填充，在背景区域单击即可修改图片背景，如图 3-5-3（b）所示。

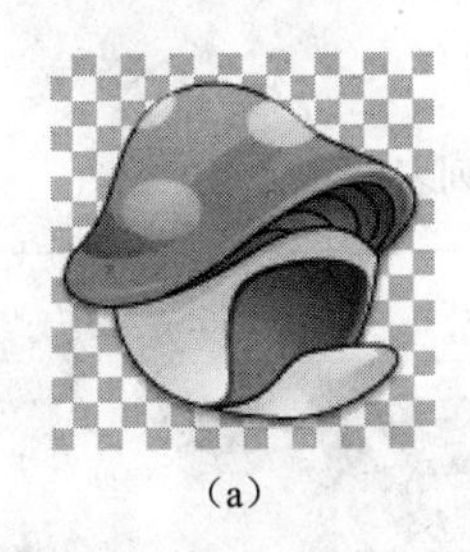

（a）

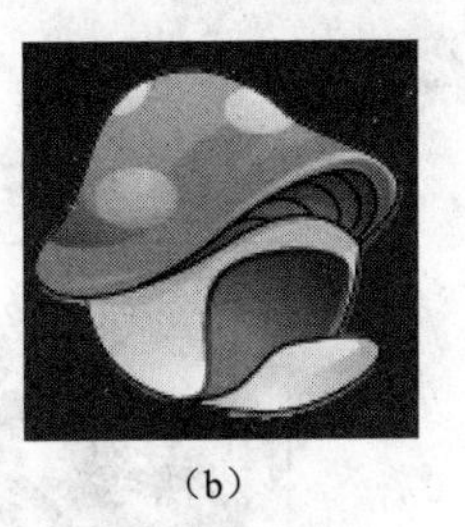

（b）

图 3-5-3 “油漆桶工具”的应用

3. 渐变工具

渐变工具可以创建多种颜色间的逐渐混合，通过在图像上单击并拖动鼠标，使用“渐变工具”填充区域。起点（鼠标单击处）和终点（鼠标左键释放处）会影响渐变外观，具体取决于所使用的渐变方式。

（1）“渐变工具”介绍

选择工具箱中的“渐变工具”，其属性栏如图 3-5-4 所示。

图 3-5-4 “渐变工具”的属性栏

渐变颜色：设置渐变的填充内容。单击“点按可打开‘渐变’拾色器”下拉按钮，在弹出的下拉列表中可选择预设渐变颜色进行填充，如图 3-5-5（a）所示，单击右上角的图标，即可打开渐变预设菜单，如图 3-5-5（b）和图 3-5-5（c）所示，可以设置预设渐变的显示方式，加载其他预设渐变，如蜡笔、色谱等。

在渐变样本内单击，弹出“渐变编辑器”对话框，如图 3-5-6 所示，创建新的渐变填充。

“渐变编辑器”对话框可用于通过修改现有渐变来定义新渐变，还可以向渐变添加中间色，在两种以上的颜色之间创建混合渐变。

1）渐变类型：实底模式，以色标设置的颜色渐变。

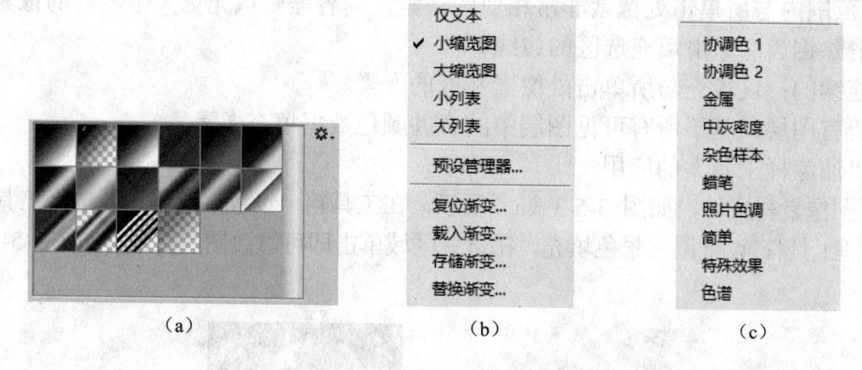

图 3-5-5　渐变预设列表框和菜单

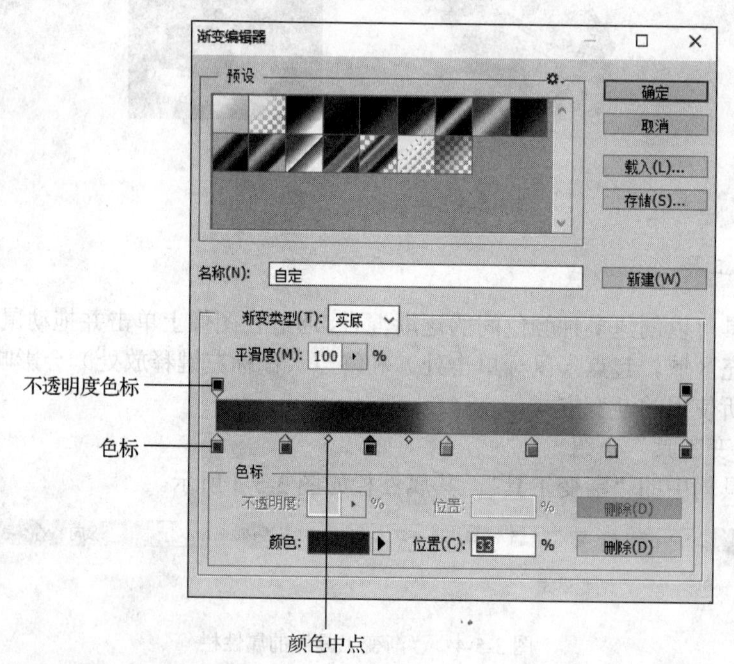

图 3-5-6　“渐变编辑器”对话框

2）平滑度：颜色渐变的平滑度。

3）不透明度色标：用来控制渐变过程中的不透明度变化。单击色轮上方可增加不透明度色标，在下方“色标”选项组中的“不透明度”文本框中可设置不透明度。“位置”选项用来设置色标在色轮中的位置，取值为 0%～100%，0%表示色轮最左边的位置，100%表示色轮最右边的位置。

4）色标：用来控制渐变过程中的颜色，单击色轮下方可增加色标，在下方“色标”选项组的“颜色”文本框中单击可以弹出“拾色器”对话框，用于设置颜色。“位置”

选项用来设置色标在色轮中的位置。

5）颜色中点：两个颜色标记之间的小点，拖动它可以调整两点之间的颜色的长度比例。

6）删除色标：选择色标，然后单击右下角的“删除”按钮，或者把色标拖动到对话框外即可删除色标。

7）渐变类型：杂色模式，渐变颜色会变成竖条状，颜色会根据颜色模型组合分布，具体参数如图 3-5-7 所示。

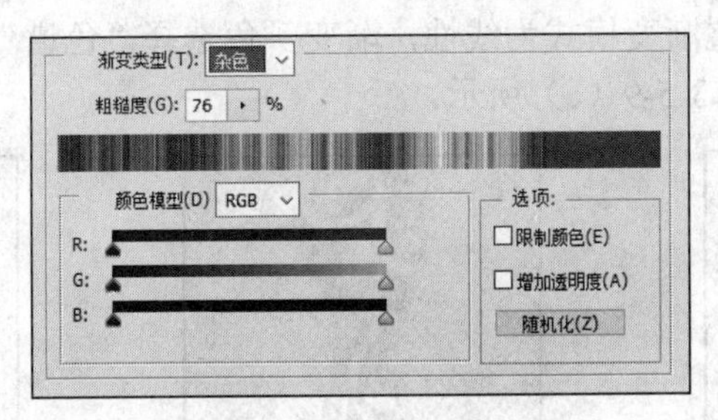

图 3-5-7　杂色模式渐变

8）粗糙度：调整颜色之间的羽化度。

9）颜色模型：选择渐变的颜色模型，有 RGB、HSB、LAB 这 3 种模式，拖动各颜色分量滑块可以设置渐变色中该颜色的含量。

10）限制颜色：防止颜色过饱和。

11）增加透明度：向渐变色中添加透明杂色。

12）随机化：选择各种颜色搭配和比例的渐变条。

“渐变工具”属性栏中各选项的含义如下。

1）渐变模式：设置渐变颜色的填充方式，有 5 种模式。

① 线性渐变：以直线从起点渐变到终点，如图 3-5-8（a）所示。

② 径向渐变：以圆形图案从起点渐变到终点，如图 3-5-8（b）所示。

③ 角度渐变：围绕起点以逆时针方式渐变，如图 3-5-8（c）所示。

④ 对称渐变：使用均衡的线性渐变在起点的两侧渐变，如图 3-5-8（d）所示。

⑤ 菱形渐变：以菱形形状从起点向外渐变，直到鼠标单击定义的终点位置，如图 3-5-8（e）所示。

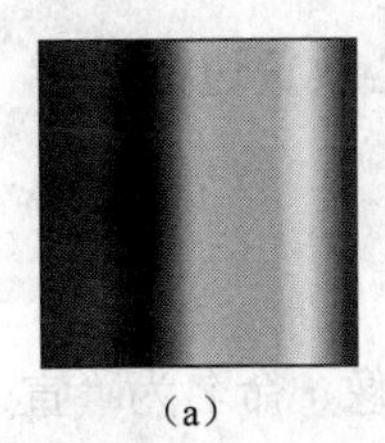
（a）
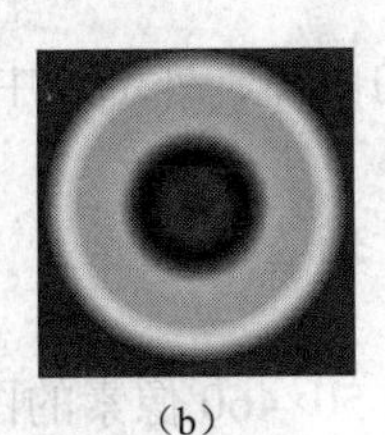
（b）
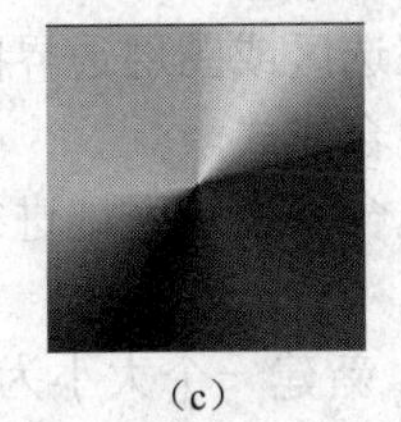
（c）
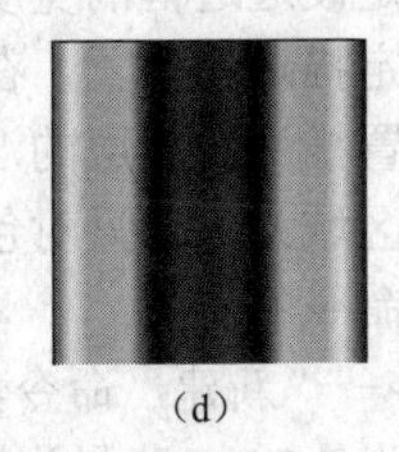
（d）

（e）

图 3-5-8　各种渐变模式

2）反向：反转渐变填充中的颜色顺序。

3）仿色：用较小的带宽创建较平滑的颜色混合，使颜色过渡更顺畅。

4）透明区域：对渐变填充将应用渐变的不透明度设置。

（2）“渐变工具”的应用

打开图片素材，按住 Ctrl 键的同时单击图层缩略图图标载入图层选区，如图 3-5-9（a）所示，选择“选择”→“修改”→“边界”命令，在弹出的“边界选区”对话框中设置“宽度”为 50 像素，单击“确定”按钮，结果如图 3-5-9（b）所示。选择工具箱中的“渐变工具”，设置渐变模式为线性，渐变颜色选择“色谱”，然后从图像左上角渐变到右下角，结果如图 3-5-9（c）所示。

（a）

（b）

（c）

图 3-5-9　渐变填充效果

4. “描边”命令

“描边”命令可在选区、图层或路径周围绘制彩色边框，创建比用“描边”图层样式更为柔和的边框。

“描边”命令只能用在位图上，不受图层边缘的限制，可以将描边应用到其他图层。

“描边”图层样式：提供与分辨率无关的形状描边方法，只能应用于当前图层或对象，也可应用于矢量元素，能自由调整描边的属性，如透明度、位置、混合模式、大小、填充类型等。

（1）“描边”命令介绍

选择“编辑”→“描边”命令，弹出如图 3-5-10 所示的“描边”对话框。

1）描边：指定硬边边框的宽度和颜色。

2）位置：指定描边的位置，在选区或图层边界的内部、外部或中心放置边框。

3）混合：设置描边与图层的混合模式。

4）保留透明区域：表示只对包含像素的区域进行描边。

（2）“描边”命令的应用

选择“文件”→“新建”命令，新建一个大小为 650×460 像素的图像，命名为“宣传画”，颜色模式为 RGB，背景为深绿色。

选择“文件”→“打开”命令，打开“宣传画”素材。选择“选择”→“全部”命令，将其复制到“宣传画”文件中，名称为“图层 2”，如图 3-5-11 所示。

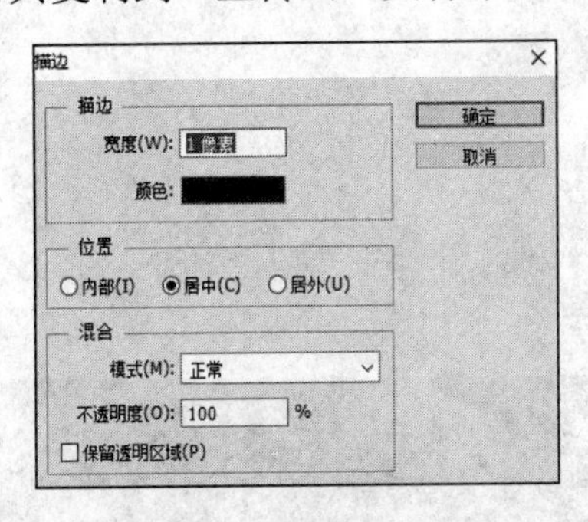

图 3-5-10 “描边”对话框

图 3-5-11 复制图像

按住 Ctrl 键的同时单击“图层 2”的缩略图图标载入图层选区，选择“编辑”→“描边”命令，在弹出的“描边”对话框中设置“宽度”为 10 像素、“位置”为居外，如图 3-5-12（a）所示，单击“确定”按钮，为图层添加外描边效果，结果如图 3-5-12（b）所示。

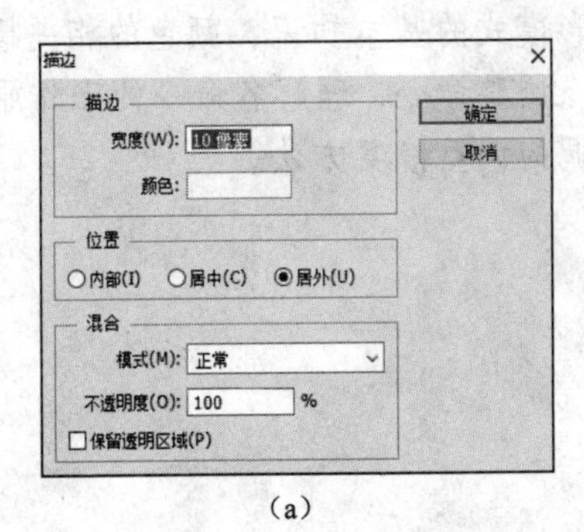

（a）

（b）

图 3-5-12 描边效果

选择工具箱中的“文字工具”，添加文字“抗疫动漫宣传画”，并调整位置，结果如图 3-5-13 所示。

图 3-5-13 添加文字后的效果

第 4 章 颜色的调整

本章将从色彩模式的基本知识、颜色的相关概念入手，逐步探讨各种图像调整命令，理解各命令的工作原理，掌握对图像颜色、色调的调整修复方法。

4.1 调色基础

4.1.1 颜色

颜色是通过眼、脑和生活经验所产生的对光的视觉感受。肉眼所见到的光线，是由波长范围很窄的电磁波产生的，不同波长的电磁波表现为不同的颜色，对色彩的辨认是肉眼受到电磁波辐射能刺激后所引起的一种视觉神经感觉。

颜色具有 3 个特性，即色相、亮度和饱和度，另外在调整颜色时还要考虑颜色的对比度。

1）色相是颜色的一种属性，决定图像的基本颜色，即红、橙、黄、绿、青、蓝、紫 7 种颜色。

2）亮度指各种颜色的图形原色的明暗度，亮度调整也就是明暗度的调整。亮度范围为 0～255，共分为 256 个等级。对于灰度图像，是在纯白色和纯黑色之间划分了 256 个级别的亮度，在 RGB 模式中则代表 3 个原色的明暗度，即红、绿、蓝三原色的明暗度，由浅到深。

3）饱和度指图像颜色的浓度。对于每一种颜色都有一种人为规定的标准颜色，饱和度就是用于描述某种颜色与标准颜色之间的相近程度的物理量。将一个图像的饱和度调整为零时，图像则变成一个灰度图像。

4）对比度指不同颜色之间的差异，对比度越大，两种颜色之间相差得越大，反之颜色就越接近。提高灰度图像的对比度会更加黑白分明，调到极限时，会变成黑白图像。

4.1.2 颜色模式

颜色由被观察对象吸收或反射不同波长的光波进入人眼造成视觉效果而形成。当一束光线进入人眼后，视细胞会产生 4 个不同强度的信号：3 种视锥细胞信号（红、绿、蓝）和视感细胞信号。其中，视锥细胞产生的信号转化为颜色的感觉。3 种视锥细胞（S、M 和 L 类型）对波长长度不同的光线会有不同的反应，每种细胞对某一段波长的光会更加敏感，如图 4-1-1 所示，这些信号的组合就是人眼能分辨的颜色总和。

根据上面的理论，为了科学地定量描述和使用颜色，只需要选定三原色，并对三原色进行量化，就可以将人的颜色知觉量化为数字信号。

颜色模式，是将某种颜色表现为数字形式的模型，或者说是一种记录图像颜色的方式。颜色模式可分为 RGB 模式、CMYK 模式、HSB 模式、LAB 颜色模式、位图模式、灰度模式、索引颜色模式、双色调模式和多通道模式。没有哪一种颜色模式能解释所有的颜色问题，因此使用不同的模式来说明不同的颜色特征。

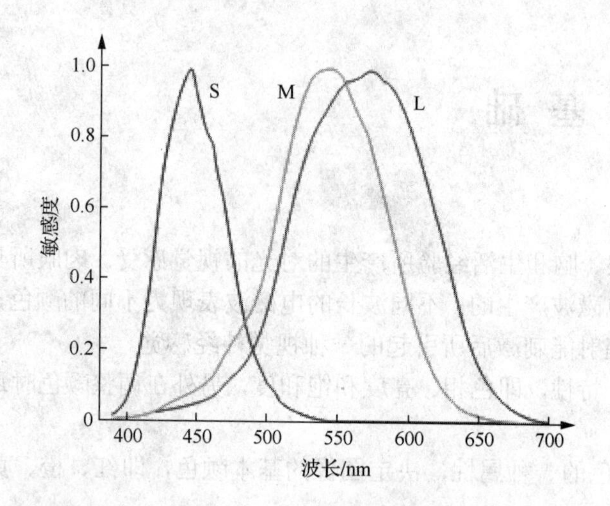

图 4-1-1　信号波长的范围

颜色模式决定了显示和打印图像的颜色方法，决定了图像中的颜色数量、通道数和文件大小，通过选择某种特定的颜色模式，就选用了某种特定的描述颜色的数值方法，决定了可以使用哪些工具和文件格式。

1. RGB 模式

Photoshop 的 RGB 颜色模式使用 RGB 模型，并为每个像素分配一个强度值。每一种颜色称为一个通道，一般用 8 个位表示，即每个通道，红色、绿色、蓝色分量的强度值为 0（黑色）～255（白色），3 个通道将每个像素转换为 24 位的颜色信息，可重现多达 1670 万种颜色，如图 4-1-2 所示。

在 RGB 颜色模式中，红色、绿色、蓝色 3 种颜色不能由其他色混合而成，称为三原色，但通过三原色可以混合出其他的色彩。

1）间色，由任意两个原色混合后的颜色称为间色。三原色可以调出 3 个间色，如红+绿=黄、绿+蓝=青、蓝+红=洋红。

2）补色又称互补色、余色，是指任何两种以适当比例混合后呈现白色或灰色的颜色，称这两种颜色互为补色。色相环上位于对侧的任何两种颜色互为补色，如黄色的补色是蓝色，青色的补色是红色，洋红色的补色是绿色。

3）相邻色指与一种颜色相邻的两种颜色。如图 4-1-3 所示，青色的相邻色是绿色和蓝色，绿色的相邻色是黄色和青色。

在图像中增加色彩的互补色，颜色会相互调和，会使色彩浓度降低，同时增加颜色的两个相邻色，会使色彩浓度增加，让图像更加鲜艳。这一特性在调整偏色的图像时应用非常广泛。

在 RGB 颜色模式中，三原色通过如下方式配色可以得到白色，即 R（255）+G（255）+B（255）=白色（255，255，255）；三原色通过如下方式配色可以得到黑色，即 R（0）+G（0）+B（0）= 黑色（0，0，0）。

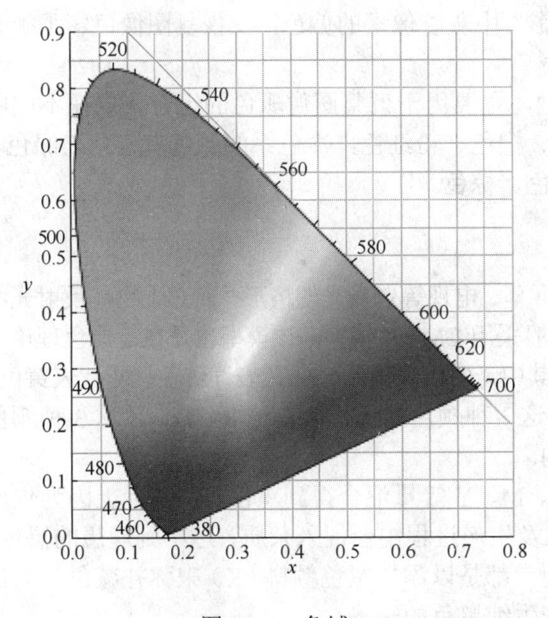

图 4-1-2　色域

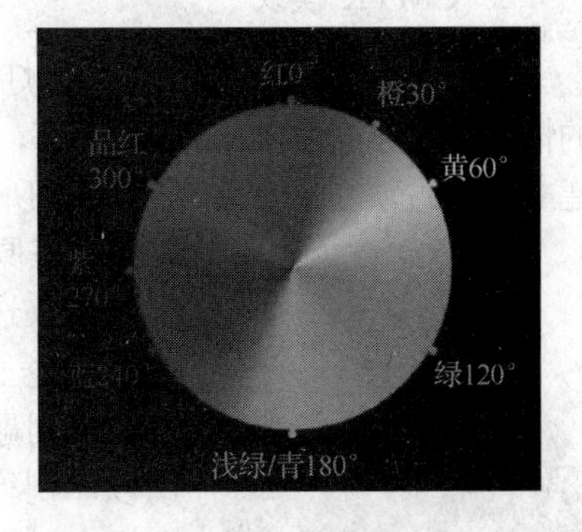

图 4-1-3　色轮

因此，白色是红、绿、蓝 3 个通道的颜色色数值均为 255；黑色就是红、绿、蓝 3 个通道的颜色色数值均为 0，也就是说，随着 3 个通道的颜色的增多，颜色会越来越亮，其他颜色是三原色以不同的比例、强度等多因素相“加”混合而成的。RGB 颜色模式主要用于讨论灯泡、屏幕、电视等自发光的情形，通过发光源各通道强度的增加，合成各种颜色，为加色模型。

4）色调是指图像的相对明暗程度，在彩色图像中表现为颜色，图像中不同亮度级别的变化决定了图像的对比度。

① 白色：亮度最高的区域，没有任何细节。

② 高光：图像中亮度很高的区域，这些区域中仍然包含很多图像细节。

③ 中间调：不是阴影或高光，而是平均亮度。

④ 阴影：是图像的较暗区域，这些区域中仍然包含很多图像细节。

⑤ 黑色：照片中完全黑暗的区域，没有任何细节。

在 RGB 颜色模式中，当 R∶G∶B=1∶1∶1，即红、绿、蓝 3 色数值相等，结果是中性灰度级；当所有分量的值均为 255 时，结果是纯白色；当这些值都为 0 时，结果是纯黑色，如图 4-1-4 所示。

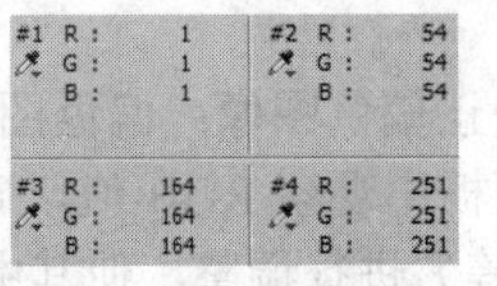

图 4-1-4　中性灰

根据图像中“高光”“中间调”“阴影”中灰度像素的偏色，在恢复图像色彩平衡时可以确定图像的整体偏色。

5）冷暖色指色彩心理上的冷热感觉，主要用于调整图像颜色的组合，烘托不同的颜色氛围。暖色系的颜色有黄色、红色、橙色、粉红色，冷色系的颜色有蓝色、绿色、紫色，中色系的颜色有黑色、白色、灰色、棕色。

2. CMYK 模式

RGB 颜色模式主要用于表示灯泡、屏幕、电视等自发光的情形，而对于物体反射光线的情形，如颜料、涂料、印刷品等，则一般采用 CMYK 模型。该模型也是在三原色理论下建立起来的颜色模型，如图 4-1-5 所示，其中，C 代表青色，M 代表洋红色，Y 代表黄色，即颜料三原色，这 3 种颜色的选择，是按 R、G、B 这 3 种颜色的补色来选择的。

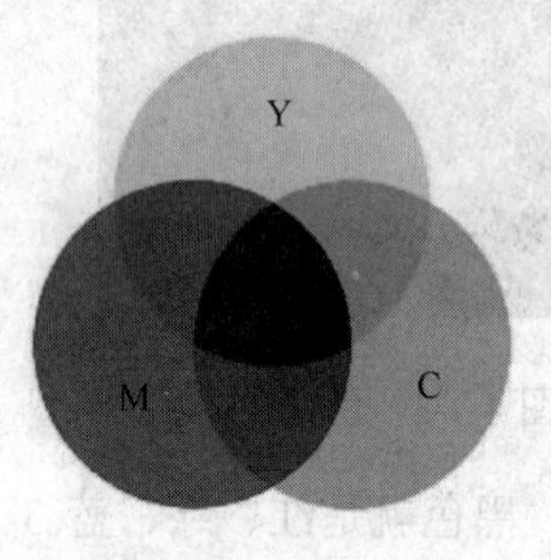

图 4-1-5　CMY 三原色

理论上，C、M、Y 等量混合得到黑色，但实际上因为生产工艺的问题，以及生产过程中会混入杂质，达不到理想的黑色，所以印刷行业通常都是以添加黑色颜料（K）来弥补减色三原色在混合时不能产生纯黑色的缺陷。

物体在白光的照射下，吸收部分光线，反射剩下的光线，从而显示出不同的色彩，因此 CMYK 模型为减色模型。在减色模型中，随着 3 个通道颜色的增多，颜色会越来越暗，当 3 个颜色达到饱和时，就会打印输出黑色。

4.1.3 “信息”面板

“信息”面板主要用来观察鼠标指针在移动过程中，所经过各点的准确颜色数值，以及在颜色取样的时候，演示取样点的颜色信息。选择“窗口”→“信息”命令，打开如图 4-1-6 所示的“信息”面板。

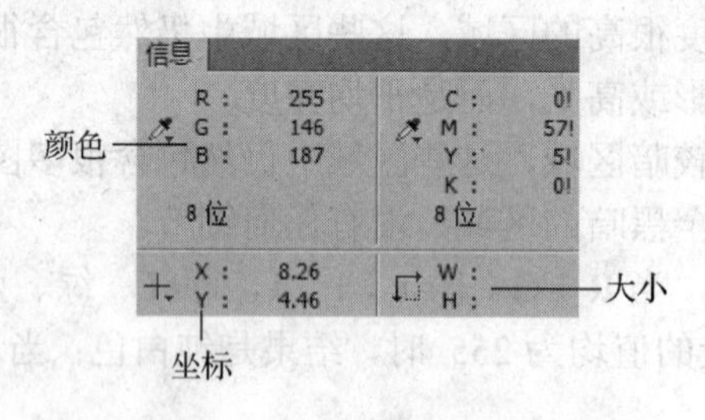

图 4-1-6　“信息”面板

1）校正偏色图像：偏色图像的中性色一般会有问题，可标记图像中的中性色，在“信息”面板中观察 RGB 值，确定图像的偏色，并根据中性灰原理（中性色 RGB 各分量的值相等）进行调整，使其中性色的 RGB 各分量的值趋向接近，以使整个图像的颜色达到平衡。

2）确定图像明亮程度：从 RGB 平均值中可以看出图像的明亮程度。平均值低于128 的图像偏暗、高于 128 的图像则偏亮。平均值过高或过低说明图像存在严重的色彩问题。

3）确定图像通道偏色：在“通道”面板中，选择 CMYK 通道中的一个颜色通道，查看 K 值确定本通道图像偏向的颜色。例如，选择红通道，用鼠标指针在图像上移动，如果 K 值大于 50%说明偏青色，小于 50%则说明偏红色。

在进行色彩调整时，“信息”面板显示鼠标指针下像素的两组颜色值，左侧中的值是像素原来的颜色值，右侧中的值是调整后的颜色值。参考颜色值，有助于中和色痕，确定颜色是否饱和。

4.1.4 “直方图”面板

识别色调范围有助于确定是否有足够的细节来进行良好的色调校正，选择“窗口”→“直方图”命令，打开如图 4-1-7 所示的“直方图”面板。

当用横轴代表 0～255 的亮度数值，竖轴代表照片中对应亮度的像素数量时，生成的图像称为直方图。

直方图中每个值的高度，代表了画面中有多少像素属于那个亮度，可以看出来画面中亮度的分布和比例。如图 4-1-8 所示，波峰是在中间偏左的位置（阴影区域），说明画面中有很多深灰或深色部分。

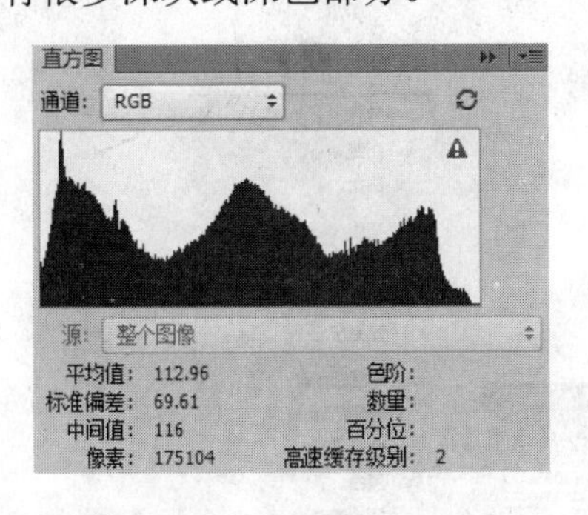

图 4-1-7 “直方图”面板

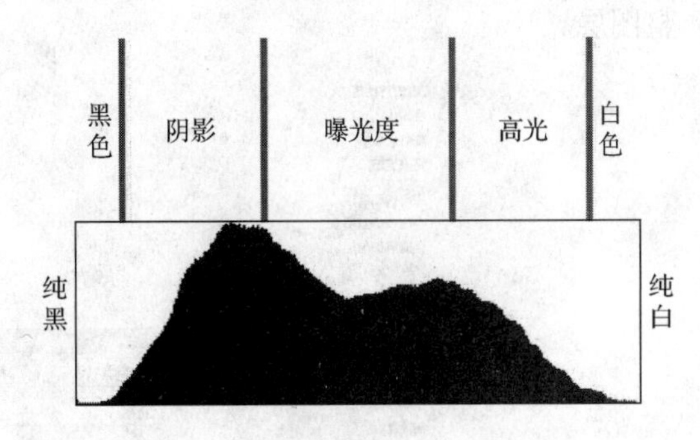

图 4-1-8 直方图

直方图用图形表示图像的每个亮度级别的像素数量，展示像素在图像中的分布情况，反映了图像的品质和色调范围。直方图显示阴影、中间调及高光中的细节，低色调图像的细节集中在阴影处，高色调图像的细节集中在高光处，而平均色调图像的细节集中在中间调处。全色调范围的图像在所有区域中都有大量的像素。

“扩展视图”的直方图显示图像的亮度和颜色信息。增加了“通道”下拉列表，通过下拉列表在复合通道、颜色通道或蒙版之间切换，提供“亮度”直方图和“颜色”直方图的复合信息。

4.1.5 “调整”命令与调整图层

由于相机的色彩捕捉远没有人眼准确，同时相机的液晶监视器显示时可能会出现偏色，因此得到的照片在色彩上有一定的偏差，需要通过后期处理才能让照片达到理想的效果。另外在制作高品质的艺术作品时，对图像的色彩和色调进行调整，Photoshop 提供大量色彩和色调的调整工具，可对图像的亮度、对比度、饱和度和色相进行调整。

Photoshop 提供了“调整”命令和调整图层两种方式。

1）“调整”命令：选择“图像”→“调整”命令，弹出其子菜单，如图 4-1-9（a）所示，选择相应的命令弹出相应的调整对话框，设置相关的参数，能够达到调整图像的色彩、色调的效果，但会修改图像的像素数据，是一种破坏性的调整方法。

2）调整图层：在当前图层上创建一个调整图层，通过调整该图层来对下边的图层产生影响，不改变原有图层像素，是一种非破坏性的调整方法。

其使用方法如下。

1）选择“窗口”→“调整”命令，调出“调整”面板，选择相应的调整图标，添加“调整图层”。

2）单击“图层”面板中的“创建新的填充或调整图层”按钮，如图 4-1-9（b）所示，在弹出的下拉列表中选择相应的调整类型，如图 4-1-9（c）所示。

3）选择“图层”→“新建调整图层”命令，在其子菜单中选择相应的命令添加调整图层。

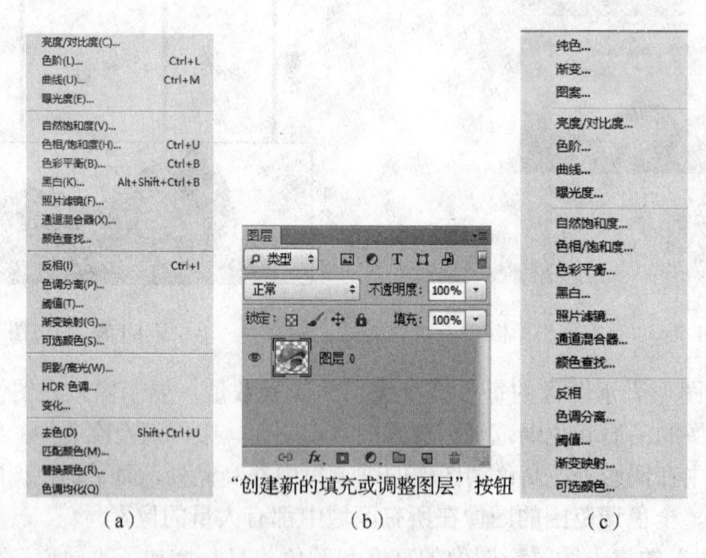

“创建新的填充或调整图层”按钮

（a）　　（b）　　（c）

图 4-1-9　调整命令和调整图层

调整图层和“调整”命令的区别如下。

1）调整图层不直接修改图像像素，通过调整图层和图像图层的混合达到调整效果，可以避免在反复调整过程中损失图像的颜色细节。“调整”命令是直接作用于当前图层，是破坏性调整。调整图层并不支持所有的图像“调整”命令，“调整”命令的应用范围更广。

2）调整图层具有更强的可编辑性，被创建后可以对调整图层的设置进行修改，同时可以使用图层蒙版、剪贴蒙版和矢量蒙版等内容控制调整范围。图像“调整”命令一旦被应用，就只能通过撤销操作后，重新执行命令并设置新的参数选项，或选择不同的“调整”命令来实现效果的改变。

双击调整图层缩览图可以修改调整参数，隐藏或删除调整图层可将图像恢复到原有状态。

3）调整图层可以同时调整多个图层的图像，会影响到其下面的所有可见的图层内容，并可通过改变调整图层在“图层”面板的排列顺序，从而控制具体哪些图层产生影响。“调整”命令只能对当前图层起作用。

如果要调整图层中某一部分的图像内容，“调整”命令需要用选区来控制影响范围，调整图层可以利用蒙版来控制应用范围。

4）支持混合模式和不透明度的设置。调整图层与普通图层一样，具有不透明度和混合模式属性，通过调整这些属性内容可以使图像产生更多特殊的图像调整效果。

4.2 自动调色命令

Photoshop 提供了自动对比度、自动色调、自动颜色 3 个自动调色命令，这些命令根据预设的参数，自动对图像进行简单的调整。

4.2.1 自动对比度

自动对比度（快捷键为 Alt + Shift + Ctrl + L）会自动将图像的对比度提高，图像中的暗部区域将变为黑色，亮部区变为白色，使高光显得更亮而暗调显得更暗，从而使图像中整体色调的对比度更加明显，如图 4-2-1 和图 4-2-2 所示。其可以改进连续色调图像的外观，但不会单独调整通道，无法改善单调颜色图像。

图 4-2-1 原图

图 4-2-2 自动对比度效果

4.2.2 自动色调

自动色调（快捷键为 Shift + Ctrl + L）对每个颜色通道进行调整，将颜色最浅的像素调整为白色，颜色最深的像素调整为黑色，然后按比例重新分配中间像素值，通过对像素的分布进行明暗的调整，如图 4-2-3 所示。“自动色调”命令单独调整每个通道，可能会移去颜色或引入色偏。

图 4-2-3 自动色调效果

修改参数设置：在“色阶”或“曲线”对话框中，单击“选项”按钮，弹出“自动颜色校正选项”对话框，在“算法”选项组中选中“增强每通道的对比度”单选按钮，并调整阴影和高光值的数量，以及中间调的目标颜色，再次应用“自动色调”命令即可按照当前设置的参数进行调节。

4.2.3 自动颜色

自动颜色（快捷键为 Shift + Ctrl + B）快速校正图像中的色彩平衡，通过搜索图像来标识阴影、中间调和高光，将白色提高到最高值 255，将黑色降低到最低值 0，同时将其他颜色重新分配，避免照片出现偏色，调整图像的色相饱和度、对比度和颜色，使图像颜色更为鲜艳。对于色彩比较均衡的照片，应用此命令会使照片的效果更加完美，如图 4-2-4 所示。

原图

效果图

图 4-2-4 自动颜色矫正偏色图像

修改参数设置：在“色阶”或“曲线”对话框中，单击“选项”按钮，弹出“自动颜色校正选项”对话框，在“算法”选项组中选中“查找深色与浅色”单选按钮，选中“对齐中性中间调”复选框，调整阴影和高光的数量，以及中间调的目标颜色，再次应用“自动颜色”命令即可按照当前设置的参数进行调整。

4.3 调整图像的色调

色调是指图像的相对明暗程度。通过调整色调，改变颜色明度和亮度的对比，确定作品色彩外观的基本倾向。

4.3.1 色阶

“色阶”命令（快捷键为Ctrl + L）以直方图用作调整图像基本色调的参考，通过调整图像的阴影、中间调和高光的强度级别，调整输入或输出色阶值，校正图像的色调范围和色彩平衡，以调整色彩的明暗度来改变图像的明暗及反差效果。

“色阶”命令通过把“输入色阶”黑场和白场范围内的像素映射到“输出色阶”设置的范围，输出色阶默认范围为色阶 0（像素为黑色）～色阶 255（像素为白色），如图 4-3-1 所示。黑场将像素值映射为色阶 0，白场将像素值映射为色阶 255，其余像素将在色阶 0～255 范围内重新分布，增大图像的色调范围，增强图像的整体对比度。

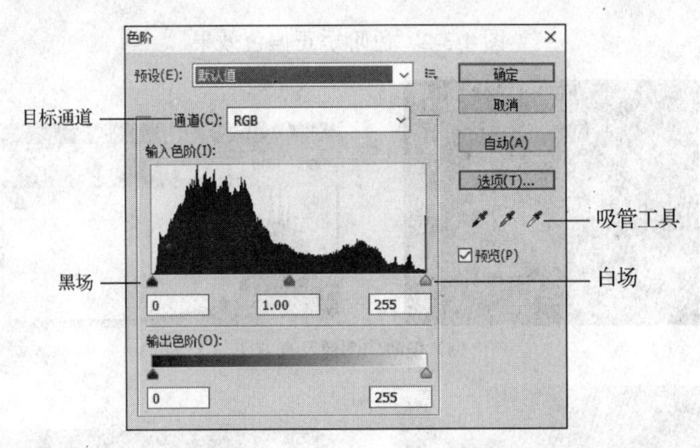

图 4-3-1 “色阶”对话框

“输入色阶”中的灰度滑块用于调整图像中的灰度系数，黑场～灰度之间的像素会映射到0～128，灰度～白场之间的像素会映射到128～255，会影响图像像素整体的分布。

吸管工具用来在图像中选择像素，以设置黑场、灰场、白场，通过将所选像素点映射到相应的场，调整整个图像的对比度，也可以纠正图像的偏色。

1. 使用“色阶”命令矫正偏色

打开素材文件，如图 4-3-2（a）所示，选择“图像”→“调整”→“色阶”命令，弹出如图 4-3-2（b）所示的“色阶”对话框，选择灰场吸管工具，然后单击图像中正常色调情况下应该为中性灰色的点，就可以矫正图像的偏色，得到如图 4-3-2（c）所示的效果。

2. 使用“色阶”命令增强照片的对比度

如果图像的像素色阶分布不均匀，没有使用全部色调范围，图像就会出现对比度缺陷，如图 4-3-3 所示为各种分布不均匀的图像及直方图。

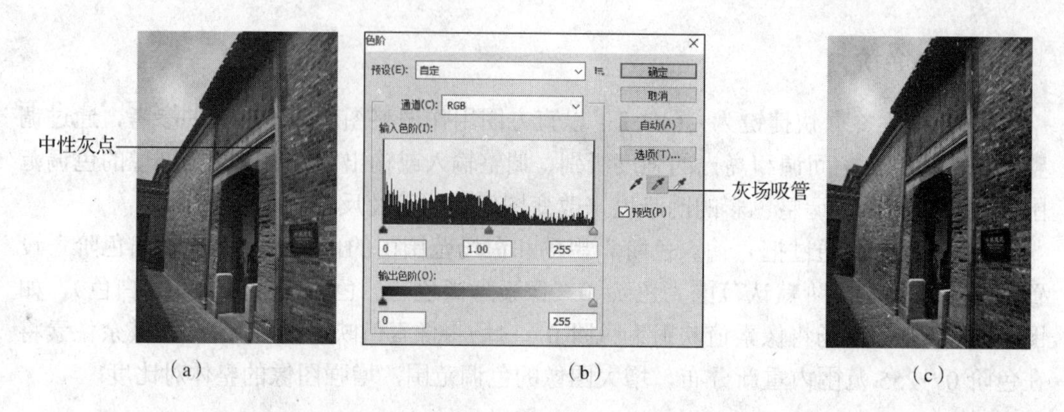

（a）　　（b）　　（c）

图 4-3-2　色阶矫正偏色效果

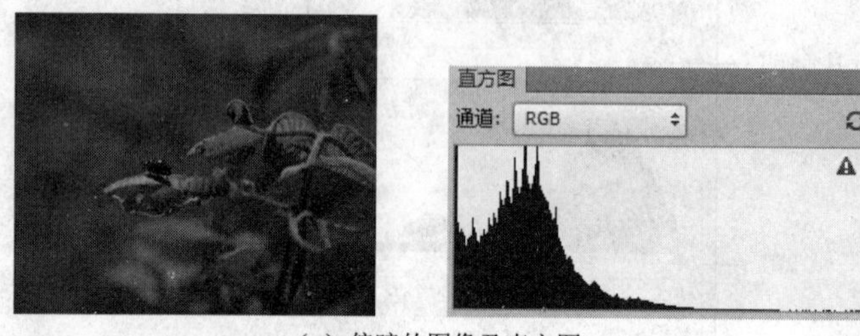

（a）偏暗的图像及直方图

（b）偏亮的图像及直方图

（c）偏灰的图像及直方图

图 4-3-3　各种分布不均匀的图像和直方图

在图 4-3-3（a）所示的直方图中，大部分的像素色阶集中在区间 0～128，选择“图像”→“调整”→“色阶”命令，在弹出的“色阶”对话框的“输入色阶”中将白场输入滑块向内拖动，直到达到直方图的末端，由于左边像素偏多，可以适当调整灰场，如图4-3-4（a）所示。将0～131范围内的色阶映射到区间0～255，由于色阶越大，图像越亮，因为改善图像偏暗的瑕疵，单击“确定”按钮得到如图4-3-4（b）所示的效果，在直方图中，像素色阶能比较均匀地分布在区间0～255。

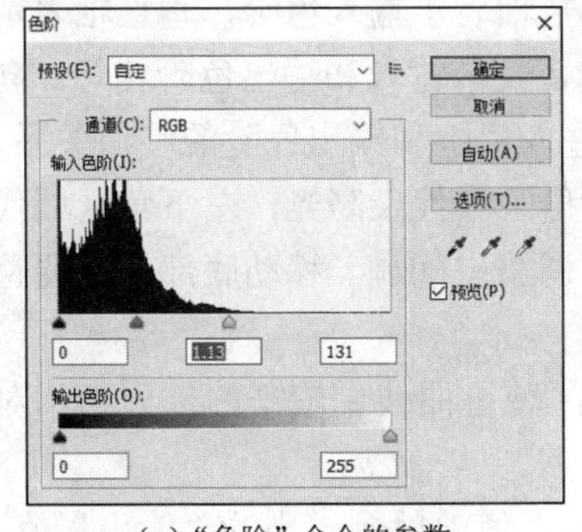

（a）“色阶”命令的参数

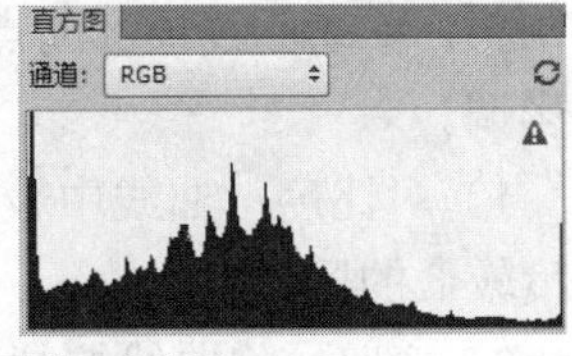

（b）调整后的图像及直方图

图4-3-4 色阶调整偏暗的图像

在图4-3-3（c）所示的直方图中，大部分的像素色阶集中在区间60～230，选择“图像”→“调整”→“色阶”命令，弹出如图4-3-5（a）所示的“色阶”对话框。在“输入色阶”中，将黑场和白场输入滑块向内拖移，直到达到直方图的末端，由于左边像素偏多，可以适当调整灰场，将59～232范围内的色阶映射到区间0～255，增加图像中黑场和白场的像素量，使图像明暗对比合理，改善图像偏灰的瑕疵，单击“确定”按钮得到如图4-3-5（b）所示的效果。

思考：在图4-3-3（b）所示的偏亮的图像中，如何利用“色阶”命令恢复图像原有的对比度。

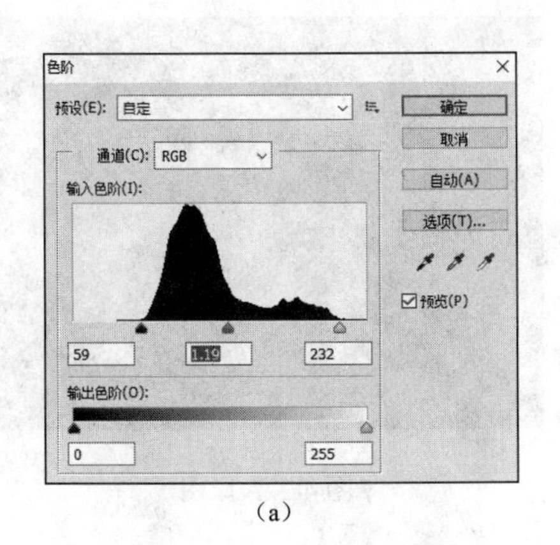

（a）

（b）

图4-3-5 色阶调整偏灰的图像

4.3.2 曲线

“曲线”命令（快捷键为 Ctrl + M）用于调整图像的色调范围，调节全部或单个通道的对比度、局部的亮度和图像颜色。

在如图 4-3-6 所示的“曲线”对话框中，图形的水平轴表示输入色阶，垂直轴表示输出色阶，图像的色调在图形上表现为一条直的对角线，表示输入和输出色阶相等。向线条添加控制点，移动控制点改变曲线的形状，将改变输入色阶和输出色阶的映射关系，调整图像的亮度和对比度。在 RGB 图像中，图形右上角区域代表高光，左下角区域代表阴影，移动曲线顶部的点调整高光调，移动中心的点调整中间调，移动底部的点调整阴影调。

1）对比度：曲线中较陡的部分表示对比度较高的区域；曲线中较平的部分表示对比度较低的区域。

2）变暗：将曲线控制点向下移动，将较大的“输入”值映射到较小的“输出”值，使图像变暗。

3）变亮：将曲线控制点向上移动，将较小的“输入”值映射到较大的“输出”值，使图像变亮。

在图 4-3-7 所示的图像中，通过曲线的调整，可以让图像明暗合理，如图 4-3-8 所示。

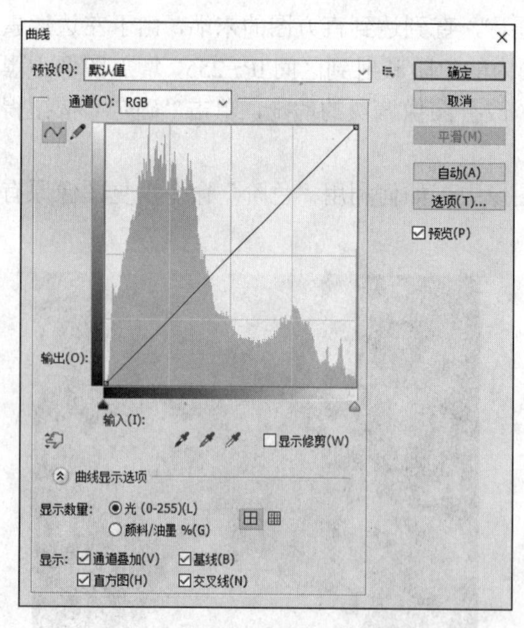

图 4-3-6 “曲线”对话框

图 4-3-7 原图

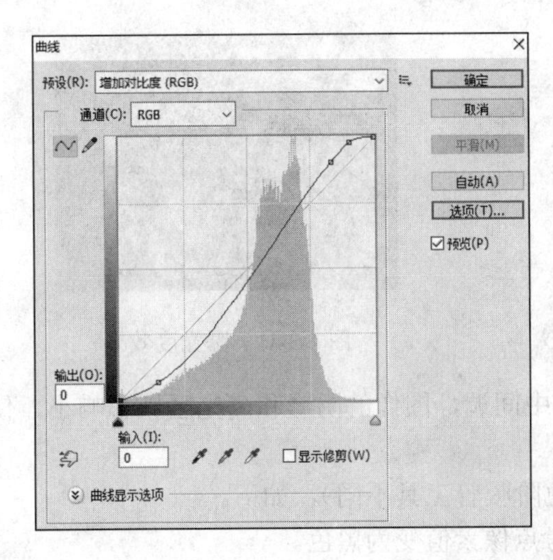

图 4-3-8　曲线调整效果

4.3.3　亮度/对比度

“亮度/对比度”命令是对图像的色调范围进行调整，与“曲线”和“色阶”不同，该命令一次调整图像中的所有像素（高光、暗调和中间调），对每个像素进行相同程度的调整（线性调整），可能导致丢失图像细节，对于高端输出，不建议使用“亮度/对比度”命令。“亮度/对比度”对话框如图 4-3-9 所示。

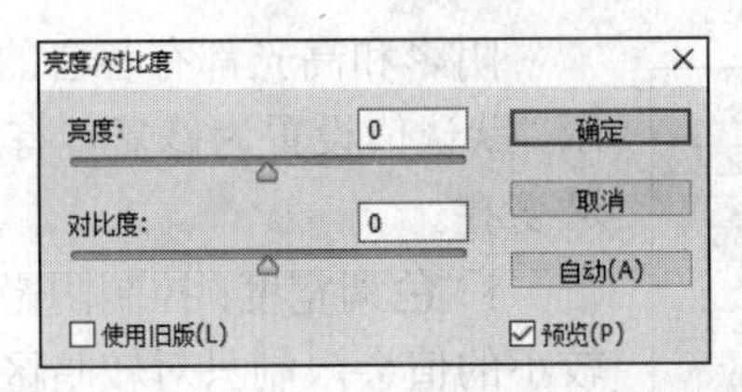

图 4-3-9　“亮度/对比度”对话框

4.3.4　曝光度

“曝光度”命令是模拟数码照相机曝光程序对图片进行二次曝光处理，调整曝光不足或曝光过度的照片。如图 4-3-10 所示为“曝光度”对话框，可通过增加曝光度、减少位移、设置灰度系数，可以突出图像主体，效果如图 4-3-11 所示。曝光度是通过在线性颜色空间而不是图像的当前颜色空间执行计算而得出的。

1）曝光度：调整色调范围的高光端，对阴影的影响很轻微，正值增加图像曝光度，负值降低图像曝光度。

2）位移：偏移量使阴影和中间调变暗，对高光的影响很轻微，正值使图像的阴影变亮。

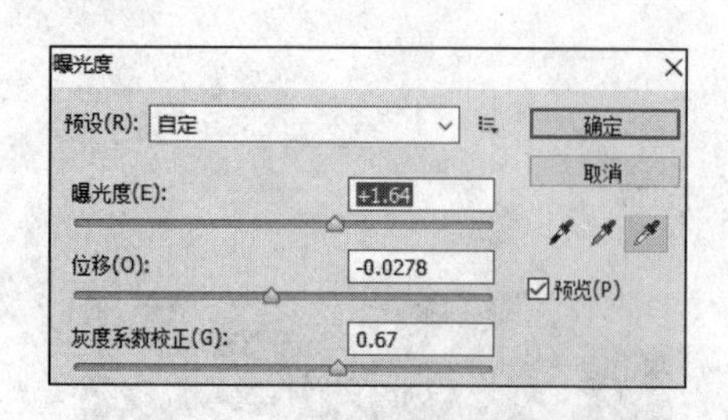

图 4-3-10　“曝光度”对话框

图 4-3-11　曝光度效果

3）灰度系数校正：用于调整图像的中间调，图像的阴影和高光区域影响小，使图像的中间调变亮。

吸管工具将调整图像的亮度值（与色阶吸管工具不同），如下。

黑场吸管工具：设置偏移量，将参考点像素值变为黑色。

白场吸管工具：设置曝光度，将参考点像素值变为白色。

灰场吸管工具：设置曝光度，将参考点像素值变为中性灰色。

4.3.5　阴影/高光

“阴影/高光”命令基于阴影或高光中的周围像素（局部相邻像素）增亮或变暗当前像素点，适用于校正由强逆光而形成剪影的照片，或校正由于太接近相机闪光灯而有些发白的照片。

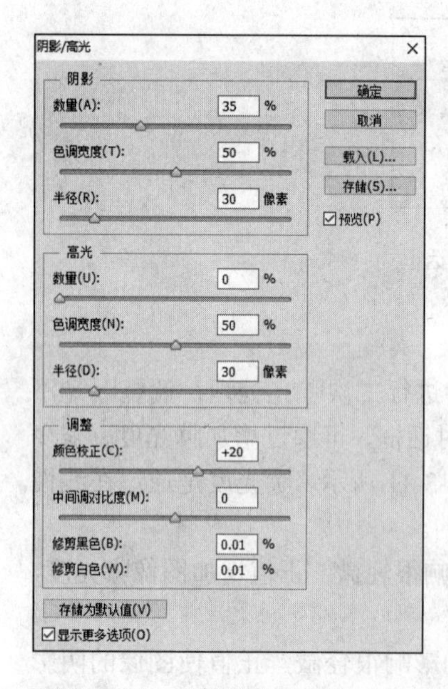

图 4-3-12　“阴影/高光”对话框

阴影和高光都有各自的控制选项，如图 4-3-12 所示，默认值设置为修复具有逆光问题的图像，使阴影区域变亮。

1）色调宽度：控制阴影或高光中色调的修改范围。较小的值会限制只对较暗区域进行阴影校正的调整，并只对较亮区域进行高光校正的调整。较大的值会向中间调色调扩大调整的范围。

色调宽度因图像而异，值太大可能会导致非常暗或非常亮的边缘周围出现色晕。“数量”值太大时，也可能会出现色晕。

2）半径：控制每个像素周围的局部相邻像素的大小。相邻像素用于确定像素是在阴影还是在高光中。“半径”较大，调整倾向于使整个图像变亮（或变暗），而不是只使主体变亮。将半径设置为与图像中所关注主体的大小大致相等。

3）数量：控制阴影或高光中色调的修改量，通过增大阴影“数量”，可以将原图像中较暗的颜色显示出来。

4）颜色校正：在图像中变暗或变亮的已更改区域中微调颜色，使颜色更鲜艳或更暗淡。增大值产生饱和度较大的颜色，减小值产生饱和度较小的颜色。

“色彩校正”只影响图像中发生更改的部分，颜色的变化量取决于阴影或高光的调整幅度，阴影和高光的校正幅度越大，颜色校正的范围也越大。

5）中间调对比度：调整中间调中的对比度。负值会降低对比度，正值会增加对比度。增大中间调对比度会在中间调中产生较强的对比度，同时使阴影变暗并使高光变亮。

6）修剪黑色和修剪白色：在图像中会将阴影和高光剪切到黑色（色阶为0）和白色（色阶为255）的百分比。值越大，修剪的数量越多，生成的图像的对比度越大。

注意：修剪值太大，会减小阴影或高光的细节。

“阴影/高光”对话框中的“中间调对比度”、“修剪黑色”和“修剪白色”选项，用于调整图像的整体对比度。

4.4 调整图像的色彩

色彩调整命令用于调整色相和饱和度、去除彩色、校正平衡和调整颜色通道，进行渐变调整，以改变图像的色彩。

4.4.1 自然饱和度

“自然饱和度”命令用于检测画面中颜色的鲜艳程度，尽量让照片中所有颜色的鲜艳程度趋于一致，正向调整的时候，“自然饱和度”会优先增加颜色较淡区域的饱和度，使图片内容饱和度趋于同一水平。“自然饱和度”对话框如图4-4-1所示。“自然饱和度”自动保护已饱和的颜色，防止颜色“过饱和”，使调整后的图像更自然，如图4-4-2所示。

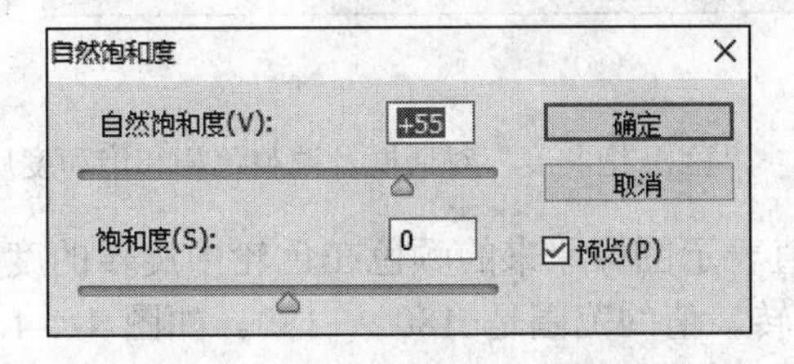

图4-4-1 “自然饱和度”对话框

1）自然饱和度：以自然饱和度的方式调整图像局部饱和度。

2）饱和度：调整图像的整体饱和度。

图 4-4-2 自然饱和度调整前后

4.4.2 色相/饱和度

“色相/饱和度”命令对所有通道、单一通道或选取的图像范围，调整色相、饱和度和亮度。如图 4-4-3 所示为“色相/饱和度”对话框及调整色相和饱和度后的效果。

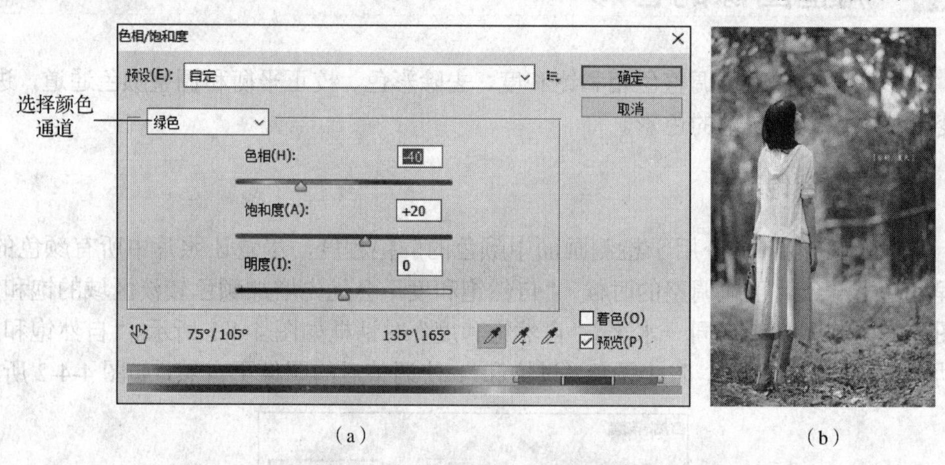

（a） （b）

图 4-4-3 “色相/饱和度”对话框及调整色相和饱和度后的效果

1）色相：设置的值表示图像原来的颜色在色轮中旋转的度数。正值表示顺时针旋转，负值表示逆时针旋转，值的范围是-180～+180。如图 4-4-4 所示，上面的色条为源颜色，下面的色条为色相调整后的颜色。

2）饱和度：输入一个值，或将滑块向右拖移增加饱和度，向左拖移减少饱和度。通过改变饱和度，颜色将变得远离或靠近色轮的中心。值的范围是-100（饱和度减少的百分比，使颜色变暗）～+100（饱和度增加的百分比）。

3）明度：设置亮度增加或减少的比例，范围是-100（黑色的百分比）～+100（白色的百分比)；向右拖动滑块以增加亮度（向颜色中增加白色）或向左拖动以降低亮度（向颜色中增加黑色)。

图 4-4-4　色相调整

4）按钮：单击图像中的颜色，在图像中向左或向右拖动鼠标指针，以减少或增加包含所单击像素的颜色范围的饱和度；按住 Ctrl 键并单击图像中的颜色，在图像中向左或向右拖动鼠标指针可修改色相值。

5）吸管工具：可以通过吸管工具选择图像中的特定颜色进行调整。

选中吸管，在图像中单击，选中一种颜色作为色彩变化的基本范围。

选中吸管，在图像中单击，可在原有色彩范围上添加当前选择的颜色范围。

选中吸管，在图像中单击，可在原有色彩范围上减去当前选择的颜色范围。

6）着色：将图像转化为单一色调，通过改变色相、饱和度对图像进行着色，色相值的范围为 0～360，饱和度值的范围为 0～100。

4.4.3　色彩平衡

“色彩平衡”命令（快捷键为 Ctrl + B）用来控制图像的颜色分布，使图像达到色彩平衡的效果。其可改变图像颜色的构成，进行一般性的色彩校正，但不能精确控制单个颜色通道。

色彩平衡的调整是根据色彩中互补色和相邻色的关系来进行的：互补色相互调和会使色彩浓度降低，同时增加颜色的两个相邻色，会使色彩浓度增加。“色彩平衡”对话框如图 4-4-5 所示。

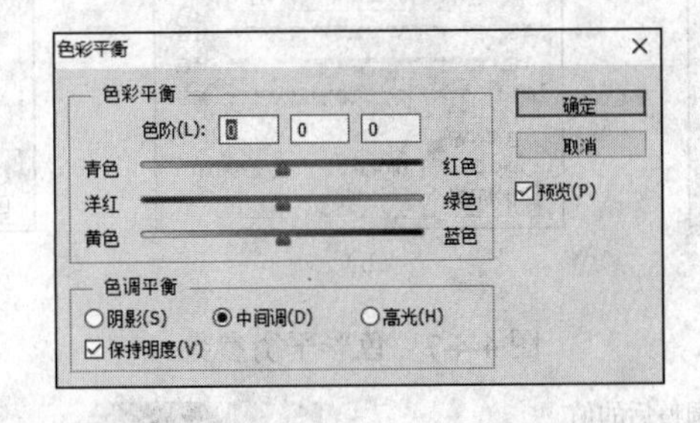

图 4-4-5　“色彩平衡”对话框

“色调平衡”选项组：选择更改的色调范围，其中包括阴影、中间调、高光。

保持明度：该选项可保持图像中的色调平衡，调整 RGB 色彩模式的图像时，为了保持图像的光度值，要将此复选框选中。

“色彩平衡”：通过在文本框中输入数值或移动滑块设置 R、G、B 颜色通道的调整值，来改变图像中的颜色组成。

（1）偏色的确定

打开素材文件，调出“信息”面板，在工具箱中选择“颜色取样器工具”，在图像中选择中性灰点（颜色正常情况下为灰度的点，包括黑、灰、白 3 个场）取样，如图 4-4-6（a）所示。在“信息”面板中，将显示各取样点的 RGB 各通道的值，如图 4-4-6（b）所示。通过查看 RGB 值，可以发现，在高光调（参考点 2），蓝色偏少；在阴影调（参考点 3），红色偏少；中间调中红色偏少，绿色偏多。

（a）

#1			#2		
R :	119		R :	206	
G :	166		G :	206	
B :	172		B :	198	
#3			**#4**		
R :	9		R :	86	
G :	38		G :	119	
B :	34		B :	102	

（b）

图 4-4-6　取样点及其 RGB 值

（2）“色彩平衡”命令的应用

选择“图像”→“调整”→“色彩平衡”命令，在弹出的“色彩平衡”对话框中分别选择阴影、高光和中间调，根据分析设置相关参数，如图 4-4-7 所示。在设置参数的过程中，“信息”面板中的 RGB 色阶将显示调整前/调整后两组值，如图 4-4-8 所示。根据中性灰原理，调整后的 RGB 值应该几乎相等，考虑到取样点的误差，在调整过程中要注意查看图像显示效果，不应追求 RGB 这 3 个分量的绝对相等。

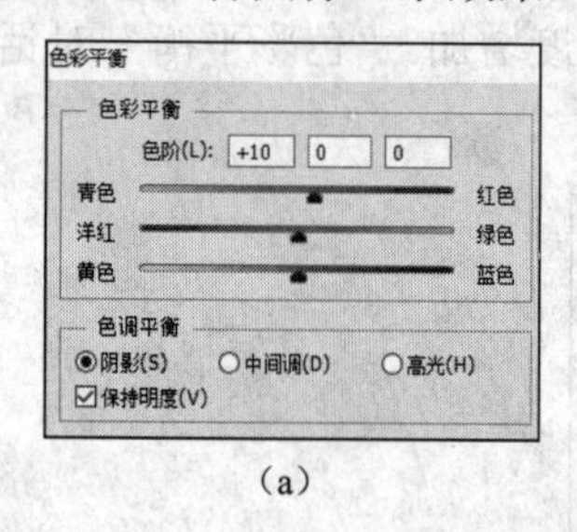

（a）

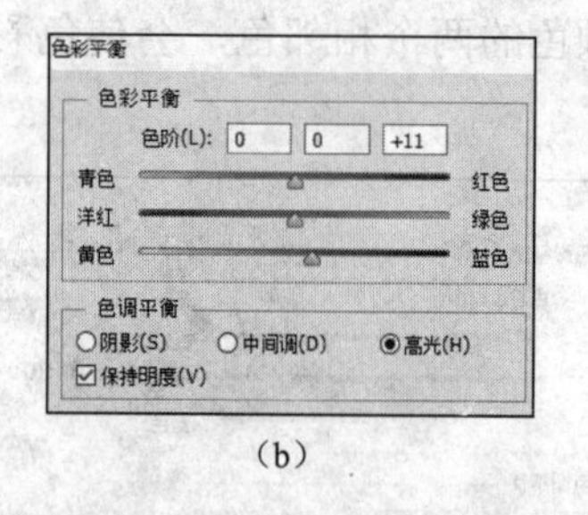

（b）

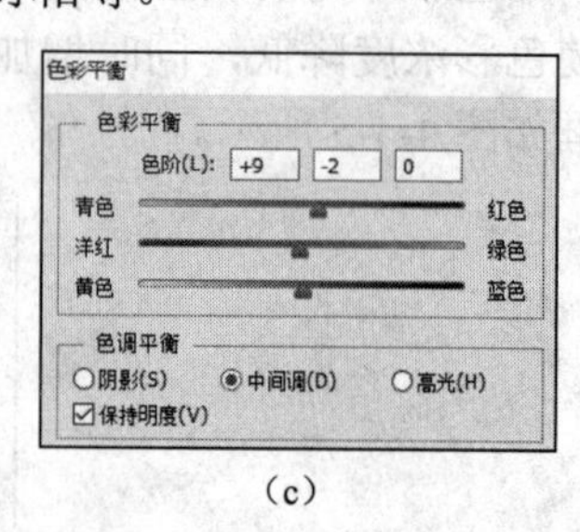

（c）

图 4-4-7　色彩平衡参数

原值　调整后的值

#1		#2	
R :	119/ 123	R :	206/ 208
G :	166/ 160	G :	206/ 203
B :	172/ 176	B :	198/ 204
#3		**#4**	
R :	9/ 10	R :	86/ 90
G :	38/ 27	G :	119/ 110
B :	34/ 25	B :	102/ 98

图 4-4-8　色彩平衡效果图

4.4.4 照片滤镜

“照片滤镜”命令通过选择预设的颜色，或应用拾色器设置自定颜色，向图像应用色相调整。模仿在相机镜头前加彩色滤镜，以便调整通过镜头传输的光的色彩平衡和色温，调整色相。选择“图像”→“调整”→“照片滤镜”命令，弹出“照片滤镜”对话框，如图4-4-9所示。

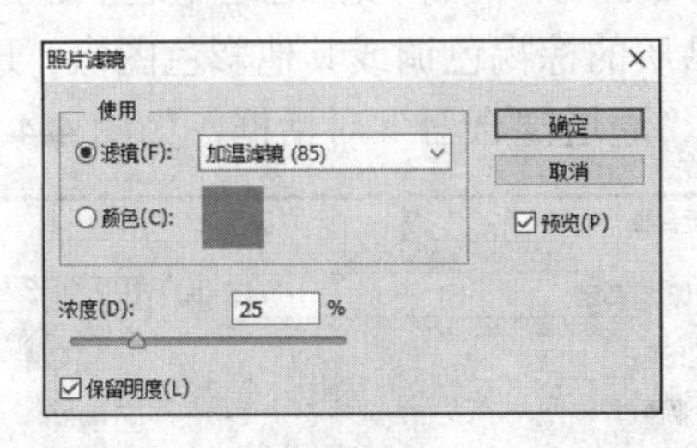

图4-4-9 “照片滤镜”对话框

1）加温滤镜（85 和 LBA）：颜色转换滤镜，用于调整图像中的白平衡。图像是使用色温较高的光（微蓝色）拍摄的，则加温滤镜（85）会使图像的颜色更暖，补偿色温较高的环境光。

2）冷却滤镜（80 和 LBB）：颜色转换滤镜，用于调整图像中的白平衡。图像是使用色温较低的光（微黄色）拍摄的，则冷却滤镜（80）使图像的颜色更蓝，补偿色温较低的环境光。

3）加温滤镜（81）和冷却滤镜（82）：使用光平衡滤镜来对图像的颜色品质进行细微调整。加温滤镜（81）使图像变暖（变黄），冷却滤镜（82）使图像变冷（变蓝）。

个别颜色根据所选颜色预设给图像应用色相调整。所选颜色取决于如何使用“照片滤镜”命令。如果照片有色痕，则可以选取一种补色来中和色痕。还可以针对特殊颜色效果或增强应用颜色。

4）保留明度：通过添加颜色滤镜来使图像变暗。

5）浓度：调整应用于图像的颜色数量。浓度越高，颜色调整幅度就越大。

“照片滤镜”命令主要用于纠正由于受环境光的影响，让色相产生了偏差的图像，如图4-4-10（a）所示；由于受海水反光的影响，照片偏蓝，利用加温滤镜（85）可恢复照片的夕阳效果，如图4-4-10（b）所示。

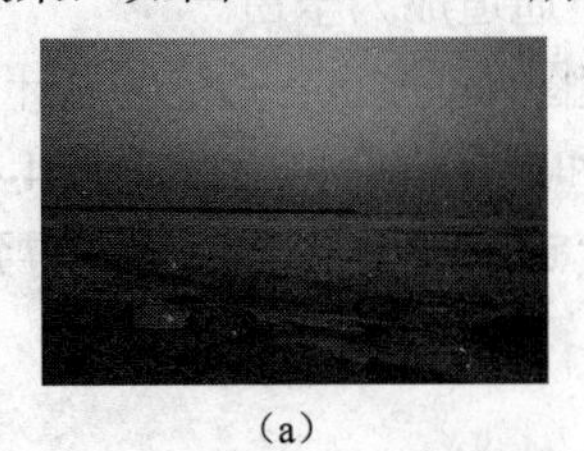

（a）

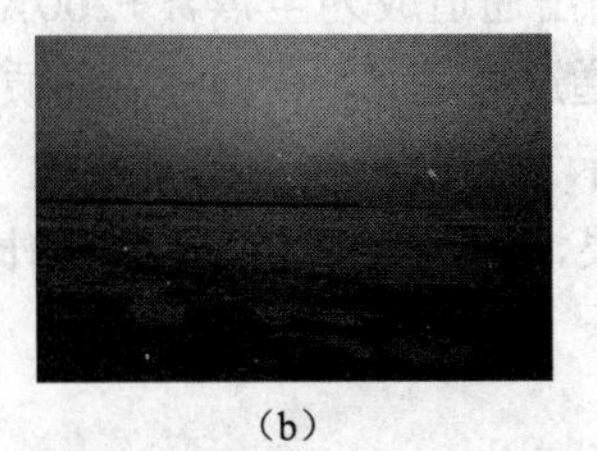

（b）

图4-4-10 照片滤镜

4.4.5 通道混合器

“通道混合器”命令通过混合图像中现有的颜色通道，以修改目标颜色通道。在使用“通道混合器”命令时，通过源通道向目标通道增减色阶值，向特定颜色成分中增减颜色。

使用“通道混合器”命令，可从每个颜色通道中选取不同百分比的颜色来创建高品质的灰度图像，或创建高品质的棕褐色调或其他彩色图像。选择“图像”→“调整”→“通道混合器”命令，弹出“通道混合器”对话框，如图 4-4-11 所示。

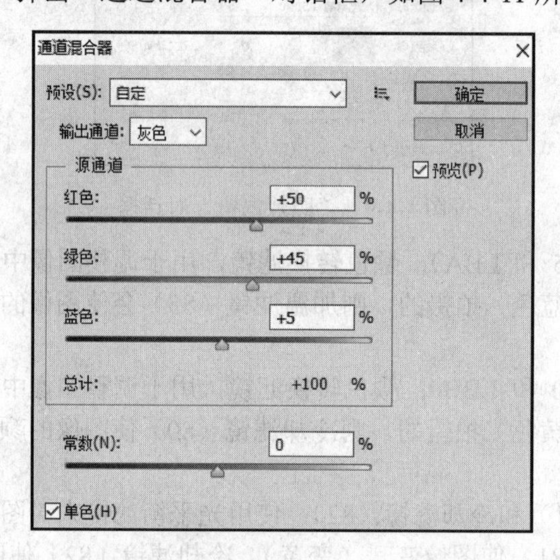

图 4-4-11 “通道混合器”对话框

1）输出通道：设置目标通道，在该通道中混合一个或多个现有通道，取某个输出通道后会将该源通道设为 100%，并将其他通道设为 0%。

2）源通道：设置该通道在输出通道中所占的百分比，向右拖移滑块可增加该百分比，或在文本框中输入一个-200%～+200%范围内的值。负值表示将反相源通道，再添加到输出通道。

3）常数：用于调整输出通道的灰度值。负值增加更多的黑色，正值增加更多的白色，-200%使输出通道成为全黑，+200%使输出通道成为全白。

4）单色：通过通道混合，创建高品质的灰度图像，注意各通道的总计百分比为 100%。如图 4-4-12 所示为黑白命令［图 4-4-12（a）］和通道混合器命令［图 4-4-12（b）］创建灰度图像的效果，通过调整各个通道的比例，“通道混合器”命令能得到更细腻的灰度图像。

(a)

(b)

图 4-4-12　创建灰度图像的效果

4.4.6　可选颜色

“可选颜色”命令用于在图像中有选择地修改某个原色成分中印刷色的数量，而不会影响其他主要颜色。如图 4-4-13 所示为修改图像中黄色（CMYK 模型中的原色）通道中洋红分量的数量，调整图像的色相。

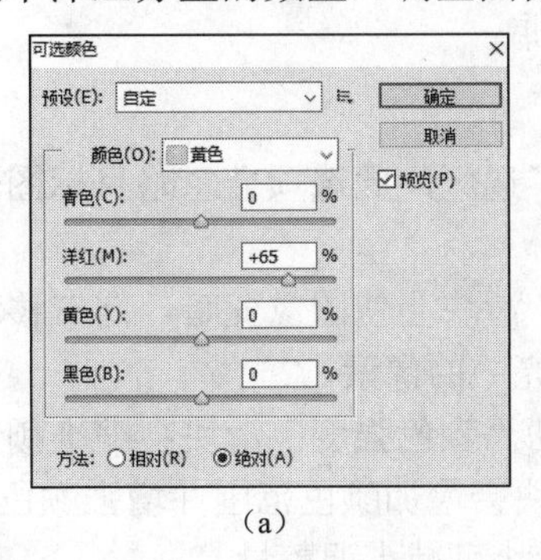

(a)

(b)

(c)

图 4-4-13　“可选颜色”对话框及调整图像的色相

1）颜色：选择调整的颜色，由加色模型原色、减色模型原色、白色、中性色和黑色组成。CMYK 分量分别设置该分量中向调整的颜色通道中增加/减少的百分比。

2）方法：选择颜色调整的方法，有以下两种。

① 相对：按照总量的百分比更改现有的青色、洋红、黄色或黑色的量。如果从 50%的洋红的像素开始添加 10%，则 5%将添加到洋红，结果为 55%的洋红（50%×10%=5%）。

② 绝对：采用绝对值调整颜色。如果从 50%的洋红的像素开始添加 10%，洋红油墨会设置为 60%。

注意：在“通道”面板中选择复合通道，“可选颜色”命令才可用。

4.4.7　匹配颜色

“匹配颜色”命令将源图像的颜色与目标图像的颜色相匹配，把颜色应用到目标图像上，纠正目标图像的色调、色温，改变色彩等，使目标图像与源图像色调一致。选择“图像”→“调整”→“匹配颜色”命令，弹出“匹配颜色”对话框，如图 4-4-14 所示。

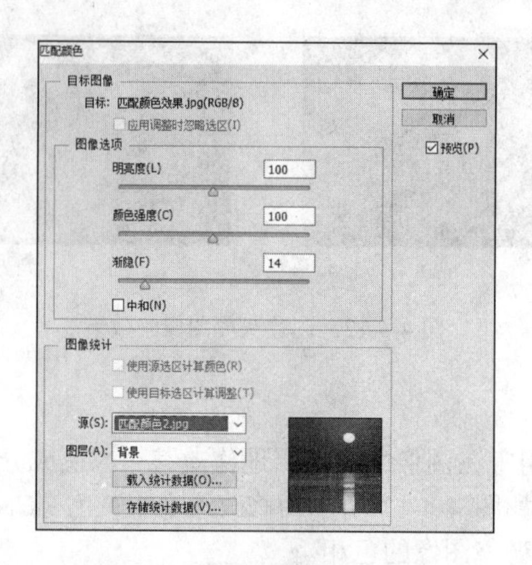

图 4-4-14 “匹配颜色”对话框

在“目标图像”选项组中，各参数的含义如下。

1）应用调整时忽略选区：如果在目标图像中建立了选区，此选项会忽略目标图像中的选区，将调整应用于整个目标图像。

2）明亮度：控制图像的亮度，向左移动“明亮度”滑块会使图像变暗，向右移动该滑块会使图像变亮。亮度控制并不试图剪切阴影或高光中的像素。

3）颜色强度：控制图像中的颜色像素值。向左移动“颜色强度”滑块会缩小颜色范围，并且图像将变成单色，向右移动“颜色强度”滑块会增加颜色范围并增强颜色。

4）渐隐：控制应用于图像的调整量，向右移动该滑块可减小调整量。

5）中和：用图像颜色的互补色去中和原始颜色，图像更接近白平衡的状态，用于自动移去色痕。

在“图像统计”选项组中，各参数的含义如下。

1）源：设置与目标图像颜色相匹配的源图像。选择“源”下拉列表中的“无”命令，设置源图像和目标图像相同。

2）图层：选择源图像中匹配其颜色的图层。如果要匹配源图像中所有图层的颜色，则选择“合并的”命令。

3）使用源选区计算颜色：选中该复选框，在源图像中建立选区，并用选区中的颜色来计算调整；取消选中该复选框，则使用整个源图像中的颜色来计算调整。

4）使用目标选区计算调整：选中该复选框，在目标图像中建立选区，并使用选区中的颜色来计算调整；取消选中该复选框，则使用整个目标图像中的颜色来计算调整。

打开目标图像和源图像，如图 4-4-15（a）、（b）所示，选择目标图像，选择“图像”→“调整”→“匹配颜色”命令，在弹出的“匹配颜色”对话框中设置源、渐隐等参数，如图 4-4-14 所示，可以将源图像的颜色模式应用到目标图像中，得到如图 4-4-15（c）所示的效果。

(a)

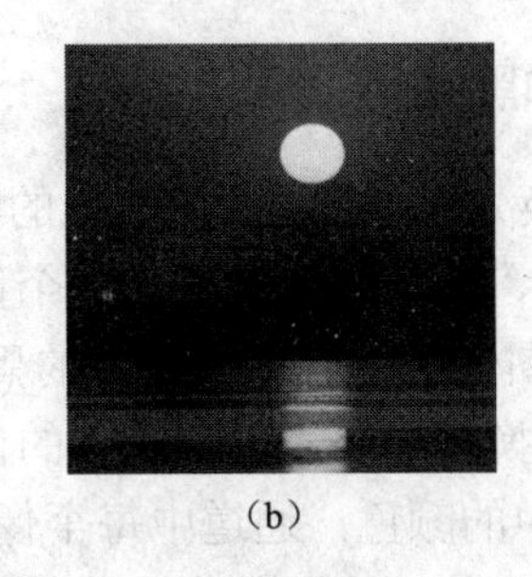
(b)

(c)

图 4-4-15　匹配颜色应用的效果

4.4.8　替换颜色

替换颜色工具使用“色彩范围”命令来建立选区，然后改变它的色相，替换图像中的特定颜色。

打开素材文件，如图 4-4-16（a）所示。选择“图像”→“调整”→“替换颜色”命令，弹出如图 4-4-16（b）所示的“替换颜色”对话框。其中，吸管工具用于在图像中采集参考点，根据参考点的颜色，选择容差范围内的颜色，设置目标颜色的色相、饱和度、明度，然后单击“确定”按钮，即可把选区内的颜色替换为目标颜色，如图 4-4-16（c）所示。

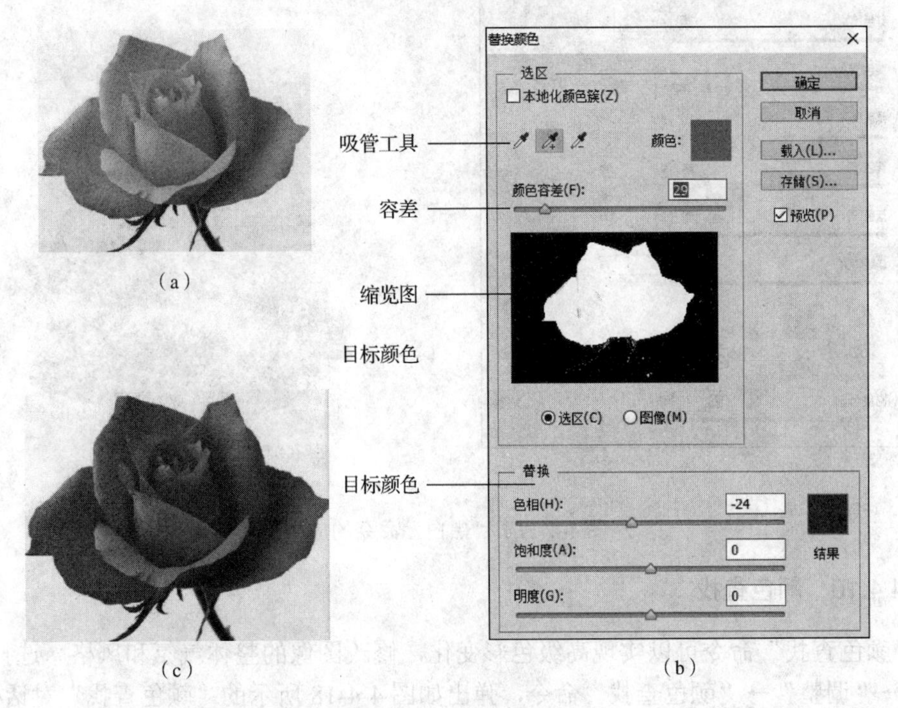

(a)
(c)
(b)

图 4-4-16　替换颜色

4.4.9 去色、阈值、反相和黑白

“去色”命令将彩色图像转换为灰度图像，但图像的颜色模式保持不变，为RGB 图像中的每个像素指定相等的红色、绿色和蓝色值，每个像素的亮度值不改变。

“阈值”命令将灰度或彩色图像转换为高对比度的黑白图像。通过设置阈值色阶作为分界色阶，比阈值亮的像素转换为白色，比阈值暗的像素转换为黑色。

“反相”命令用于反转图像中的颜色，通道中每个像素的亮度值都会转换为 256 级颜色值刻度上相反的值。值为 255 的正片图像中的像素会被转换为 0，值为 5 的正片图像中的像素会被转换为 250。

注意：由于彩色打印胶片的基底中包含一层橙色掩膜，因此“反相”命令不能从扫描的彩色负片中得到精确的正片图像。在扫描胶片时，一定要使用正确的彩色负片设置。

“黑白”命令充分利用画面中的色彩信息，特意调整图片彩色时的特定颜色，对个别色彩产生不同的侧重，能够得到特殊的效果，将照片转变为优美的黑白作品。选择“图像”→“调整”→“黑色”命令，弹出“黑白”对话框，如图 4-4-17（a）所示。图 4-4-17（b）所示为蓝色调的黑白效果。

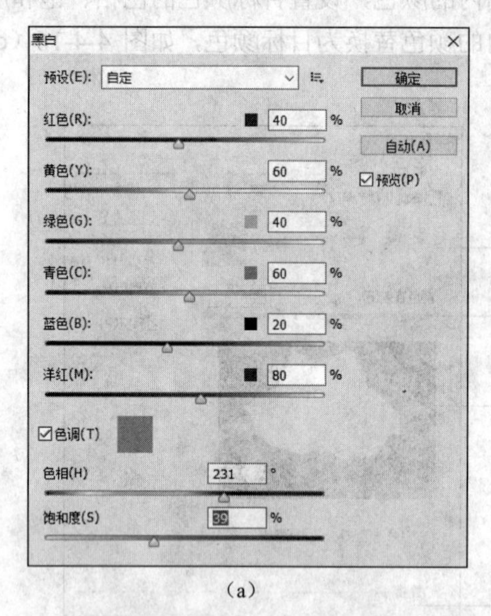

（a）

（b）

图 4-4-17 “黑白”命令的应用

4.4.10 颜色查找

“颜色查找”命令可以实现高级色彩变化，修改图像的整体气氛和风格。选择“图像”→“调整”→“颜色查找”命令，弹出如图 4-4-18 所示的“颜色查找”对话框。

1）3DLUT 文件：选择或载入相应的颜色色域文件。Photoshop 提供了如图 4-4-19 所示的颜色色域文件。

图 4-4-18 “颜色查找”对话框

图 4-4-19 颜色查找色域文件

LUT 表示 lookup table，在图的调色过程中，通过对显示器的色彩进行校正，模拟最终胶片印刷的效果以达到对图像调色的目的。

3DLUT 三维空间的每一个坐标方向都有 RGB 通道，可以映射并处理所有的色彩信息，无论是存在还是不存在的色彩，或者是那些连胶片都达不到的色域。

2）摘要：根据色域文件，选择图像的风格。图 4-4-20（b）为在图 4-4-20（a）的基础上选择 LateSunset 色域的 Gold-Crimison 风格。

（a）

（b）

图 4-4-20 “颜色查找”命令的应用

3）仿色：添加随机杂色以平滑颜色过渡并减少带宽效应。

4.4.11　色调分离

“色调分离”命令用于设定图像中每个通道的色调级（或亮度值）的数目，使图像中的颜色均匀地在色阶直方图中取值，使颜色进行归并，将像素映射为最接近的匹配级别，色调变成阶梯变化的效果，图像颜色会块化显示，如图 4-4-21 所示。

将“色调分离”对话框中“色阶”的参数调整为 4［图 4-4-21（a）］后，在色阶的“直方图”面板中有 4 个竖线均匀分布，如图 4-4-21（b）所示，新的颜色参数必须在这 4 个坐标上取值，每个坐标可以有 RGB 3 个分量，就能表示 12 种颜色，很多颜色会被同化为一种颜色，色彩的丰富度就会降低。色调分离的色阶数越多，就有越多的色彩来表达这幅图像，图像颜色会更加细腻，如图 4-4-21（c）所示。

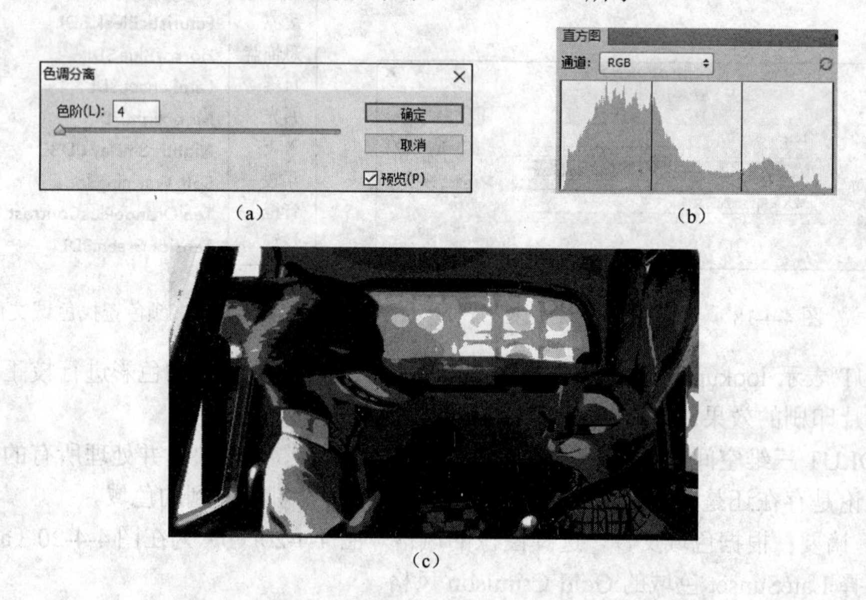

（a）　（b）

（c）

图 4-4-21　“色调分离”命令的应用

4.4.12　渐变映射

“渐变映射”命令自动根据图像中的灰度数值来填充所选取的渐变色。在“渐变映射”对话框的“灰度映射所用的渐变”下拉列表中选择需要应用的渐变色，然后单击“确定”按钮，就可以将渐变色应用到图像上。其中，渐变色中最右边的颜色对应图像中最亮点颜色，渐变色中最左边的颜色对应图像中最暗点颜色，中间部分根据灰度数值均匀分布，如图 4-4-22 所示。其中，部分选项的含义如下。

1）仿色：添加随机杂色以平滑渐变填充的外观并减少带宽效应。

2）反向：渐变的颜色会进行反转，然后应用到图像中。

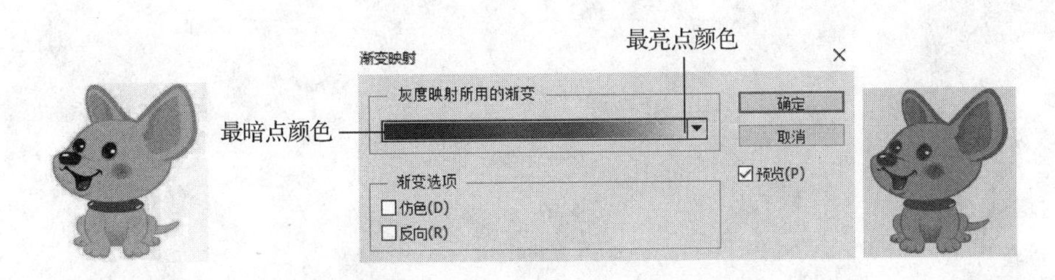

图 4-4-22 “渐变映射”命令的应用

4.4.13 色调均化

“色调均化”命令能重新分布图像中的亮度值，以便更均匀地呈现所有范围的亮度级，图像中最亮值呈现为白色，最暗值呈现为黑色，中间值则均匀地分布在整个灰度色调中，会破坏某些图片中亮部或暗部信息。如图 4-4-23（a）所示，图像显得偏暗，图像的直方图分布也偏暗，但是又无法应用“色阶”命令来调整，如果想增加图像亮度，可以使用“色调均化”命令增加图像的亮度，直方图也大致平和、分布均匀，如图 4-4-23（b）所示。

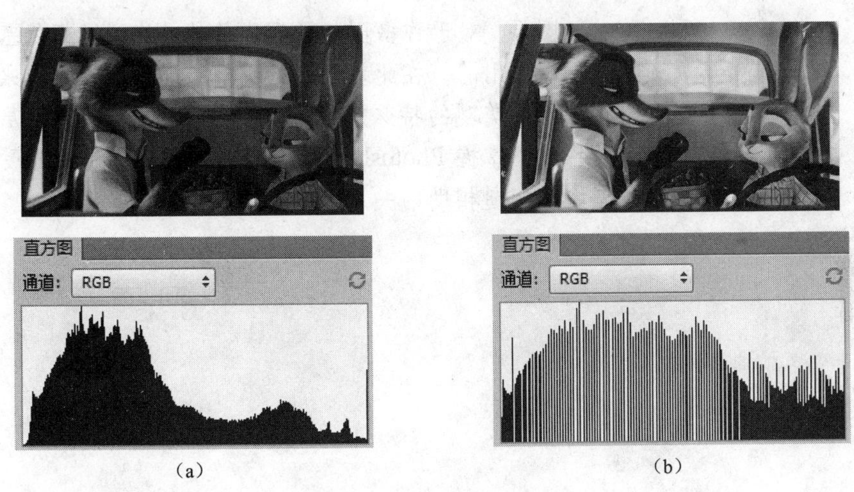

图 4-4-23 色调均化的效果及直方图

均化处理后的图像只能是近似均匀分布，图像的动态范围扩大，通过直方图可以发现，各颜色取值之间有间隙，其本质是减少了量化级别，扩大了量化间隔，因此原来灰度不同的像素经处理后可能变得相同，形成了一片相同灰度的区域，各区域之间有明显的边界，从而出现了伪轮廓。

第 5 章

图层、图层样式与蒙版

图层，对于许多图像处理类的软件来说，都是基本的概念，是通用的。在此基础上，我们添加图层样式，来给图像添加灵活美观的特殊效果，或者使用蒙版来调整图层之间的关系。当掌握 Photoshop 的技能越多，你就越能感受到这三者之间相通相助的关系。

5.1 常用的图层编辑工具

理解了图层的概念后，接下来学习如何管理图层。可以通过“图层”菜单（图 5-1-1）或“图层”面板的下拉列表（图 5-1-2）来对图层进行管理。

新建(N)
复制图层(D)...
删除
重命名图层...
图层样式(Y)
智能滤镜
新建填充图层(W)
新建调整图层(J)
图层内容选项(O)...
图层蒙版(M)
矢量蒙版(V)
创建剪贴蒙版(C) Alt+Ctrl+G
智能对象
栅格化(Z)
新建基于图层的切片(B)
图层编组(G) Ctrl+G
取消图层编组(U) Shift+Ctrl+G
隐藏图层(R)
排列(A)
合并形状(H)
对齐(I)
分布(T)
锁定图层(L)...
链接图层(K)
选择链接图层(S)
合并图层(E) Ctrl+E
合并可见图层 Shift+Ctrl+E
拼合图像(F)
修边

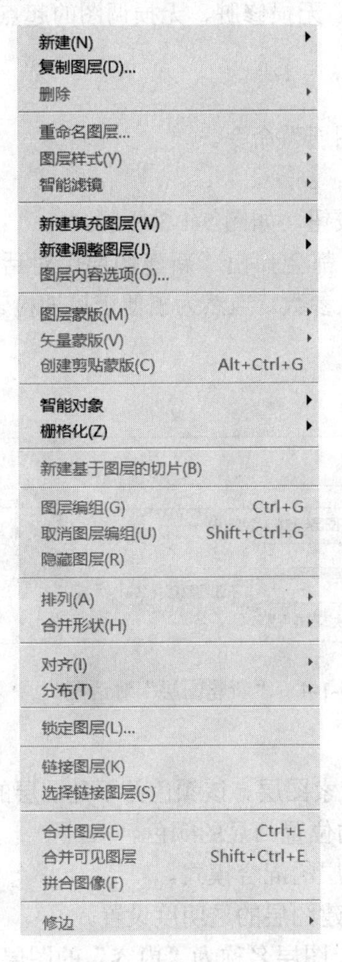

图 5-1-1 “图层”菜单

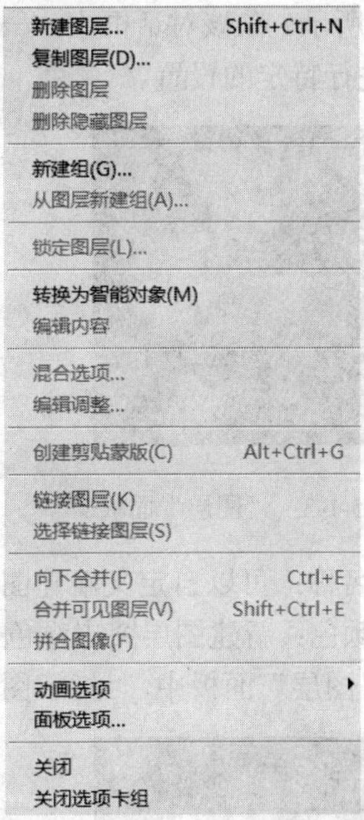

新建图层... Shift+Ctrl+N
复制图层(D)...
删除图层
删除隐藏图层
新建组(G)...
从图层新建组(A)...
锁定图层(L)...
转换为智能对象(M)
编辑内容
混合选项...
编辑调整...
创建剪贴蒙版(C) Alt+Ctrl+G
链接图层(K)
选择链接图层(S)
向下合并(E) Ctrl+E
合并可见图层(V) Shift+Ctrl+E
拼合图像(F)
动画选项
面板选项...
关闭
关闭选项卡组

图 5-1-2 “图层”面板的下拉列表

5.1.1 新建图层

1. 新建背景图层

在 Photoshop 中打开一张 JPG 图像后，“图层”面板自动生成一个图层，即背景图层。在 Photoshop 中新建一个画布，系统也会默认生成一个背景图层。

背景图层的特点：永远在最下边，不可以调整图层顺序；不可以调整不透明度和设置图层样式；不能添加蒙版；可以使用画笔、渐变、图章和修饰工具。

2. 新建普通图层

普通图层也就是空白图层，实质上是一张没有进行过任何操作的透明纸。新建空白图层是 Photoshop 中使用最频繁的操作，绘制图形、无损修脏、无损调图的起点都是新建空白图层。新建空白图层的方法有以下 4 种。

1）选择“图层”→“新建”→“图层”命令。

2）在“图层”面板的下拉列表中选择“新建图层”命令。

3）使用 Shift+Ctrl+N 组合键。

4）单击“图层”面板底部的“创建新图层”按钮，如图 5-1-3 所示。

无论使用了上述哪一种方法[方法 4）除外]，都会弹出“新建图层”对话框，如图 5-1-4 所示。在该对话框中，一般情况下使用默认参数。当然为了便于后期检索图层，也可以进行特定的设置。

图 5-1-3 “图层”面板

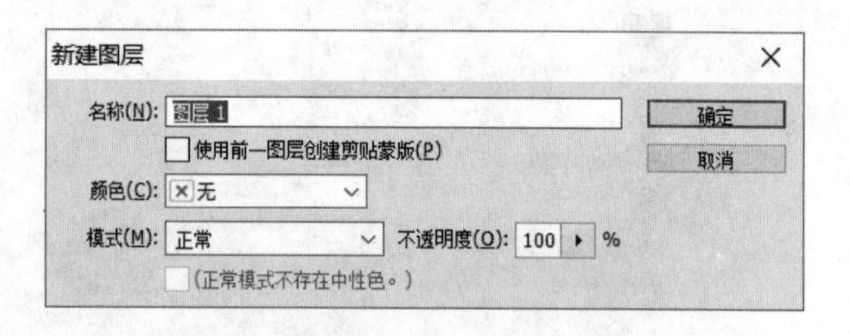

图 5-1-4 “新建图层”对话框

1）名称：可以自定义新建图层的名称。

2）颜色：新建图层突出颜色，方便后期直观检索图层。该颜色并不是图层的颜色，而是在“图层”面板中，“指示图层可见性”图标的位置凸显的颜色。

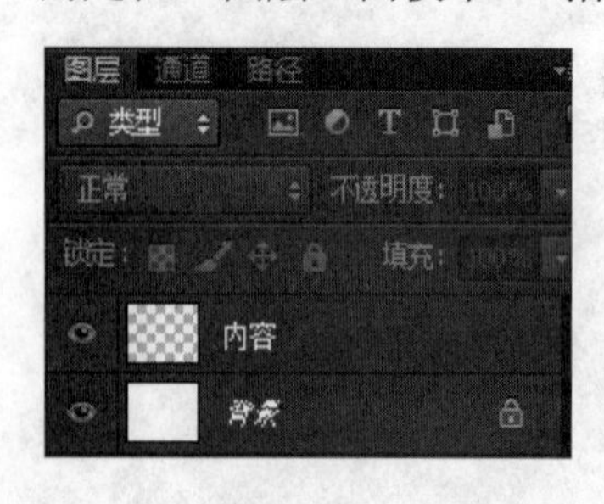

图 5-1-5 新建的“内容”图层

3）模式：新建图层的混合模式。

4）不透明度：新建图层的透明度设置。

例如，要新建一个图层名称为“内容”的图层，图层的颜色在预设上有红、橙、黄、绿、蓝、紫、灰 7 种颜色，图 5-1-5 中使用了红色作为图层的突亮颜色，以便直观地检索图层，当然也可以设置不同的颜色。而混合模式，即可以用不同的方法将对象的颜色与底层对象的颜色进行混合，不透明度也可以进行相应的设置。新建的“内容”图层在“图层”面板上的显示效果如图 5-1-5 所示。

3. 复制背景图层

复制背景图层的方法有以下两种。

1）单击背景图层，然后按 Ctrl+J 组合键。

2）单击背景图层，按住鼠标左键将背景图层拖至“图层”面板下方的“创建新图层”按钮上，即可复制背景图层。

复制背景层，将会创建一个普通图层。当然，可以实现两种图层的转换，方法如下。

1）背景图层转为普通图层：双击背景图层，在弹出的“新建图层”对话框中单击“确定”按钮。

2）普通图层转为背景图层：选择“图层”→“新建”→“图层背景”命令即可。

5.1.2 编辑图层

1. 选中图层

选中图层是后续的其他操作步骤的一个前提，虽然简单，但也是我们必须掌握的知识点之一。

选中图层的方法有以下 4 种。

1）单击选择一个图层。单击图层名称或名称左侧的小图标均可，如图 5-1-6 所示。

2）按住 Shift 键选择多个连续的图层。单击选择第一个图层，然后按 Shift 键，单击最后一个图层，即可选择多个连续的图层，如图 5-1-7 所示。

图 5-1-6 选择一个图层

图 5-1-7 选择多个连续的图层

3）按住 Ctrl 键选择多个不连续的图层。单击选择第一个图层，然后按 Ctrl 键，选择其他需要的图层单击即可，如图 5-1-8 所示。

4）通过选择“选择”→“所有图层”或“取消选择图层”命令，如图 5-1-9 所示，可选择全部图层或取消选择图层。

图 5-1-8 选择多个不连续的图层

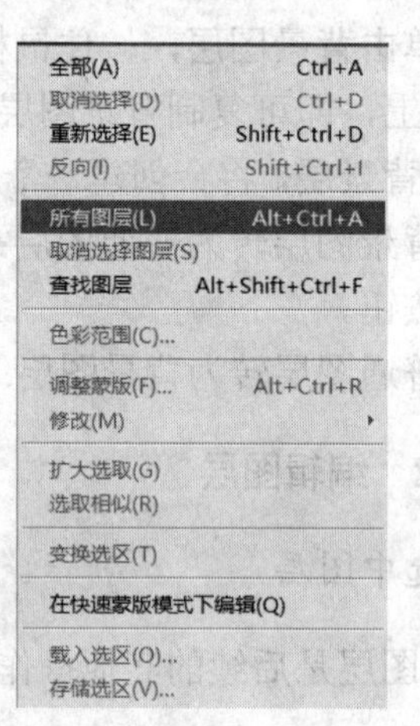

图 5-1-9 选择全部图层

2. 复制图层

复制图层的方法有以下 4 种。

1）选择需要复制的图层，选择“图层”→“复制图层”命令。

2）选择需要复制的图层，在“图层”面板的下拉列表中选择“复制图层”命令。

3）选择需要复制的图层，按 Ctrl+J 组合键。

4）在“图层”面板中，将需要复制的图层拖到“创建新图层”按钮上。

方法 3）、4）会直接复制图层，并将图层命名为“××副本”，其中××代表被复制图层的名称。方法 1）、2）会弹出“复制图层”对话框，如图 5-1-10 所示，可设置新图层的名称及目标。也就是说，可以将当前画布中的某个图层，复制到其他已打开的画布中。

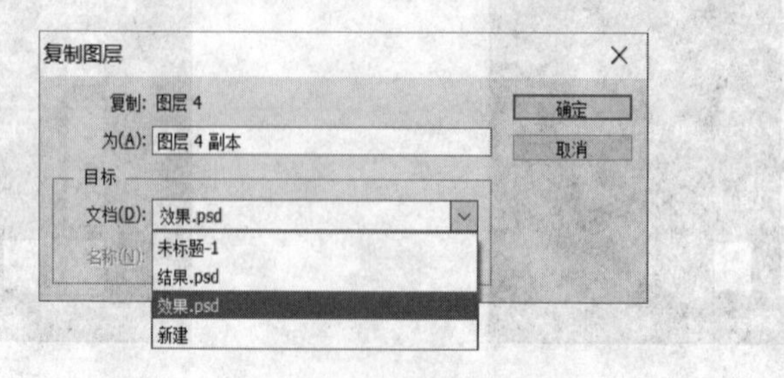

图 5-1-10 “复制图层”对话框

3. 删除图层

删除图层的方法有以下 5 种。

1）选择某图层右击，在弹出的快捷菜单中选择“删除图层”命令，如图 5-1-11 所示。

2）选择某图层，选择“图层”→“删除”→“图层”命令，如图 5-1-12 所示。

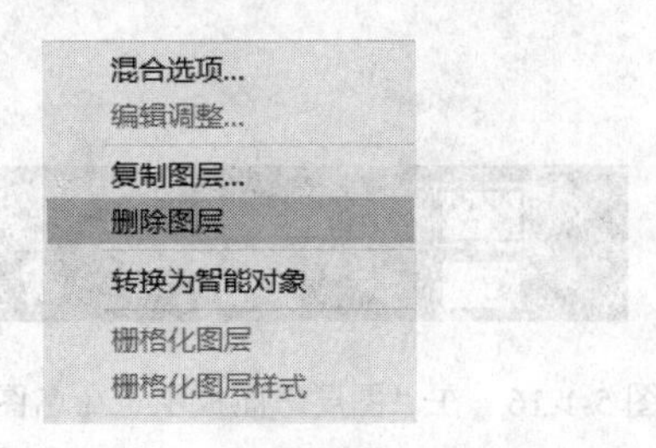

图 5-1-11 “删除图层”命令

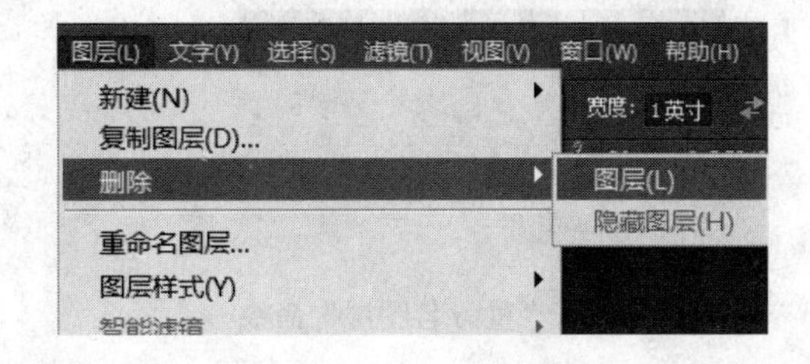

图 5-1-12 “图层”→“删除”→“图层”命令

3）选择某图层，按住鼠标左键将其拖到“图层”面板下方的“删除图层”按钮上，如图 5-1-13 所示。

4）选择某图层，单击“图层”面板下方的“删除图层”按钮。

5）选择某图层，按 Delete 键。

方法 3)、5)会直接删除图层而不做提示，其他方法则会弹出询问对话框，如图 5-1-14 所示，要求确认删除。如果选中“不再显示”复选框，那么下一次删除图层的时候就不会再做提示。

图 5-1-13 “删除图层”按钮

图 5-1-14 删除图层询问对话框

4. 重命名图层

重命名图层的方法有以下两种。

1）选择某图层，选择“图层”→“重命名图层”命令，如图 5-1-15 所示，在弹出的“重命名图层”对话框中，输入新名称，然后单击“确定”按钮即可。

2）在“图层”面板中，双击需要重命名的图层（名称的位置），然后输入新名称即可，如图 5-1-16 所示。

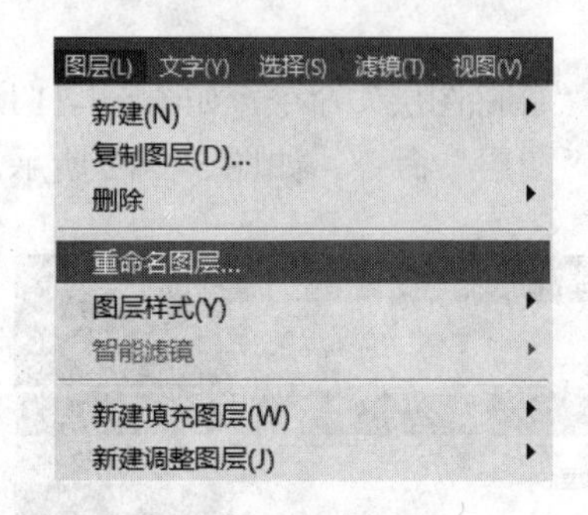

图 5-1-15 “重命名图层”命令

图 5-1-16 在“图层”面板中重命名图层

5. 链接图层

若要同时处理多个图层中的内容（包括移动、复制、剪贴等操作），可将这些图层链接在一起。通过链接各个图层，无论这些图层是否相邻，都可以在它们之间建立联系。

链接图层的方法有以下 4 种。

1）选择要链接的几个图层并右击，在弹出的快捷菜单中选择“链接图层”命令。“图层”面板中这几个图层右侧即显示出“链子”图标，如图 5-1-17 所示，说明这几个图层已经链接在一起了。

2）选择要链接的几个图层，选择“图层”面板中的下拉列表中的“链接图层”命令。

3）选择要链接的几个图层，选择“图层”→“链接图层”命令。

4）选择要链接的几个图层，单击“图层”面板下方的“链接图层”按钮，如图 5-1-18 所示。

图 5-1-17 链接在一起的图层

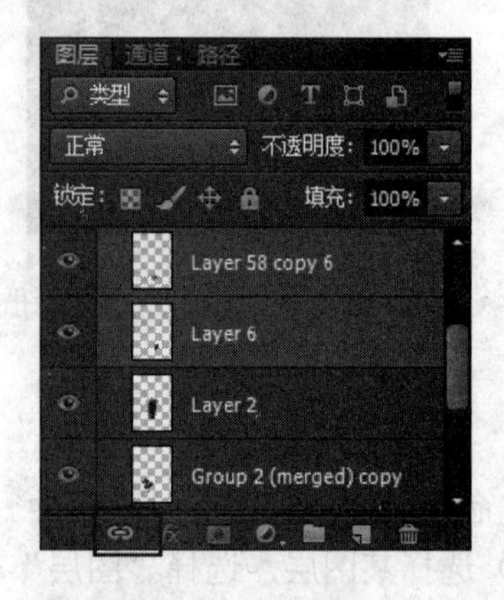

图 5-1-18 “链接图层”按钮

如果要取消链接，则使用“取消图层链接”命令或再次单击“链接图层”按钮即可。

6. 显示与隐藏图层

在日常的设计过程中，对于一种特效是否融合图像，我们常需要用隐藏图层来判断效果是否合适；或是通过隐藏图层来控制 Photoshop 文档大小，这个工作常在已经完成或接近完成的时候来做。通常在图层不多的情况下，可以对单个图层进行隐藏，如图 5-1-19 所示。

显示图层：默认图层的眼睛图标打开状态为显示图层。

隐藏图层：关闭图层左侧的眼睛图标为隐藏图层。

但是，当有了相当多的图层，一个个地关掉眼睛图标隐藏图层，显然是比较麻烦的事情。所以，我们需要做的是同时隐藏多个图层，方法如下。

1）将鼠标指针放在一个图层的眼睛图标上，单击并在眼睛图标列拖动鼠标，可快速隐藏多个连续的图层。

2）按住 Alt 键的同时单击一个图层左侧的眼睛图标，可以将该图层外的其他所有图层都隐藏。

3）选择要隐藏的图层，将鼠标指针放到任意一个眼睛图标上右击，在弹出的快捷菜单中选择“隐藏本图层”命令。

图 5-1-19　隐藏图层

7. 修改图层的颜色

在创建图层的时候如果没有指定特别的颜色，可以后期再做修改，方法是在图层小图标处右击该图层，在弹出的快捷菜单中选择图层的颜色即可，如图 5-1-20 所示。

8. 锁定图层

在“图层”面板的上方，有各种锁定按钮，如图 5-1-21 所示，可以根据需要完全或部分锁定图层，以免因编辑操作失误而对图层的内容进行修改。

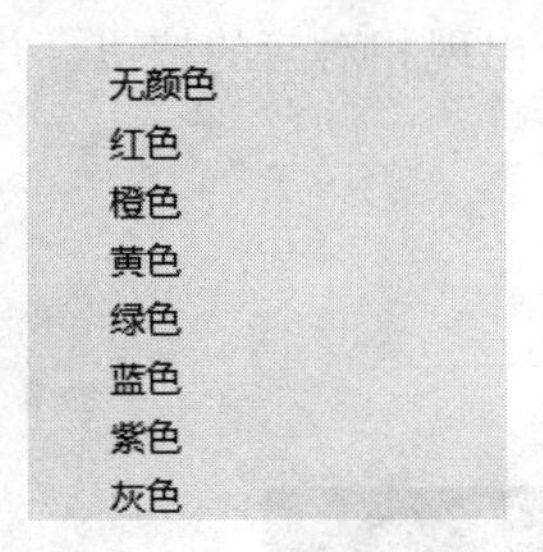

图 5-1-20　选择颜色

图 5-1-21　锁定按钮

1）锁定透明像素：将编辑范围限定在图层的不透明区域，图层的透明区域会受到保护。

2）锁定图像像素：只能对图层进行移动和变换操作，不能在图层上绘画、擦除或应用滤镜。

3）锁定位置：图层不能移动。

4）锁定全部：锁定以上全部选项。

5.1.3 排列与分布图层

1. 调整图层的堆叠顺序

在 Photoshop 中，图层的顺序是互为遮挡的关系。上面图层的内容会遮挡下面图层的内容，因此我们常会用到图层排列，通过调整图层顺序来改变图像的显示。调整图层顺序的方法有以下两种。

1）选择要调整位置的图层，将鼠标指针放到选择的图层上，按住鼠标左键向要移动的方向（上方或下方）拖动，待两个图层之间的分界线变亮以后，释放鼠标左键即可。

2）选择“图层”→“排列”命令中的相应子命令即可，如图 5-1-22 所示。

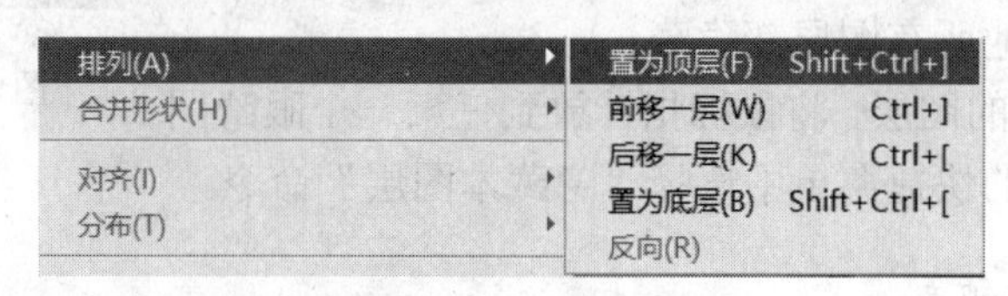

图 5-1-22 “排列”命令

2. 对齐和分布图层

（1）“对齐”子菜单中各命令的作用

在绘制图像时，有时需要对多个图像进行整齐的排列，以达到一种美的感觉。Photoshop 提供了多种对齐方式，可以快速准确地排列图像。Photoshop 中有 6 种对齐方式，如图 5-1-23 所示。选择“图层”→“对齐”命令，弹出如图 5-1-23（a）所示的子菜单。或者在工具箱中选择“移动工具”，其属性栏会出现相对应的按钮，并且作用相同，如图 5-1-23（b）所示。

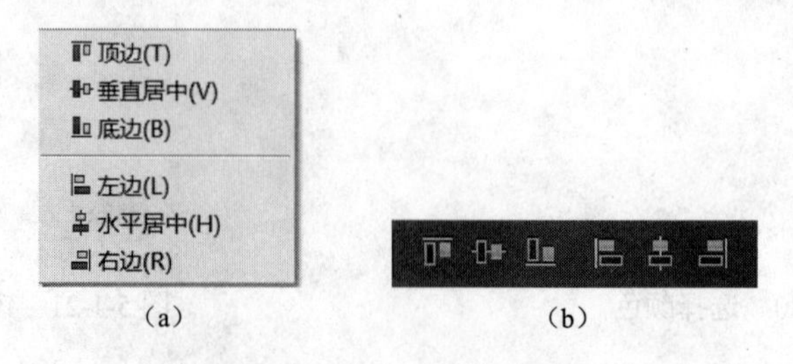

图 5-1-23 “对齐”子菜单属性栏中的对齐按钮

下面，我们来看看各种对齐方式的作用，原始图像如图 5-1-24 所示。

图 5-1-24　使用“对齐”命令前的图形位置及图层面板

1）“顶边”命令可将选择或链接图层的顶层像素与当前图层的顶层像素对齐，或与选区边框的顶边对齐，结果如图 5-1-25 所示。

2）“垂直居中”命令可将选择或链接图层上垂直方向的重心像素与当前图层上垂直方向的重心像素在水平方向上对齐，或与选区边框的垂直中心在水平方向上对齐，结果如图 5-1-26 所示。

图 5-1-25　使用“顶边”命令后的图形位置

图 5-1-26　使用“垂直居中”命令后的图形位置

3）“底边”命令可将选择或链接图层的底端像素与当前图层的底端像素对齐，或与选区边框的底边对齐，结果如图 5-1-27 所示。

4）“左边”命令可将选择或链接图层的左端像素与当前图层的左端像素对齐，或与选区边框的左边对齐，结果如图 5-1-28 所示。

图 5-1-27　使用“底边”命令后的图形位置

图 5-1-28　使用“左边”命令后的图形位置

5）“水平居中”命令可将选择或链接图层上水平方向的中心像素与当前图层上水平方向的中心像素在垂直方向上对齐，或与选区边框的水平中心在垂直方向上对齐，结果如图 5-1-29 所示。

6）“右边”命令可将选择或链接图层的右端像素与当前图层的右端像素对齐，或与选区边框的右边对齐，结果如图 5-1-30 所示。

图 5-1-29　使用“水平居中”命令后的图形位置

图 5-1-30　使用“右边”命令后的图形位置

（2）“分布”子菜单中各命令的作用

分布是将选择或链接图层之间的间隔均匀地分布，Photoshop 也提供了 6 种分布方式。选择“图层”→“分布”命令，弹出如图 5-1-31（a）所示的子菜单。或者在工具箱中选择“移动工具”，其属性栏会出现相对应的按钮，并且作用相同，如图 5-1-31（b）所示。

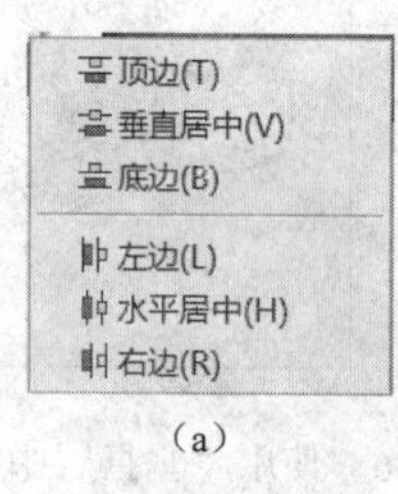

（a）

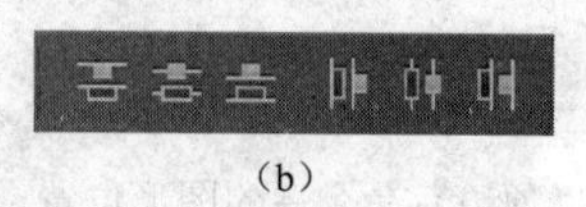

（b）

图 5-1-31　“分布”命令及属性栏中的分布按钮

原始图像如图 5-1-32 所示，为方便观察，设置了网格线。

图 5-1-32　使用“分布”命令前的图形位置

1）顶边：从每个图层的顶端像素开始，间隔均匀地分布选择或链接的图层，结果如图 5-1-33 所示。

2）垂直居中：从每个图层的垂直居中像素开始，间隔均匀地分布选择或链接的图层，结果如图5-1-34所示。

图5-1-33 使用“顶边”命令后的图形位置

图5-1-34 使用“垂直居中”命令后的图形位置

3）底边：从每个图层的底部像素开始，间隔均匀地分布选择或链接的图层，结果如图5-1-35所示。

4）左边：从每个图层的左边像素开始，间隔均匀地分布选择或链接的图层，结果如图5-1-36所示。

图5-1-35 使用“底边”命令后的图形位置

图5-1-36 使用“左边”命令后的图形位置

5）水平居中：从每个图层的水平中心像素开始，间隔均匀地分布选择或链接的图层，结果如图5-1-37所示。

6）右边：从每个图层的右边像素开始，间隔均匀地分布选择或链接的图层，结果如图5-1-38所示。

图5-1-37 使用“水平居中”命令后的图形位置

图5-1-38 使用“右边”命令后的图形位置

注意：分布操作只能针对3个或3个以上的图层进行。

3. 合并图层

虽然将图像分层制作较为方便，但某些时候可能需要合并一些图层，就是把几个图层合并为一个图层。

合并图层的方法有以下5种。

1）选择要合并的图层，选择“图层”→“合并图层”命令，合并后的图层使用上面图层的名称。

2）右击上方的图层，在弹出的快捷菜单中选择“向下合并”命令（合并本图层和下面的一个图层）。

3）选择要合并的某一个图层并右击，在弹出的快捷菜单中选择“合并可见图层”命令（快捷键为Ctrl+Shift+E），它的作用是把目前所有处在显示状态的图层合并，在隐藏状态的图层则不作变动。

4）选择要合并的图层并右击，在弹出的快捷菜单中选择“拼合图像”命令，将所有的图层合并为背景图层。如果有隐藏图层，合并时会弹出如图5-1-39所示的警告框。如果单击“确定”按钮，原先处在隐藏状态的图层都将被丢弃。

图5-1-39　是否扔掉隐藏图层的警告框

5）选择某一图层，按Shift+Ctrl+Alt+E组合键，可以盖印可见图层。盖印图层实现的结果和合并图层差不多，也就是把图层合并在一起；和合并图层所不同的是，盖印图层是生成新的图层，而被合并的图层依然存在，不发生变化。这样做的优点是不会破坏原有图层，如果对盖印图层不满意，可以随时删除。

5.1.4　图层编组与取消编组

在处理图像的过程中，有时候用到的图层会越用越多。尤其在制作网页的过程中，超过100层也是常有的事情。这时候会导致图层“面板”过于冗长，不利于后期查找图层。这时候我们需要对图层进行编组，以便整理图层和后期查找图层。下面，我们来看一下常见的图层编组操作。

1. 新建组和图层编组

Photoshop“图层”面板中图层太多的时候，会影响图像处理的效率，也不利于对图层的管理。为了提高效率，可以把共同完成图像某一相对独立的部分（几个图层）进行分组。如图 5-1-40 所示，完成一幅海报需要数十个图层，而黑线框起来的文字部分就可以独立组成一个组（即组 3）。

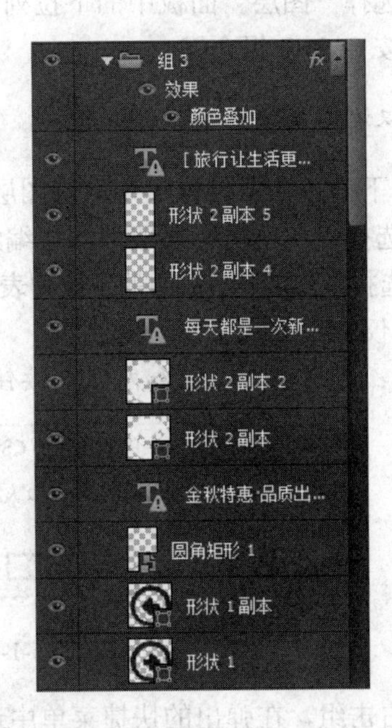

图 5-1-40　海报中的文字及其对应的分组

新建组的方法有以下 3 种。

1）选择“图层”→“新建”→“组”命令。

2）选择“图层”面板中的下拉列表中的“新建组”命令。

3）单击“图层”面板中底部的“创建新组”按钮。

使用方法 1）、2）会弹出“新建组”对话框，如图 5-1-41 所示。“新建组”对话框中的参数与“新建图层”对话框中的参数相似，这里不再赘述。但是这里需要指出的是，“新建组”对话框的模式中有一个“穿透”选项，代表什么意思呢？Photoshop 给出的解释是，默认情况下，图层组的混合模式是“穿透”，这表示组没有自己的混合属性。

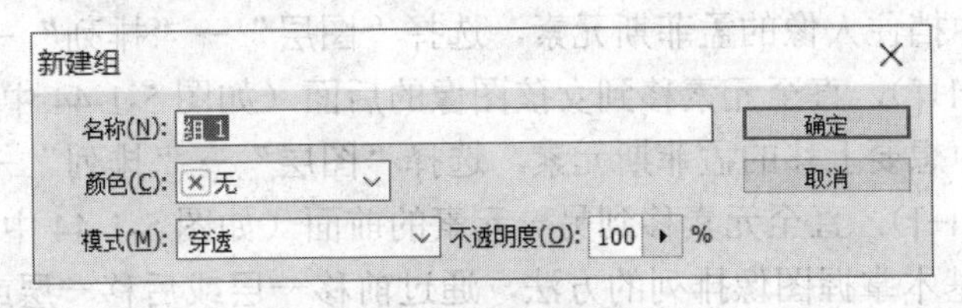

图 5-1-41　“新建组”对话框

创建组后，把需要分组的图层拖到组中，即可完成图层分组。

当然，也可以先选中需要分组的图层，再创建分组，方法有以下 3 种。

1）选择“图层”→“新建”→“从图层建立组”命令。

2）选择“图层”面板中的下拉列表中的“从图层新建组”命令。

3）按 Ctrl+G 组合键。

2. 取消图层编组

使用下列方法，可以实现取消图层编组。

1）选择“图层”→“取消图层编组”命令。

2）选择“图层”面板中的下拉列表中的“删除组”命令。在弹出的提示框（图 5-1-42）中单击“仅组”按钮。

注意：如果单击“组和内容”按钮，则会把组内的图层也一并删除。

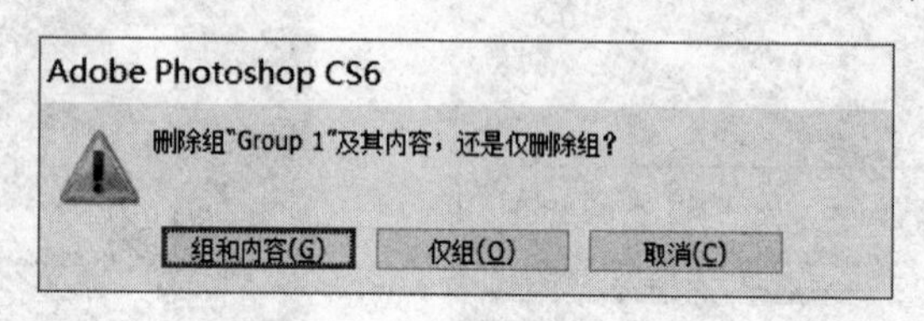

图 5-1-42 删除组提示框

3）右击组，在弹出的快捷菜单中选择“取消图层编组”命令。

4）单击组，按 Shift+Ctrl+G 组合键。

5.1.5 应用实例

【案例 1】调整图层顺序练习——给人像添加孟菲斯元素背景，效果如图 5-1-43 所示。

步骤 1：新建一张空白画布，大小为 400×600 像素，背景颜色为#77ffad。给背景添加粉色（#f19ec2）边框。

步骤 2：打开素材图片“caveman.png”和“孟菲斯元素.psd”，将人像复制到画布中，然后复制孟菲斯元素到画布中。

步骤 3：调整人像的大小和元素的位置。

步骤 4：选中挡住人像的孟菲斯元素，选择“图层”→“排列”→“后移一层”命令（快捷键为 Ctrl+[），直至元素移到女孩图像的后面（如图 5-1-44 中的①②所示）。

步骤 5：选中想要上移的孟菲斯元素，选择“图层”→“排列”→“前移一层”命令（快捷键为 Ctrl+]），直至元素移到另一元素的前面（如图 5-1-44 中的③所示）。

至此，即可基本掌握图像排列的方法，通过前移一层或后移一层或是置顶、置底，可以很容易地将需要露出元素的图像展现出来。

图 5-1-43　孟菲斯元素海报效果图

图 5-1-44　移动相应的元素

【案例 2】利用“分布”和“对齐”命令对证件照进行排版，如图 5-1-45 所示。

(a)

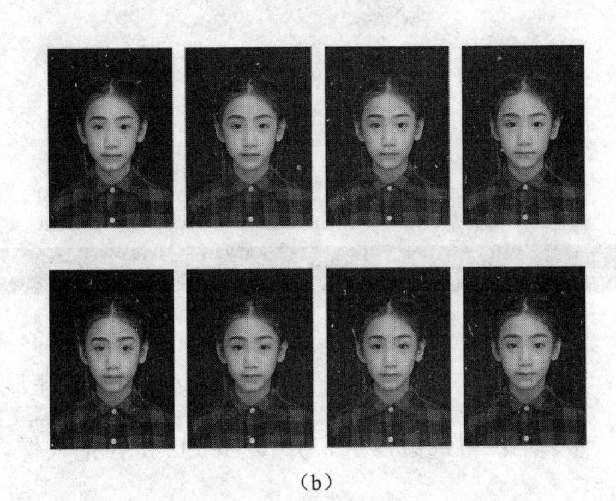
(b)

图 5-1-45　证件照的原图和打印图

步骤 1：新建画布，宽度为 5 英寸、高度为 3.5 英寸、分辨率为 300 像素（为后期打印做准备），颜色模式为 RGB 颜色，背景颜色为白色，如图 5-1-46 所示。

步骤 2：打开素材图片“证件照.jpg”，将证件照复制到画布中。

步骤 3：使用“魔棒工具”，设置容差为 20，并选中“连续”复选框，然后在人像的白色背景上单击。设置前景色为#0000ff，填充人像的背景为蓝色（注意：不是填充画布的背景层）。

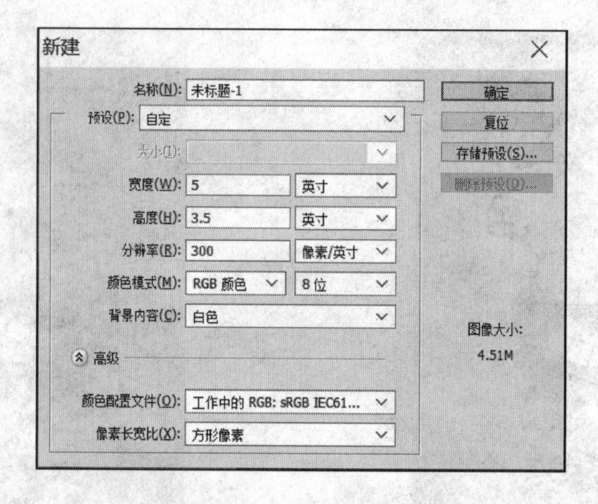

图 5-1-46 “新建”对话框

步骤 4：使用“矩形选框工具”，在属性栏中设置样式为“固定大小”，宽度为 2.5 厘米，高度为 3.5 厘米，如图 5-1-47（a）所示。在人像上单击，观察矩形选框是否正确地把人像围住，如果没有，则调整选框的位置，结果如图 5-1-47（b）所示。

（a） （b）

图 5-1-47 创建矩形选区

步骤 5：将选区反选，并按 Delete 键，把人像多余的地方删除。按 Ctrl+D 组合键取消选区。

步骤 6：使用移动工具，并按 Alt 键，拖动复制出 4 幅人像，如图 5-1-48 所示。

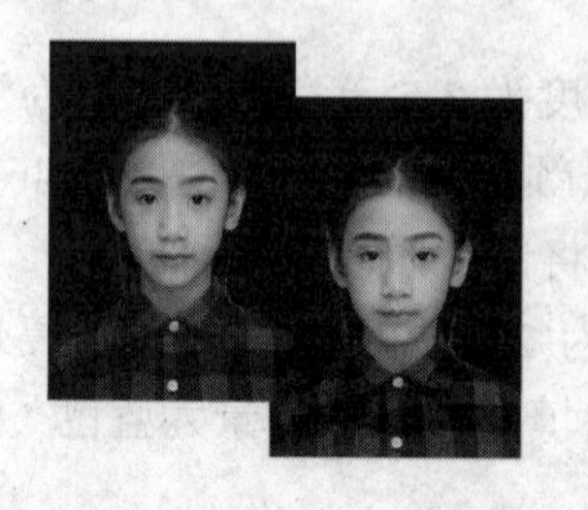
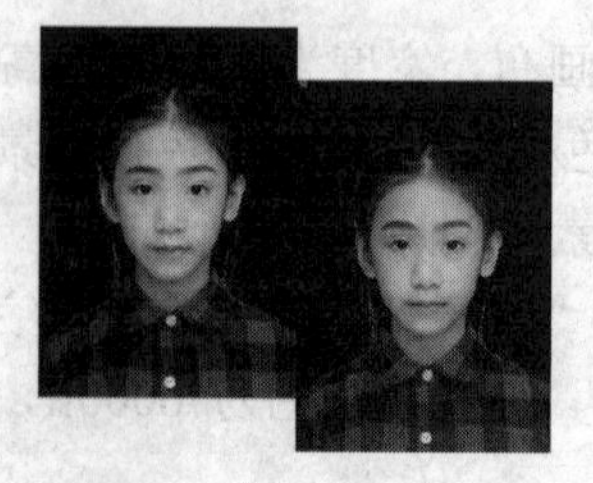

图 5-1-48 复制 4 幅人像

步骤 7：选中 4 个人像的图层，选择 “图层”→“分布”→“水平居中”命令，再选择“图层”→“对齐”→“顶边”命令，即可得到排列整齐的人像，如图 5-1-49 所示。

图 5-1-49　排列整齐的人像

步骤 8：继续选中 4 个图层，单击“图层”面板下方的“创建新组”按钮，并把 4 个图层拖进组 1 中，如图 5-1-50 所示。

步骤 9：右击组 1，在弹出的快捷菜单中选择“复制组”命令，在弹出的“复制组”对话框中修改组名为“组 2”，如图 5-1-51 所示。

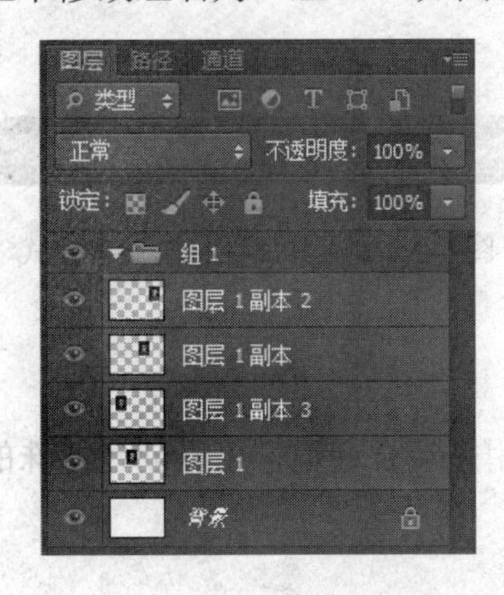

图 5-1-50　创建分组

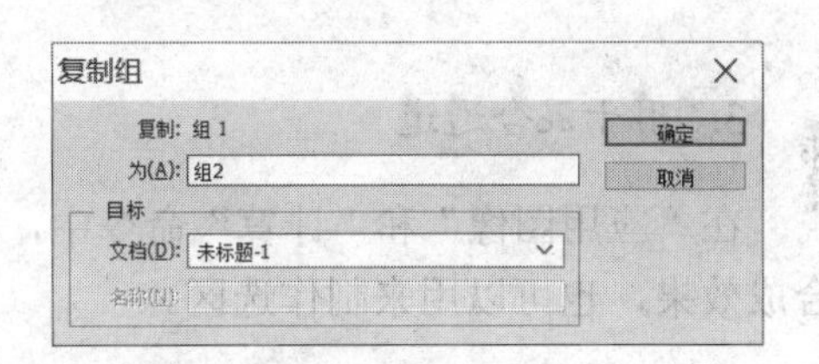

图 5-1-51　复制分组

步骤 10：使用“移动工具”，向下拖动组 2 到合适的位置。选择组 1 和组 2，然后选择“图层”→“对齐”→“左对齐”命令，即可得到一张用于打印的证件照，如图 5-1-45（b）所示。

5.2 混 合 模 式

混合模式是图像处理技术中的一个技术名词，主要功效是可以用不同的方法将对象颜色与底层对象的颜色混合。当将一种混合模式应用于某一对象时，在此对象的图层或组下方的任何对象上都可看到混合模式的效果。

5.2.1 混合模式的应用方向

混合模式是 Photoshop 的核心功能之一，它决定了像素的混合方式，可用于合成图像、制作选区和特殊效果，但不会对图像造成任何实质性的破坏。

1. 用于混合图层

在“图层”面板中，混合模式用于控制当前图层中的像素与其下面图层中的像素如何混合，除背景图层外，其他图层都支持混合模式。默认的混合模式是正常，如图 5-2-1 所示。

2. 用于混合像素

在绘画和修饰工具的工具属性栏（图 5-2-2），以及“渐隐”、“填充”、“描边”和“图层样式”对话框中，混合模式只将添加的内容与当前操作的图层混合，而不会影响其他图层。

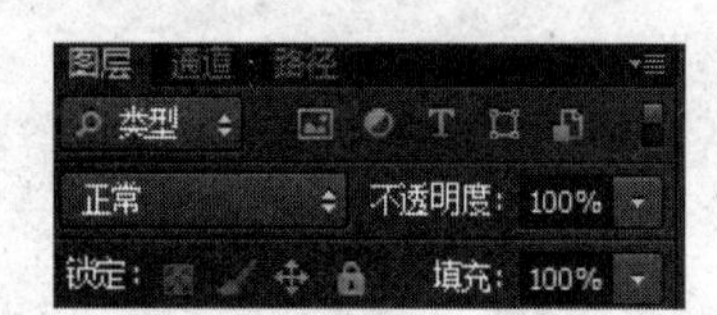

图 5-2-1 默认的混合模式

图 5-2-2 工具属性栏的混合模式

3. 用于混合通道

在“应用图像”和“计算”命令中，混合模式用来混合通道，可以创建特殊的图像合成效果，也可以用来制作选区。

5.2.2 混合模式的分类

混合模式可以分为 6 组，共 27 种，如图 5-2-3 所示，每一组的混合模式都可以产生相似的效果或有着相近的用途。

1）一般模式组的混合模式需要降低图层的不透明度才能产生作用。

2）变暗模式组中的混合模式可以使图像变暗。当前图层中的白色将被底层较暗的像素替代。

3）变亮模式组中的混合模式可以使图像变亮。图像中的黑色会被较亮的像素替换，而任何比黑色亮的像素都可能加亮底层图像。

4）对比模式组中的混合模式可以增强图像的反差。在混合时，50%的灰度完全消失，任何亮度值高于 50%灰度的像素都可能加亮底层的图像，亮度值低于 50%灰度的像素则可能使底层图像变暗。

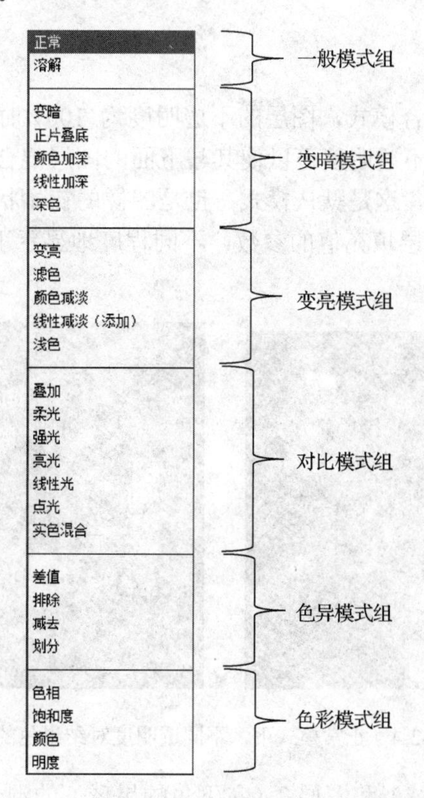

图 5-2-3 “图层”面板中的混合模式选项

5）色异模式组中的混合模式可以产生特别的颜色效果。在混合时，比较当前图像与底层图像，将相同的区域显示为黑色，不同的区域显示为灰度层次或彩色。如果当前图层中包含白色，白色的区域会使底层图像反相，而黑色不会对底层图像产生影响。

6）色彩模式组中的混合模式，Photoshop 将色彩分为 3 种成分（HSB 模式中的色相、饱和度和亮度），然后将其中的一种或两种应用在混合后的图像中。

5.2.3 混合模式的原理

在讲述图层混合模式之前，我们首先学习 3 个术语：基色、混合色和结果色。

1）基色：指当前图层下的图层的颜色。

2）混合色：指当前图层的颜色。

3）结果色：指混合后得到的颜色。

这 3 个术语有助于我们更好地理解图层混合的原理。

1. 一般模式组

（1）正常模式

正常模式是默认的混合模式，图层的不透明度为 100%时，当前图层的像素完全覆盖下面图层的像素。降低不透明度可以使其与下面的图层混合。正常模式下编辑每个像素，都将直接形成结果色，这是默认模式，也是图像的初始状态。在此模式下，可以通过调节图层不透明度和图层填充值的参数，不同程度地显示下一层的内容，如图 5-2-4 所示。

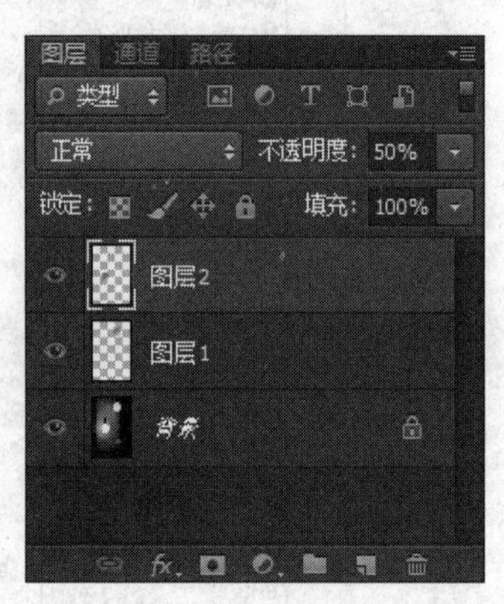

图 5-2-4 正常模式下，不同透明度对结果色的影响

图层 1（右上角的星球）和图层 2（左下角的星球）的混合模式都是“正常”，但是图层 2 把不透明度降低到 50%，所以我们从图上看到的感觉是图层 2 的星球更明亮（因为背后的灯泡的光线会透过来）。

（2）溶解模式

当设置图层的模式为“溶解”并降低不透明度时，可以使半透明区域上的像素离散，产生点状颗粒。

溶解模式的结果色由基色或混合色的像素随机替换。替换的程度取决于该像素的不透明度。下一层较暗的像素被当前图层中较亮的像素所取代，达到与底色溶解在一起的效果。因此，溶解模式最好是与 Photoshop 中的一些着色工具一起使用，如画笔工具、橡皮擦工具等。

如图 5-2-5（a）所示的燕子上面的纹理图层的混合模式为“正常”，可以看到其与图 5-2-5（b）（混合模式为“溶解”）的差别不大；但是降低了纹理图层的不透明度（降低到 50%）后，边缘溶解的效果就很明显了，如图 5-2-5（c）所示。

（a）

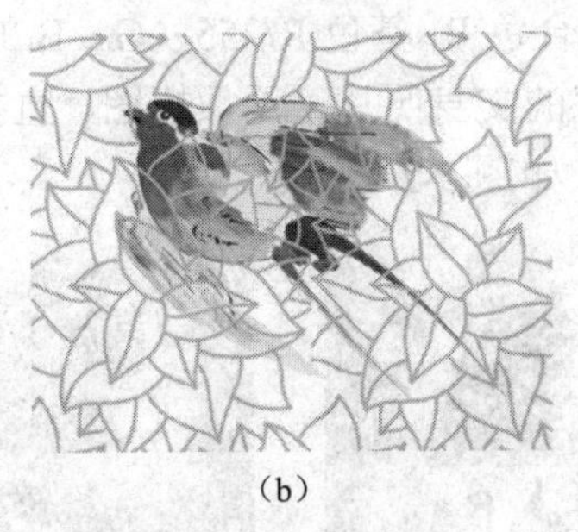
（b）

（c）

图 5-2-5　纹理图层的模式

2. 变暗模式组

（1）变暗模式

变暗模式会比较两个图层，当前图层中较亮的像素会被底层较暗的像素替换，亮度值比底层像素低的像素保持不变。

计算公式：结果色 R=Min(混合色 R，基色 R)（G、B 的数值算法一样）。

变暗模式在混合时，将混合色与基色之间的亮度进行比较，亮于基色的颜色都被替换，暗于基色的颜色保持不变。变暗模式导致比背景色更淡的颜色从结果色中去掉，如图 5-2-6 所示，因为鱼的背景是白色，月球的颜色虽然很浅，但是不会比白色更浅，所以鱼的背景被去掉（即被月球的颜色替换）。又因为鱼身的色彩比月球深，因此鱼身的大部分色彩都保留下来了。

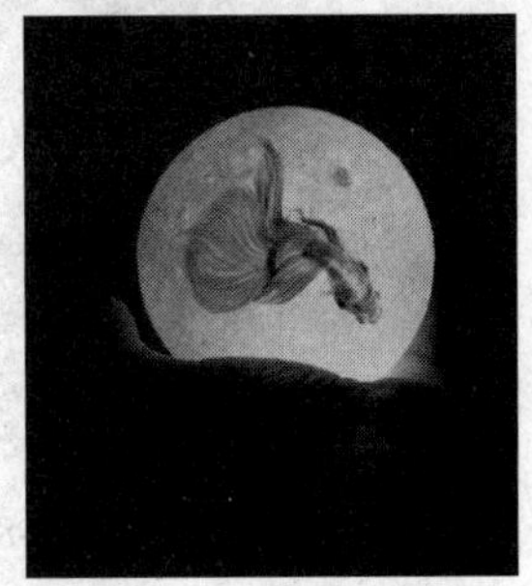

图 5-2-6　变暗模式的效果

（2）正片叠底模式

如果将模式设置为正片叠底模式，则当前图层中的像素与底层的白色混合时保持不变，与底层的黑色混合时则被其替换，混合结果通常会使图像变暗。

将上、下两个图层像素颜色的灰度级进行乘法计算，获得灰度级更低的颜色而成为合成后的颜色，图层合成后的效果简单地说是低灰阶的像素显现而高灰阶的像素不显现（即深色出现，浅色不出现，黑色灰度级为 0，白色灰度级为 255）。

计算公式：结果色 R =混合色 R×基色 R/255（G、B 的数值算法一样）。

我们可以看到，一张白底的文身照片，无须抠图，直接使用正片叠底模式，就可以很自然地融合到模特的背部，如图 5-2-7 所示。

图 5-2-7　正片叠底模式的效果

（3）颜色加深模式

在颜色加深模式中，查看每个通道中的颜色信息，并通过增加对比度使基色变暗以反映混合色，如果与白色混合的话将不会产生变化。如图 5-2-8 所示，除了背景上的较淡区域消失，且图像区域呈现尖锐的边缘特性之外，颜色加深模式创建的效果和正片叠底模式创建的效果比较类似。

图 5-2-8　原图及颜色加深模式的效果

使用颜色加深模式时，会加暗图层的颜色值，加上的颜色越亮，效果越细腻。让底层的颜色变暗，有点类似于正片叠底模式，但不同的是，它会根据叠加的像素颜色相应增加对比度。其和白色混合没有效果。

计算公式：结果色=(基色+混合色−255)×255/混合色。其中，如果基色+混合色−255 出现负数，则直接归零。

从图 5-2-8 中我们可以看出，将两幅相同的图像以颜色加深模式进行混合后，可以增加对比度以突出主体部分。

（4）线性加深模式

线性加深模式通过减小亮度使像素变暗。

计算公式：结果色=基色+混合色−255，如果基色+混合色的数值小于 255，结果色就为 0。

由该计算公式可以看出，画面暗部会直接变成黑色，因此画面整体会更暗。白色与基色混合得到基色，黑色与基色混合得到黑色。原图及线性加深模式的效果如图 5-2-9 所示。

利用蒙版（参考 5.4 节）修正物体之间的遮挡关系，可以得到卡通动物被装进杯子里的效果，如图 5-2-10 所示。

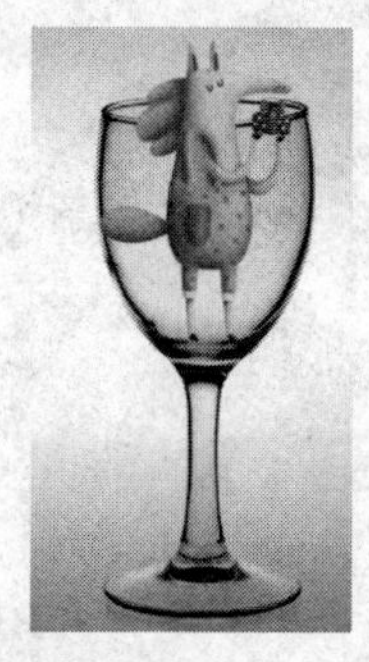
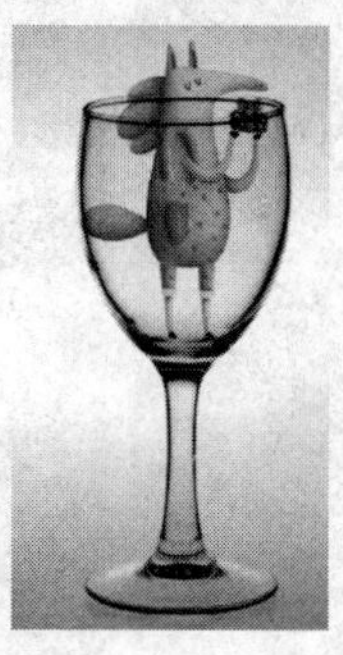
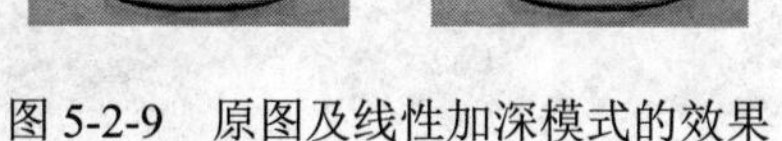

图 5-2-9　原图及线性加深模式的效果

图 5-2-10　添加蒙版后的效果

（5）深色模式

深色模式会比较两个图层的所有通道值的总和并显示值较小的颜色，不会生成第三种颜色。深色模式是通过计算混合色与基色的所有通道的数值总和，然后选择数值较小的作为结果色，因此结果色只与混合色或基色相同，不会产生出另外的颜色。白色与基色混合得到基色，黑色与基色混合得到黑色。在深色模式中，混合色与基色的数值是固定的，颠倒位置后，混合出来的结果色是没有变化的。

如图 5-2-11 所示，将一张鹌鹑蛋的图片放置于一张鸡蛋图片上方并设置混合模式为“深色”，鹌鹑蛋的深色斑点即转移到鸡蛋上，原因是斑点比鸡蛋壳的颜色暗，保留下来；其余部分的颜色亮，删除。

图 5-2-11　鸡蛋和鹌鹑蛋合成带斑点的鸡蛋

3. 变量模式组

（1）变亮模式

与变暗模式相反，变亮模式将当前图层中较亮的像素替换底层图层中较暗的像素，而较暗的像素则被底层图层中较亮的像素替换。

变亮模式与变暗模式相反，是对混合的两个图层相对应区域 RGB 通道中的颜色亮度值进行比较，取较高的像素点为混合之后的颜色，使总的颜色灰度的亮度升高，达到变亮的效果。用黑色合成图像时无作用，用白色合成图像时仍为白色，如图 5-2-12 所示。

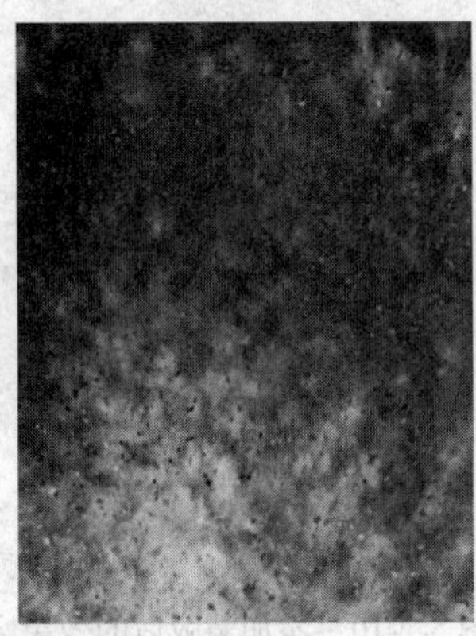

图 5-2-12　合成熔岩蜘蛛

变亮模式就是取两个图层各自更亮的部分混合在一起，常用于星轨、车轨的合成，也可用于给黑色（暗色）主体添加色彩，如图 5-2-12 所示。在黑白主调的图像上放置一张彩色图像并设置混合模式为变亮，原来的图像便增加了熔岩流动的效果。

（2）滤色模式

与正片叠底模式相反，滤色模式将当前图层中的像素与底层的黑色混合时保持不变，与底层的白色混合时被其替换，使图像产生漂白的效果。它与正片叠底模式相反，是将上、下两层图层像素颜色的灰度级进行乘法计算，获得灰度级更高的颜色而成为合成后的颜色，图层合成后的效果简单地说是高灰阶的像素显现而低灰阶的像素不显现（即浅色出现，深色不出现），产生的图像更加明亮。

计算公式：结果色=255−混合色的补色×基色的补色/255。

如图 5-2-13 所示，把黑底的月球照片放到雪山照片的上方时，只要设置混合模式为滤色，月球的照片就可以自然地融入雪山的背景中。

（3）颜色减淡模式

颜色减淡模式与颜色加深模式相反，它通过减小对比度来加亮底层的图像，并使颜色变得更加饱和。其适合用于夜景添加下雨、烟花等效果。使用这种模式时，会加亮图层的颜色值，加上的颜色越暗，效果越细腻。它与颜色加深刚好相反，是通过降低对比度，加亮底层颜色来反映混合色彩。其与黑色混合没有任何效果。

计算公式：结果色=基色+(混合色×基色)/(255−混合色)。

混合色为黑色，结果色就等于基色；混合色为白色，结果色就为白色；基色为黑色，结果色就为黑色。如图 5-2-14 所示为给雪山添加星光后的效果。

图 5-2-13　给雪山添加月亮

图 5-2-14　给雪山添加星光

同样的一张照片，使用颜色减淡模式来添加星空，会更加自然逼真。

（4）线性减淡（添加）模式

线性减淡模式类似于颜色减淡模式，但是其通过增加亮度来使底层颜色变亮，以此获得混合色彩。

计算公式：结果色=基色+混合色，其中基色+混合色的数值大于 255，系统就设置为 255。

由该计算公式可知，混合色为黑色，结果色就等于基色；混合色为白色，结果色就为白色，基色也一样。颠倒混合色及基色的位置，结果色也不会变化。线性减淡模式的效果如图 5-2-15 所示。

（5）浅色模式

浅色模式与深色模式相反，它通过计算混合色与基色所有通道的数值总和，哪个数值大就选为结果色。因此结果色只能在混合色与基色中选择，不会产生第三种颜色。

同样的两幅图，用线性减淡模式，既能看到烟花，又能看到烟花后面的高楼；而使用浅色模式，比较亮的烟花会把高楼挡住，比较暗的烟花则会被高楼挡住，如图 5-2-16 所示，效果略有差别。

图 5-2-15　线性减淡模式的效果

图 5-2-16　浅色模式的效果

4. 对比模式组

（1）叠加模式

叠加模式比较复杂，它是根据基色图层的色彩来决定混合色图层的像素是进行正片叠底还是进行滤色。

计算公式如下：

基色≤128，结果色=基色×混合色/128。

基色>128，结果色=255−(255−混合色)×(255−基色)/128。

经常会使用叠加模式结合黑白画笔，来强化物体的立体感。例如，可以新建一个空白图层（或中灰图层），然后在要提亮的地方刷上白色（或亮灰色），在要压暗的地方刷上黑色（或暗灰色）。再把图层的混合模式修改为“叠加”，则刚刚涂黑的地方变得更暗，涂白的地方变得更亮，立体感更强了，如图 5-2-17 所示。

图 5-2-17　原图及叠加模式的效果

关于锐化，尤其是人像锐化，或许简单的图层调整并不能得到满意的效果，这时可以试试叠加模式的锐化效果。

（2）柔光模式

柔光模式是指将混合色图层以柔光的方式加到基色图层，当基色图层的灰阶趋于高或低，则会调整图层合成结果的阶调趋于中间的灰阶调，而获得色彩较为柔和的合成效果。图像的中亮色调区域变得更亮，暗色区域变得更暗，图像反差增大，类似于柔光灯照射图像的效果。如果混合层颜色（光源）亮度高于50%灰，基色层会被照亮（变淡）；如果混合层颜色（光源）亮度低于50%灰，基色层会变暗，就好像被烧焦了似的。

计算公式如下：

混合色≤128，结果色=(基色×混合色)/128+(基色/255)^2×(255−2×混合色)。

混合色>128，结果色=基色+(2×混合色−255)×(Sqrt(基色/255)×255−基色)/255。

在一张柠檬的图像上方放置一张冰面的图像（经过选区操作，刚好覆盖果肉部分），设置混合模式为“柔光”之后，就会得到一幅果肉结冰的图像，如图5-2-18所示。

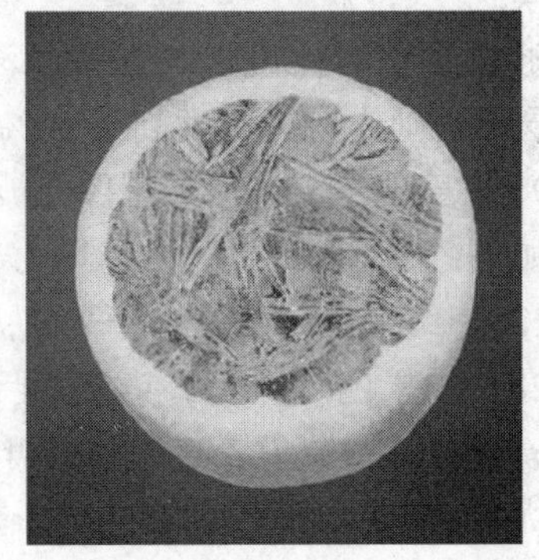

图5-2-18　原图及柔光模式的效果

（3）强光模式

使用强光模式时，如果两层颜色的灰阶都是偏向低灰阶，则作用与正片叠底模式类似；而当偏向高灰阶时，则与滤色模式类似。中间阶的作用不明显，产生的效果就好像为图像应用强烈的聚光灯一样。如果混合层颜色（光源）亮度高于50%灰，图像就会被照亮；反之，如果亮度低于50%灰，图像就会变暗。该模式能为图像添加阴影，如果用纯黑或纯白来进行混合，得到的也将是纯黑或纯白。强光模式与叠加模式的计算公式非常类似，区别只在于结果色是取决于基色还是混合色。

计算公式如下：

混合色≤128，结果色=混合色×基色/128。

混合色>128，结果色=255− (255−混合色)×(255−基色)/128。

强光模式的效果如图5-2-19所示。

图 5-2-19　原图及强光模式的效果

（4）亮光模式

亮光模式通过调整对比度以加深或减淡颜色，结果色取决于混合色图层的颜色分布。如果混合层颜色（光源）亮度高于 50%灰，图像将被降低对比度并变亮；如果混合层颜色（光源）亮度低于 50%灰，图像会被提高对比度并变暗。

计算公式如下：

混合色≤128，结果色=255−(255−基色)/(2×混合色)×255。

混合色>128，结果色=基色/(2×(255−混合色))×255。

使用亮光模式，对图像中较暗的部分可以起到一个增加对比度的效果，而且它还有一个很明显的优点，就是对色彩纯度的一个提升。所以用它来处理一些色彩暗淡的照片，效果非常明显。

如图 5-2-20 所示，观察鹦鹉身上的羽毛部分会发现，使用亮光模式进行叠加后，细节是有加强的，并且颜色也更鲜艳、明亮。

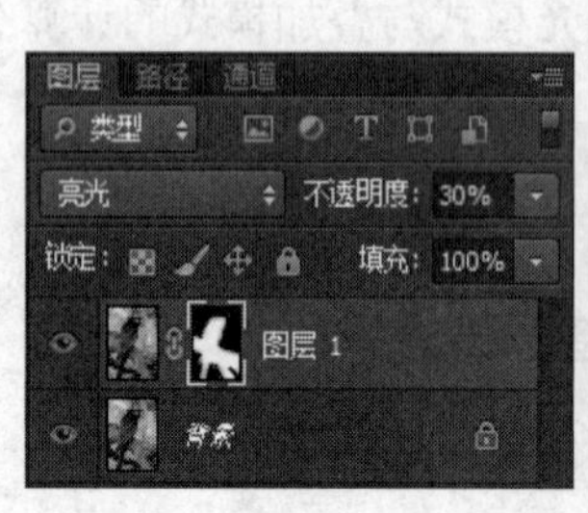

图 5-2-20　亮光模式的效果

（5）线性光模式

线性光通过减少或增加亮度，来使颜色加深或减淡。其具体取决于混合色的数值。如果混合层颜色（光源）亮度高于中性灰（50%灰），则使用增加亮度的方法来使画面变亮，反之则使用降低亮度的方法来使画面变暗。

计算公式：结果色=2×混合色+基色−255。数值大于255取255。

对于图5-2-20中的鹦鹉，使用亮光模式和使用线性光模式的区别不大。

（6）点光模式

点光模式会根据混合色的颜色数值替换相应的颜色。如果混合层颜色（光源）亮度高于50%灰，比混合层颜色暗的像素将会被取代，而较之亮的像素则不发生变化。如果混合层颜色（光源）亮度低于50%灰，比混合层颜色亮的像素会被取代，而较之暗的像素则不发生变化。

计算公式如下：

基色<2×混合色−255，结果色=2×混合色−255。

2×混合色−255<基色<2×混合色，结果色=基色。

基色>2×混合色，结果色=2×混合色。

如图5-2-21所示，人像上方的翅膀图层在设置点光模式后，边缘部分颜色加深，对比度更强烈了。

图5-2-21　原图及点光模式的效果

（7）实色混合模式

在实色混合模式下，当混合色比50%灰色亮时，基色变亮；如果混合色比50%灰暗，则会使底层图像变暗。该模式通常会使图像产生色调分离的效果，减小填充不透明度时，可减弱对比强度。

计算公式如下：

基色+混合色<255，结果色= 0。

基色+混合色≥255，结果色=255。

实色混合能产生颜色较少、边缘较硬的图像效果。如图 5-2-22 所示，将彩霞图层放置到湖面图层上方，并设置混合模式为“实色混合”，同时降低不透明度到 20%，即可看到如图 5-2-23 所示的混合效果，其色彩减少、边缘明显。

图 5-2-22　实色混合前的原图

图 5-2-23　实色混合模式的效果

5. 色异模式组

由于色异模式组和色彩模式组只在一些特殊应用下使用，下面以同一幅图，在不同模式下的比较来说明各种混合模式的效果。如图 5-2-24 所示为正常模式下的两个图层，混合色图层是卡通人物，基色图层是有不规则网线的深蓝色背景。

1）差值模式将混合色与基色的亮度进行对比，用较亮颜色的像素值减去较暗颜色的像素值，所得的差值就是最后效果的像素值。

计算公式：结果色=绝对值(混合色−基色)。

差值模式的效果如图 5-2-25 所示。

图 5-2-24　混合前的原图

图 5-2-25　差值模式的效果

2）排除模式与差值模式相似，但排除模式具有高对比和低饱和度的特点，比差值模式的效果要柔和、明亮。白色作为混合色时，图像反转基色而呈现；黑色作为混合色时，图像不发生变化。

计算公式：结果色=(混合色+基色)−混合色×基色/128。

排除模式的效果如图 5-2-26 所示。

图 5-2-26　排除模式的效果

3）减去模式的作用是查看各通道的颜色信息，并从基色中减去混合色，如果出现负数就归为零。与基色相同的颜色混合得到黑色；白色与基色混合得到黑色；黑色与基色混合得到基色。

计算公式：结果色=基色-混合色。

减去模式的效果如图 5-2-27 所示。

图 5-2-27　减去模式的效果

4）划分模式的作用是查看每个通道的颜色信息，并用基色分割混合色。基色数值大于或等于混合色数值时，混合出的颜色为白色；基色数值小于混合色数值时，结果色比基色更暗，因此结果色对比非常强烈。白色与基色混合得到基色，黑色与基色混合得到白色。

计算公式：结果色=(基色/混合色)×255。

划分模式的效果如图 5-2-28 所示。

图 5-2-28　划分模式的效果

6. 色彩模式组

1）色相模式在合成时，用混合图层的色相值去替换基层图像的色相值，而饱和度与亮度不变。决定生成颜色的参数包括基层颜色的明度与饱和度、混合层颜色的色相（这里提到的色相、饱和度、明度也是一种颜色模式，也称为 HSB 模式）。

色相模式的效果如图 5-2-29 所示。

图 5-2-29　色相模式的效果

2）饱和度模式用混合图层的饱和度去替换基层图像的饱和度，而色相值与亮度不变。决定生成颜色的参数包括基层颜色的明度与色相、混合层颜色的饱和度。饱和度只控制颜色的鲜艳程度，因此混合色只改变图片的鲜艳度，不影响颜色。饱和度模式的效果如图 5-2-30 所示。

图 5-2-30　饱和度模式的效果

3）颜色模式用混合图层的色相值与饱和度替换基层图像的色相值和饱和度，而亮度保持不变。决定生成颜色的参数包括基层颜色的明度、混合层颜色的色相与饱和度。这种模式下，混合色控制整个画面的颜色，是黑白图片上色的绝佳模式，因为这种模式下会保留基色图片也就是黑白图片的明度。

颜色模式的效果如图 5-2-31 所示。

图 5-2-31　颜色模式的效果

4）明度模式用当前图层的亮度值去替换下层图像的亮度值，而色相值与饱和度不变。决定生成颜色的参数包括基层颜色的色调与饱和度、混合层颜色的明度。与颜色模式刚好相反，明度模式的混合色图片只能影响图片的明暗度，不能对基色的颜色产生影响，黑、白、灰除外。

明度模式的效果如图 5-2-32 所示。

图 5-2-32　明度模式的效果

5.2.4　应用实例

【案例 3】利用正品叠底修正过曝照片。

在摄影后期的修图过程中，经常会碰到片子过曝的情况（图 5-2-33），这时我们就要压高光，让过曝的片子恢复正常，利用正片叠底模式可以快速简单地完成压光过程。

图 5-2-33 过曝照片修正原图及效果图

步骤 1：打开素材图片“过曝.jpg”，复制一层，并将图层模式改为“正片叠底”，如图 5-2-34 所示。

图 5-2-34 正片叠底模式效果图及“图层”面板

这时我们发现过曝的天空和群山已经恢复正常，但人物过暗。

步骤 2：添加图层蒙版，用黑色画笔将人物恢复回来（蒙版的原理具体参考 5.4 节），如图 5-2-35 所示。

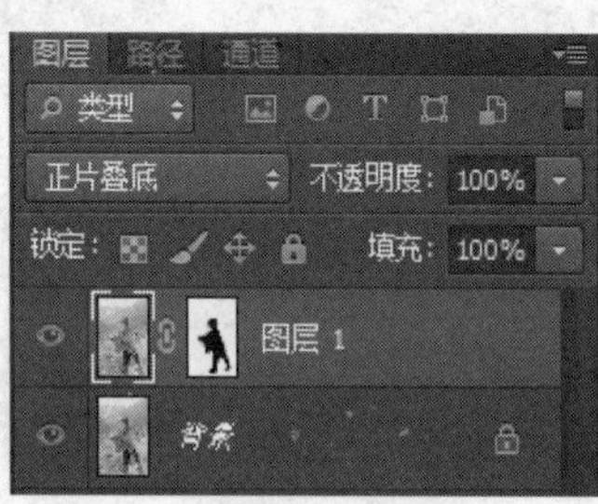

图 5-2-35　添加蒙版后的效果图及“图层”面板

【案例 4】利用亮光和叠加给花朵修改颜色，如图 5-2-36 所示。

图 5-2-36　花朵原图及效果图

步骤 1：打开素材图片“花朵.jpg”，使用选区工具，将黄色的花朵选中。
步骤 2：新建图层，并用红色填充选区，如图 5-2-37 所示。

图 5-2-37　填充后的效果图及“图层”面板

步骤 3：复制图层 1，并重命名为图层 2，如图 5-2-38 所示。

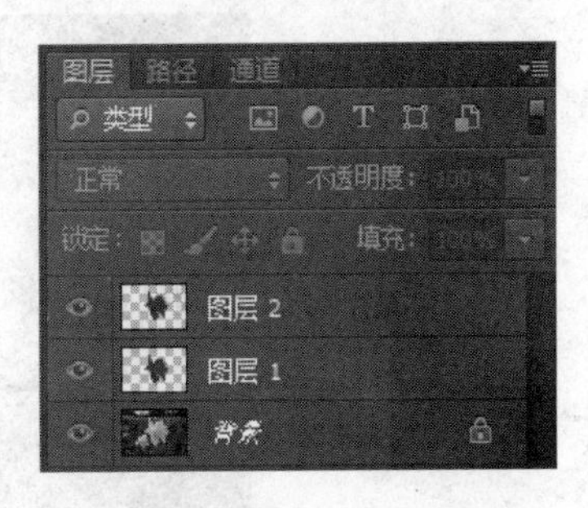

图 5-2-38　复制图层

步骤 4：设置图层 1 的混合模式为“亮光”，不透明度为 20%；设置图层 2 的混合模式为“叠加”，不透明度为 70%，即可得到图 5-2-36 所示的效果图。

【案例 5】利用滤色和叠加模式合成冰镇草莓效果，如图 5-2-39 所示。

步骤 1：打开素材图片“草莓.png”和“冰块.jpg”，把草莓放到冰块的上方，调整草莓的大小和位置，如图 5-2-40 所示。

图 5-2-39　冰镇草莓效果图

图 5-2-40　把草莓放置在冰块的上方

步骤 2：复制一份草莓，并重命名为图层 2，隐藏图层 2。设置图层 1 的混合模式为“滤色”，如图 5-2-41 所示。

图 5-2-41　复制并隐藏图层

步骤 3：显示图层 2，并设置图层 2 的混合模式为“叠加”，不透明度为 50%，如图 5-2-42 所示。

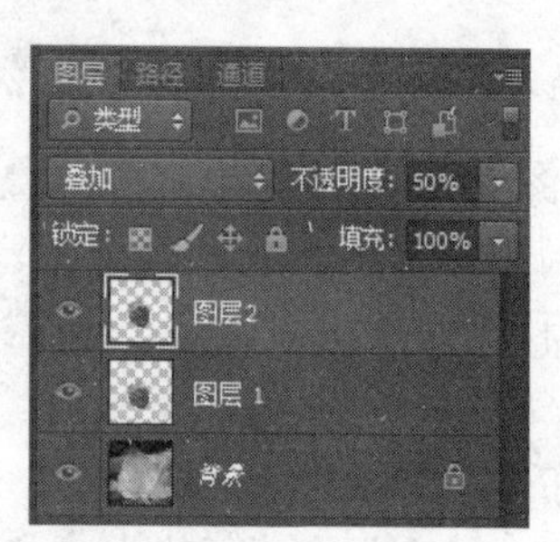

图 5-2-42　设置图层 2 的混合模式

步骤 4：使用选区工具把草莓叶子选中，然后反选选区，单击“图层”面板底部的“添加图层蒙版”按钮添加蒙版，如图 5-2-43 所示，得到图 5-2-39 所示效果图。

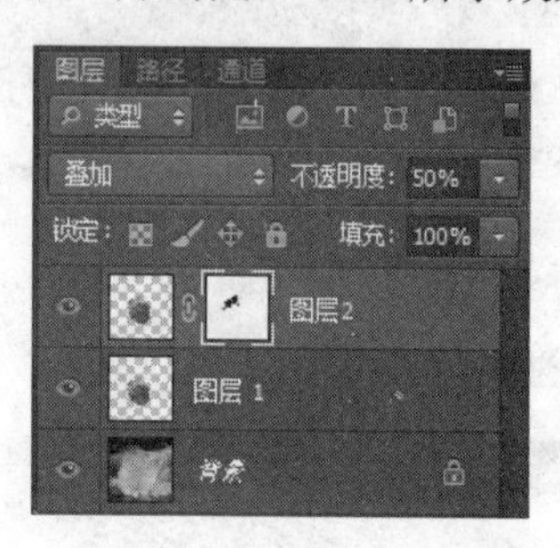

图 5-2-43　添加图层蒙版

5.3 图 层 样 式

Photoshop 提供了各种效果（如阴影、发光和斜面）来更改图层内容的外观。图层效果与图层内容链接，移动或编辑图层的内容时，修改的内容中会应用相同的效果。例如，如果对图 5-3-1（a）所示文本图层应用投影并修改为新的文本，如图 5-3-1（b）所示，则将自动为新文本添加阴影。这是很重要的一点——任何类型的图层样式都基于图层的内容，无论图层做出怎样的变化，它们永远都随着图层内容的变化而改变，以适应图层内容。

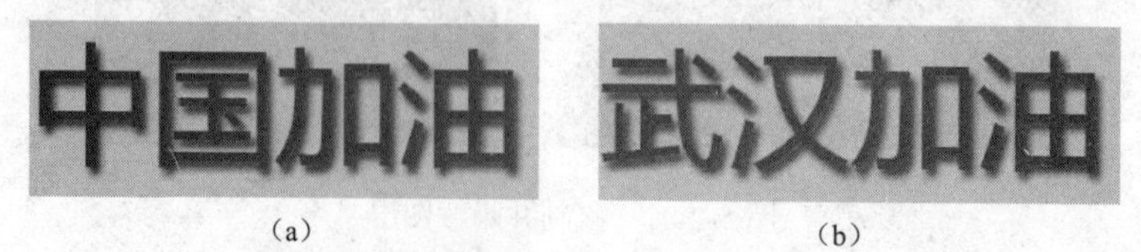

图 5-3-1　图层样式自动适应图层内容

图层样式是应用于一个图层或图层组的一种或多种效果，可以应用 Photoshop 提供的某一种预设样式，或者使用“图层样式”对话框来创建自定样式。应用后，图层效果图标“*fx*”将出现在“图层”面板中的图层名称的右侧。可以在“图层”面板中展开样式，以便查看或编辑合成样式的效果。

注意：我们不能直接应用效果和样式到背景或锁定的图层，需要先将它们转换为普通的图层或解锁。虽然不能直接对图层组使用图层效果，但可以对图层组中的图层单独使用。

可以用如下几种不同的方法调出“图层样式”对话框。

1）选择“图层”→“图层样式”命令，再从其子菜单中选择具体的效果。

2）单击“图层”面板底部的“添加图层样式”按钮。

3）最简便的方法是直接双击要添加样式的图层的小图标（只对普通图层有效）。

“图层样式”对话框的左侧是不同种类的图层效果，包括投影、发光、斜面和浮雕、叠加和描边等 10 种，如图 5-3-2 所示。对话框的中间是各种效果的不同选项，可以从右侧的“预览”选项组中看到所设定效果的预览。如果选中“预览”复选框，那么在效果改变后，即使还没有应用于图像，在“预览”选项组也可以看到效果变化对图像的影响。还可以将一种或几种效果的集合保存成一种新样式，应用于其他图像中。

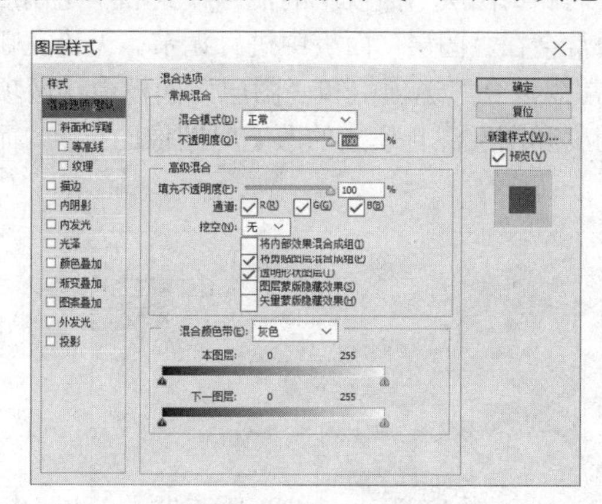

图 5-3-2 “图层样式”对话框

除了 10 种默认的图层效果之外，“图层样式”对话框中还有两个额外的选项，即“样式”和“混合选项”。

5.3.1 样式

“样式”选项显示了所有被储存在“样式”面板中的样式，如图 5-3-3 所示。单击右侧的“设置”按钮，在弹出的下拉列表中有替换样式、载入样式等命令，还可以在此改变样式缩览图的大小。在选择某种样式后，可以对它进行重命名和删除操作。这里对样式的操作和在“样式”面板中的操作基本相同。在创建并保存了自己的样式后，它们会同时出现在“样式”选项和“样式”面板中。

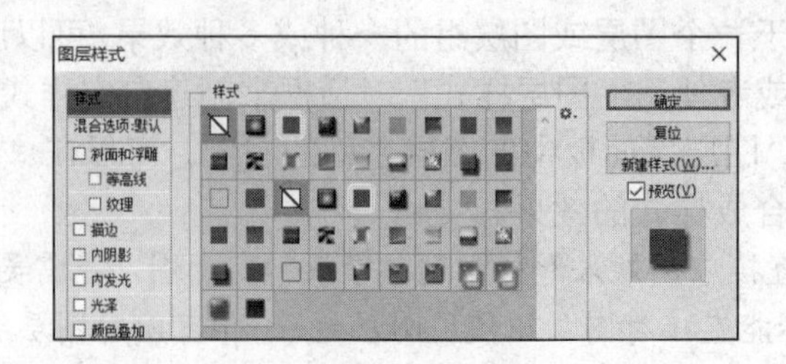

图 5-3-3　样式选项

5.3.2　混合选项

“混合选项”分为“常规混合”、“高级混合”和“混合颜色带”3 个部分，如图 5-3-4 所示。

1. 常规混合

“常规混合”包括混合模式和不透明度两项，这两项是调节图层时经常用到的，是最基本的图层选项。它们和“图层”面板中的混合模式和不透明度是一样的。在没有更复杂的图层调整时，通常会在“图层”面板中进行调节。无论在哪里改变图层混合模式和图层的不透明度，“常规混合”选项中和“图层”面板中这两项都会同步改变。可以在这里试验各种不透明度和图层混合模式的改变对图像的影响，而不必担心修改破坏了原来的图像。

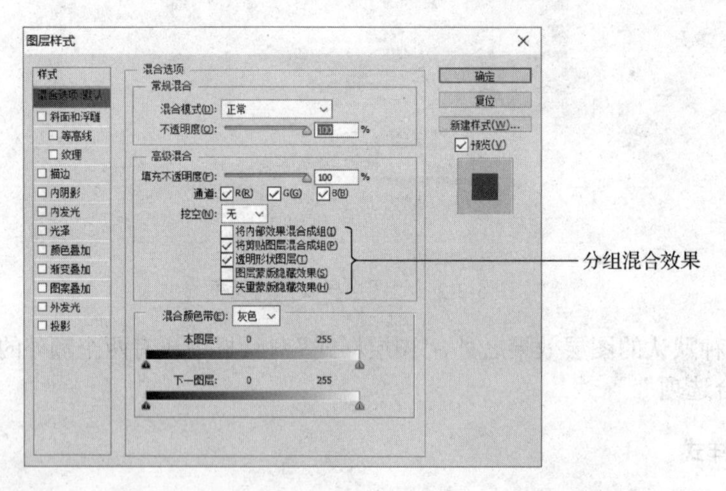

图 5-3-4　混合选项

2. 高级混合

（1）填充不透明度

在“高级混合”选项组中，可以对图层进行更多的控制。填充不透明度只影响图层中绘制的像素或形状，对图层样式和混合模式不起作用。而对混合模式、图层样式不透明度和图层内容不透明度同时起作用的是图层总体不透明度。这两种不同的不透明度选项使我们可以将图层内容的不透明度和其图层效果的不透明度分开处理。还以刚才的例子而言（图5-3-1），当对文字层添加简单的投影效果后，仅降低“常规混合”选项组中的图层不透明度，保持“填充不透明度”为100%，这时会发现文字和投影的不透明度都降低了（相比图5-3-1），如图5-3-5（a）所示；而保持图层的总体不透明度不变，将“填充不透明度”降低到0%时，文字变得不可见，而投影效果却没有受到影响，如图5-3-5（b）所示。使用这种方法，可以在隐藏文字的同时依然显示图层效果，这样就可以创建隐形的投影或透明浮雕效果。

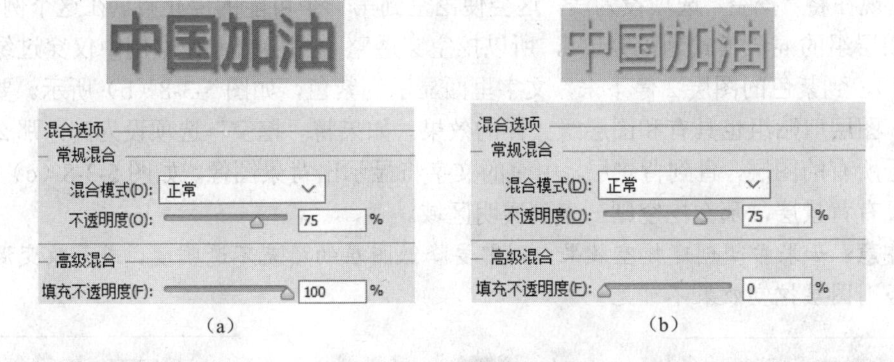

图5-3-5　降低不透明度和填充不透明度的效果

（2）通道

“高级混合”选项组中还包括了限制混合通道、挖空选项和分组混合效果。限制混合通道的作用，是在混合图层或图层组时，将混合效果限制在指定的通道内，未被选择的通道被排除在混合之外。在默认情况下，混合图层或图层组时包括所有通道，图像类型不同，可供选择的混合通道也不同，使用这种分离混合通道的方法可以得到非常有趣和有创意的效果。例如，在将调整图层或多个图像混合在一起的时候，限制混合通道会产生生动的结果，如增强微弱的高光或展示暗调部分的细节。图5-3-6中就是只混合了绿通道和蓝通道，红通道没有混合，所以高光显示（增强红色），影子呈现出红色。

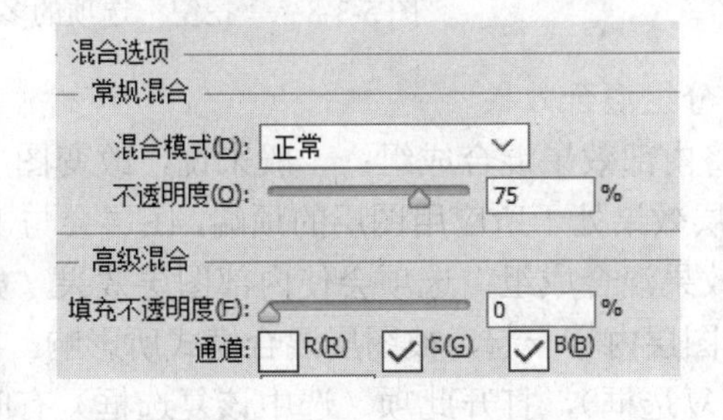

图5-3-6　限制通道的效果

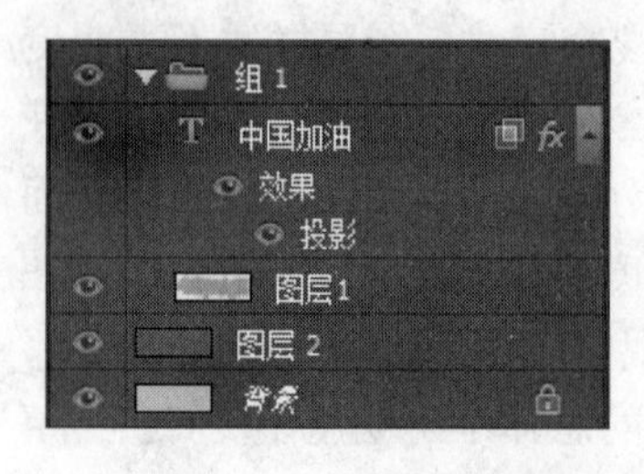

图 5-3-7　添加图层和分组后的“图层”面板

（3）挖空

“挖空”选项决定了目标图层及其图层效果是如何穿透，以显示下面图层的。例如，将刚才图像中文字层的不透明度设为 100%，填充不透明度设为 0%，在文字层的下面添加图层 1，用画笔随意涂抹几下，将文字层和图层 1 按顺序放入名为组 1 的图层组中；在背景层上新建图层 2，用紫色填充。图层关系如图 5-3-7 所示。

打开文字层的混合选项，在默认情况下，“挖空”选项为空，即没有特殊效果，图像正常显示，如图 5-3-8（a）所示。现在将“挖空”选项设为浅，这会使挖空到第一个可能的停止点。在这个例子中，由于图层组的混合模式为“穿过”，所以挖空穿透整个图层组（在本例中仅穿过绿色的图层 1），到紫色的图层 2 停下来，文字里面显示为紫色，如图 5-3-8（b）所示。要注意的是，图层剪贴组也具有和图层组一样的效果。如果将“挖空”选项设为深，那么挖空将穿透所有的图层，直到背景层，中空的文字将显示出背景图像，如图 5-3-8（c）所示。如果没有背景层，那么挖空则一直到透明区域。

注意：如果希望创建挖空效果，则需要降低图层的填充不透明度，或是改变混合模式，否则图层挖空效果不可见。

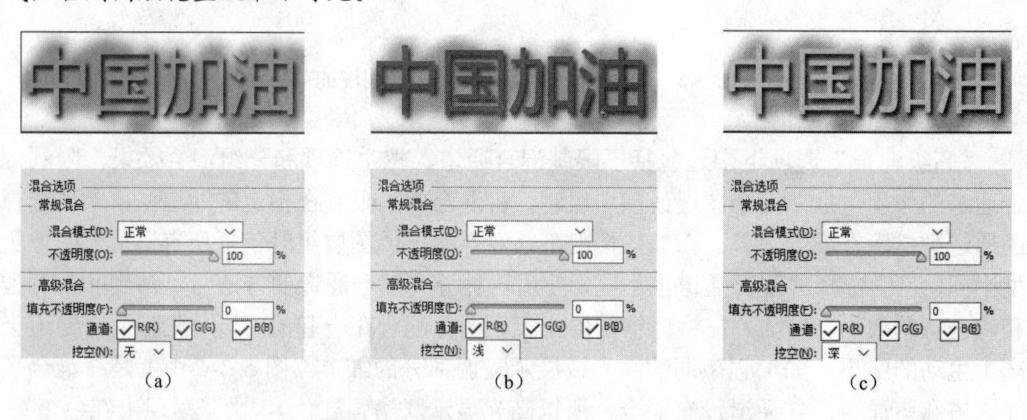

图 5-3-8　“挖空”选项的多种不同设置

（4）分组混合效果

1）将内部效果混合成组：一般来说，改变图层的混合模式并不会影响图层效果的外观，图层效果处于所应用图层的顶端，图层会与下面的图层混合，但图层效果却不会。“将内部效果混合成组”选项会使内部图层效果（如内发光、所有类型的叠加和光泽效果）连同图层内容一起，被图层混合模式所影响。在默认情况下，这一项是关闭的（取消选中该复选框），打开此项（选中该复选框）有时可创造奇特的效果。要注意的是，这个选项只对上面几种类型的图层效果有效，不能作用于其他类型的图层效果。如

图 5-3-9 所示，形状 1 和形状 2 都添加了光泽效果，并设置混合模式为“滤色”。不同的是，形状 1 是未选择将内部效果混合成组时的结果，形状 2 是选择了这一项后的结果。

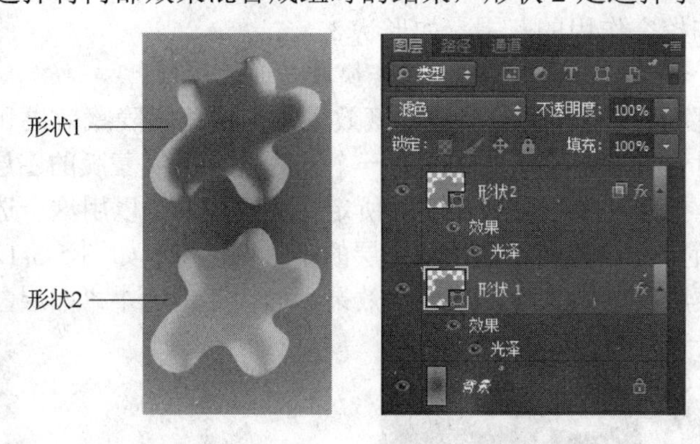

图 5-3-9　内部效果混合成组的效果

2）将剪贴图层混合成组：在通常情况下，剪贴组中的图层会被应用最底层图层的混合模式，而“将剪贴图层混合成组”保持了将基底图层的混合模式应用于剪贴组中的所有图层这种混合方式。该复选框在默认状态下是选中的，如果将它取消，那么剪贴组中基底图层的混合方式只能作用于该图层。这一选项不会直接影响图层效果。如图 5-3-10 所示，形状 1 和形状 2 都是剪贴组中的基底图层，均设置混合模式为“滤色”。不同的是，形状 1 是选择将剪贴图层混合成组时的结果，形状 2 是未选择这一项的结果。

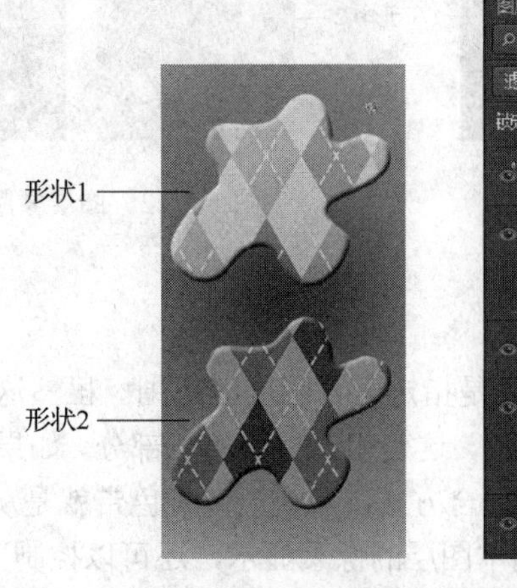

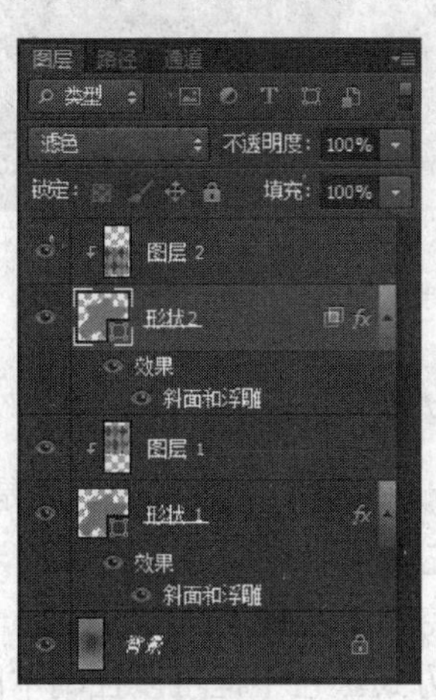

图 5-3-10　将剪贴图层混合成组的效果

3）透明形状图层：透明形状图层的作用是将图层效果或挖空限制在图层的不透明区域中。在默认情况下，该复选框是选中的，如果取消了这一选项，那么图层效果或挖空将对整个透明图层起作用，而非只对含有像素的不透明度区域起作用。如图 5-3-11 上方所示，对包含透明区域的形状 1 应用斜面和浮雕效果。如果取消选中“透明形状图层”复选框，那么图层效果将作用于形状 2 的全部范围，包括对象周边的透明区域，如图 5-3-11 中间所示。如果对图像添加了图层蒙版，那么 Photoshop 将以蒙版定义的范围作为图层效果和挖空作用的范围，如形状 3。

注意：形状 1～3 都已经栅格化，即转换成普通的图层。

4）图层蒙版隐藏效果和矢量蒙版隐藏效果：图层蒙版隐藏效果和矢量蒙版隐藏效果，除了一个针对含有图层蒙版的图层，一个针对含有矢量蒙版的图层外，其作用都是一样的。它们都是把图层效果限制在蒙版所定义的区域。可以用这个选项来控制图层效果是作用于蒙版所定义的范围还是整个图层的不透明区域。如图 5-3-12 所示，形状 1 是没有选中“图层蒙版隐藏效果”复选框的效果，形状 2 是选中“图层蒙版隐藏效果”复选框的效果。

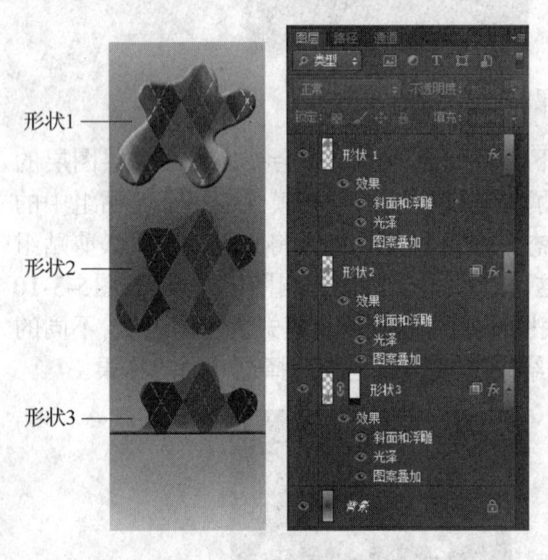

图 5-3-11　透明形状图层的效果

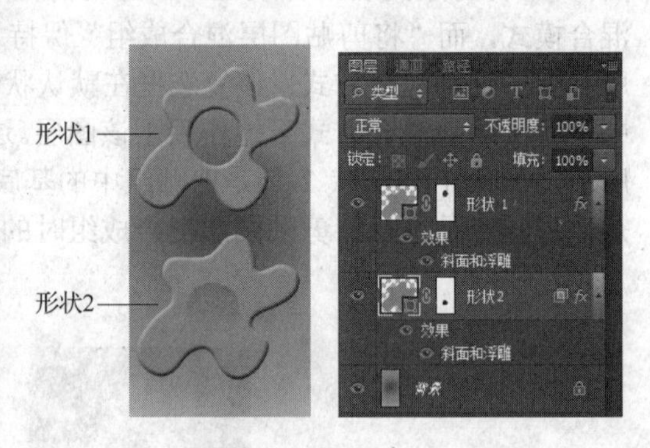

图 5-3-12　图层蒙版的效果

3. 混合颜色带

“高级混合”选项组中的最后一部分是指定混合图层的范围。虽然这一部分和图层效果无关，但理解它在混合图像时大有帮助，这是相当重要的一部分。如果说图层混合模式是从“纵向”上控制图层与下面图层的混合方式，那么混合颜色带就是从“横向”上控制图层相互影响的方式。它不但可以控制本图层的像素显示，还可以控制下一图层的显示。首先选择混合颜色通道的范围，灰色将混合全部通道，大多数情况，我们要混合图像的全部通道，所以这个选项被设为默认值。也可以从下拉列表中选择单个通道（图 5-3-13）。

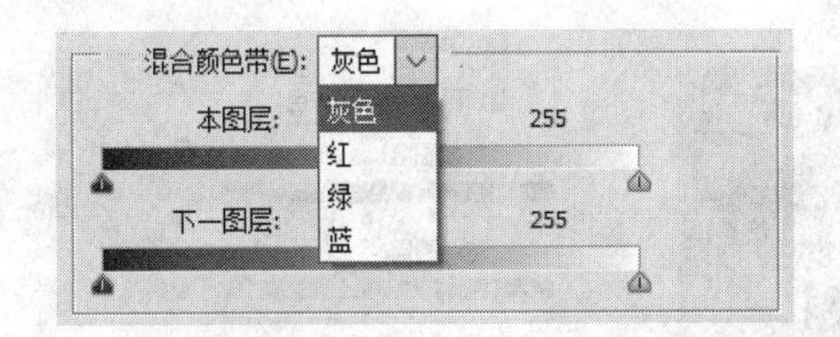

图 5-3-13 “混合颜色带”下拉列表中的通道选项

灰色渐变条代表了图像中的像素亮度级别，从 0 到 255。可以利用黑色和白色的滑块来控制当前图层和下一图层中可见像素的范围，亮度在两个滑块之间的像素参与图层的混合。

如图 5-3-14 所示，在彩色渐变背景上放置了一个渐变蓝色的形状 1 和形状 2，并添加了斜面和浮雕效果。现在以形状 1 为目标层，将本图层混合颜色带的黑色滑块设为 62，白色滑块设为 187，这样可见像素的亮度范围为 62～187，亮度低于 62、高于 187 的像素将不可见，也就是说被排除在混合范围之外。

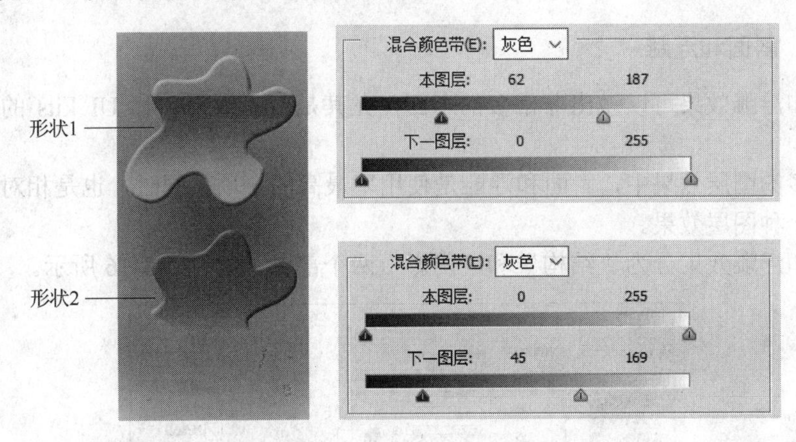

图 5-3-14 混合颜色带的效果

通过控制“下一图层”的亮度条，可以强制下面图层中的像素显示出来。如果将形状 2 混合颜色带的下一图层亮度值范围设为 45～169，那么在这一范围内的像素参与混合，被形状 2 所遮盖，而亮度值在 0～44、170～255 范围的像素不参与混合，透过形状 2 显示出来。

有时，为了保证在混合区域和非混合区域之间产生平滑的过渡，可以采用部分混合的方法。要定义部分混合像素的范围，可以按 Alt（Win）/Option（Mac）键并拖移三角形滑块的一半，这样混合的效果就不会过于生硬，如图 5-3-15 所示。

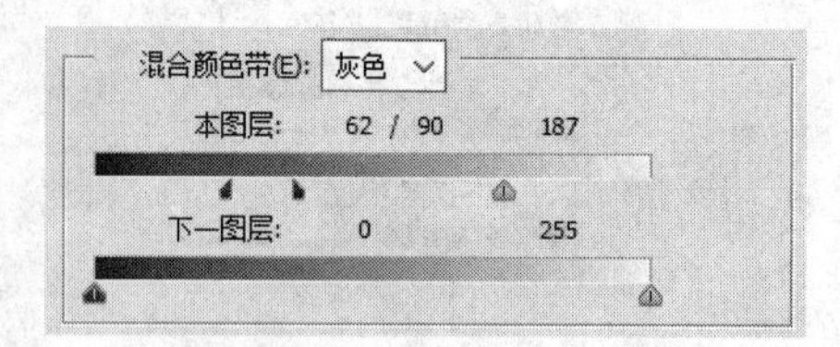

图 5-3-15　部分混合的效果

在介绍了“图层样式”对话框中这些额外的选项后，开始将注意力集中在图层效果和它们各自的控制选项上。图层样式对那些初学者来说是一大福音，因为即使不具备任何技巧或方法背后的知识，只需移动滑块或是简单地选择，就可以添加图层效果和样式。图层样式不像 Photoshop 中的其他知识那样，在这里，亲自操作比阅读复杂的理论知识更容易让初学者快速掌握这些工具。虽然图层样式过于模式化，但花时间创建一些自己喜欢的样式，也不失为一种快速创作图像的方法。下面，一起来看看这些图层效果带来的惊喜吧！

5.3.3　斜面和浮雕

斜面和浮雕效果可以做出非常多的东西，尤其是一些效果字和 UI kits 的实现（UI 控件）。

在众多的图层效果中，斜面和浮雕是使用率最高的一项，同时，也是相对来说不容易掌握的一种图层效果。

斜面和浮雕效果分为“结构”和“阴影”两个部分，如图 5-3-16 所示。

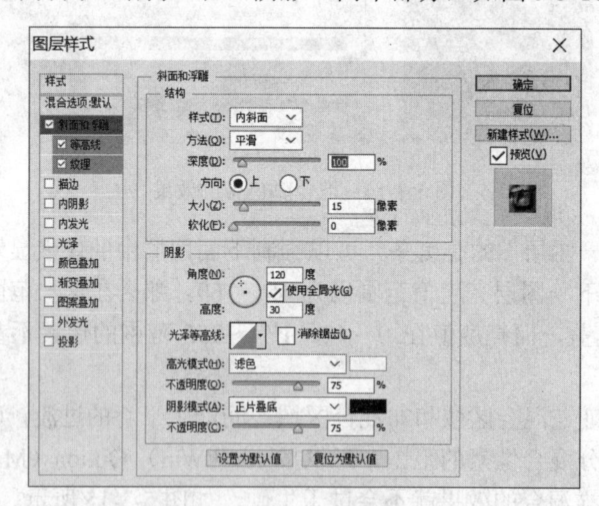

图 5-3-16　斜面和浮雕样式

1. 结构

（1）样式

我们知道，斜面和浮雕主要用来对图层内容添加立体效果，而“样式”选项控制了立体效果的类型，可以从其下拉列表中选择外斜面、内斜面、浮雕效果、枕状浮雕和描边浮雕5种类型。其中，内斜面是最常用的类型，这种斜面类型从图层对象的边缘向内创建斜面，立体感最强。它不同于外斜面样式从边缘向外创建斜面。浮雕效果使图层对象相对于下层图层呈浮雕状，枕状浮雕创建嵌入效果，而描边浮雕只针对图层对象的描边，没有描边，这种浮雕就不能显现。可以根据图像的需要选择合适的斜面位置，图5-3-17所示是在默认条件下的各种斜面样式。

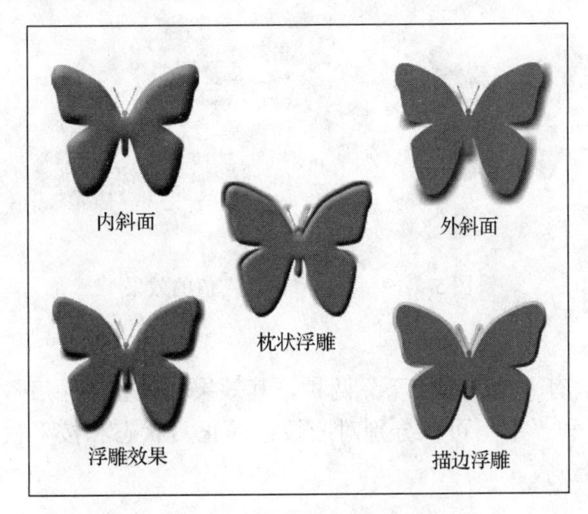

图 5-3-17　各种斜面样式

（2）方法

Photoshop提供了3种可供选择的方法：平滑、雕刻清晰和雕刻柔和。“平滑”选项可模糊边缘，适用于所有类型的斜面效果，但不能保留较大斜面的边缘细节。“雕刻清晰”选项可保留清晰的雕刻边缘，适用于有清晰边缘的图像，如消除锯齿的文字等。“雕刻柔和”选项介于这两者之间，主要用于较大范围的对象边缘。结构中的其他选项，如深度、方向、大小和软化，构成了浮雕的各种属性。“方法”选项的效果如图5-3-18所示。

图 5-3-18　“方法”选项的效果

（3）深度

“深度”选项必须和“大小”选项配合使用，在“大小”一定的情况下，用“深度”可以调整高台的截面梯形斜边的光滑程度，效果如图 5-3-19 所示。

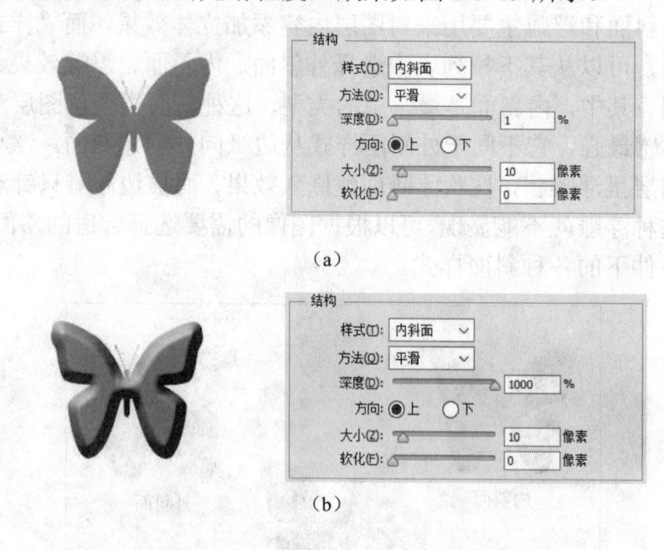

图 5-3-19　不同“深度”值的效果

（4）方向

方向的设置值只有“上”和“下”两种，其效果和设置“角度”是一样的。在制作按钮的时候，“上”和“下”可以分别对应按钮的正常状态和按下状态，使用角度进行设置更方便，也更准确。

（5）大小

大小用来设置高台的高度，必须和“深度”选项配合使用。

（6）软化

软化一般用来对整个效果进行进一步的模糊，使对象的表面更加柔和，以减少棱角感。

2. 阴影

（1）角度和高度

斜面和浮雕效果的阴影部分，控制了组成效果的高光和暗调的组合。在这里，可以控制斜面的投影角度和高度、光泽等高线样式，以及高光和暗调的混合模式、颜色及不透明度。这里的投影不同于图层效果中的投影效果，这种添加了高度的投影在表现图像时更加生动。可以用鼠标拖动改变光源方向，也可以输入具体的角度和高度数值来改变源方向。这里的“光泽等高线”和别处的“等高线”略有不同，它的主要作用是创建类似金属表面的光泽外观，它不但影响图层效果，还影响图层内容的本身。这和别处的“等高线”（包括斜面和浮雕效果的“等高线”子项）只处理图层效果部分是不同的（光泽效果例外)。

这里的角度设置要复杂一些。圆当中不是一个指针，而是一个小小的十字。斜角和浮雕的角度调节不仅能够反映光源方位的变化，还可以反映光源和对象所在平面所成的角度，具体来说，就是那个小小的十字和圆心所成的角度及光源和层所成的角度（后者就是高度)。这些设置既可以在圆中拖动设置，也可以在旁边的文本框中直接输入。

例如，首先将高度设置为10，得到形状1［图5-3-20（a)］的效果（如果设置为90，光源就会移到对象的正上方)；将高度设置为30，得到形状2［图5-3-20（b)］的效果（注意：高度代表着光源的高度，如果将高度设置为0，光源将会落到对象所在的平面上，斜角和浮雕效果就会消失)。

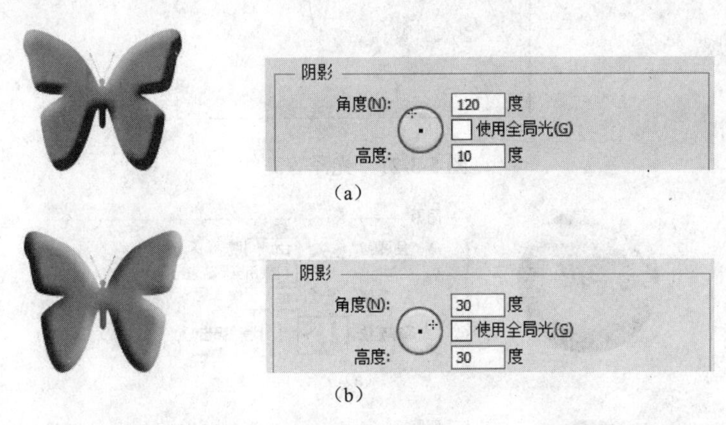

图5-3-20 “阴影”选项组不同的设置效果

注意：因为形状1和形状2是在同一个画布中，要为它们不同的角度，则要取消选中“使用全局光”复选框。

（2）使用全局光

“使用全局光”复选框一般应选中，表示所有的样式都受同一个光源的照射，也就是说，调整一种图层效果（如投影效果）的光照效果，其他图层的光照效果也会自动进行完全一样的调整。当然，如果需要制作多个光源照射的效果，可以取消选中该复选框。

（3）光泽等高线

“斜角和浮雕”的光泽等高线效果不太好把握，如我们设计了一个如图5-3-21所示的光泽等高线，得到的效果如图5-3-22（a）所示。

可以这样理解，将“角度”和“高度”都设置为90（将光源放到对象正上方)，如图5-3-22（b）所示（效果和子项中的等高线其实是一样的)，等高线创造“虚拟”的高光层和阴影层，也就是平面上虚拟出了斜面的感觉，斜面的形状与等高线相似。在默认情况下，每个斜面的亮度都是不一样的，这说明它们接收到的光强是不一样的，接收到的光强多自然就亮，接收到的光强少自然就暗。我们可以通过调节光源的角度和高度，来调节光源的位置（光的入射方向），入射光与斜面之间的夹角越大，斜面接收到的光强越大，斜面就越亮，反之亦然。

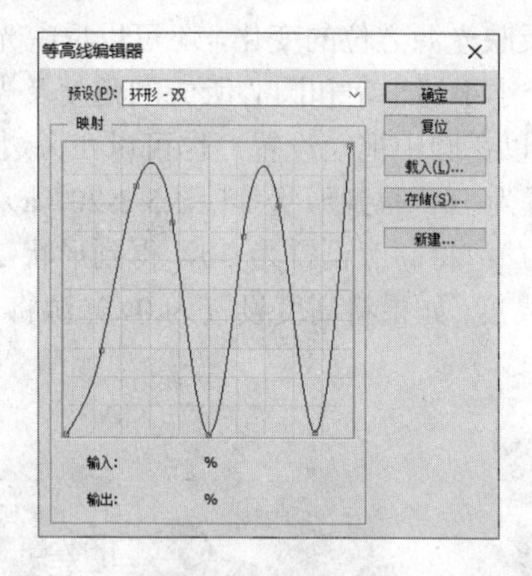

图 5-3-21　光泽等高线

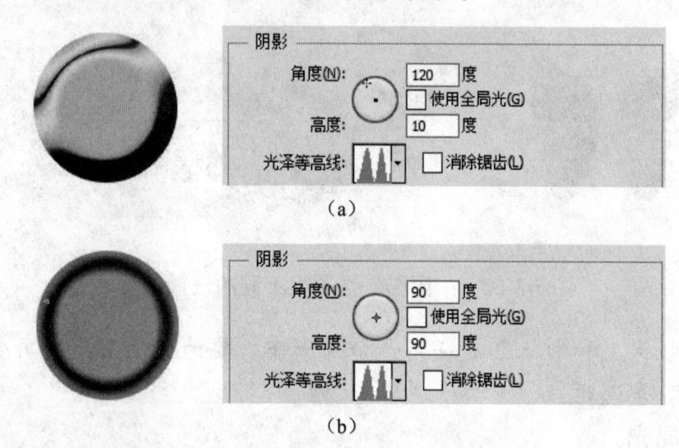

（a）

（b）

图 5-3-22　光泽等高线的效果

（4）高光模式和不透明度

“斜角和浮雕”效果可以分解为两个“虚拟”的层，分别是高光层和阴影层。这个选项就是调整高光层的颜色、混合模式和透明度的。

例如，将对象的高光层设置为红色，实际上等于将光源的颜色设置为红色，注意混合模式一般应当使用“滤色”，因为这样才能反映出光源颜色和对象本身颜色的混合效果，如图 5-3-23 所示。

（5）阴影模式和不透明度

阴影模式的设置原理和高光模式的设置是一样的，但是由于阴影层的默认混合模式是“正片叠底”，有时候修改了颜色后看不出效果。将阴影部分的颜色改成红色，在椭圆上看到的红色部分就是阴影，如图 5-3-24 所示。

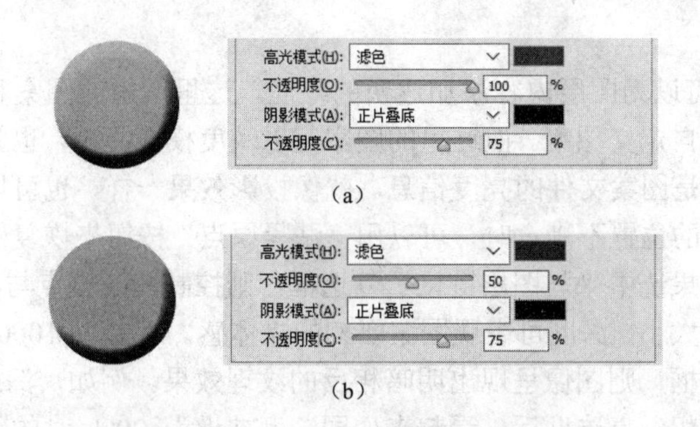

图 5-3-23　高光模式和不透明度的设置效果

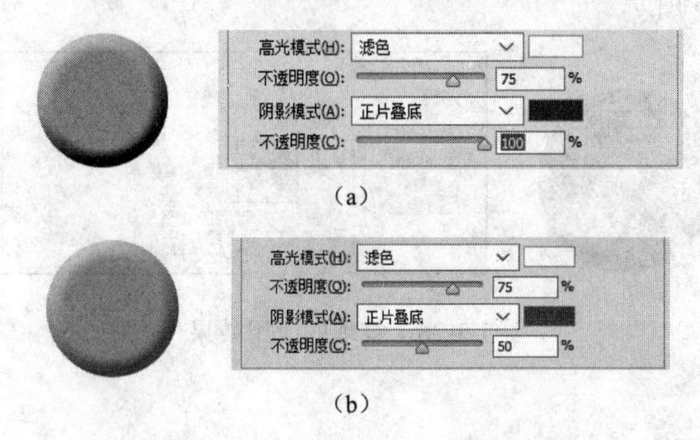

图 5-3-24　阴影模式和不透明度的设置效果

（6）等高线

“斜面和浮雕”还有“等高线”和“纹理”两个子选项，它们的作用是分别对图层效果应用等高线和透明纹理效果。等高线部分包括了当前所有可用的等高线类型，以及控制如何混合图层效果所应用的等高线的亮度或颜色的范围选项。其范围越大，等高线所施用的区域就越大（图 5-3-25）。

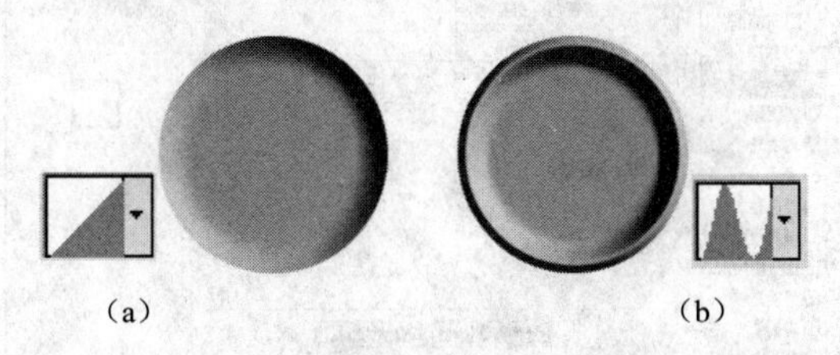

图 5-3-25　不同等高线的效果

“斜面和浮雕”样式中的等高线容易让人混淆，除了在对话框右侧有“等高线”设置，在对话框左侧也有“等高线”设置。其实仔细比较一下就可以发现，对话框右侧的“等高线”是“光泽等高线”，这个等高线只会影响“虚拟”的高光层和阴影层。而对话框左侧的等高线则用来为对象（图层）本身赋予条纹状效果。

（7）纹理

“纹理”选项可以为图层内容添加透明的纹理。这里所用的图案和后面图案叠加效果所用的图案同为自定义图案。但这里的图案都以灰度模式显示，也就是说纹理不包括色彩，所采用的只是图案文件的亮度信息。就像投影效果一样，也可以用鼠标拖动改变纹理位置，对改变的位置不满意时，可以用“贴紧原点”按钮来恢复图案原点与文档原点的对齐状态，如果选中“与图层链接”复选框，则控制图案原点与图层左上角对齐。缩放可改变纹理的大小，深度可表现图案雕刻的立体感，范围为-1000%～1000%。如果选中“反相”复选框，则图像呈现出明暗相反的纹理效果。例如，深度为 200%的纹理效果在选中了“反相”复选框后，看起来如同深度被设为-200%时的纹理效果。纹理的应用效果如图 5-3-26 所示。

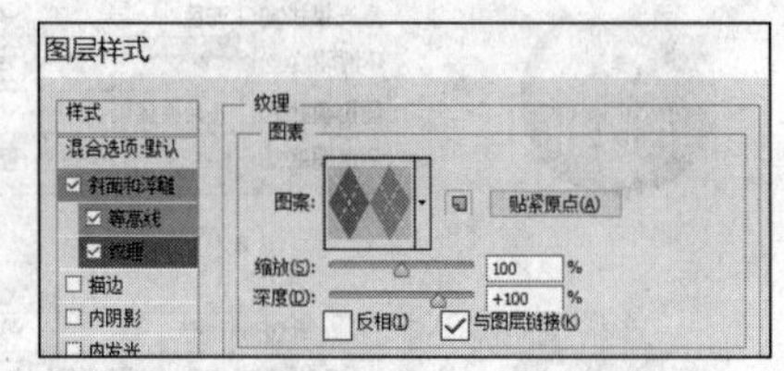

图 5-3-26　纹理的应用效果

5.3.4　描边

描边效果很简单、直观，就是沿着图层中非透明部分的边缘描边。

描边样式的主要选项包括大小、位置、混合模式、不透明度、填充类型等，如图 5-3-27 所示。

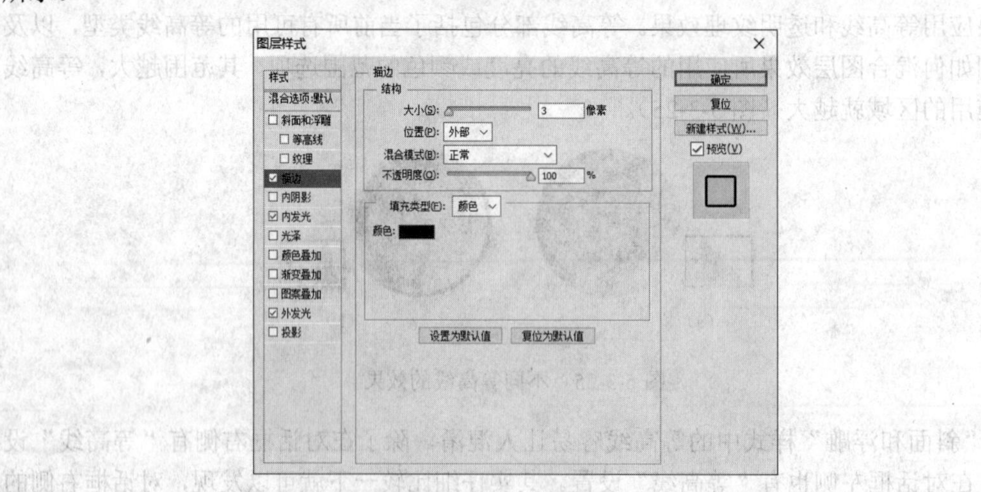

图 5-3-27　描边样式

1. 大小

“大小”选项用来设置描边的宽度。图 5-3-28 所示为设置描边宽度分别为 1 像素和 10 像素的效果。

图 5-3-28 描边宽度分别为 1 像素和 10 像素的效果

2. 位置

“位置”选项用来设置描边的位置，可以使用的选项包括内部、外部和居中。在描边的宽度都设置为 10 像素的情况下，描边和图形之间的关系可以清晰地感受到，如图 5-3-29 所示。

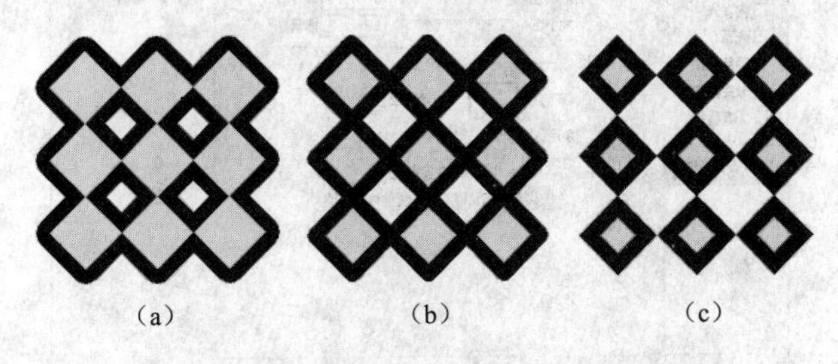

图 5-3-29 描边的位置效果

3. 混合模式

在各个选项中，混合模式和不透明度是每个图层效果必备的选项。混合模式是指以描边作为混合色，以下一层作为基色层的混合模式。其作用效果与 5.2.3 节解释的混合模式原理一致，区别在于只作用于描边的区域，对其他区域没有影响，这里不再赘述。

4. 不透明度

不透明度是指描边的不透明度，同样不影响其他区域。

5. 填充类型

“填充类型”也有 3 个选项可供选择，分别是颜色、渐变和图案，用来设置边的填充方式。上述图形都是用颜色（黑色）来填充，下面我们尝试用渐变和图案来填充，如

图 5-3-30 所示。

图 5-3-30　渐变和图案填充

5.3.5　投影

投影是常用的图层效果之一，如图 5-3-31 所示。

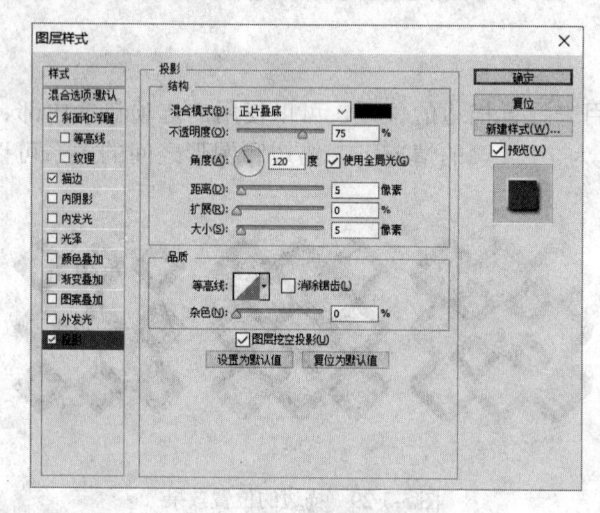

图 5-3-31　投影样式

1. 结构

（1）混合模式、颜色和不透明度

在 Photoshop 中，默认为黑色的图层效果，一开始都被指定为“正片叠底”模式，正如默认为浅色的图层效果被指定为“滤色”模式一样。一般情况，默认模式都会有很好的效果。而默认的投影不透明度为 75%，但大多数时候，这个数值对于创建逼真的投影效果来说太高了，尤其是在加工图像的时候，需要适当地降低投影的不透明度。颜色选项可以指定特殊的阴影颜色，如图 5-3-32 所示。

（a）

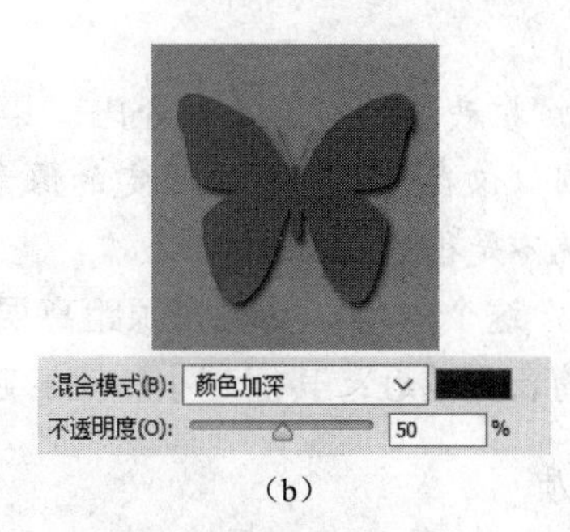

（b）

图 5-3-32 混合模式和不透明度的设置效果

（2）角度

角度定义了造成投影的光线的方向，如果指定某一角度为全局光，那么在这个图像文件中，所有使用全局光的图层样式均使用这一角度。很多用户往往都忽略了这个选项，其实，全局光在统一光源方向上的作用是很重要的。例如，在一幅作品中，如果希望模拟来自特定方向的光线效果，那么图像中所有对象的光照方向都应该一致，这时使用全局光就能确保造成投影的光线角度相同。

角度设置阴影的方向，如果要进行微调，可以使用右侧的文本框直接输入角度。在圆圈中，指针指向光源的方向，显然，相反的方向就是阴影出现的地方。

（3）距离、扩展和大小

“距离”选项很容易理解，它决定了投影偏离对象的量。这个数值越大，投影离对象就越远。可以在图像窗口用鼠标拖移投影，直接改变它的位置。在拖移的同时，不但距离会改变，投影的角度也被改变。

“扩展”选项可以控制投影像素到完全透明边缘间的模糊程度。一般的投影扩展为0%，边缘柔和过渡到完全透明；在扩展为100%的时候，会产生特殊效果（图 5-3-33）。“扩展”选项对那些细小的文字很有效，如连笔字体中的上行或下行字母，它们在较大的模糊中几乎消失，扩展可以很好地保护这些部分的投影。

“距离”用来设置阴影和层的内容之间的偏移量，这个值设置得越大，会让人感觉光源的角度越低，反之越高，就好比傍晚时太阳照射出的影子总是比中午时照射出的影子长。

图 5-3-33 距离、扩展和大小选项的效果

“扩展”选项用来设置阴影的大小，其值越大，阴影的边缘显得越模糊，可以将其理解为光的散射程度比较高（如白炽灯）；其值越小，阴影的边缘越清晰，如同探照灯

照射一样。

注意："扩展"的单位是百分比，具体的效果会和"大小"相关。"扩展"的设置值的影响范围仅仅在"大小"所限定的像素范围内，如果"大小"的值设置得比较小，扩展的效果就不是很明显。

"大小"这个值可以反映光源距离层的内容的距离，其值越大，阴影越大，表明光源距离层的表面越近；其值越小，阴影越小，表明光源距离层的表面越远。

2. 品质

在"品质"选项组中，"等高线"是最重要的选项。除了叠加和描边样式，这个选项存在于各种图层样式中。图层样式不同，其等高线控制的内容也不相同，但其共同作用是在给定的范围内创造特殊轮廓外观。各处等高线的使用方法都一样，单击"等高线"右侧的下拉按钮，在弹出的下拉列表中有已载入的等高线类型，单击右侧的三角可以调出相关菜单，包括载入、复位默认等高线等命令。单击当前的等高线缩览图，弹出"等高线编辑器"对话框。在对话框中可以像编辑曲线那样编辑等高线。重新编辑的等高线可以被保存下来，作为预设类型。在投影样式中，等高线的作用是在投影的不透明像素到透明边界范围内，产生各种变化，代替预设的平缓过渡，如图 5-3-34（b）所示。杂色的作用相当于图层混合模式中的溶解，也可以把它理解为"添加杂色"命令，它会在阴影区域中产生一些随机的透明点，使图像出现特殊效果，图 5-3-34（c）为图 5-3-34（a）所示原图添加 50%的杂色的效果。

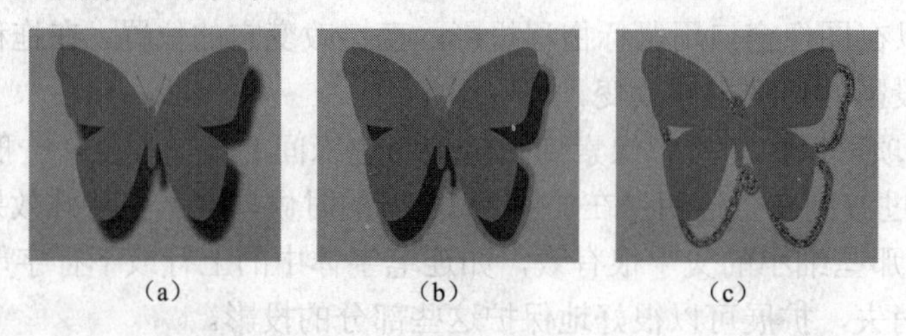

（a）　（b）　（c）

图 5-3-34　等高线的不同效果

3. 图层挖空投影

在默认情况下，图层挖空投影是被选择的，得到的投影图像实际上是不完整的，它相当于在投影图像中剪去了投影对象的形状，所以看到的只是对象周围的阴影。如果选中该复选框，那么投影将包含对象的形状。该项只有在降低图层的填充不透明度时才有意义，否则对象会遮住在它下面的投影，如图 5-3-35（a）所示。在将图像样式转换为图层时，Photoshop 会提醒某些"效果"无法与图层一起复制，也就是说图层挖空投影不能起作用，创建出来的图层将为完整的阴影形状。如果在图层效果中取消选中该复选框，则这个提示就不会出现，效果如图 5-3-35（b）所示。

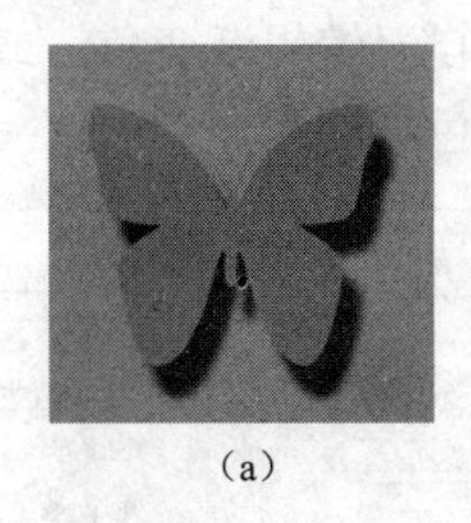

（a）　　（b）

图 5-3-35　选中与不选中“图层挖空投影”复选框的效果

5.3.6　内阴影

内阴影的很多选项和投影是一样的，这里只做简单的介绍。前面的投影效果可以理解为一个光源照射平面对象的效果，而“内阴影”则可以理解为光源照射球体的效果。内阴影效果和投影效果基本相同，不过投影是从对象边缘向外的，而内阴影是从边缘向内的。投影样式中的“扩展”选项在这里变为了“阻塞”选项，它们的原理相同，不过“扩展”选项起扩大的作用，而“阻塞”选项起收缩的作用。内阴影效果没有“图层挖空投影”选项。除了斜面和浮雕效果外，内阴影主要用来创作简单的立体效果，如果配合投影效果，那么立体效果就会更加生动，如图 5-3-36（b）所示的图像为图 5-3-36（a）所示图像在内阴影和投影共同作用下的效果。

（a）　　（b）

图 5-3-36　投影及内阴影的效果

5.3.7　外发光

外发光从图层内容的外边缘添加发光效果。它主要包括“结构”“图素”“品质”3个部分，如图 5-3-37 所示。

添加了“外发光”效果的图层好像下面多了一个层，这个假想层的填充范围比上面的略大，默认的混合模式为“滤色”，透明度为 75%，从而产生图形/图像的外边缘“发光”的效果。

1. 结构

“结构”控制了发光的混合模式、不透明度、杂色和颜色，可以用单色或渐变色，默认的渐变色是从选择的单色到透明。可以自己编辑渐变色，或是使用预设的渐变色。很多时候，夸张的渐变色使发光变得很有特色。

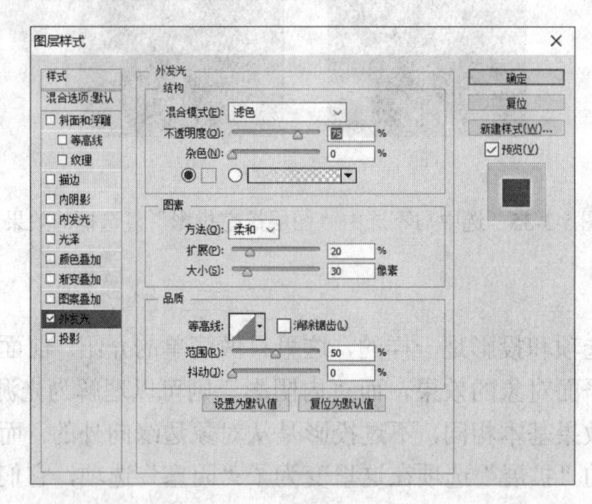

图 5-3-37 外发光样式

（1）混合模式

上面介绍，外侧发光层如同在层的下面多了一个层，因此这里设置的混合模式将影响这个虚拟的层和再下面的层之间的混合关系，如图 5-3-38 所示。

由于默认混合模式是“滤色”，因此如果背景层被设置为白色，那么无论如何调整外侧发光的设置，效果都无法显示出来。要想在白色背景上看到外侧发光的效果，必须将混合模式设置为“滤色”以外的其他值，如图 5-3-38（b）所示。

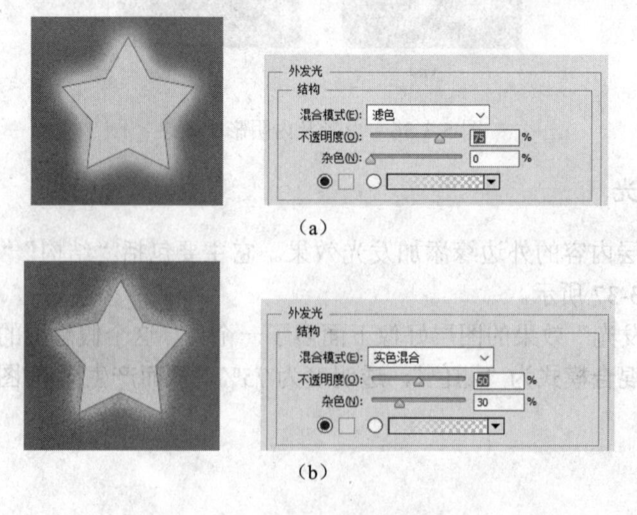

图 5-3-38 不同结构参数的效果

（2）不透明度

光芒一般是透明的，因此这个选项要设置小于 100%的值。光线越强（越刺眼），应当将其不透明度值设置得越大。

（3）杂色

杂色用来为光芒部分添加随机的透明点。杂色的效果和将混合模式设置为“溶解”产生的效果有些类似，但是“溶解”不能微调，因此要制作细致的效果还是要使用“杂色”选项。

（4）渐变和颜色

外侧发光的颜色设置稍微有一点特别，可以选择“单色”或“渐变色”。但即便选择“单色”，光芒的效果也是渐变的，不过是渐变至透明而已。如果选择“渐变色”，则可以对渐变进行任意的设置。

需要注意的是，设置的混合样式，会影响渐变色的呈现效果，如图 5-3-39 所示。

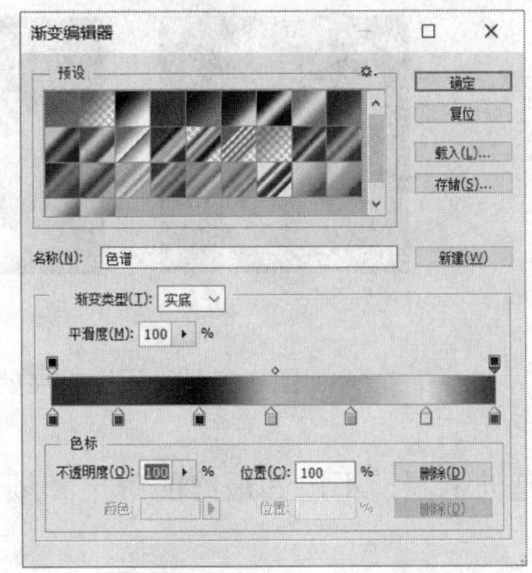

图 5-3-39　渐变色及渐变类型对外发光的影响效果

2. 图素

在“图素”选项组中，首先要确定的是发光方法，柔和的方法会创建柔和的发光边缘，但在发光值较大的时候不能很好地保留对象边缘细节。精确方法会比柔和的方法更贴合对象边缘，对于一些需要精巧边缘的对象，如文字，精确的方法比较合适。“扩展”和“大小”选项与前面所介绍的作用相同。

（1）方法

方法的设置值有两个，分别是“柔和”与“精确”，一般用“柔和”就足够了，“精确”可以用于一些发光较强的对象，或者棱角分明反光效果比较明显的对象。如图 5-3-40 所示是两种效果的对比图，图 5-3-40（a）是使用了“柔和”的效果，图 5-3-40（b）是使用了“精确”的效果。

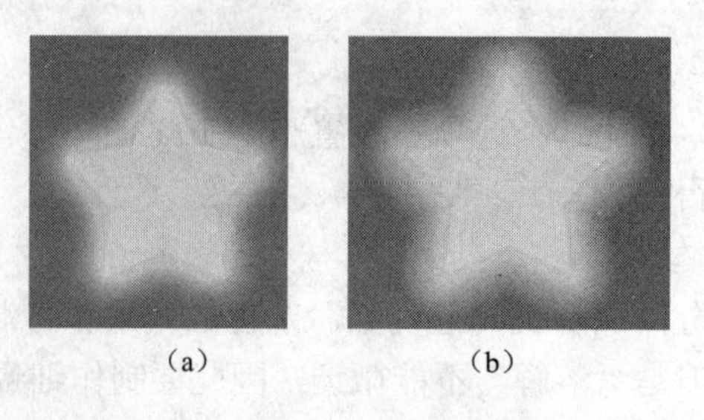

（a）　　（b）

图 5-3-40　不同方法的效果

（2）扩展

“扩展”用于设置光芒中有颜色的区域和完全透明的区域之间的渐变速度。它的设置效果和颜色中的“渐变”设置及“大小”设置都有直接的关系，这 3 个选项是相辅相成的。如图 5-3-41 所示，图 5-3-41（a）的扩展为 0，因此光芒的渐变是和颜色设置中的渐变同步的，而图 5-3-41（b）的扩展为 50%，光芒的渐变速度要比颜色设置中的快。

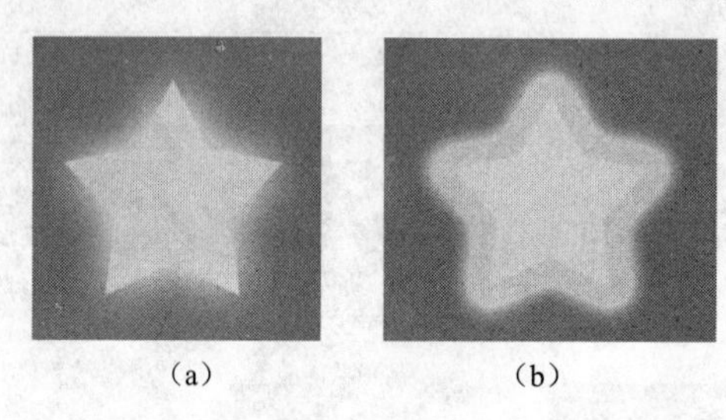

（a）　　（b）

图 5-3-41　不同扩展的效果

（3）大小

设置光芒的延伸范围，不过其最终的效果和颜色渐变的设置是相关的。

3. 品质

“品质”选项组中除了“等高线”选项外，还多了“范围”和“抖动”两个选项：“范围”是确定等高线作用范围的选项，范围越大，等高线处理的区域就越大；“抖动”相当于对渐变光添加杂色。

（1）等高线

等高线的使用方法和前面介绍的一样，这里不再赘述，但其效果还是有一些区别的，如图 5-3-42 所示。

（2）范围

“范围”选项用来设置等高线对光芒的作用范围，也就是说对等高线进行“缩放”，截取其中的一部分作用于光芒上。调整“范围”和重新设置一个新等高线的作用是一样的，不过当需要特别陡峭或特别平缓的等高线时，使用“范围”对等高线进行调整可以更加精确。

（3）抖动

“抖动”用来为光芒添加随意的颜色点，为了使“抖动”的效果能够显示出来，光芒至少应该有两种颜色。例如，首先将颜色设置为黄色、蓝色渐变，然后加大“抖动”值，这时就可以看到光芒的蓝色部分中出现了黄色的点，黄色部分中出现了蓝色的点，如图 5-3-43 所示。

图 5-3-42　不同等高线的效果

图 5-3-43　不同抖动的效果

注意：“抖动”的效果和“杂色”很类似，但是“杂色”的点是背景色，“抖动”的点是光芒本身的颜色。

5.3.8　内发光

内发光是从图层内容的内边缘添加发光效果。内发光效果和外发光效果的选项基本相同，除了将“扩展”选项变为“阻塞”选项外，还多了对光源位置的选择，如图 5-3-44 所示。

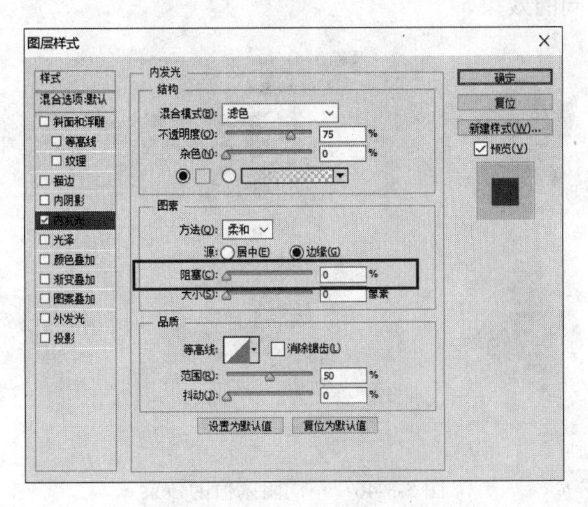

图 5-3-44　内发光样式

1．源

“源”的可选值包括“居中”和“边缘”，“边缘”很好理解，就是说光源在对象的内侧表面，这也是内侧发光效果的默认值，如图 5-3-45（a）所示。如果选中“居中”单选按钮，光源则似乎到了对象的中心，显然这和内侧发光就大异其趣了，如图 5-3-45（b）所示，不过可以将其理解为光源和介质的颜色调换了一下。

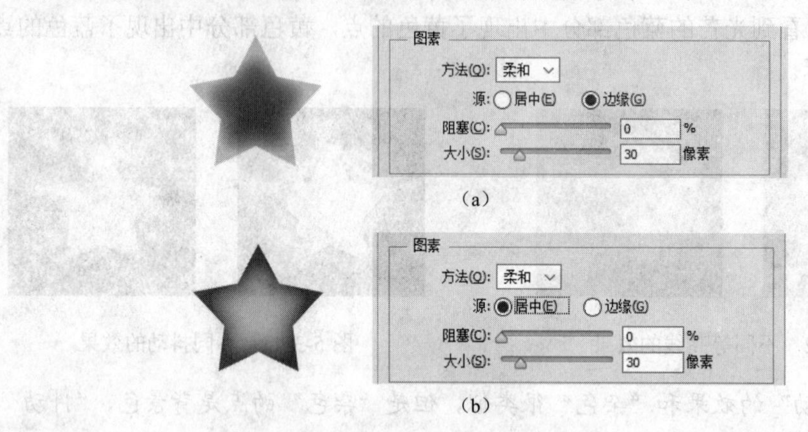

图 5-3-45　不同源的效果

2. 阻塞

“阻塞”的设置值和“大小”的设置值相互作用，用来影响“大小”的范围内光线的渐变速度。例如，在“大小”设置值相同的情况下，调整“阻塞”的值可以形成如图 5-3-46 所示的不同的效果。

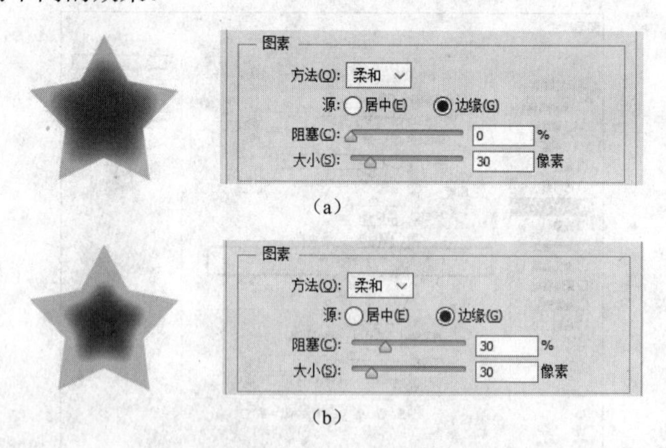

图 5-3-46　不同阻塞值的效果

5.3.9　光泽

光泽用来在层的上方添加一个波浪形（或绸缎）效果。它的选项虽然不多，但是很难准确把握，有时候设置值微小的差别都会使效果产生很大的区别。我们可以将光泽效果理解为光线照射下的反光度比较高的波浪形表面（如水面）显示出来的效果。

它的作用是根据图层的形状应用阴影，通过控制阴影的混合模式、颜色、角度、距离、大小等属性，在图层内容上形成各种光泽。其中，决定阴影形状的是等高线。因为这种光泽效果通常会很柔和，所以有时也被称为绸缎效果。适当的光泽配合斜面和浮雕效果会使图像呈现出奇妙的形态。如图 5-3-47 所示是同一设置下不同光泽等高线对图像的影响。

图 5-3-47　不同光泽等高线的效果

总的来说，光泽效果是两组光环的交叠，但是由于光环的数量、距离及交叠设置的灵活性非常大，制作的效果可以相当复杂，这也是光泽样式经常被用来制作绸缎或水波效果的原因——这些对象的表面非常不规则，因此反光比较零乱。

5.3.10　颜色叠加

颜色叠加效果很简单，它的效果相当于使用 Alt+Delete 或 Ctrl+Delete 组合键，以前景色或背景色填充图层的不透明区域。不过与快捷键默认的正常模式、100%不透明度填充不同的是，可以在颜色叠加的同时控制填充色的混合模式和不透明度，更可以随时改变填充属性。其优势就是保护了图层原本的颜色不受损坏。

如图 5-3-48 所示，图 5-3-48（a）是原始图像。然后给红心添加了蓝色叠加，如图 5-3-48（b）所示，通过对混合模式和不透明度的调节，可以产生不同的效果，如图 5-3-48（c）和（d）所示。

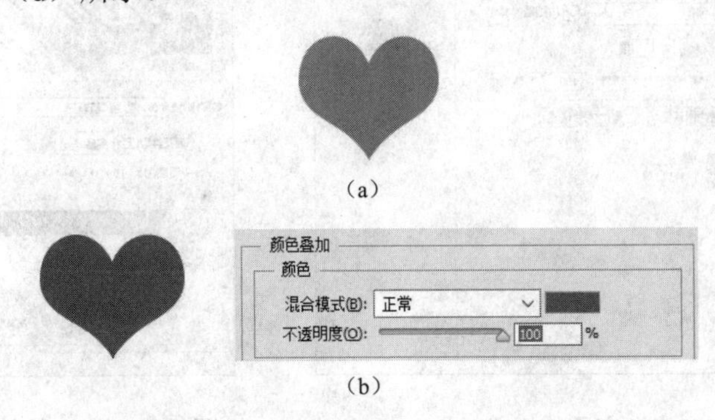

图 5-3-48　不同混合模式和不透明度下颜色叠加的效果

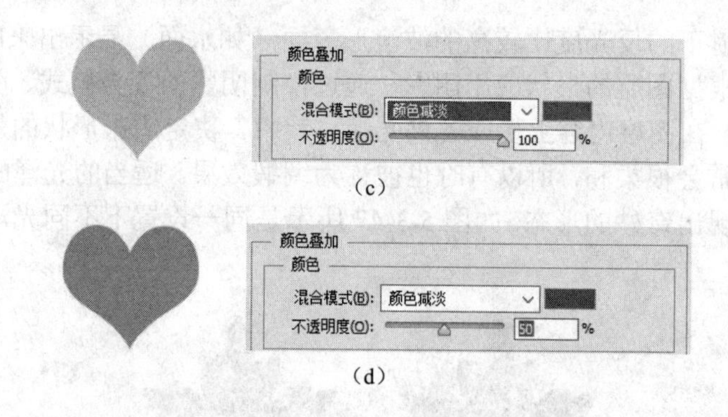

（c）

（d）

图 5-3-48 （续）

5.3.11 渐变叠加

渐变叠加效果是用渐变来填充图层的内容，它和渐变工具差不多，不过在角度上更容易掌握，如图 5-3-49 所示。此外，它还添加了“与图层对齐”选项用于对齐渐变和图层，以及控制渐变大小的“缩放”选项。很多时候，直接使用渐变工具不太容易达到图像的要求，需要重复试验，这时可以使用渐变叠加效果来慢慢调整渐变对图层的影响，这样要比一遍遍重复渐变容易得多。需要注意的是，当颜色叠加效果和渐变叠加效果同时存在时，要将颜色叠加的不透明度降低，否则会遮挡渐变叠加的效果。

1. 渐变

当单击“渐变”色条的时候，会弹出“渐变编辑器”对话框，如图 5-3-50 所示，在其中可以改变渐变的颜色。

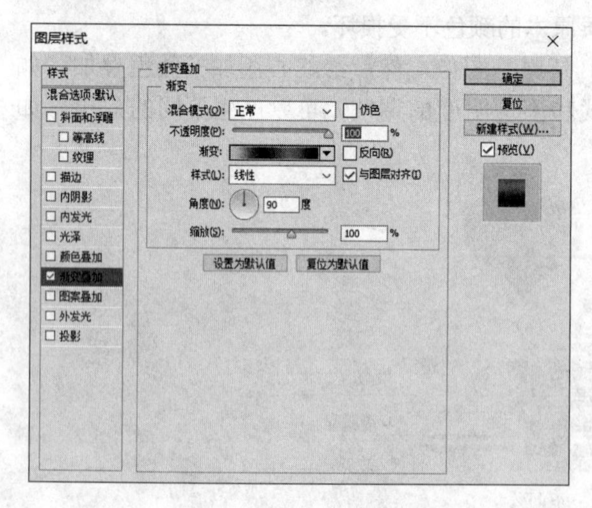

图 5-3-49 渐变叠加样式

图 5-3-50 “渐变编辑器”对话框

Photoshop 提供了若干种预先设置好的渐变，当它们不能满足我们的需求时，需自己亲自调出想要的渐变。如图 5-3-51 所示，渐变类型分为“实底”和“杂色”。

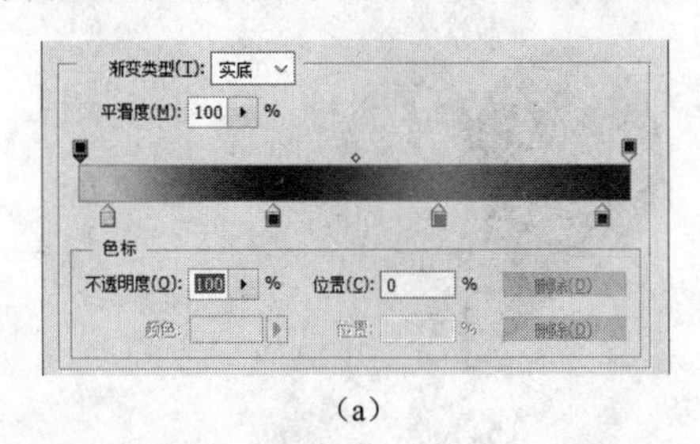

（a）

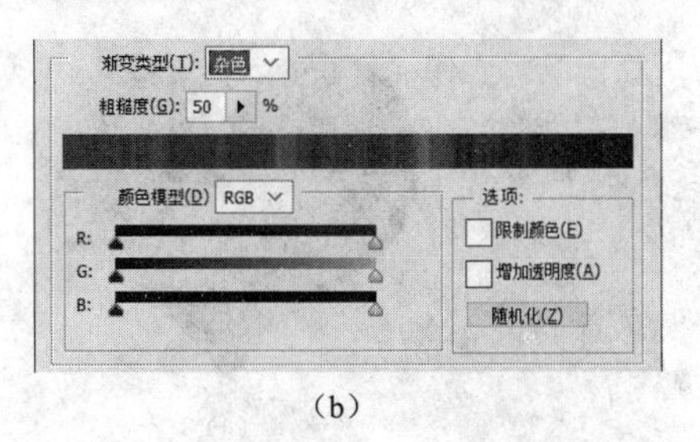

（b）

图 5-3-51　渐变类型

通过对比，我们发现，“实底”对应着“平滑度”的调节，默认是 100%，这是最常用的渐变类型。还有一种是基本不会使用的渐变类型，就是“杂色”。“杂色”对应着“粗糙度”，默认是 50%，无论是平滑度还是粗糙度，都是在说这种渐变类型的过渡程度。

当设置渐变类型为“实底”之后，就可以进行更详细的设置了，包括不透明度和颜色。色条上方的是不透明度色标，单击某个不透明度色标，“不透明度”和“位置”文本框被激活，可以在其中输入数值，如图 5-3-52（a）所示。色条下方的是色标，单击某个色标，“颜色”和“位置”文本框被激活，可以在其中输入数值，如图 5-3-52（b）所示。

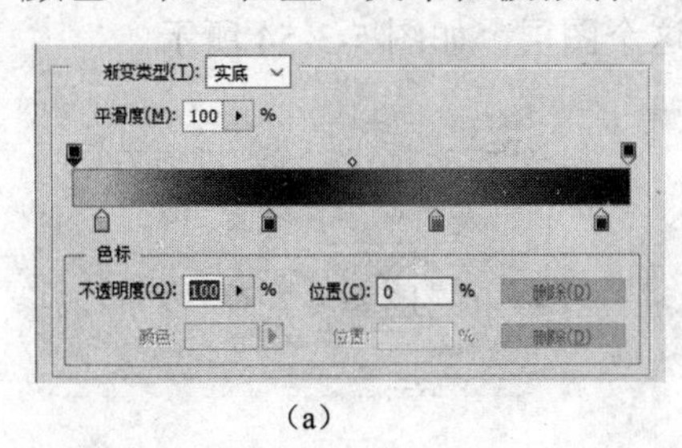

（a）

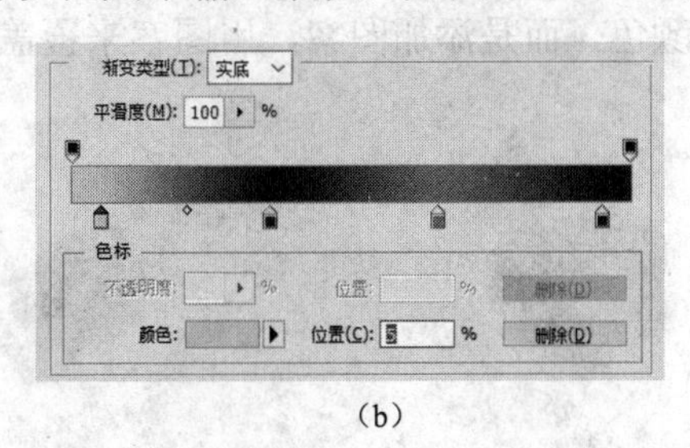

（b）

图 5-3-52　不透明度色标和色标

2. 样式

样式默认是线性渐变，还有径向渐变、角度渐变、对称的渐变、菱形渐变。这些样式其实和渐变工具的样式设置是一样的。

3. 角度

角度是指渐变的方向，默认是 90°，实际应用中这个参数也是必不可少的，特别实用。

4. 缩放

缩放可以理解为是渐变过渡的一个生硬程度，默认是 100%。如图 5-3-53 所示，

图 5-3-53（a）的缩放为 100%，各种颜色的过渡比较自然；图 5-3-53（b）的缩放为 10%，颜色的边界比较清晰。

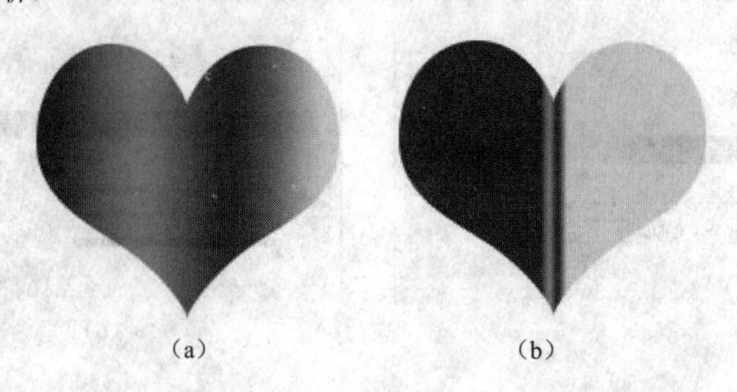

图 5-3-53　不同缩放的效果图

5.3.12　图案叠加

图案叠加效果与斜面和浮雕效果中的纹理选项大致相同，不过图案叠加效果是以图案填充图层内容而非仅采用图案的亮度，所以，比起纹理选项来，图案叠加效果多了混合模式和不透明度，却少了深度值和反相。各种类型的叠加效果都和图层的填充不透明度无关。

图案叠加与颜色叠加、渐变叠加一样，都是在图层上添加一个样式，只不过这里不再添加颜色，而是添加图案，用图案来覆盖这个图层，如图 5-3-54 所示。

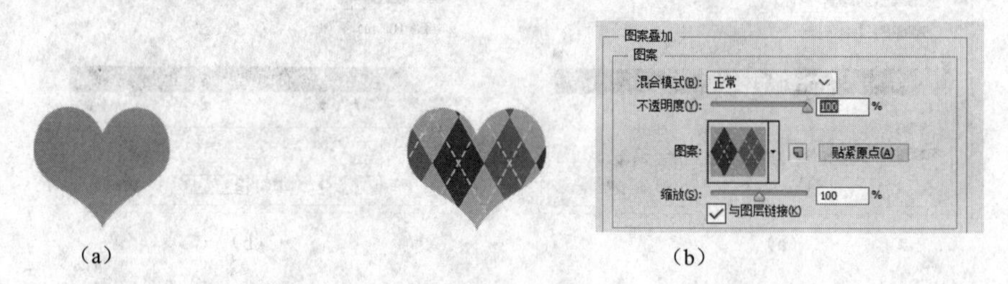

图 5-3-54　图案叠加

这里的混合模式、不透明度、缩放等参数和前面的是一样的。这里主要讲解图案这个参数，单击“图案”下拉按钮，在弹出的下拉列表中有几种 Photoshop 默认的图案。当然，Photoshop 默认的图案可能满足不了用户的需求，这个时候就需要借助外部资源，如到素材网上下载自己喜欢的图案，然后通过“载入图案”命令把图案载入。方法如下：单击“图案”下拉按钮，在弹出的图案列表框中单击右侧的“设置”按钮，然后在弹出的下拉列表中选择“载入图案”命令，如图 5-3-55 所示，在弹出的“载入”对话框中找到图案所在的目录，然后单击“载入”按钮即可。

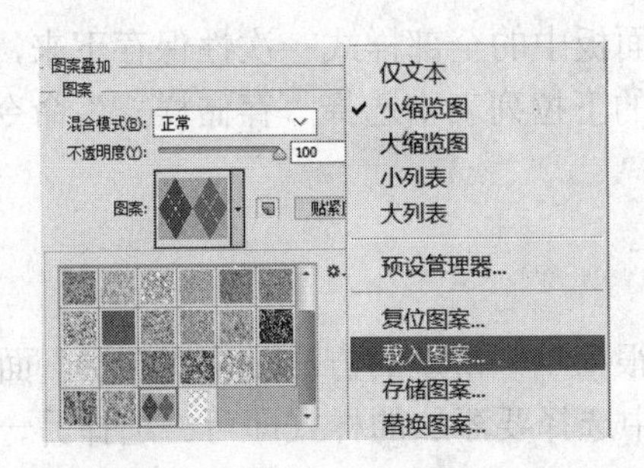

图 5-3-55 “载入图案”命令

5.3.13 其他图层样式的工具

1. 预设样式

很多时候，我们会对图层应用一种以上的图层效果，所使用的各种图层效果的组合一般会被称为图层样式。Photoshop 中的预设样式就是组织好的各种图层效果的组合，但也可以创建自己的样式，这是 Photoshop 中最重要的自定义方法。“图层样式”对话框的右侧有“新建样式”按钮，可以用它来创建自己的新样式。单击该按钮，在弹出的“新建样式”对话框（图 5-3-56）中，除了命名新样式外，还可以选择保存的样式中是否包含图层效果和图层混合选项。无论是否添加图层效果，“包含图层效果”复选框默认被选中。“包含图层混合选项”复选框被选中与否要看是否改变了图层混合选项，Photoshop 可以判断出默认的图层混合选项是否被改变。如果不希望在样式中保存当前图层中的混合选项，则可以取消选中“包含图层混合选项”复选框。

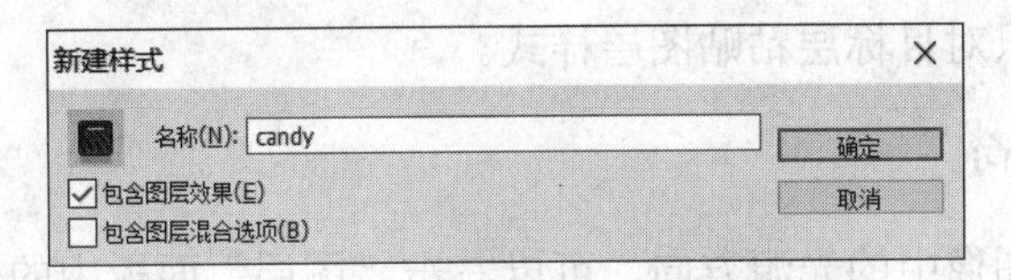

图 5-3-56 “新建样式”对话框

Photoshop 保存样式的方法分为暂时和永久两种，在创建了新样式后，它会被存放在“样式”面板中；但在重装了 Photoshop 之后，所有的面板、工具选项都会恢复到默认状态，辛辛苦苦保存的样式也会付诸东流。这时可将成果永久保存，方法是使用“编辑”菜单中的“预设管理器”命令。在“预设管理器”对话框的“预设类型”中选择样式后，单击需要保存的样式，然后单击“存储设置”按钮，在弹出的“存储”对话框中选择保存位置即可（如保存在 Photoshop 安装目录下的 Presets/Styles 文件夹中，再次启动 Photoshop 时，这个样式的名称将出现在“样式”面板的底部。但切记要在另外的文件夹中再备份这个样式文件）。同时，“预设管理器”可以很方便地保存所有自定义项目。

如果希望将当前“样式”面板中的全部样式一次性保存下来，则可以单击“样式”面板右侧的下拉按钮，在弹出的下拉列表中选择“存储样式”命令，在弹出的“存储”对话框中选择保存位置即可。

2. 图层样式的应用

应用预设的图层样式很简单，常规的方法是在“图层”面板中选择要添加样式的图层，然后在“样式”面板中选择要添加的样式即可。选择另一个样式后，新的样式将替换掉现存于图层的样式（要将某一种样式添加到当前图层中时，需要按住 Shift 键单击或拖动）。如果按照这种方法对多个图层应用样式，选择图层是比较麻烦的，我们可以利用拖动的方法来快速添加图层效果。无论当前选择的是什么工具，都可以从“样式”面板中将所选样式直接拖动到图像中相应的图层内容上。这个方法对于多个图层的图像最为有效，但要注意对于完全被遮盖的图层内容不能使用这个方法。

3. 图层样式的复制

在同一个图像文件中，为了将一个图层的样式应用于另一个图层，可以单击“图层”面板中“fx”符号右侧的下拉按钮，展开所应用的所有图层效果，从中选择所需的效果，用鼠标拖动到目标图层，或是选择效果，拖动全部而不是某一种效果。这种方法是针对个别层样式的复制，如果需要一次改变多个图层的样式，可以将这些需要添加样式的图层链接起来，先选择目标样式图层右击，在弹出的快捷菜单中选择“拷贝图层样式”命令，然后在链接图层中任选一个图层右击，在弹出的快捷菜单中选择“将图层样式粘贴到链接图层”命令。这样，所有链接图层都应用了相同的样式，或者选择“粘贴图层样式”命令，那么就只对目标层粘贴图层样式。

4. 改变光源方向

如果希望改变图像中的光源方向，可以右击“图层”面板中的任意一个图层效果，在弹出的快捷菜单中选择“全局光”命令，在弹出的“全局光”对话框中重新设定全局光的角度和高度，如图 5-3-57 所示，然后单击“确定”按钮，这样会改变整个图像中所有使用全局光的图层效果。

5. 将图层样式创建为图层

在一些较为复杂的图像中，图层样式也许需要从图层中分离出来，成为独立的图层（图 5-3-58），这样就可以再次编辑所形成的图层，也可以对图层重新修改。右击图层效果，在弹出的快捷菜单中选择“创建图层”命令，这个命令会将目标图层的所有图层效果都转换为独立的图层，不再和刚才的目标有任何联系。在将图层样式转换为普通图层的过程中，某些图层效果可能不能被复制，如在阴影效果部分讲到的“图层挖空投影”

选项不能被支持一样，Photoshop 会出现警告。转换后的图层名称非常具体地描述了图层效果的作用，其混合模式和不透明度依然是在图层效果中的设定。有些图层效果转换为图层后，与原始图层共同成为图层剪切组。有时转换后图层顺序关系会有所变化，再加上混合模式的作用，所以图像会有少许改变。

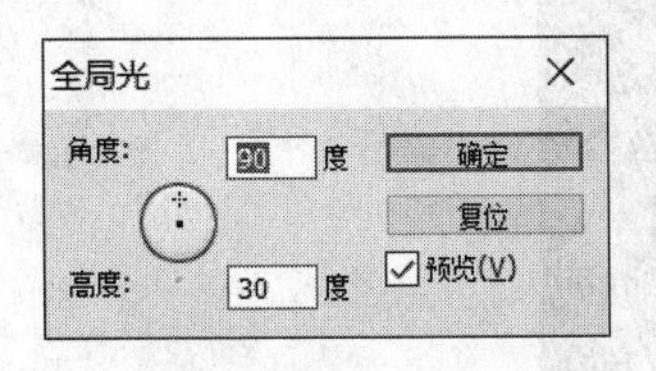

图 5-3-57 “全局光”对话框

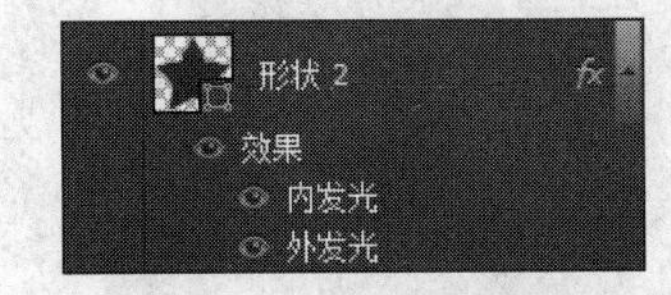

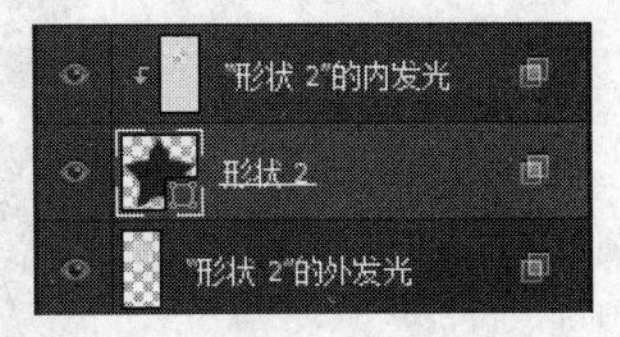

图 5-3-58 将图层样式创建为图层

6. 隐藏图层样式

如果图像文件较大，应用了大量的图层样式，或者在配置较低的系统中运行，若希望图像得到最优化处理，那么可以暂时关闭图层样式来提升效率。可以选择“图层”→“图层样式”→“隐藏所有效果”命令来暂时关闭样式，或者直接在“图层”面板中单击效果前的可视性标志。要关闭单独的图层效果，单击相应的图标即可。

7. 缩放效果

图层样式可用来创建特别的图像效果。然而，当图像大小发生变化时，图层样式却不会随着变换。这样会使原本合适的样式不再符合图层内容。为了使图层样式和图像大小一致，当重定图像大小时，要注意和原来图像大小的百分比关系（用百分比重定图像大小代替具体像素值是个很好的选择），然后右击“图层”面板中的效果，在弹出的快捷菜单中选择“缩放效果”命令，在弹出的缩放“图层效果”对话框中选择图像的缩放比例，然后单击“确定”按钮，这样图层样式就能与图层内容大小一致。如图 5-3-59（a）所示是原始图像，图 5-3-59（b）所示是图像大小被设为150%时的状态，图 5-3-59（c）是调整了图层样式比例后的状态。

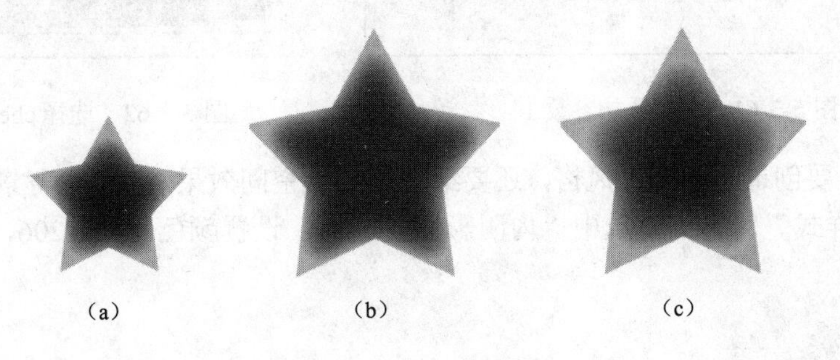

图 5-3-59 不同缩放的效果

5.3.14 应用实例

【案例 6】创建糖果文字效果的样式，如图 5-3-60 所示。

图 5-3-60 糖果文字的效果

步骤 1：新建一个画布，大小为 850×700 像素，颜色模式为 RGB。

步骤 2：复制背景图层并重命名新图层为“背景样式”。

步骤 3：给背景添加一些纹理。双击“背景样式”图层弹出“图层样式”对话框。选中“图案叠加”复选框，并选择 cherry 图案（注意：选择 cherry 图案前，要先载入该图案），如图 5-3-61 和图 5-3-62 所示，然后单击“确定”按钮。

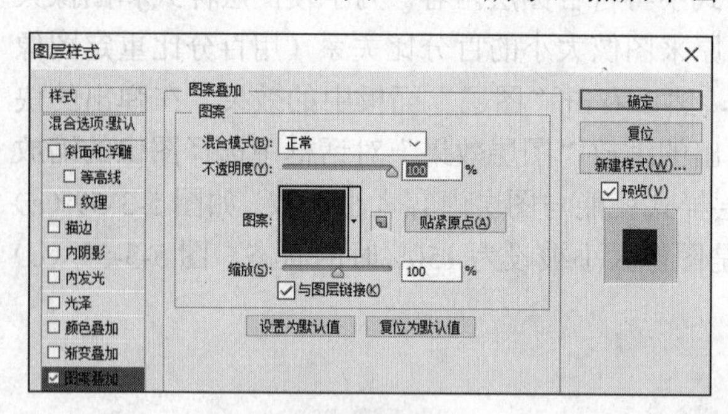

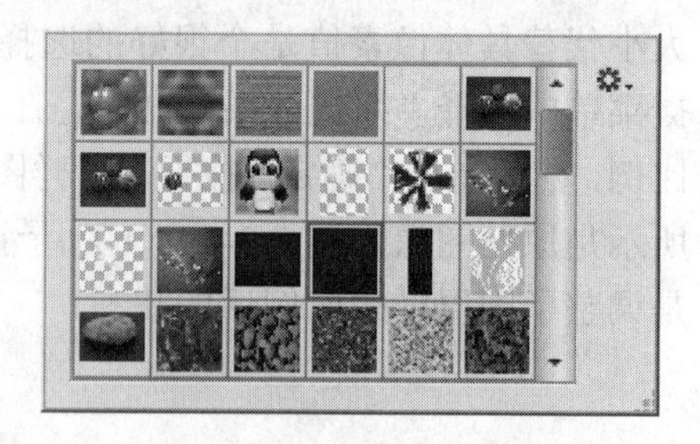

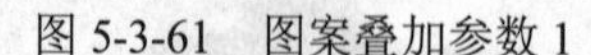

图 5-3-61 图案叠加参数 1

图 5-3-62 选择 cherry 图案

步骤 4：要创造出精巧的风格，还要给背景加点空间效果。双击“背景模式”图层，弹出“图层样式”对话框，选中“内阴影”复选框，设置颜色为#2c1206，如图 5-3-63 所示。

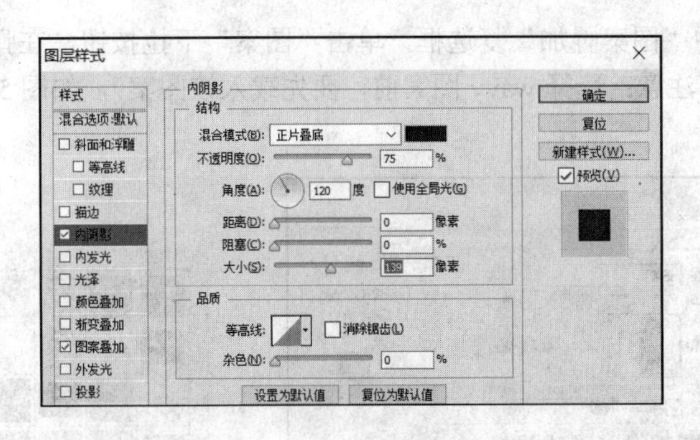

图 5-3-63 内阴影参数 1

选中“渐变叠加”复选框，按照图 5-3-64 进行设置，然后单击“确定”按钮。

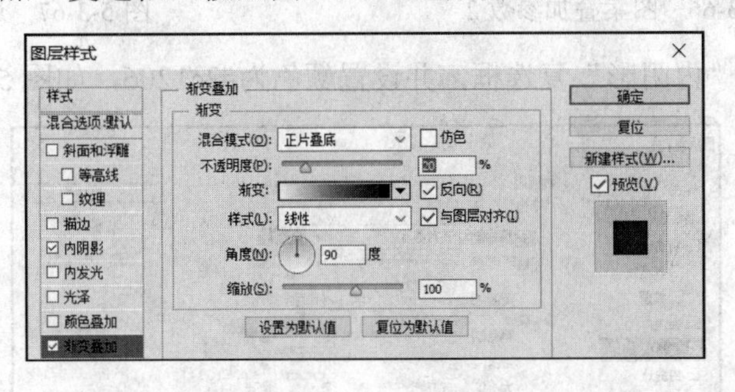

图 5-3-64 渐变叠加参数 1

步骤 5：选择文字工具，使用 Showcard Gothic 字体，大小为 100 点，输入喜欢的文字。

步骤 6：使用“移动工具”，选择文本和背景图层，然后选择“对齐”命令。

步骤 7：添加一些阴影将文本从背景中分离出来。打开“图层样式”对话框，选中“投影”复选框，设置颜色为#000000，如图 5-3-65 所示。

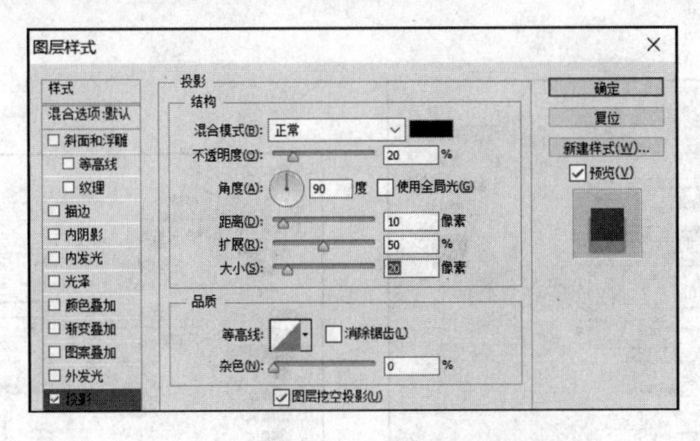

图 5-3-65 投影参数 1

步骤 8：选中“图案叠加”复选框，单击“图案”下拉按钮，在弹出的下拉列表中选择 wavy 图案（注意：选择 wavy 图案前，要先载入该图案），如图 5-3-66 和图 5-3-67 所示。

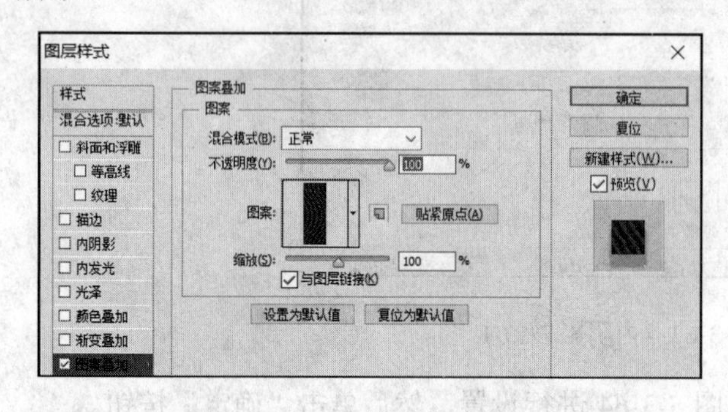

图 5-3-66 图案叠加参数 2

图 5-3-67 选择 wavy 图案

步骤 9：选中“内阴影”复选框，并设置颜色为#2c1206，如图 5-3-68 所示。

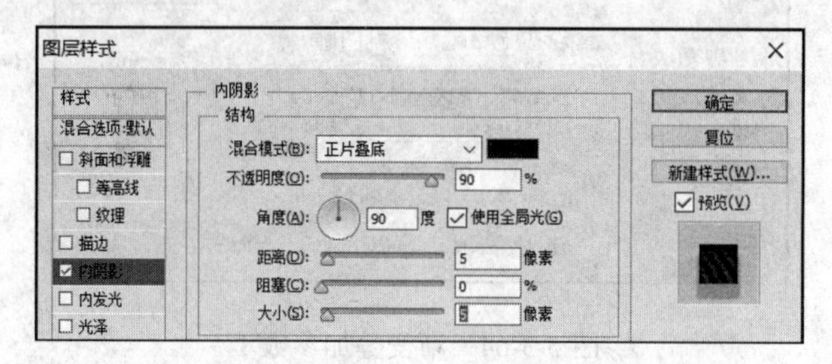

图 5-3-68 内阴影参数 2

步骤 10：选中“外发光”复选框，并按照图 5-3-69 所示的设置向文本添加阴影。通过添加深色的外发光，也可以起到阴影的效果，颜色为#2c1001。

步骤 11：选中“内发光”复选框，并按照图 5-3-70 所示的设置为文本添加光线，颜色为#ffffbe。

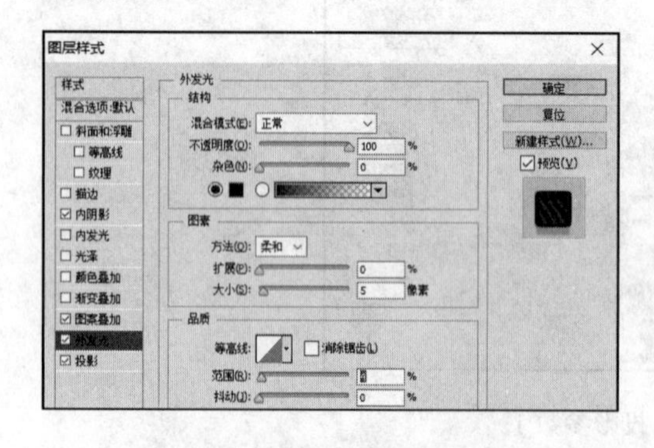

图 5-3-69 外发光参数

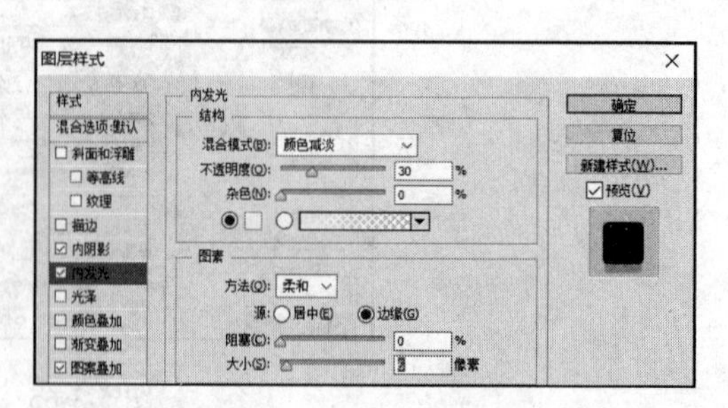

图 5-3-70 内发光参数 1

步骤 12：选中“斜面和浮雕”复选框，并按照图 5-3-71 进行设置，高光颜色为#ffffff，阴影颜色为#fc00ff、即可设置光滑的塑料效果。

步骤 13：为了使色彩更加丰富，可强调高光和阴影，在“颜色叠加”选项组中设置颜色为#d00e69，如图 5-3-72 所示。

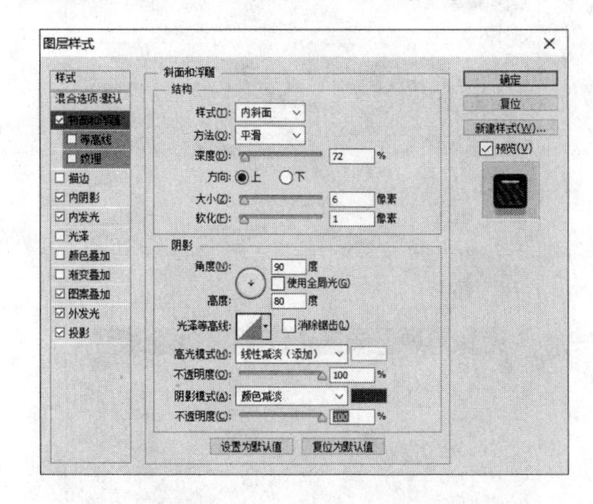

图 5-3-71　斜面和浮雕参数 1

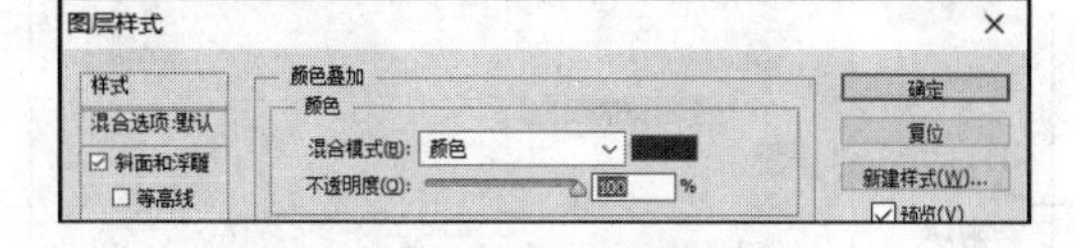

图 5-3-72　颜色叠加参数

步骤 14：创建一个渐变叠加使图案的纹理更酷一点，参数设置如图 5-3-73 所示。单击渐变颜色条，在弹出的“渐变编辑器”对话框中创建渐变。第一个色标的颜色为#c5c5c5，位置为 0%；第二个色标的颜色为#303030，位置为 100%，如图 5-3-74 所示，然后单击“确定”按钮。

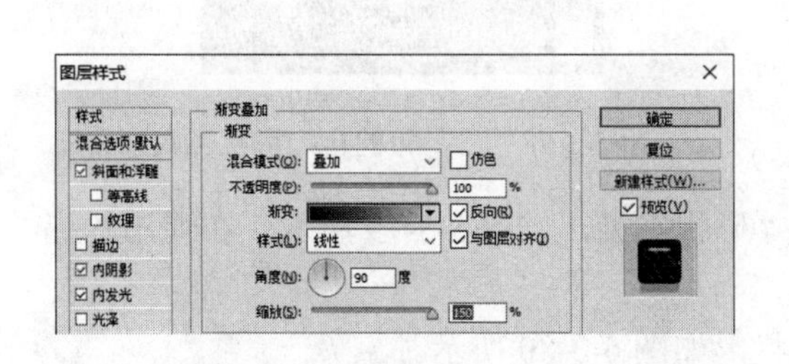

图 5-3-73　渐变叠加参数 2

图 5-3-74　颜色条参数 1

步骤 15：选中“描边”复选框，并按照图 5-3-75 和图 5-3-76 进行设置。第一个色标的颜色为#ff00ba，位置为 0%；第二个色标的颜色为#350f08，位置为 50%；第三个色标的颜色为#ff00ba，位置为 100%，然后依次单击“确定”按钮即可。

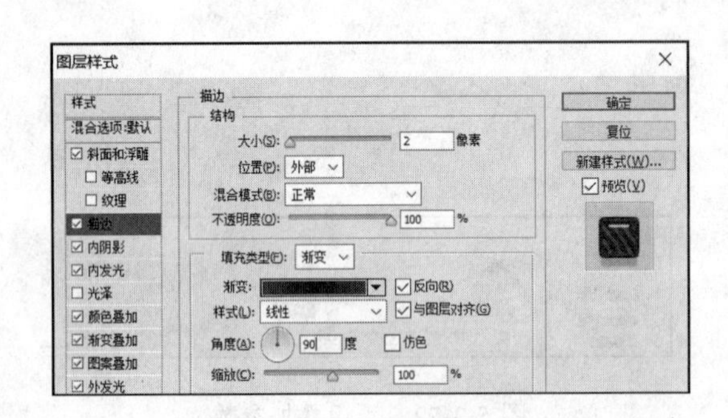

图 5-3-75　描边参数

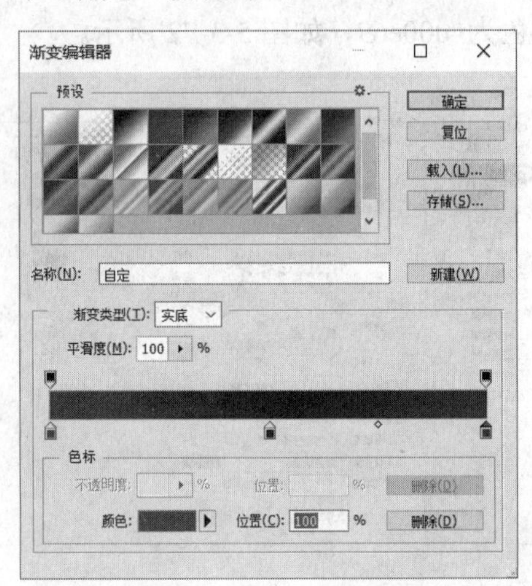

图 5-3-76　颜色条参数 2

【案例 7】利用图层样式创造玉镯子，如图 5-3-77 所示。

步骤 1：新建 500×500 像素、颜色模式为 RGB、背景为白色的画布。

步骤 2：在工具箱的“自定形状工具”上长按鼠标左键，弹出如图 5-3-78 所示的工具，选择“自定形状工具”。

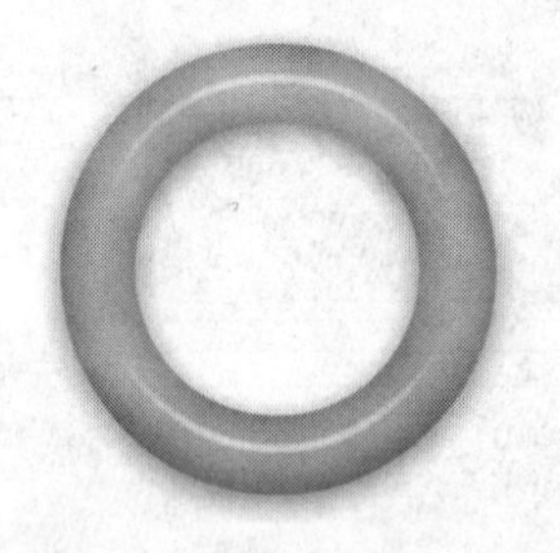

图 5-3-77　玉镯子效果图

图 5-3-78　工具箱的自定形状工具

步骤 3：在属性栏中，设置形状选项为“形状”类，如图 5-3-79 所示。在弹出的提示框中单击“追加”按钮。

步骤 4：在“形状”面板中选择圆环形状，如图 5-3-80 所示。

步骤 5：设置前景色为#c7d2b4，新建图层 1，并在上面画出一个圆环。

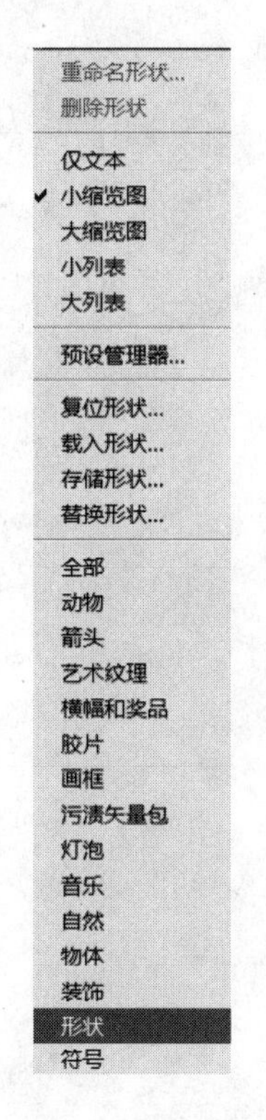

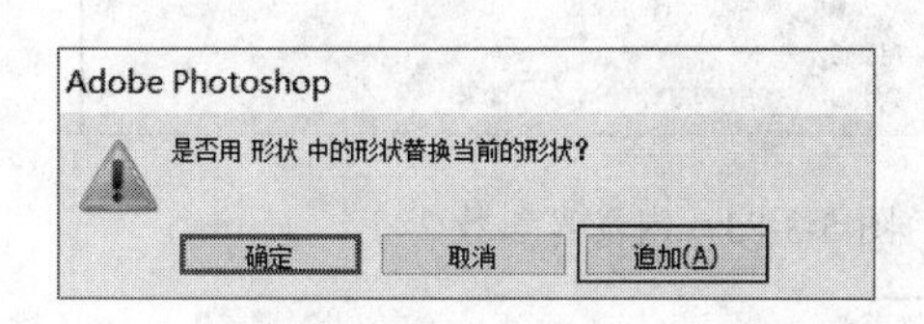

图 5-3-79 追加形状

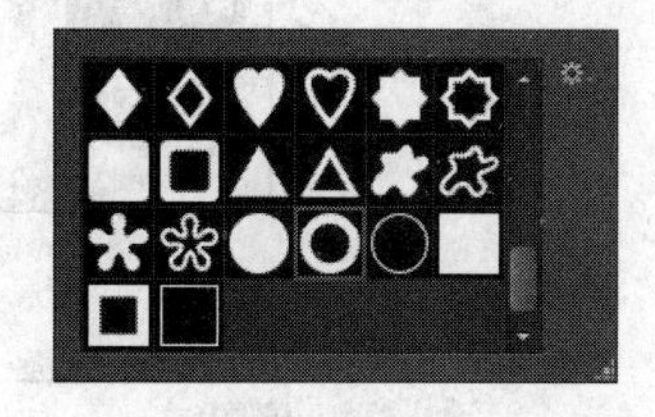

图 5-3-80 选择图环形状

步骤 6：单击“图层”面板底部的“添加图层样式”按钮，在弹出的下拉列表中选择相应的命令，弹出“图层样式”对话框，然后按照图 5-3-81～图 5-3-84 进行设置（注意：所有没有显示的参数为默认参数），完成后单击“确定”按钮。

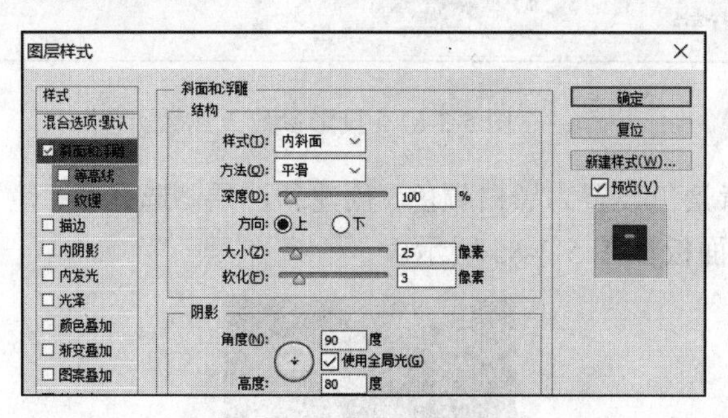

图 5-3-81 斜面和浮雕参数 2

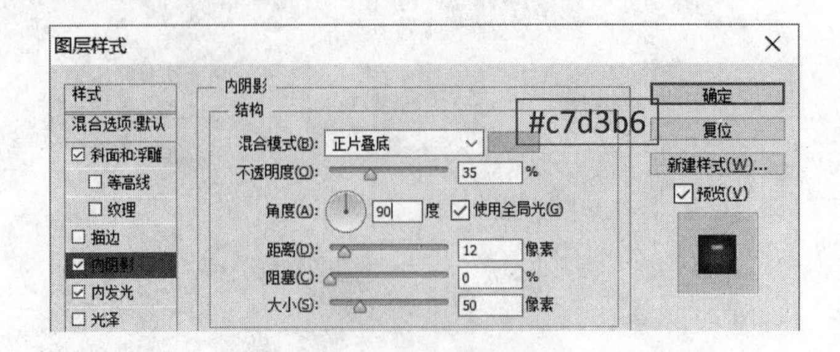

图 5-3-82　内阴影参数 3

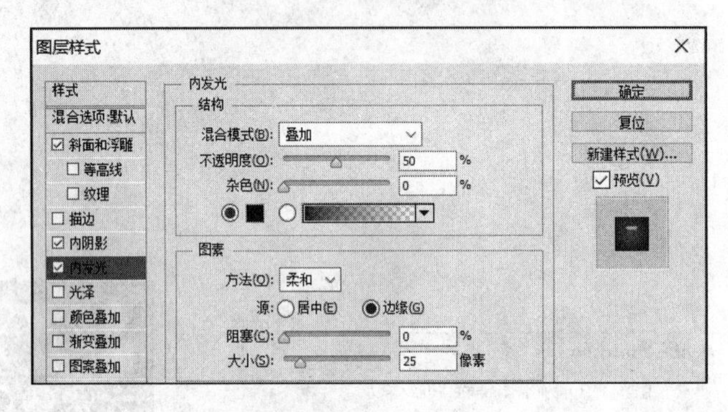

图 5-3-83　内发光参数 2

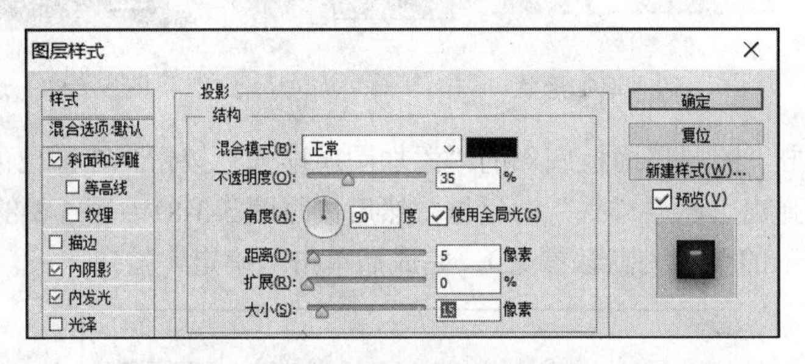

图 5-3-84　投影参数 2

步骤 7：把前/背景色设置为黑白颜色，创建新图层，选择“滤镜”→“渲染”→“云彩”命令，“图层”面板如图 5-3-85 所示。

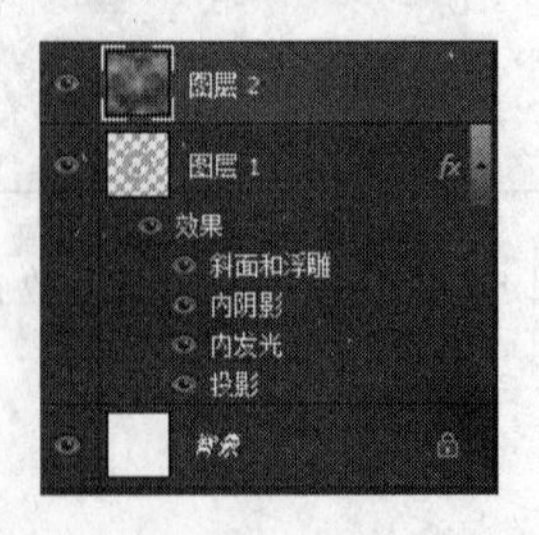

图 5-3-85　“图层”面板

步骤 8：将云彩的图层模式改为叠加，并按 Alt 键，将鼠标指针放在两个图层中间，建立剪贴蒙版。

至此，成功用 Photoshop 创造出一幅玉镯子的图像。

5.4 蒙 版

“蒙版”一词来源于摄影，指的是控制照片不同区域曝光的暗房技术。以前老旧的照相机拍照时都要蒙块黑布就是起到蒙版的作用。在 Photoshop 中，蒙版是一种遮盖图像的工具，主要用于图像的合成。我们可以用蒙版盖住部分图像，从而控制画面的显示内容，它并不会对图像造成损坏，只是将图像隐藏起来，因此，蒙版是一种非破坏性的编辑工具。

Photoshop 中有 4 种蒙版：图层蒙版、矢量蒙版、剪贴蒙版和快速蒙版。

图层蒙版通过蒙版中的灰度信息来控制图像的显示区域，一般用于合成图像，也可以用来控制填充图层，调整图层和调整智能滤镜的有效范围。矢量蒙版是由钢笔、自定义形状等矢量工具所创建的蒙版，它与分辨率无关，无论怎样缩放都能保持光滑的轮廓，常用来制作 logo、按钮或其他 Web 设计元素。剪贴蒙版可以用一个图层中包含像素的区域来限制其上层图像的显示范围，可以通过一个图层来控制多个图层的可见内容。快速蒙版可以将任何选区作为蒙版进行编辑，而无须使用“通道”面板，在查看图像时也可如此。

注意：图层蒙版和矢量蒙版都只能控制一个图层。另外，图层蒙版和剪贴蒙版都是基于像素的蒙版，矢量蒙版则是将矢量图形引入蒙版中。

5.4.1 图层蒙版

图层蒙版可以理解为在当前图层上面覆盖一层玻璃片，这种玻璃片有透明的、半透明的、完全不透明的。然后用各种绘图工具在蒙版上涂色，涂黑色的地方蒙版变为透明的，看不见当前图层的图像；涂白色的地方则使涂色部分变为不透明的，可看到当前图层上的图像；涂灰色使蒙版变为半透明，透明的程度由涂色的灰度深浅决定。这是 Photoshop 中一项十分重要的功能。

图层蒙版在我们日常作图、修图中可以作为一个比较常用的工具，可以用它来处理图像、融合图像。简单来说，它只是在图层蒙版上操作，并没有对图像造成破坏。如果做得不满意，删除图层蒙版即可，不会对图像造成影响。

常用图层蒙版来进行以下操作。

1）抠图，用来修改边界、图片内容等。

2）对边缘实现淡化效果，调整区域颜色等。

3）可以保护原图层，以使它们不受各种处理操作的影响。

如何添加图层蒙版呢？下面以两个实例来分别说明。

1. 通过选区添加图层蒙版

【案例 8】通过图层蒙版把风景照片放到卡通相框中，如图 5-4-1 所示。

图 5-4-1 风景合成效果图

分析：想要将风景照片放入相框中，按照之前我们学到的技术，就是根据相框的形状，把风景照片的对应部分复制过来。这样制作有个缺点，就是后期想要调整风景的位置和大小时，就需要重新进行复制。因此，我们采用图层蒙版的方法，大家会发现，后续的调整是非常方便的。

步骤 1：打开素材包中的图片“风景.jpg”和“相框.jpg”，把“风景.jpg”图片拖动复制到相框图层的上方。可以适当地降低图层 1 的不透明度，如图 5-4-2 所示，以方便观察上下图层的位置与大小。

步骤 2：隐藏图层 1，使用“魔棒工具”选择背景图层的中间白色部分。注意：选中属性栏中的“连续”复选框，并激活背景图层。

步骤 3：重新显示图层 1 并激活图层 1，单击“图层”面板下方的“添加图层蒙版”按钮或选择“图层”→“图层蒙版”→“显示选区”命令，添加图层蒙版，如图 5-4-3 所示。

图 5-4-2 调整图层不透明度

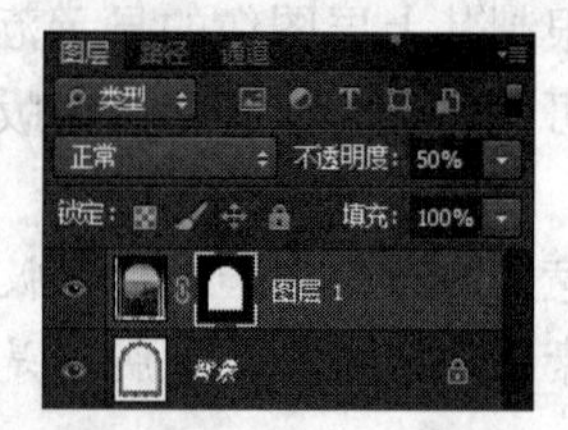

图 5-4-3 添加图层蒙版

步骤 4：重新把图层 1 的不透明度设为 100%，即可得到效果图。

在图层 1 和蒙版之间有一个链接按钮，该按钮的作用是将图层 1 和蒙版绑定在一起。如果取消链接，移动一方，另一方则不会移动，两者之间就会出现错位，如图 5-4-4 和图 5-4-5 所示。

图 5-4-4 取消链接后的“图层”面板及效果图（移动蒙版，图层不动）

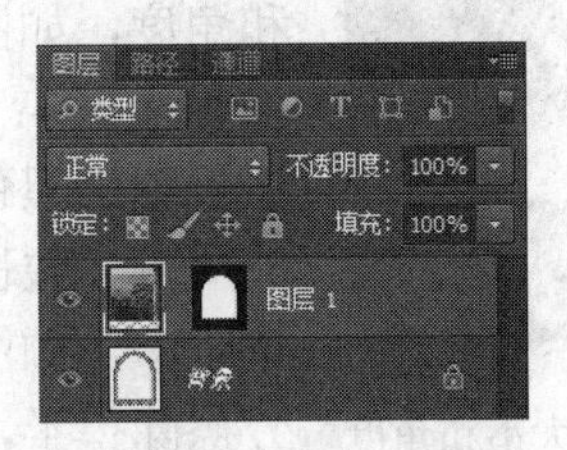

图 5-4-5　取消链接后的“图层”面板及效果图（移动图层和修改图层大小，蒙版不动）

2. 添加空白蒙版，再利用画笔、渐变等工具编辑

【案例 9】人像照片的合成，如图 5-4-6 所示。

步骤 1：打开素材包中的 3 幅人像图片。把“人像 1.jpg”图片拖动复制到“人像 2.jpg”的上方，并给人像 1 所在的图层添加空白蒙版（单击“图层”面板下方的“添加图层蒙版”按钮或选择“图层”→“图层蒙版”→“显示全部”命令），如图 5-4-7 所示。

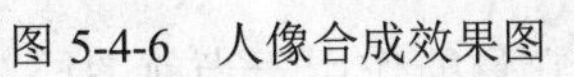

图 5-4-6　人像合成效果图

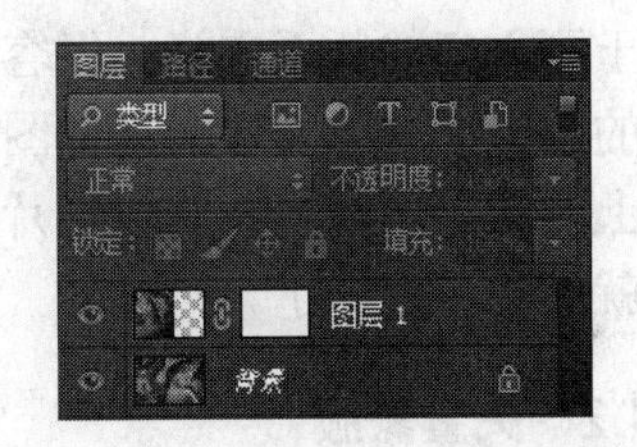

图 5-4-7　添加图层蒙版的面板

步骤 2：选择“渐变工具”，在属性栏中选择“黑，白渐变”，并选中“反相”复选框，使用鼠标指针在画布上从左向右拖动，画出一个从白色过渡到黑色的渐变填充，如图 5-4-8 所示。其目的是让上面的图层自然过渡到下面的背景图层。

图 5-4-8　黑白渐变的效果

图 5-4-9　调整人像的大小和角度

步骤 3：把“人像 3.jpg”拖动复制到画布中，并使用“自由变换”工具（快捷键为 Ctrl+T）来调整人像的大小和角度，如图 5-4-9 所示。

步骤 4：选择“画笔工具”（快捷键为 B），并将前景色设置为黑色，再将画笔笔触更改为“柔边圆”。在人像的周围按住鼠标左键适当地进行擦除，以便将人像融合到背景中，如图 5-4-10 所示。如果不小心把人像的某些部分擦除掉了，则将前景色设置为白色，在这些地方涂抹，即可重新显示。

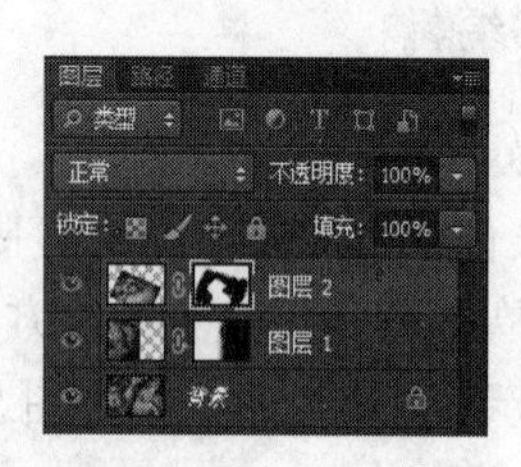

图 5-4-10　融合人像

对于刚入门的新手来说，很容易把图层蒙版与橡皮擦工具弄混，认为处理的效果都是一样的。这里需要说明的是，图层蒙版与橡皮擦工具最大的区别在于，图层蒙版只是在蒙版上进行操作，并没有对图片造成一点破坏；而如果使用橡皮擦工具擦过后，图像的像素就已经被擦掉了。

5.4.2　矢量蒙版

矢量蒙版是通过矢量形状控制图像显示区域的，它只能作用于当前图层。其本质是使用路径制作蒙版，遮盖路径覆盖的图像区域，显示无路径覆盖的图像区域。矢量蒙版可以通过形状工具创建，也可以通过钢笔工具绘制路径来创建。前面提到，矢量图与位图的区别在于，矢量图可以无限放大而不模糊、变形，因此矢量蒙版是可以任意放大或缩小的蒙版。它的优点在于能够自由变换形状，如需要抠图时，路径可以保存为矢量蒙版，便于后期继续编辑、调整。

1. 添加矢量蒙版

下面，我们通过两个实例来说明添加矢量蒙版的方法。

【案例 10】通过形状工具创建矢量蒙版，制作照片贺卡，如图 5-4-11 所示。

步骤 1：打开素材包中的图片“baby.jpg”，按 Ctrl+J 组合键复制背景图层，选择工具箱中的“自定形状工具”，在属性栏中单击“路径”按钮，然后选择形状为“心形”，如图 5-4-12 所示。

图 5-4-11　照片贺卡效果图

图 5-4-12　自定义形状

步骤 2：拖动鼠标在图像中绘制一个心形，然后选择“图层”→“矢量蒙版”→“当前路径”命令。

步骤 3：操作后，图层 1 中多了一个灰底白心的缩览图，这就是矢量蒙版缩览图。设置背景图层为不可见，如图 5-4-13 所示，可以看到，图层 1 中只显示了路径覆盖区域的图像，路径之外的图像是被隐藏的。

图 5-4-13　隐藏背景的效果图

步骤 4：如果需要移动心形的位置，可以在工具箱中选择“路径选择工具”；如果要调整心形的形状，可以选择“钢笔工具”或“直接选择工具”，选中锚点，调整方向线，如图 5-4-14 所示。

图 5-4-14　修改路径

步骤 5：在矢量蒙版中同时绘制多个心形，在图层 1 和背景图层之间新建一个图层，填充喜欢的渐变色，如图 5-4-15 所示。至此，一张贺卡就制作好了。

图 5-4-15　绘制多个心形

【案例 11】使用“钢笔工具”，绘制路径来创建矢量蒙版。

步骤 1：打开素材包中的图片“coffee.jpg”，按 Ctrl+J 组合键复制背景图层，选择工具箱中的“钢笔工具”，在属性栏中单击“路径”按钮。

步骤 2：放大图片，用“钢笔工具”绘制路径，绘制后可用“直接选择工具”调整弧度，直到满意，如图 5-4-16 所示。

图 5-4-16　用路径勾画咖啡杯的边缘

步骤 3：绘制好路径后，选择“图层”→“矢量蒙版”→“当前路径”命令，创建矢量蒙版。设置背景图层不可见，可以看到，和形状工具一样，创建了矢量蒙版之后，路径范围之内的图像可以呈现，路径范围之外的图像不可见，如图 5-4-17 所示。至此，咖啡杯就被抠取出来了。

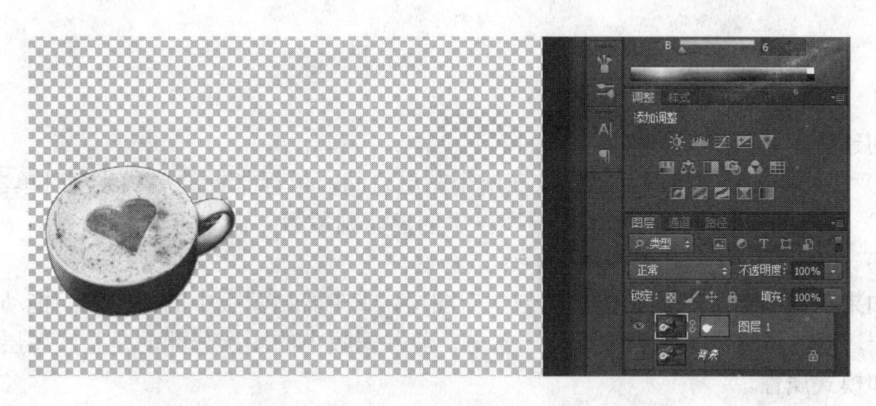

图 5-4-17　抠取咖啡杯的效果及“图层”面板

2. 删除矢量蒙版

如果需要删除矢量蒙版，可以单击矢量蒙版缩览图，按 Delete 键；或者是直接将其拖到面板下方的“删除图层”按钮上；也可以右击要删除的矢量蒙版，在弹出的快捷菜单中选择“删除矢量蒙版”命令。

3. 栅格化矢量蒙版

右击矢量蒙版缩览图，在弹出的快捷菜单中有“栅格化矢量蒙版”命令，如图 5-4-18 所示。栅格化矢量蒙版之后，它就变成了图层蒙版，原先灰底的矢量蒙版图就变成了黑色的图层蒙版缩览图，其转换为图层蒙版之后，不可再转回为矢量蒙版。

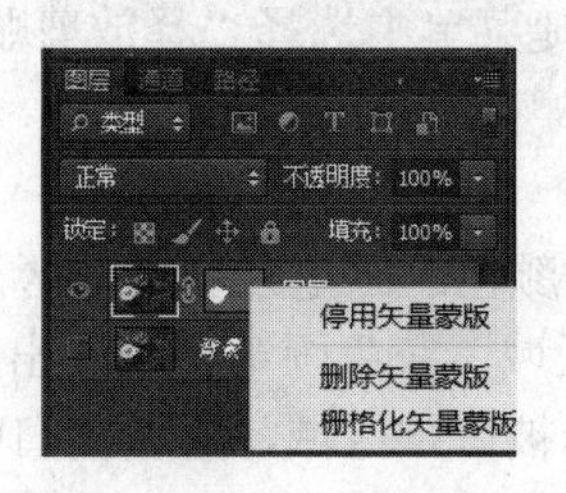

图 5-4-18　栅格化矢量蒙版的前后对比图

5.4.3　剪贴蒙版

剪贴蒙版（也叫剪切蒙版）是一个使用处于下方图层的形状来限制上方图层显示的功能，简单来说就是在图层之上再叠加一个图层，用于遮盖下方图层的某一部分。

剪贴蒙版是使用形状层（下方图层）控制内容层（上方图层）的显示范围。所以，相邻的两个图层创建剪贴蒙版后，位于上方的图层所显示的形状或虚实就要受下方图层的控制，下方图层的形状是什么样的，上方图层就显示什么形状，或者只能有下方图层的部分形状能够显示出来，但画面内容还是上方图层的，只是形状受下方图层的控制。

1. 创建剪贴蒙版

创建剪贴蒙版的方法有以下 3 种。

1）按住 Alt 键，将鼠标指针放在两个图层之间，鼠标指针的形状改变时单击。

2）选择上方图层，选择“图层”→“创建剪贴蒙版”命令。

3）选择上方图层，按 Ctrl+Alt+G 组合键。

如果在剪贴蒙版中的图层之间创建新图层，或在剪贴蒙版中的图层之间拖动未剪贴的图层，该图层将成为剪贴蒙版的一部分。剪贴蒙版中的图层分配的是基底图层的不透明度和模式属性。

可以在剪贴蒙版中使用多个图层，但它们必须是连续的图层。蒙版中的基底图层名称带下划线，上层图层的缩览图是缩进的。叠加图层将显示一个剪贴蒙版图标。“图层样式”对话框中的“将剪贴图层混合成组”选项可确定基底的混合模式是影响整个组还是只影响基底。

2. 释放剪贴蒙版

释放剪贴蒙版，就是把建立了剪贴关系的图层释放出来，只针对内容层有效。其具体操作方法如下。

1）按住 Alt 键，将鼠标指针放在两个图层之间，当鼠标指针形状变成一个带斜线的剪贴蒙版指针时单击。

2）选择要释放的图层，选择“图层”→“释放剪贴蒙版”命令。

3）选择要释放的图层右击，在弹出的快捷菜单中选择“释放剪贴蒙版”命令。

5.4.4 快速蒙版

快速蒙版的作用是通过用黑、白、灰 3 种颜色的画笔来制作选区，白色画笔可以画出被选择区域，黑色画笔可以画出不被选择区域，灰色画笔可以画出半透明选择区域。因为快速蒙版在编辑时，是用涂抹的部分表示被保护区域，所以我们可以用画笔、填充工具、滤镜甚至选区工具等去修改选区。

1. 创建快速蒙版

创建并编辑快速蒙版时使用“快速蒙版”模式。建议从选区开始，然后给它添加或从中减去选区，以建立蒙版。也可以完全在“快速蒙版”模式下创建蒙版。受保护区域和未受保护区域以不同颜色进行区分。当离开“快速蒙版”模式时，未受保护区域成为选区。

注意：当在“快速蒙版”模式中工作时，“通道”面板中出现一个临时快速蒙版通道。但是，所有的蒙版编辑工作是在图像窗口中完成的。

单击工具箱左下角的“以快速蒙版模式编辑”按钮，如图 5-4-19（a）所示，即可进入“快速蒙版”模式，颜色叠加（类似于红片）覆盖并保护选区外的区域，选中的区域不受该蒙版的保护。默认情况下，“快速蒙版”模式会用红色、50%不透明的叠加为受保护区域着色。

使用黑色画笔涂抹想要保护的地方，使用白色画笔涂抹想选中的区域（在蒙版中，黑色代表无，白色代表有）。涂抹完毕后，单击同样位置的“以标准模式编辑”按钮，如图 5-4-19（b）所示，快速蒙版就转换为选区。

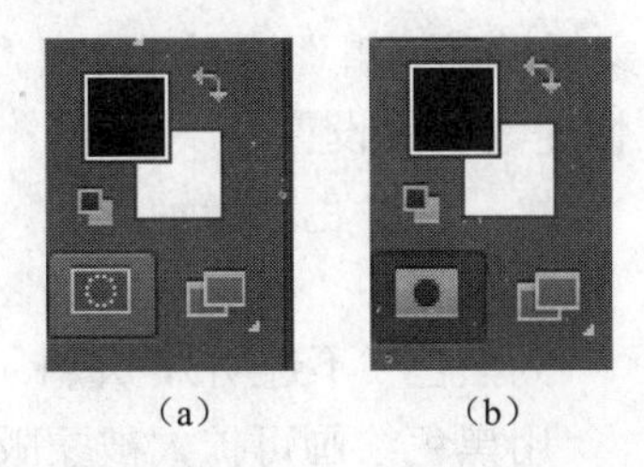

（a）　　（b）

图 5-4-19　“以快速蒙版模式编辑”按钮和“以标准模式编辑”按钮

【案例 12】给绿叶去色，以凸显红色花朵。

步骤 1：打开素材包中的图片“花朵.jpg”，单击“以快速蒙版模式编辑”按钮。

步骤 2：选择“画笔工具”，设置前景色为黑色。在绿色背景上面涂抹。如果打开“通道”面板，将会看到出现了一个快速蒙版的通道，如图 5-4-20 所示，这是一个临时通道。

步骤 3：涂抹完毕后，单击“以标准模式编辑”按钮，将蒙版转换为选区，结果如图 5-4-21 所示。

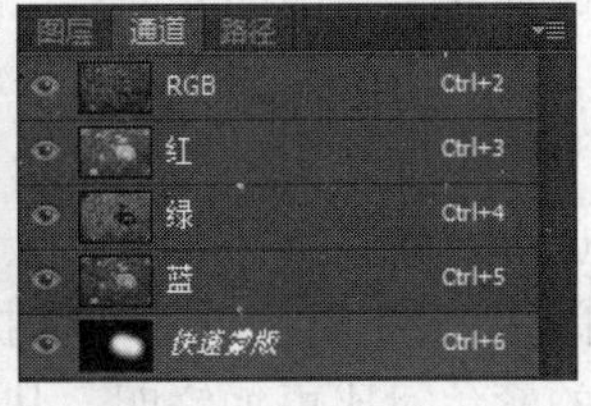

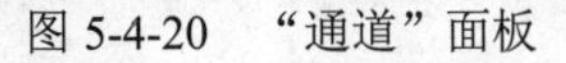

图 5-4-20　“通道”面板

图 5-4-21　将蒙版转换为选区的效果

步骤 4：可以在快速蒙版模式和标准模式之间来回切换，也可以反复使用黑/白画笔进行涂抹来修改选区，结果如图 5-4-22 所示。

图 5-4-22　步骤 4 的效果图及前景色设置

注意：用灰色或其他颜色绘画可创建半透明区域，这对羽化或消除锯齿效果有用（当退出“快速蒙版”模式时，半透明区域可能不会显示为选定状态，但它们其实是处于选定状态）。

步骤 5：反选选区，并选择“图像”→“调整”→“去色”命令。

2. 更改快速蒙版选项

在工具箱中双击“以快速蒙版模式编辑”按钮，弹出“快速蒙版选项”对话框，如图 5-4-23 所示，可在其中更改快速蒙版的设置。

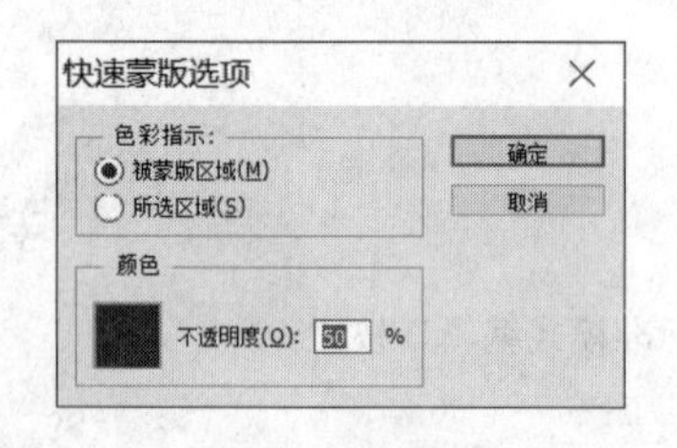

图 5-4-23 “快速蒙版选项”对话框

（1）色彩指示

选中“被蒙版区域”复选框，将被蒙版区域设置为黑色（不透明），并将所选区域设置为白色（透明）。用黑色绘画可扩大被蒙版区域；用白色绘画可扩大选中区域。选中此复选框后，工具箱中的“以快速蒙版模式编辑”按钮将变为一个带有灰色背景的白圆圈。

选中“所选区域”复选框，将被蒙版区域设置为白色（透明），并将所选区域设置为黑色（不透明）。用白色绘画可扩大被蒙版区域；用黑色绘画可扩大选中区域。选中此复选框后，工具箱中的“以快速蒙版模式编辑”按钮将变为一个带有白色背景的灰圆圈。

（2）颜色框

要选择新的蒙版颜色，则单击颜色框并在弹出的“选择快速蒙版颜色”对话框中选择新颜色即可。

（3）不透明度

要更改不透明度，需输入 0%～100% 范围内的值。

颜色和不透明度设置都只是影响蒙版的外观，对如何保护蒙版下方的区域没有影响。更改这些设置能使蒙版与图像中的颜色对比更加鲜明，从而具有更好的可见性。

5.4.5 应用实例

【案例 13】利用剪贴蒙版创建保护地球的宣传海报，如图 5-4-24 所示。

步骤 1：打开素材包中的图片“心形树.jpg”、“火灾.jpg”和“文字.png”。在心形树图像中，使用“快速选择工具”选择照片的中间心形部分。再利用“魔棒工具”，把树叶缝隙的蓝色和白色部分也添加进选区，如图 5-4-25 所示。

步骤 2：按 Ctrl+J 组合键，复制图层作为图层 1。

步骤 3：把火灾照片复制到图层 1 上方，按住 Alt 键并在两个图层间单击，以创建剪贴蒙版，如图 5-4-26 所示。

图 5-4-24　保护地球的宣传海报

图 5-4-25　创建心形选区

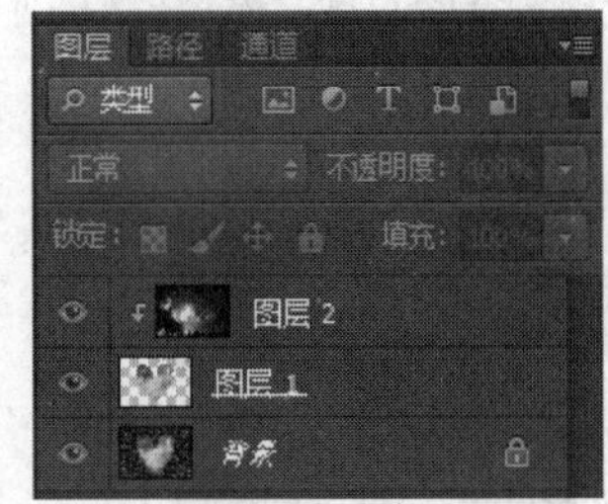

图 5-4-26　创建剪贴蒙版

步骤 4：选中图层 1，给它添加外发光，如图 5-4-27 所示。

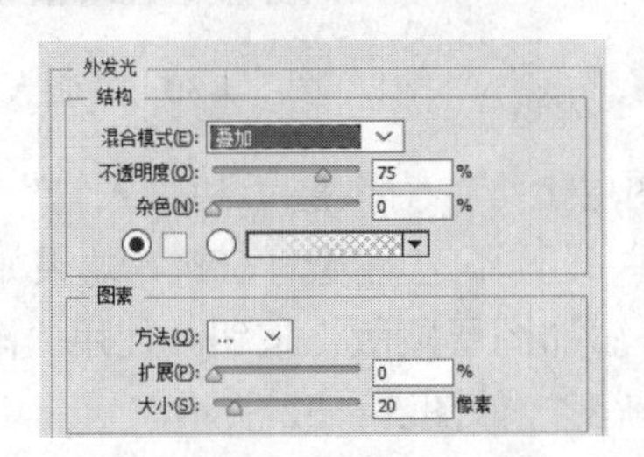

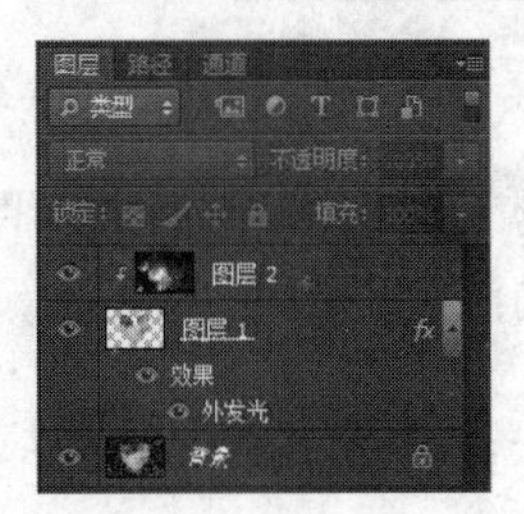

图 5-4-27　添加外发光样式

步骤 5：把文字复制到画布上方，这时你会发现文字看不到，观察“图层”面板，如图 5-4-28（a）所示。把文字图层拖动到最上方。如果在拖动后，剪贴蒙版失效，需要重新在图层 2 和图层 1 之间创建剪贴蒙版。最终“图层”面板中各图层之间的关系如图 5-4-28（b）所示。

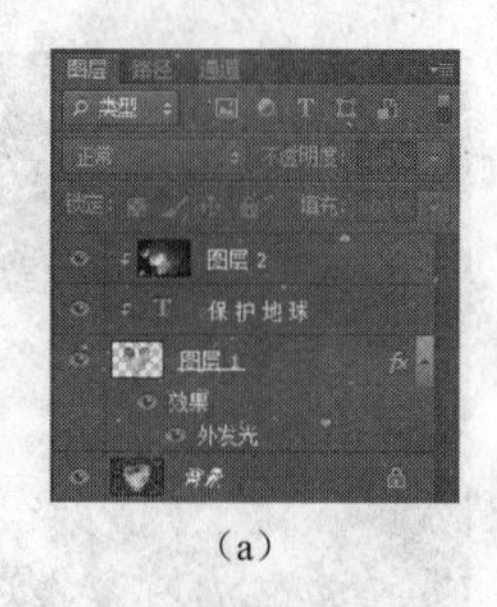
（a）

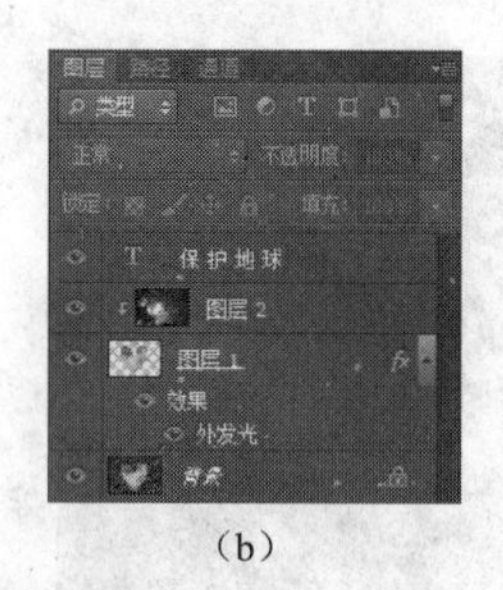
（b）

图 5-4-28 “图层”面板中各图层之间的关系

【案例 14】利用剪贴蒙版和图层蒙版创建双重曝光效果的人像，如图 5-4-29 所示。

步骤 1：打开素材包中的图片。

步骤 2：对人像背景图层进行复制，然后使用选区工具，把人像选中。调整边缘，羽化值设为 5 像素，复制到单独的图层，并把图层重命名为“人物”，“图层”面板如图 5-4-30 所示。

图 5-4-29 双重曝光效果图

图 5-4-30 复制人像图层

步骤 3：把城市图片拖到“人物”图层上方，对图层 1 和“人物”图层创建剪贴蒙版。修改图层 1 的混合模式为“滤色”，并设置不透明度为 60%，效果如图 5-4-31 所示。

步骤 4：单击“图层”面板底部的“添加图层蒙版”按钮，使用“渐变工具”，在蒙版上画出从上到下由黑色过渡到白色的渐变，如图 5-4-32 所示。

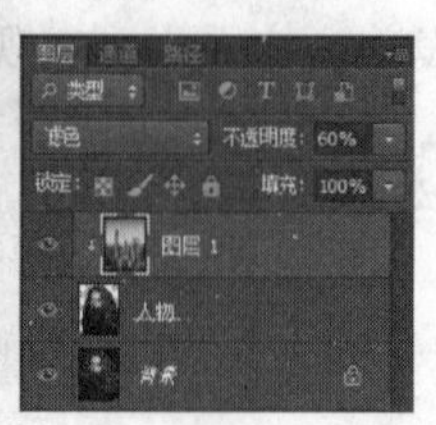

图 5-4-31 移动图层并创建剪贴蒙版

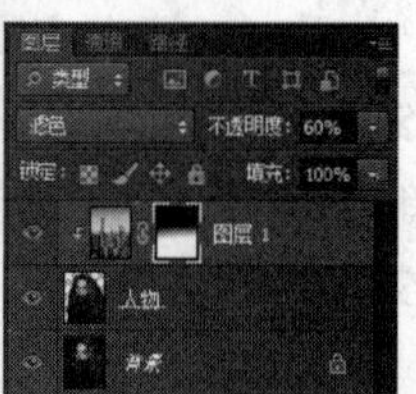

图 5-4-32 添加由黑色过渡到白色的渐变

步骤 5：把森林图片拖到“城市”图层的上方。修改图层 2 的混合模式为“滤色”，并设置不透明度为 60%。

步骤 6：单击“图层”面板底部的“添加图层蒙版”按钮，使用“渐变工具”，在蒙版上画出从上到下由白色过渡到黑色的渐变，如图 5-4-33 所示。

步骤 7：用黑色画笔在两个图层蒙版对应人脸的部位进行涂抹，其“图层”面板如图 5-4-34 所示。

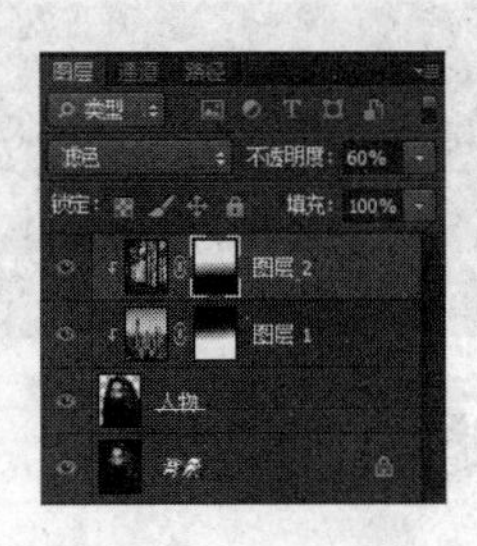

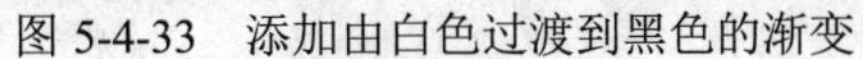
图 5-4-33　添加由白色过渡到黑色的渐变

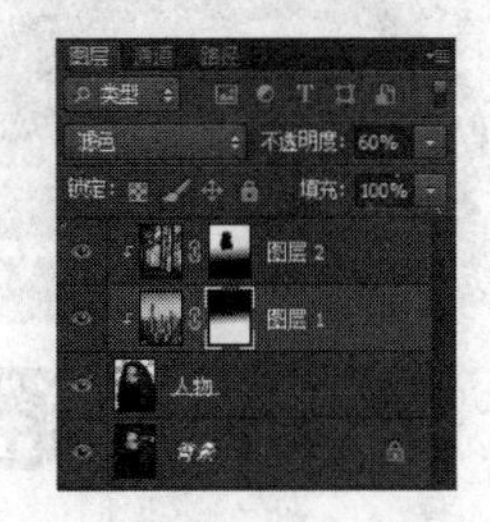

图 5-4-34　步骤 7 的“图层”面板

第 6 章 通 道

在 Photoshop 中，通道是记录和保存信息的载体，无论是颜色信息还是选择信息，Photoshop 都将它们保存在通道中。因此，用户调整图像的过程，实质上是一个改变通道的过程。

首先看颜色信息方面，通道是如何记录图像的颜色信息的呢？非常有趣的一点是，通道通过灰度图像来记录颜色。每一幅图像都是由成千上万的像素组成的，对于每一个像素，都有记录这个像素的一个或一组颜色数据，称为像素值。

如果我们打开一幅彩色的图像，使用工具箱中的颜色取样器工具，随便确定一个取样点。假设图像是 RGB 色彩模式，在“信息”面板中，我们可以看到取样点的一组数据：R 为 234，G 为 87，B 为 95。所以，任意一幅图像的 RGB 这 3 种数据分别记录在名为红、绿、蓝的 3 个灰度图像上。我们将红、绿、蓝这 3 个灰度图像分别称为图像的红、绿、蓝颜色通道，如图 6-0-1 所示。

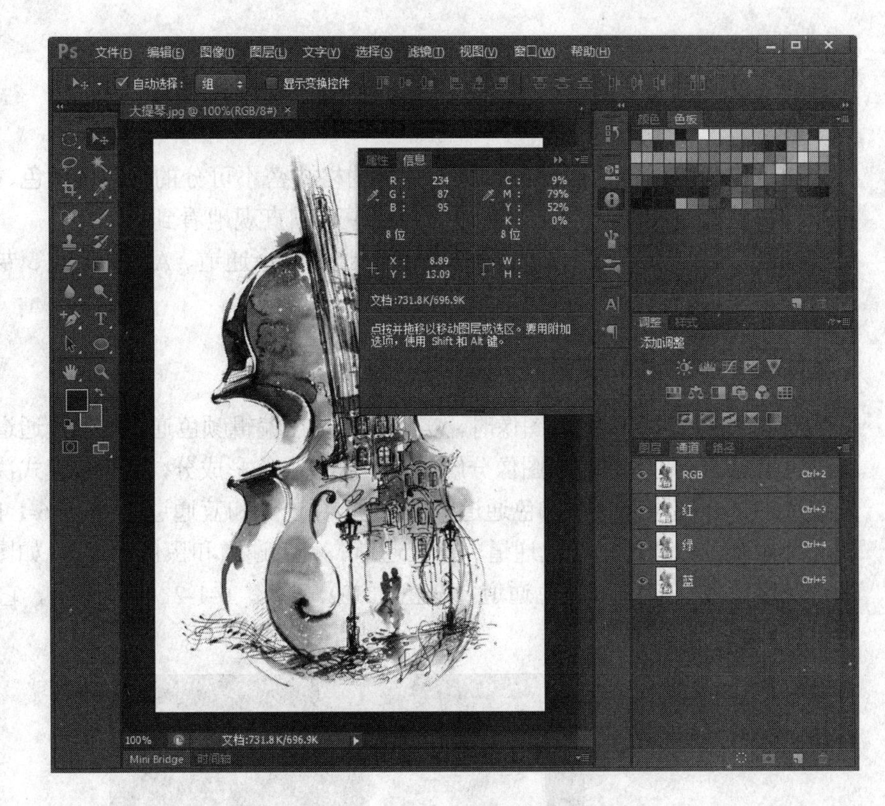

图 6-0-1 “信息”面板和“通道”面板

从选择信息的角度看，我们可以这样说，通道就是选区。通道中不同的颜色形成不同的选择范围。建立新通道，就是建立一个新的选区；修改通道，就是修改选择范围。因为通道都是灰度图像，其实和第 5 章蒙版的表现形式是一样的。所以黑或白可以理解为要还是不要，灰色可以理解为模糊、半透明、若隐若现等。

6.1 通道的分类

通道作为图像的组成部分，是与图像的格式密不可分的，图像颜色、格式的不同决定了通道的数量和模式，在“通道”面板中可以直观地看到。

Photoshop 中涉及的通道主要有颜色通道、复合通道、Alpha 通道、专色通道和矢量通道。下面逐一进行介绍。

6.1.1 颜色通道

当在 Photoshop 中编辑图像时，实际上就是在编辑颜色通道。颜色通道主要是用来记录颜色信息的。这些通道把图像分解成一个或多个色彩成分，图像的模式决定了颜色通道的数量。RGB 图像有 3 个颜色通道（红通道、绿通道和蓝通道），如图 6-1-1 所示；CMYK 图像有 4 个颜色通道（青色通道、洋红通道、黄色通道和黑色通道），如图 6-1-2（a）所示；灰度图像只有一个颜色通道（灰色通道），如图 6-1-2（b）所示。它们包含了所有将被打印或显示的颜色。

图 6-1-1　RGB 图像的通道

（a）

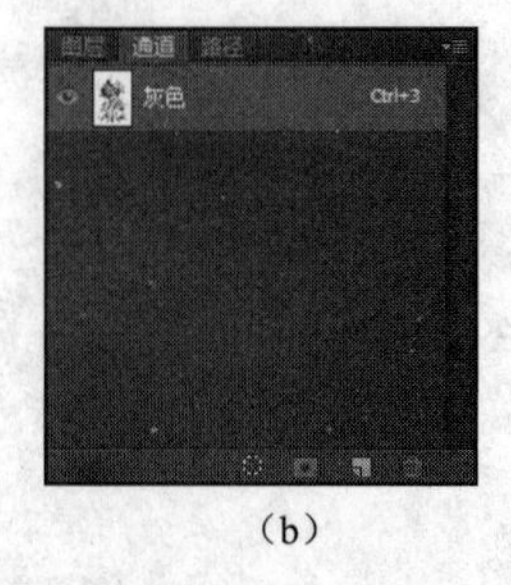

（b）

图 6-1-2　CMYK 图像的通道和灰度图像的通道

6.1.2　复合通道

复合通道不包含任何信息，实际上它只是同时预览并编辑所有颜色通道的一个快捷方式。它通常被用来在单独编辑完一个或多个颜色通道后使“通道”面板返回它的默认状态。在图 6-1-1 和图 6-1-2 中，线框内的就是复合通道。如果图像是 RGB 颜色模式，复合通道就为 RGB；如果图像是 CMYK 颜色模式，复合通道就为 CMYK。

6.1.3　Alpha 通道

Alpha 通道是计算机图形学中的术语，指的是特别的通道。有时，它特指透明信息，但通常的意思是“非彩色”通道。这是我们真正需要了解的通道，可以说我们在 Photoshop 中制作出的各种特殊效果都离不开 Alpha 通道，它最基本的用处在于保存选择信息，并不会影响图像的显示和印刷效果。当图像输出到视频，Alpha 通道也可以用来决定显示区域。

6.1.4　专色通道

专色通道是一种特殊的颜色通道，它可以使用除了青色、洋红、黄色、黑色以外的颜色来绘制图像。在印刷中为了让自己的印刷作品与众不同，往往要做一些特殊处理。例如，增加荧光油墨或夜光油墨、套版印制无色系（如烫金）等，这些特殊颜色的油墨（称为“专色”）都无法用三原色油墨混合而成，这时就要用到专色通道与专色印刷了。

在 Photoshop 中，存有完备的专色油墨列表。我们只需选择需要的专色油墨，就会生成与其相应的专色通道。但在处理时，专色通道与原色通道恰好相反，用黑色代表选取（即喷绘油墨），用白色代表不选取（不喷绘油墨）。因为大多数专色无法在显示器上呈现效果，所以其制作过程也带有相当大的经验成分。

如图 6-1-3 所示，新建专色通道后，可以单击“颜色”右侧的色块，在弹出的“颜色库”对话框（图 6-1-4）中选择合适的颜色。印刷时，会使用专色油墨进行印刷。

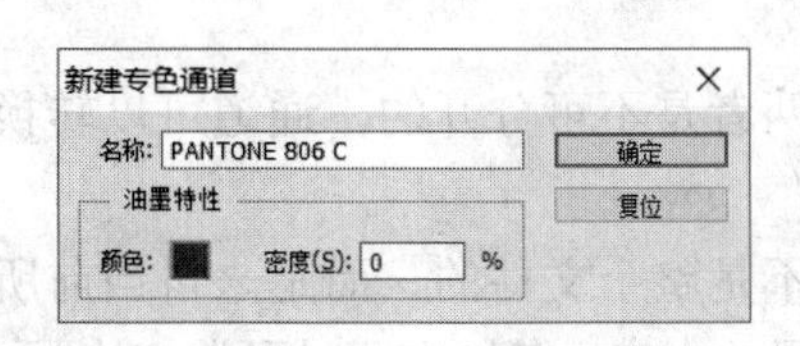

图 6-1-3　“新建专色通道”对话框

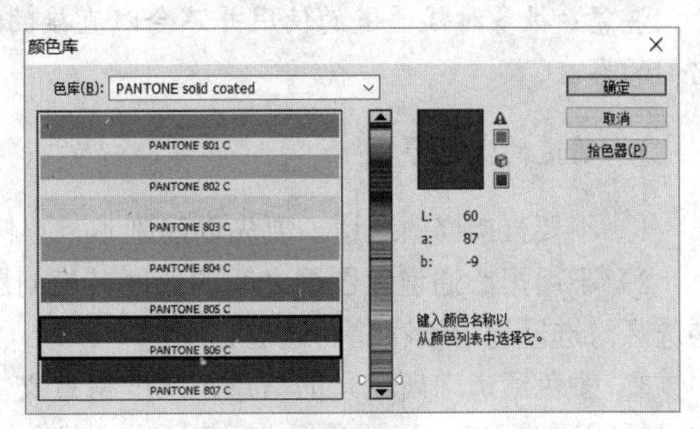

图 6-1-4　“颜色库”对话框

注意：每个专色通道只可存储一种专色信息，而且是以灰度形式来存储的。

6.1.5　矢量通道

公式化的通道，被称为矢量通道。矢量通道和矢量图形一样，都是为了图像在放大的时候不失真，节省存储空间而出现的。Photoshop 中的“路径”、3D 中的几种预置贴图、Illustrator 及 Flash 等矢量绘图软件中的蒙版，都属于这一类型的通道。

6.2 通道的作用与特性

1. 通道的作用

1）利用通道进行选区抠图，尤其是对一些复杂图像的抠图，必须用通道选区（如人物的毛发或动物的毛发）。

2）调出通道作为图层蒙版使用。

3）通过“应用图像”命令和“计算”命令改造和生成通道。

4）将通道复制粘贴到图层中作为图层使用。

5）通过通道来改变图像细节，如图像在 RGB 模式下，就可以具体到 R、G、B 3 个通道下进行图像的修改，如曲线、亮度等修改等。

2. 通道的特性

1）通道首先是一个存储颜色和选择信息的地方，通道以灰度图像的形式存储这些信息。

2）通道还是一个修改颜色和选择信息的地方。可以使用任何手段，如使用工具箱中的画笔或图像调整命令修改通道，这些修改过程的实质是在修改灰度图像。

3）与修改图层相比，修改通道往往更容易，因为修改时只面对灰度图像。

注意：很多时候通道的使用并不会以直接的形式表现出来，而是以隐蔽的方式显示它们的存在。

3. 通道的注意事项

1）不要直接修改通道，要先创建副本，再修改。

2）不用担心通道和图层之间的选区转换问题，两者是不可分开的。通道可以转换为选区，选区也可以存储为通道。

3）颜色通道中所记录的信息，从严格意义上说不是整个文件的，而是来自当前所编辑的图层。预览一层的时候，颜色通道中只有这一层的内容；但如果同时预览多个层，则颜色通道中显示的是层混合后的效果。但由于我们一次仅能编辑一层，因此任何使用颜色通道所做的变动只影响到当前选取的层。

4）当在“通道”面板上选择一个通道，对它进行预览时，将显示一幅灰度图像，可以清楚地看到通道中的信息；但如果同时打开多个通道，那么通道将以彩色显示。

6.3 通道的基本操作

在进行通道的基本操作之前，先来了解一下“通道”面板。选择“窗口”→“通道”命令，打开“通道”面板。“通道”面板中列出了图像中包含的所有通道，对于 RGB、CMYK 和 LAB 颜色模式的图像，最先列出的是复合通道。通道内容的缩览图显示在通道名称的左侧，编辑通道时会自动更新缩览图。

6.3.1 新建 Alpha 通道

新建 Alpha 通道的方法有以下 4 种。

1）单击“通道”面板下方的“创建新通道”按钮，如图 6-3-1 所示。

2）单击“通道”面板右上角的按钮，在弹出的下拉列表中选择“新建通道”命令，如图 6-3-2 所示，弹出如图 6-3-3 所示的“新建通道”对话框。

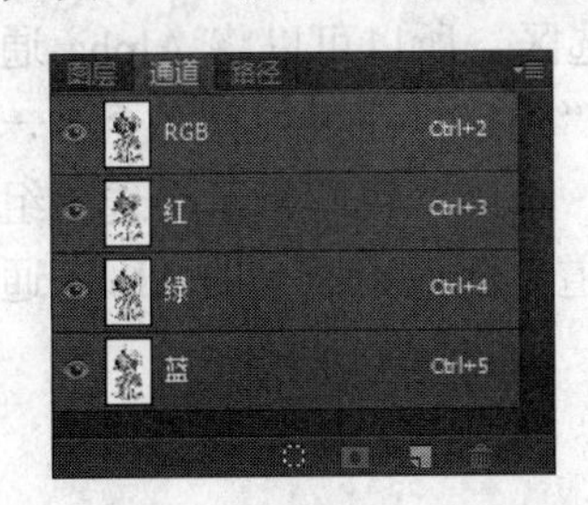

图 6-3-1 “创建新通道”按钮

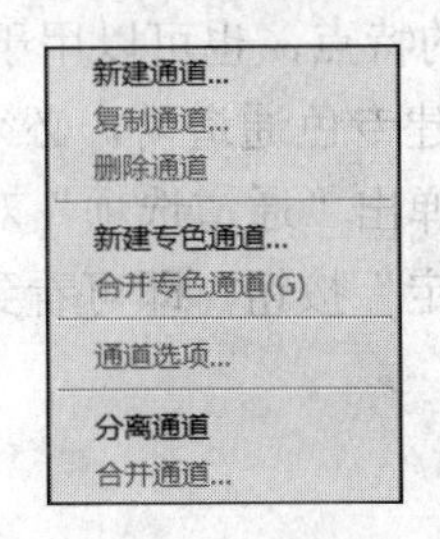

图 6-3-2 选择“新建通道”命令

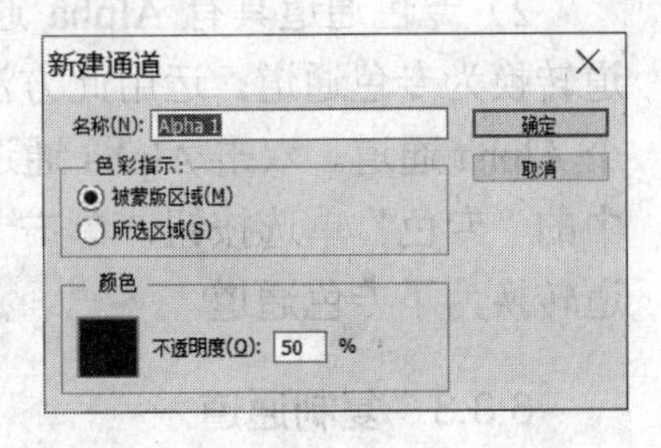

图 6-3-3 “新建通道”对话框

① 名称：在该文本框中可设定新建通道的名称。

② 色彩指示：在该选项组中，可以指定色彩标明的区域，有“被蒙版区域”和“所选区域”两种。

③ 颜色：在该选项组中，可以设置通道的颜色和显示的不透明度。

3）选择“图像”→“计算”命令，在弹出的“计算”对话框中通过对现有通道的运算可得到新的通道。这是一种比较高级的获取通道的途径，通常能够得到比较复杂和精确的选区。

4）如果想把在图像中制作的一个选区保存下来，以备不时之需，则可选择“选择”→“储存选区”命令，在弹出的如图 6-3-4 所示的“存储选区”对话框中设置完成后单击“确定”按钮即可；或者在“通道”面板的下方单击“将选区存储为通道”按钮。

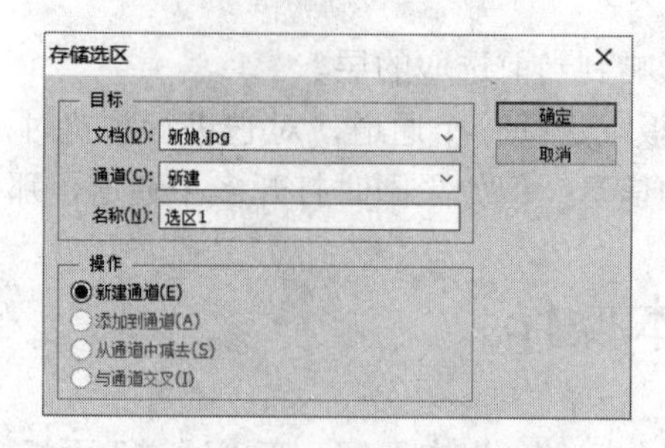

图 6-3-4 “存储选区”对话框

在下次再需要这个选区时，只需按住 Ctrl 键的同时在 Alpha 通道上单击（或者选择“选择”→“载入选区”命令，在弹出的“载入”对话框中载入“选区 1”）即可。

6.3.2 新建专色通道

专色通道用于保存专色信息，创建专色通道的方法有以下两种。

1）单击“通道”面板右上角的按钮，在弹出的下拉列表中选择“新建专色通道”命令，弹出“新建专色通道”对话框。在该对话框中设置相关选项，然后单击“确定”按钮，即可新建专色通道。

2）专色通道具有 Alpha 通道的特点，也可以用于保存选区，所以可以将 Alpha 通道转换为专色通道。运用此方法创建专色通道前，必须确保“通道”面板中存在至少一个 Alpha 通道。双击 Alpha 通道，弹出“通道选项”对话框。选中“色彩指示”选项组中的“专色”单选按钮，单击“确定”按钮，即可看到“通道”面板中原来的 Alpha 通道转换为了专色通道。

6.3.3 复制通道

复制通道的方法有以下 3 种。

1）选择单独的通道右击，在弹出的快捷键菜单中选择“复制通道”命令。

2）选择单独的通道，单击“通道”面板右上角的按钮，在弹出的下拉列表中选择“复制通道”命令。

3）使用鼠标拖动其中一个通道至“通道”面板底部的“创建新通道”按钮上，然后释放鼠标左键即可复制该通道。

上述 3 种方法复制的是 Alpha 通道。使用前两种方法复制通道时，会弹出“复制通道”对话框，如图 6-3-5 所示。

① 为：在该文本框中可以设置复制后通道的名称。

② 目标：该选项组用于设置通道被复制到何处或将复制的通道反相。

a．文档：在该下拉列表中可以选择通道复制的目标文件。需要注意的是，在该下拉列表中只显示同大小、同分辨率的文件。

b．名称：复制通道时可以复制到新建的文档中，该文本框用于设置新文件名。如果找不到一样大小及分辨率的图像，可以选择“文档”下拉列表中的“新建”命令，然后在“名称”文本框中输入新文件名。

c．反相：选中该复选框，可以将复制通道中的灰度反相。

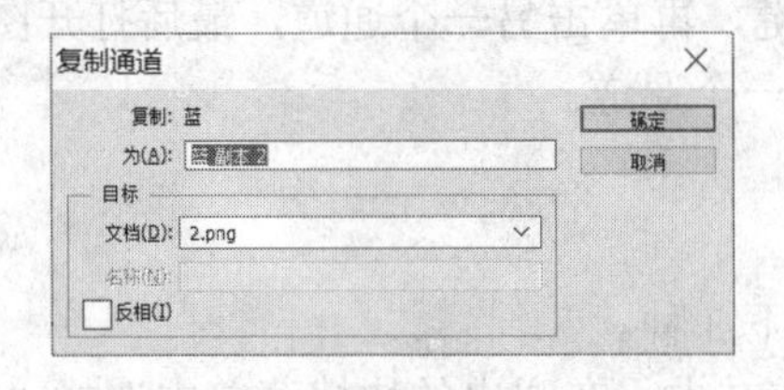

图 6-3-5　“复制通道”对话框

6.3.4　修改通道

前面提到，对图像的编辑实质上不过是对通道的编辑。对通道的常规操作就是利用各种工具去选择和修改一个灰度的图像。

1. 利用选择工具

Photoshop 中的选择工具包括矩形选区工具、椭圆选区工具、套索工具、魔棒工具、文字蒙版及由路径转换来的选区等，其中包括不同羽化值的设置。利用这些工具在通道中进行编辑与对一个图像的操作是相同的。

2. 利用绘图工具

绘图工具包括画笔、铅笔、图章、橡皮擦、渐变、油漆桶、模糊、锐化和涂抹、加深、减淡和海绵等。

利用绘图工具编辑通道的一个优势在于可以精确地控制笔触，从而可以得到更为柔和及足够复杂的边缘。

这里需要提一下的是渐变工具，因为这种工具比较特别。不是说它特别复杂，而是说它特别容易被人忽视，但其相对于通道却又是特别有用的。它是 Photoshop 中严格意义上的一次可以涂画多种颜色而且包含平滑过渡的绘画工具，针对通道而言，也就是带来了平滑细腻的渐变。

3. 利用滤镜

通常在有不同灰度的情况下，才在通道中进行滤镜操作，而运用滤镜的原因，通常是我们刻意追求一种出乎意料的效果或只是为了控制边缘，如锐化或虚化边缘，从而建立更适合的选区。各种情况比较复杂，需要根据目的的不同做相应的处理。

4. 利用图像调整工具

经常使用的图像调整工具包括色阶和曲线。在用这些工具调整图像时，会看到相应的对话框中有一个“通道”下拉列表，在其中可以选择要编辑的颜色通道。当选择要调整的通道时，按住 Shift 键，再单击另一个通道，最后打开图像中的复合通道，就可以强制这些工具同时作用于一个通道。

6.3.5 删除通道

删除通道的方法有以下 3 种。

1）选择要删除的通道右击，在弹出的快捷菜单中选择“删除通道”命令。

2）选择要删除的通道，单击“通道”面板右上角的按钮，在弹出的下拉列表中选择“删除通道”命令。

3）单击“通道”面板底部的“删除当前通道”按钮。

6.3.6 载入通道选区

前面讲到可以将选区存储为 Alpha 通道，当需要重新使用选区时，也可以将 Alpha 通道转换为选区，方法如下。

1）选择“选择”→“载入选区”命令。

2）单击“通道”面板底部的“将通道作为选区载入”按钮。

两者的区别在于，菜单命令可以在弹出的“载入选区”对话框中选择载入选区的通道，如图 6-3-6 所示，而“将通道作为选区载入”按钮只能将当前通道作为选区。

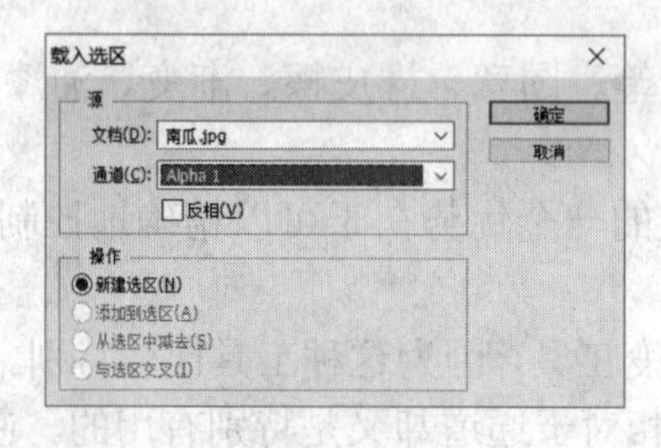

图 6-3-6 “载入选区”对话框

6.4 分离与合并通道

1. 分离通道

一个图像文件中往往包含多个通道，如果想将每个通道作为单独的文件保存，则可以使用“分离通道”命令。需要注意的是，如果一个图像文件中只包含一个通道，则“分离通道”命令不可用。

分离通道的方法非常简单，只需单击“通道”面板右上角的按钮，在弹出的下拉列表中选择“分离通道”命令即可。

打开一幅图像，在“通道”面板中可以看出其颜色模式为RGB颜色模式，如图6-4-1所示。单击“通道”面板右上角的按钮，在弹出的下拉列表中选择“分离通道”命令，图像将被分离为3个独立的文件。

分离通道后，原文件被关闭，单个通道出现在单独的灰度图像窗口中，新窗口的标题栏显示了原文件名及图像颜色模式。打开“通道”面板，可以看到只有灰色通道，如图6-4-2所示。

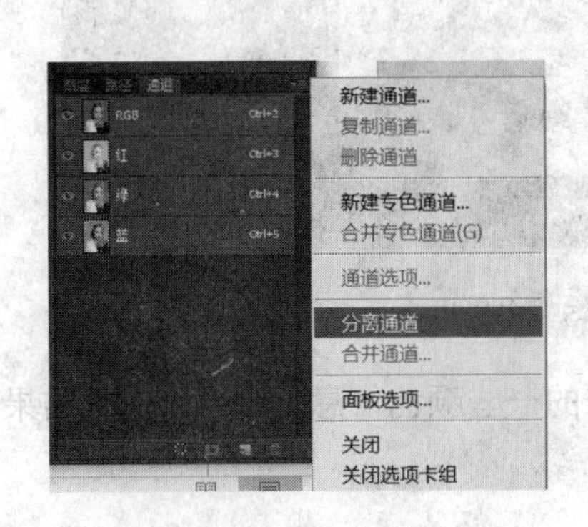

图6-4-1 “分离通道”命令

图6-4-2 灰色通道

2. 合并通道

当图像被分离成多个独立的文件后，用户还可以将这些文件合并成一个新的图像文件。在合并通道时，用户可以选择以不同的颜色模式来合成图像，包括多通道模式、RGB颜色模式、CMYK颜色模式和LAB颜色模式等。当选择不同的模式时，合并后的图像效果也会不同。

下面，对分离的3个通道图像进行一些位置调整操作，分别向左、上、右移动10像素的距离，然后进行合并操作。

打开“通道”面板，单击面板右上角的按钮，在弹出的下拉列表中选择“合并通道”命令，弹出“合并通道”对话框，如图6-4-3所示。

图6-4-3 “合并通道”对话框

（1）多通道模式

在“合并通道”对话框的“模式”下拉列表中选择“多通道”模式，设置通道数目后单击“确定”按钮，弹出“合并多通道”对话框，如图6-4-4所示。在该对话框中可设置通道 1 对应的图像，单击“下一步”按钮，弹出设置通道 2 的对话框，以此类推。如果在“合并多通道”对话框中单击“模式”按钮，则会返回“合并通道”对话框。多通道合并后的效果如图 6-4-5 所示。

合并多通道
指定通道 1:
图像(I): 通道分离原图.jpg_红
下一步(N)
取消
模式(M)

图 6-4-4 “合并多通道”对话框

图 6-4-5 多通道合并后的效果

合并后的通道少了复合通道，因此我们看到原来的一些颜色信息丢失了，而且结果也不能保存为 JPEG 的图片格式。

（2）颜色通道模式

在进行通道合并时，一般是原来分离的图像是什么颜色模式，合并就选回该颜色模式。如图 6-4-2 所示，分离前是 RGB 颜色模式，合并时，一般就选择 RGB 颜色，如图 6-4-6 所示。单击“确定”按钮，弹出“合并 RGB 通道”对话框，如图 6-4-7 所示，在该对话框中可选择红、绿、蓝 3 个通道对应的灰度图像，然后单击“确定”按钮。

最终可以得到一些有特殊效果的海报风格图片，如图 6-4-8 所示。

图 6-4-6 模式为 RGB 颜色

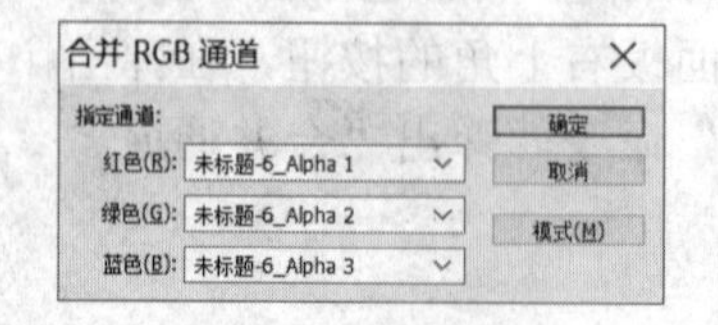

图 6-4-7 “合并 RGB 通道”对话框

图6-4-8 RGB通道合并后的效果

6.5 应用图像

通道是没有混合选项的，只能通过“应用图像”和“计算”命令来达到混合效果。在执行“应用图像”命令前，必须要先确定好被混合的目标对象，选择的对象不同，最终得到的效果也不尽相同。

使用“应用图像”命令来调整通道间的混合关系，可快速将相同分辨率下不同图像中的通道进行融合，从而生成另一种图像效果。前提是两个图像具有相同大小和分辨率。其运算的结果被加到当前图像的图层上。

选择“图像”→“应用图像”命令，弹出“应用图像”对话框，如图 6-5-1 所示。

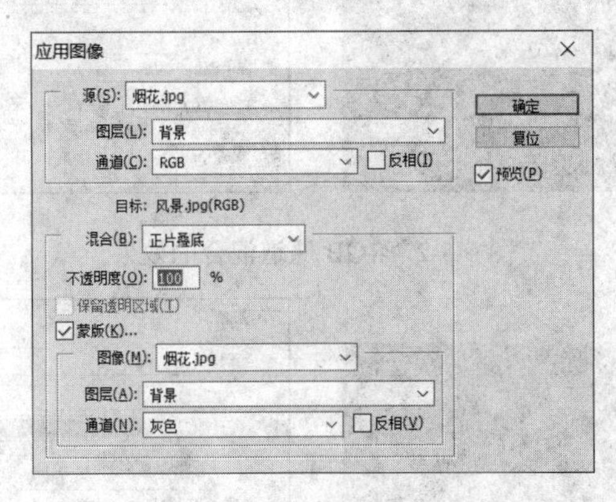

图 6-5-1　“应用图像”对话框

1）源：用于指定图像的来源，即参与混合的对象。

① 图层：在“图层”下拉列表中列出了源文件中的有效图层。选择“合并图层”命令，将包括源文件中所有可见的图层。

② 通道：用于选择合成通道或一个单独的颜色通道。若已选择了一个指定的图层，就可以选择“透明”命令。

③ 反相：如果想要使用与选区相反的区域，则可选中该复选框。

2）目标：显示用于应用图像的目标图像，即被混合的对象。

3）混合：在该选项组中，可以设置通道的混合模式及不透明度等。

① 混合：在“混合”下拉列表中可以选择混合模式。选中“预览”复选框后，可以在图像窗口中预览各种不同混合模式应用的图像效果。

② 不透明度：用于设置应用图像混合的不透明度，取值范围为 1%～100%。参数越大，混合之后的强度就越大。

③ 保留透明区域：如果想要保留目标图层的透明度，则选中“保留透明区域”复选框。

4）蒙版：如果要将蒙版应用图像混合，则可以选中“蒙版”复选框，然后通过调整选区控制蒙版的应用效果。

我们来看一下“应用图像”的实际效果。当对风景图像使用“应用图像”命令时，目标就已经固定下来了。那么可以在“源”这里选择是对本图像来做应用还是其他图像(例子中用了另一幅图像)。如果选择“通道”为 RGB 通道，则实际效果和把烟花图像复制到风景图像上方并调整混合模式是一样的，如图 6-5-2 所示。如果设置混合的通道是红通道，则意味着只使用烟花图像的红通道来进行混合，效果即为添加了灰色的烟花(通道是灰度图像)，如图 6-5-3 所示。

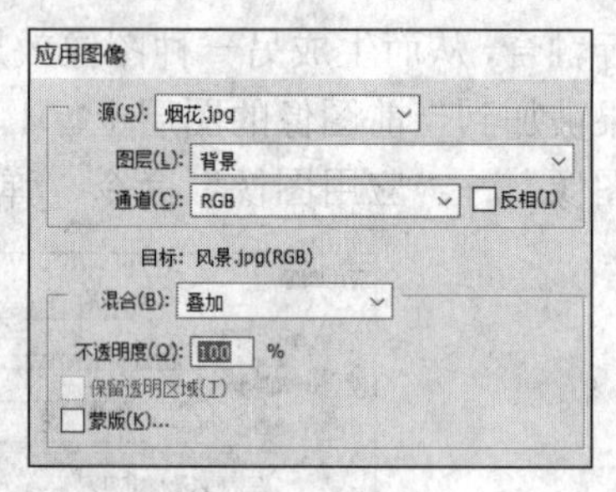

图 6-5-2　RGB 通道混合的效果

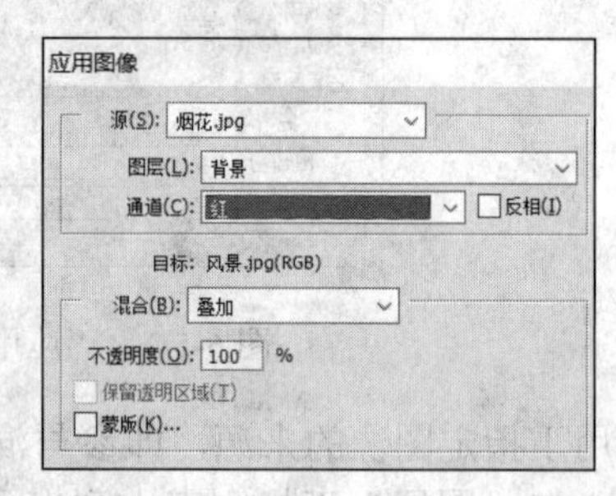

图 6-5-3　红通道混合的效果

6.6 计　　算

同“应用图像”命令一样，使用“计算”命令同样可以混合通道，从而生成不同的画面效果。与“应用图像”命令不同的是，使用“计算”命令混合通道可以对当前图像中的两个通道进行混合，而“应用图像”的目标图像是全部通道。另外一个不同之处是，“计算”命令对图像本身没有影响，它只是生成一个新的 Alpha 通道或选区，而“应用图像”命令是直接修改目标图像。

选择“图像”→“计算”命令，弹出“计算”对话框，如图 6-6-1 所示。

1）源：用于指定源图像的图层和通道。

① 图层：在源 1 和源 2 中，通过设置“图层”选项，可以指定图像中被计算的图层。

② 通道：用于指定图像中被计算的通道。

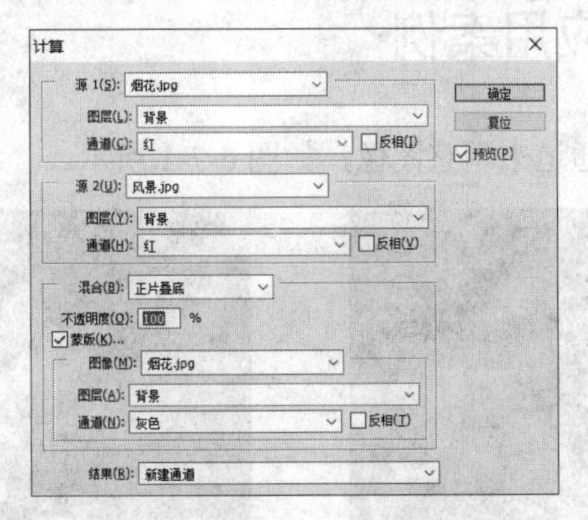

图 6-6-1　“计算”对话框

2）混合：在该选项组中，可以设置通道的混合模式及不透明度等。

① 混合：单击“混合”下拉按钮，在弹出的下拉列表中可以选择混合模式。在计算图像时，若选中“预览”复选框，则可以查看设置混合后的临时图像效果。

② 不透明度：设置混合后显示的不透明度。

③ 蒙版：如果想要给蒙版应用计算，就可以选中“蒙版”复选框，给图层或通道设置蒙版选项。

3）结果：用于设置新生成的 Alpha 通道的产生方式。选择“新建通道”选项，系统会自动生成一个 Alpha 通道；选择“新建文档”选项，则将新生成的通道存储在新的文档中；选择“选区”选项，则可将计算出来的结果以选区的形式显示。

例如，将烟花图像的红通道和风景图像的绿通道进行叠加混合计算后，产生了一个新通道 Alpha 1，该通道独立于 RGB 通道存在，对原通道没有产生影响，如图 6-6-2（b）所示。

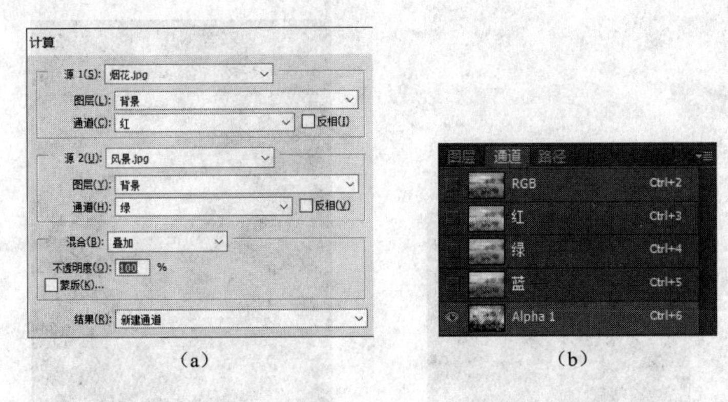

图 6-6-2　红通道与绿通道混合选项和“通道”面板

6.7 通道综合应用案例

【案例 1】 利用颜色通道来调整图像，如图 6-7-1 所示。

图 6-7-1　夕阳原图与效果图

本案例讲述如何利用 Photoshop 中的通道给风景照片进行高质量的调色。拍风景照的时候，我们希望拍的照片能有层次，而前期拍摄却受一些自然条件的限制，没有让人满意的照片，要在后期把照片处理得有层次，这就需要做精细的调整。高光和阴影都要保护，这时的亮度蒙版就是我们最好的帮手，因为亮度蒙版最细腻，而这种最细腻的蒙版一定是从通道中获得的。

步骤 1：打开素材包中的图片“夕阳原图.jpg”，在“通道”面板中选择一个反差最大的绿色通道。在“通道”面板的底部单击“将通道作为选区载入”按钮，可以看到图像中出现选区蚂蚁线，如图 6-7-2 所示。

图 6-7-2　将通道作为选区载入

步骤 2：现在载入的是绿色通道中的亮调部分，而我们要调整的却是图像中的暗调部分，因此需要将选区反选。按 Ctrl+Shift+I 组合键，将选区反选。在“通道”面板的最上方选择 RGB 复合通道。回到“通道”面板，看到蚂蚁线还在，如图 6-7-3 所示。

图 6-7-3　反选选区

步骤 3：在“图层”面板的底部单击“创建新的填充或调整图层”按钮，然后在弹出的下拉列表中选择“曲线”命令，建立一个新的曲线调整图层，如图 6-7-4 所示。

步骤 4：在弹出的“曲线”调整面板中，选择直接调整工具，然后在图像中按住暗调中的岩石向上移动，看到曲线上产生了相应的控制点，同时也向上移动曲线，即可调整图像中的暗部层次，但感觉亮调部分还是有点过亮。在“曲线”调整面板的曲线稍上的地方单击，建立一个新的控制点，将这个点向下移动到原位，看到亮调部分的层次仍保留原状，如图 6-7-5 所示。

图 6-7-4　新建曲线调整图层

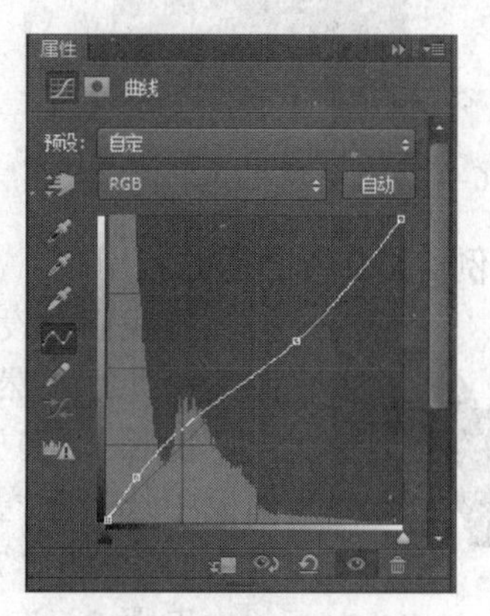

图 6-7-5　“曲线”调整面板

步骤 5：现在感觉晚霞的暖调不够强烈，想专门强调夕阳光线的暖调子。打开“通道”面板，选择红色通道，因为夕阳的暖调子主要体现在红色中。在“通道”面板的底部单击“将通道作为选区载入”按钮，即可看到蚂蚁线，如图 6-7-6 所示。

图 6-7-6　将通道作为选区载入

步骤 6：在“通道”面板上选择 RGB 复合通道，回到“图层”面板，在“图层”面板的底部单击“创建新的填充或调整图层”按钮，然后在弹出的下拉列表中选择“色相/饱和度”命令，建立一个新的色相/饱和度调整图层，如图 6-7-7 所示。

步骤 7：在弹出的“色相/饱和度”调整面板中，先将全图的饱和度参数适当提高，再将色相滑块稍向左移动一点，如图 6-7-8 所示，让黄色略微偏红一点，夕阳暖色的效果就出来了。

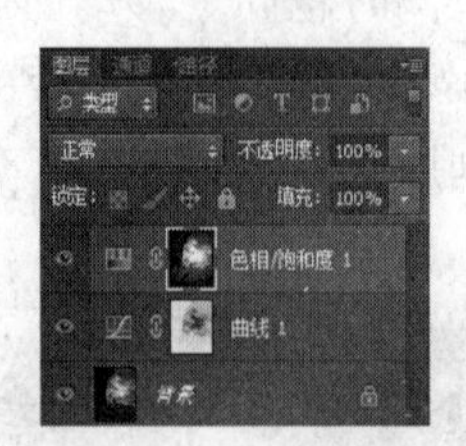

图 6-7-7　新建色相/饱和度调整图层

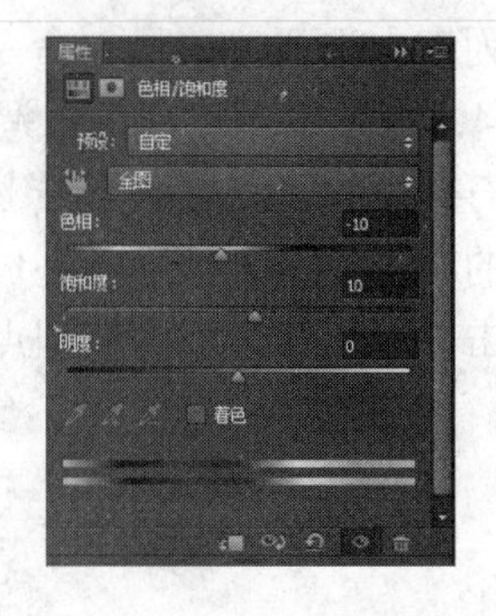

图 6-7-8　“色相/饱和度”调整面板

【案例 2】专色通道的应用。

图 6-7-9　选中羊头

当我们想设计一款烫金印刷的红包时，可以先把红包的外形和图案设计好，然后在专色通道中指定印刷使用的颜料。

步骤 1：打开素材包中已设计好的图片“红包.jpg”，在“通道”面板中选择蓝通道，使用“魔棒工具”选中需要特殊印刷的部分（如羊头），如图 6-7-9 所示。

步骤 2：在“通道”面板中，按住 Ctrl 键的同时单击“通道”面板底部的“创建新通道”按钮，在弹出的“新建专色通道”对话框的“名称”文本框中，输入名称“羊头颜色”，如图 6-7-10 所示，单击颜色框，在弹出的“选择专色”对话框中选择自己喜欢的颜色，然后依次单击“确定”按钮，结果如图 6-7-11 所示。

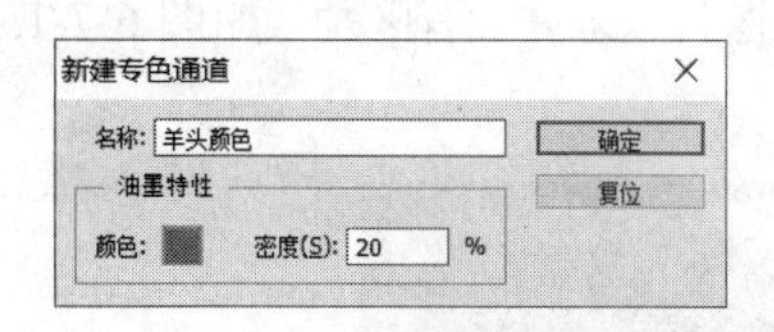

图 6-7-10　“新建专色通道”对话框

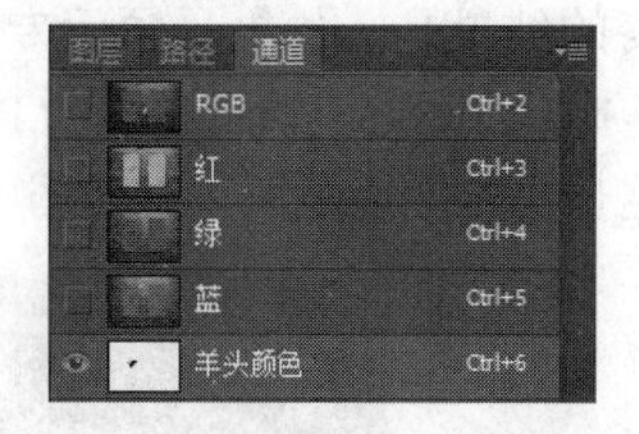

图 6-7-11　创建羊头颜色通道

步骤 3：可以继续给其他部分添加专色，如红包下方的花纹。这时候需要先隐藏其他通道，只显示蓝通道。

步骤 4：重复步骤 2，给花纹设置另外一种专色，如图 6-7-12 所示，设置完后的效果如图 6-7-13 所示。

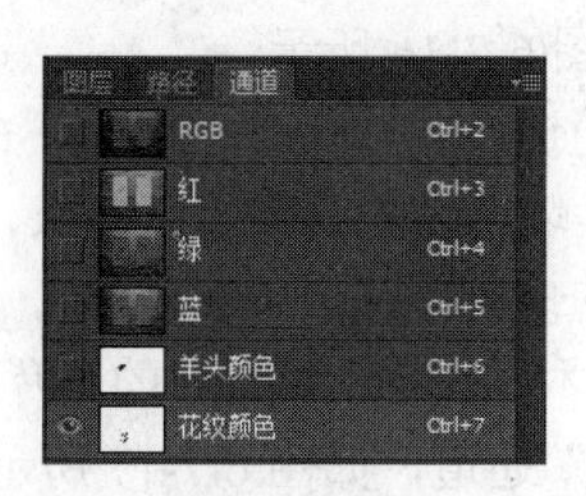

图 6-7-12　创建花纹颜色通道

图 6-7-13　步骤 4 的效果图

步骤 5：可以在“通道”面板只显示蓝通道和花纹颜色通道，并使用“魔棒工具”在蓝通道的图像中把没有上色的部分选中，然后选择花纹颜色通道，按 Alt+Delete 组合键，把花纹剩下的部分添加到专色通道中，如图 6-7-14 所示。

图 6-7-14　将花纹中没有上色的部分添加到专色通道中

最终的结果是，如果只显示专色通道，则将看到羊头和花纹改变颜色后的效果，如图 6-7-15（a）所示；如果只显示 RGB 通道，则图像和原来并没有区别，如图 6-7-15（b）所示。这也是专色通道特别的地方。

（a）

（b）

图 6-7-15　只显示专色通道和只显示 RGB 通道的效果

【案例 3】给婚纱照换背景，结果如图 6-7-16 所示。

因为通道中存放的是灰度图像，当通道图像转化为选区时，白色区域代表被选中，黑色区域代表不被选中，而中间的灰色区域代表的是半透明效果，所以利用通道来选取婚纱照时，可以保留婚纱半透明、若隐若现的效果。

步骤 1：选择通道并复制生成通道副本。打开素材包中的图片“新娘.jpg”，打开“通道”面板。复制红通道，得到“红 副本”通道，如图 6-7-17 所示。

图 6-7-16　婚纱照换背景的效果图

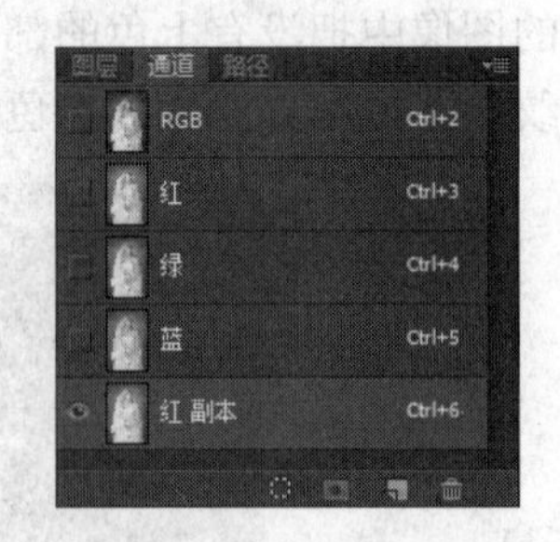

图 6-7-17　复制红通道

步骤 2：调整通道副本。

1）选择“红 副本”通道，通过调低亮度（或调整色阶），将背景变黑，如图 6-7-18 所示。

2）选择“红 副本”通道，使用“套索工具”“魔棒工具”等将人物的背景填充为全黑色，如图6-7-19所示。

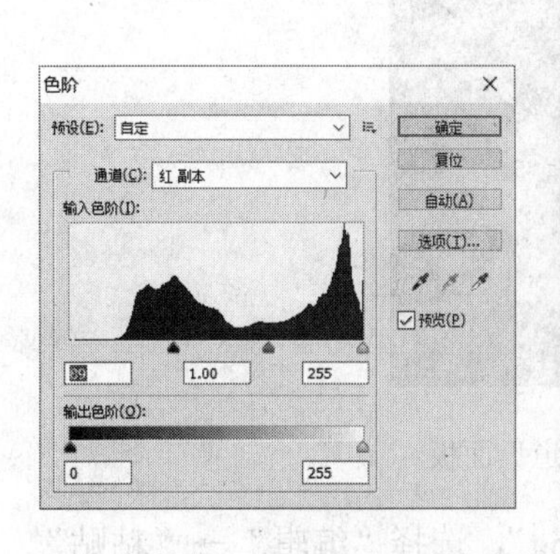

图6-7-18　“色阶”对话框及效果图

图6-7-19　将背景填充为全黑色的效果

步骤3：通道的选区操作。

1）回到“图层”面板，在原图背景中，把人的轮廓选出来（包括隐藏在婚纱下边的轮廓）。然后选择“选择”→“存储选区”命令，在弹出的“存储选区”对话框中设置存储选区名称为“选区1”，如图6-7-20所示，然后单击“确定”按钮。

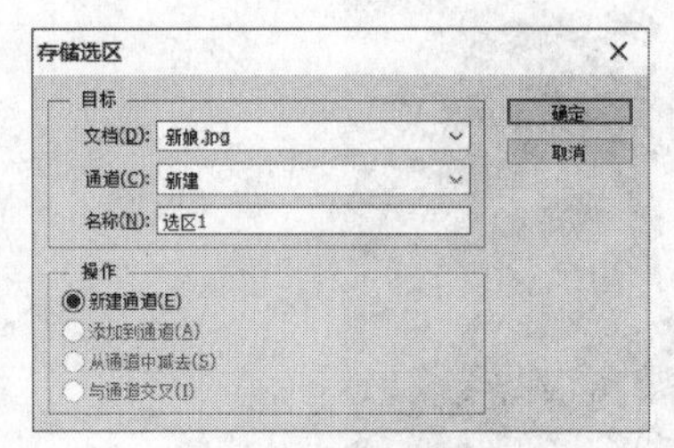

图6-7-20　选区效果图及“存储选区”对话框

2）在“通道”面板中，选择“红 副本”通道，然后选择“选择”→“载入选区”命令，在弹出的“载入”对话框中，载入“选区1”，并将选区填充为白色，如图6-7-21所示。

3）选择RGB通道，然后回到“图层”面板，选择背景图层。选择“选择”→“载入选区”命令，在弹出的“载入”对话框中载入“红 副本”，得到选区。然后选择“编辑”→“拷贝”命令。

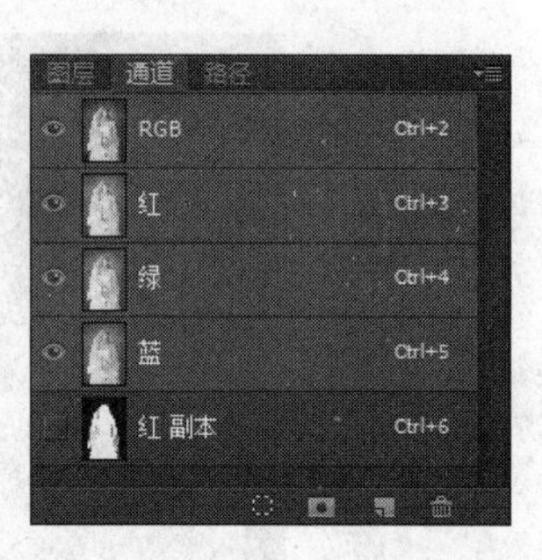

图 6-7-21　选区填充白色效果图和“通道”面板

步骤 4：合成图像。打开素材包中的图片“花朵墙.jpg”，选择“编辑”→“粘贴”命令，将人物复制到花朵墙，得到完成图，如图 6-7-16 所示。人物的婚纱是半透明的，人物是不透明的。

【案例 4】选取有毛发的人像或动物，更换背景，结果如图 6-7-22 所示。

通道很适合用来抠取毛发，因为通道能够提供细节丰富的灰度图像供用户使用。通道可存储图像中每个原色的颜色的亮暗信息，通道是可以转换为选区的。

步骤 1：打开素材包中的图片“美女.jpg”，打开“通道”面板。找到对比度最大的蓝通道，并将其复制为一个 Alpha 通道，命名为“毛发”，如图 6-7-23 所示。

图 6-7-22　给人像换背景效果图

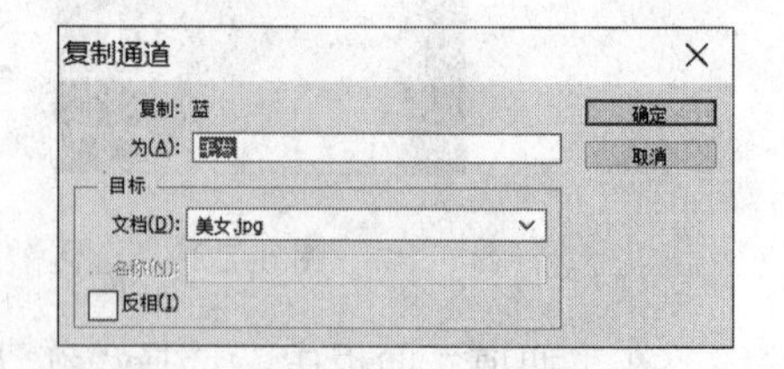

图 6-7-23　“复制通道”对话框

步骤 2：只显示毛发通道。使用“套索工具”粗略地把人像内部选中并填充黑色，如图 6-7-24 所示。

图 6-7-24 选中人像内部并填充黑色

步骤 3：使用“画笔工具”，笔尖选择硬边圆，前景色设置为黑色，在人像的边缘涂抹，把没有涂黑的地方变黑（头发的边缘不要涂抹），如图 6-7-25 所示。

步骤 4：使用色阶工具编辑 Alpha 通道，让背景变成纯白色，人像变成纯黑色。参数可按图 6-7-26 进行设置。

图 6-7-25 涂抹头发

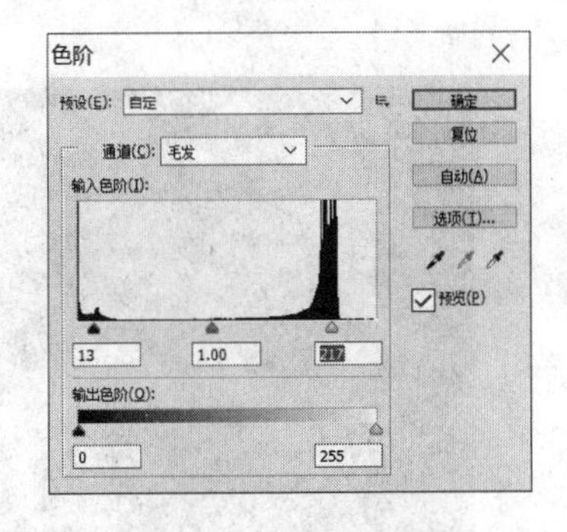

图 6-7-26 色阶参数

步骤 5：使用加深和减淡工具编辑 Alpha 通道。使用加深工具时，范围设置为“阴影”，反复涂抹毛发边缘的黑色区域。使用减淡工具时，范围设置为“高光”，涂抹背景中还没有变成纯白的区域。

步骤 6：将“毛发”Alpha 通道载入选区，反选得到人像选区，显示 RGB 通道，并为其添加蒙版（基于选区创建蒙版，选中的区域是可见的区域），如图 6-7-27 所示。

步骤 7：插入背景底图，自由变换底图大小，得到完成图，如图 6-7-28 所示。

图 6-7-27　添加蒙版

图 6-7-28　插入背景底图

【案例 5】通道磨皮。

高质量的修图是在保持人像皮肤细节的前提下，使人像的皮肤变得更自然、更完美。下面，我们来看一下，如何利用通道“计算”命令，对人物进行祛斑和磨皮，如图 6-7-29 所示。

图 6-7-29　通道磨皮原图及效果图

步骤 1：打开素材包中的图片“雀斑女孩.jpg”，利用修复工具把女孩脸上比较明显的痘印、黑痣去除，如图 6-7-30 所示。

步骤 2：进入“通道”面板，选择对比度比较高的通道，这里选择蓝通道，复制蓝通道，如图 6-7-31 所示。

图 6-7-30 去除较明显的痘印、黑痣

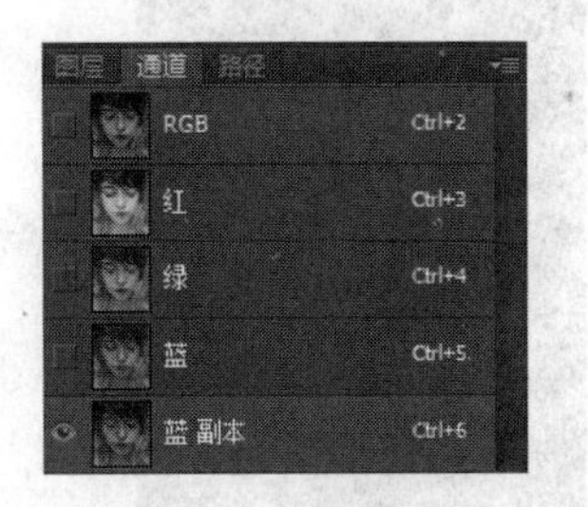

图 6-7-31 复制蓝通道

步骤 3：单击通道前面的“指示通道可见性”（眼睛）图标，隐藏其他通道。显示并选择“蓝 副本”通道，选择“滤镜”→“其他”→“高反差保留”命令，在弹出的“高反差保留”对话框中设置半径为 10（参考值），如图 6-7-32 所示，然后单击“确定”按钮。

步骤 4：选择“图像”→“计算”命令，在弹出的“计算”对话框中设置混合模式为强光，如图 6-7-33 所示，单击“确定”按钮会得到 Alpha 1 通道。

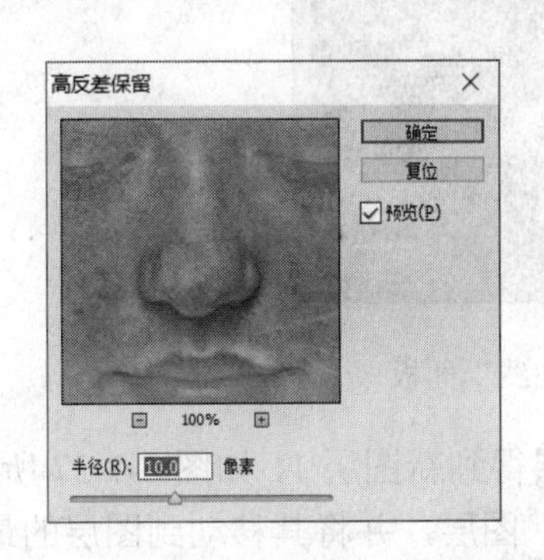

图 6-7-32 步骤 3 的高反差保留参数

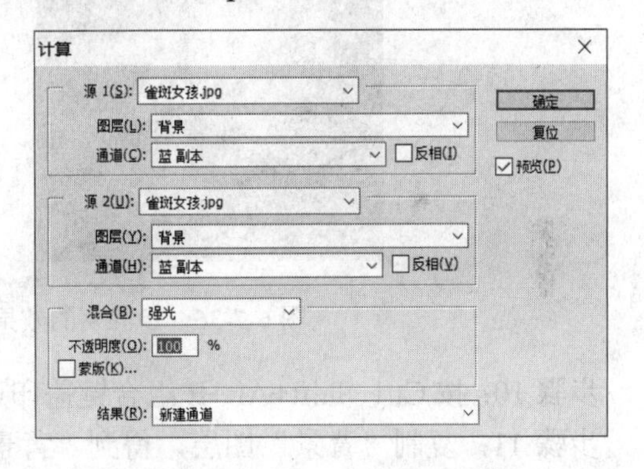

图 6-7-33 “计算”对话框

步骤 5：选择 Alpha 1 通道，选择“图像”→“计算”命令，在弹出的“计算”对话框中将混合模式设为强光，源 1 和源 2 的通道为 Alpha 1，单击“确定”按钮，会得到 Alpha 2 通道。

步骤 6：选择 Alpha 2 通道，选择“图像”→“计算”命令，在弹出的“计算”对话框中将混合模式设为强光，源 1 和源 2 的通道为 Alpha 2，单击“确定”按钮，会得到 Alpha 3 通道，如图 6-7-34 所示。

步骤 7：按住 Ctrl 键的同时单击 Alpha 3，载入通道选区。选择“选择”→“反向”命令，反选选区。

步骤 8：选择 RGB 通道，回到“图层”面板，并创建“曲线”调整图层，如图 6-7-35 所示。

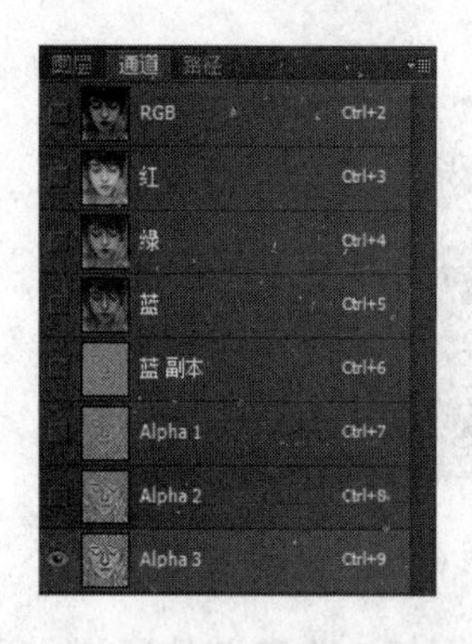

图 6-7-34　步骤 4～6 的“通道”面板

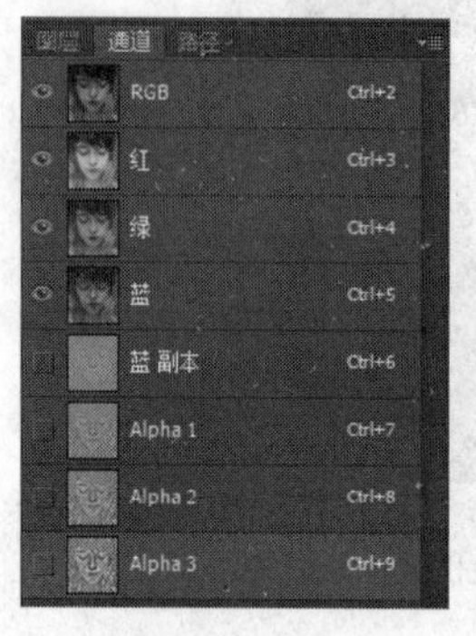

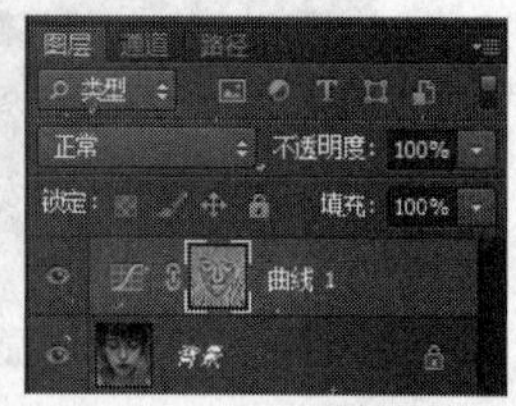

图 6-7-35　步骤 8 的“通道”面板及“图层”面板

步骤 9：在曲线中下点垂直向上拉半格（看效果，满意即可），如图 6-7-36 所示。

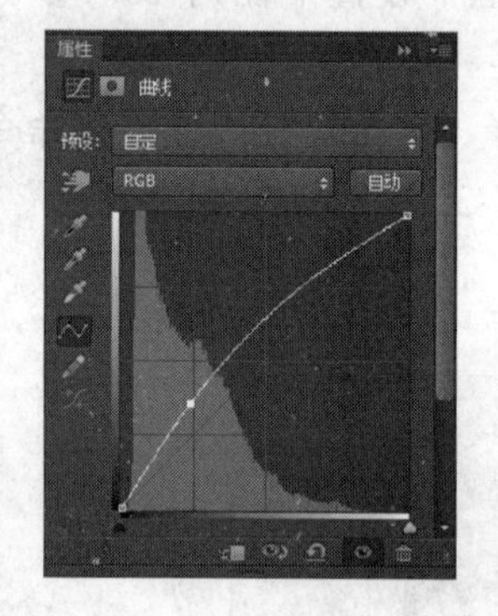

图 6-7-36　步骤 9 的效果图及“曲线”面板

步骤 10：按 Ctrl+Shift+Alt+E 组合键盖印可见图层得到新图层 1，如图 6-7-37 所示。

步骤 11：复制“背景”图层，得到“背景 副本”图层，并将其移动到图层的最上面，如图 6-7-38 所示。

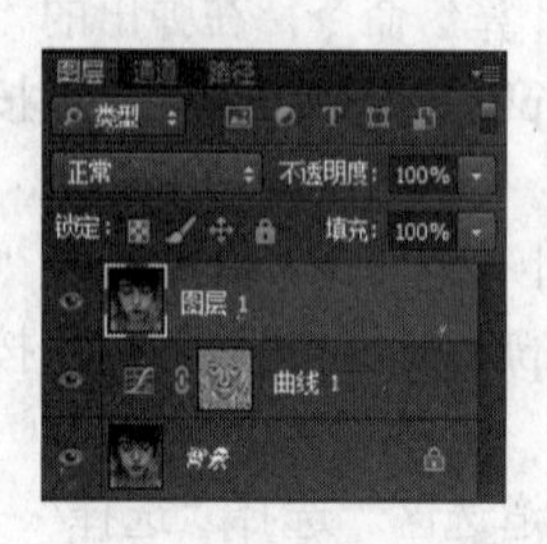

图 6-7-37　盖印图层得到新图层

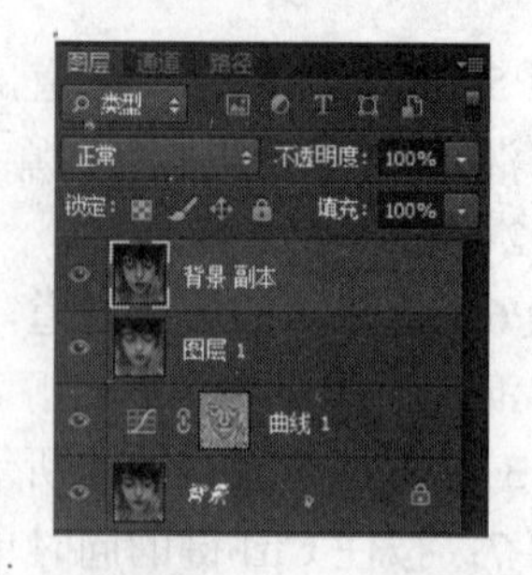

图 6-7-38　复制背景图层

步骤 12：选择“背景 副本”图层，选择“滤镜”→“模糊”→“表面模糊”命令，在弹出的“表面模糊”对话框中设置“半径”为 60、“阈值”为 25，如图 6-7-39 所示，单击“确定”按钮后，在“图层”面板中将其不透明度改为 50%即可。

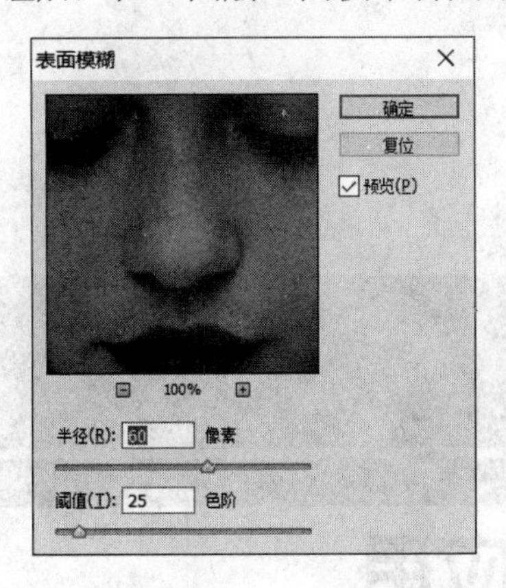

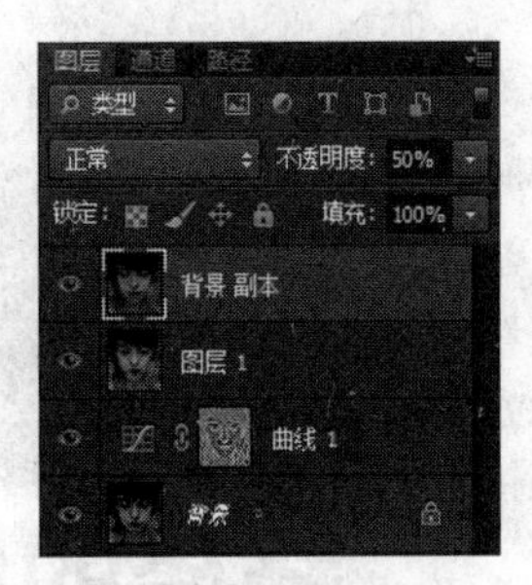

图 6-7-39 “表面模糊”对话框及“图层”面板

第 7 章 路径的应用

Photoshop 的路径工具可以用来绘制和编辑路径，创建各种形状的矢量图形。利用路径还可以实现复杂图像的选取，存储选取区域，绘制光滑线条，定义画笔等工具的绘制轨迹，以及路径和选区之间的转换等操作。本章将详细讲解 Photoshop 的路径工具和应用技巧。

7.1 绘图模式

在 Photoshop 中使用路径工具进行绘图前，必须先在属性栏中选择一种绘图模式，然后才能进行绘制。绘图模式包含“形状”、“路径”和“像素”3 种选项，如图 7-1-1 所示。

图 7-1-1　绘图模式

1. 形状

在属性栏中选择“形状”绘图模式，可以在单独的一个形状图层中创建形状图形，并在“路径”面板中创建形状路径，如图 7-1-2 所示。

2. 路径

在属性栏中选择“路径”绘图模式，将只在“路径”面板中创建工作路径，“图层”面板没有变化，如图 7-1-3 所示。

图 7-1-2　创建的形状及“路径”面板

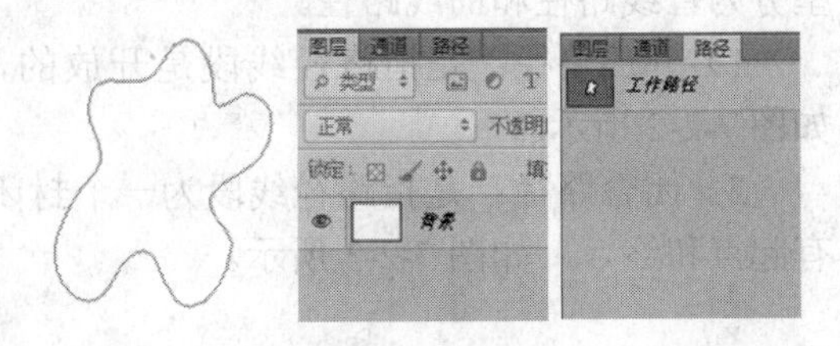

图 7-1-3　“图层”面板和“路径”面板

3. 像素

在属性栏中选择“像素”绘图模式，可以在当前图层中创建栅格化的图像，如图 7-1-4 所示。这种绘图模式创建的是位图图像，而不是矢量图像，因此在“路径”面板中不会出现路径。

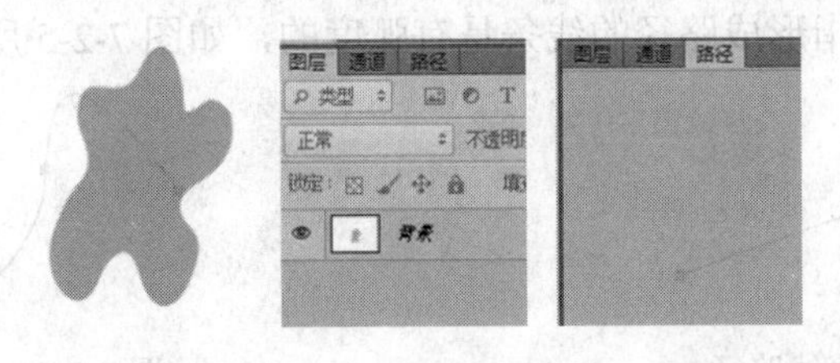

图 7-1-4　使用“像素”绘图模式创建的图形及相应面板

7.2 路径与锚点

路径是由贝赛尔曲线构成的一些闭合或开放的线段（包括直线和曲线）。它由锚点、线段及控制柄3部分组成，其中控制柄包括方向线和方向点，如图7-2-1所示。

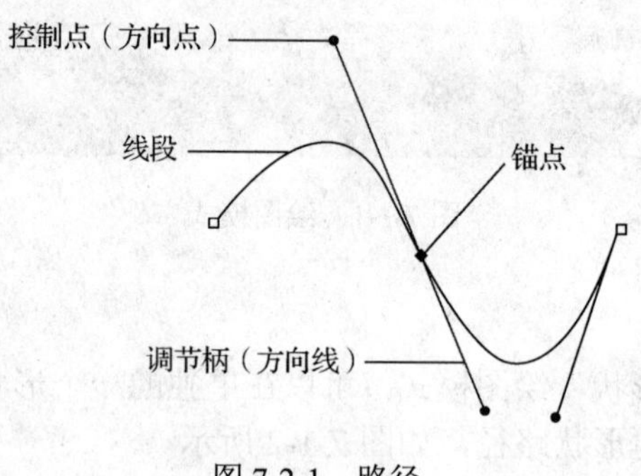

图7-2-1　路径

1．路径

路径可以根据起点与终点的情况，分为开放路径和闭合路径，也可以根据线条的类型分为直线路径和曲线路径。

1）开放路径：是指路径线段是开放的，既有起点又有终点，没有封闭的图形，如图7-2-2所示。

2）闭合路径：是指路径线段为一个封闭的图形，起点和终点完全重合，也就是没有起点和终点，如图7-2-3所示。

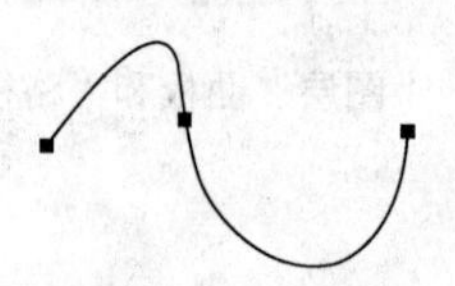

图7-2-2　开放路径

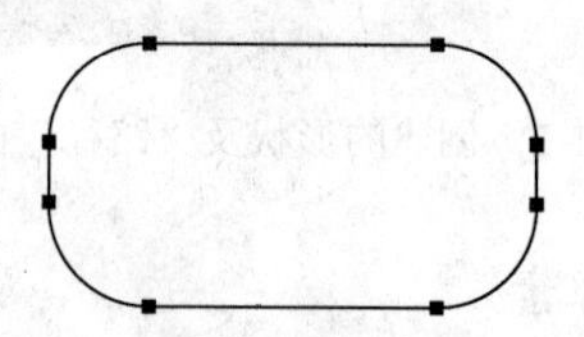

图7-2-3　闭合路径

3）直线路径：是指线条笔直，没有弧度的路径，可以是水平、垂直或斜线的路径，如图7-2-4所示。

4）曲线路径：是指形成路径的线条是有弧度的，如图7-2-5所示。

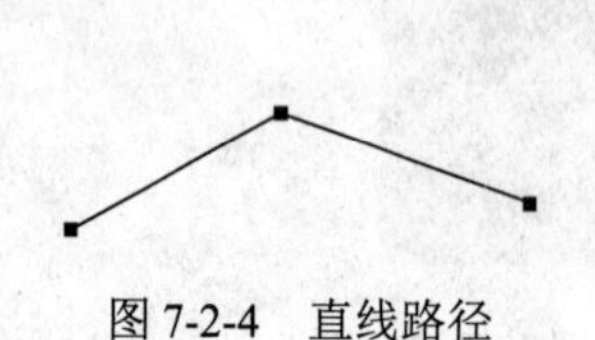

图7-2-4　直线路径

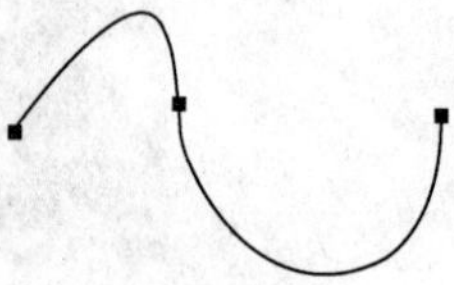

图7-2-5　曲线路径

2. 锚点

路径由一个或多个直线段或曲线段组成，锚点标记路径的端点，并连接路径。通过锚点可以对路径的形状、长度等进行调整。

锚点分为平滑点和角点。平滑点可以调整路径的弧度，形成平滑的曲线。在曲线段上，每个选中的锚点显示一条或两条方向线，方向线以方向点结束。方向线和方向点的位置决定曲线段的大小和形状，通过它们可以调整路径中曲线的形状。角点则用于连接直线或转角曲线。如图 7-2-6（a）所示为平滑点连接的平滑曲线，图 7-2-6（b）所示为角点连接的转角曲线，图 7-2-6（c）所示为角点连接的直线。

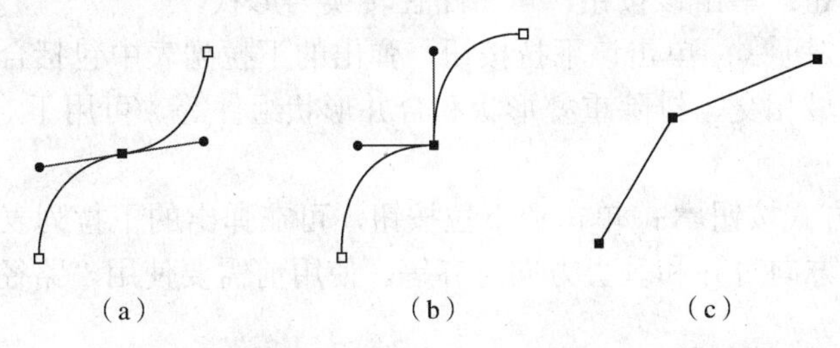

图 7-2-6　平滑点和角点

7.3 路径工具

Photoshop 中的路径工具分为 3 类，包括路径创建工具、路径编辑工具和路径选择工具。路径创建工具包括钢笔工具和自由钢笔工具。路径编辑工具包括添加锚点工具、删除锚点工具和转换点工具，如图 7-3-1 所示。路径选择工具包括路径选择工具和直接选择工具，如图 7-3-2 所示。

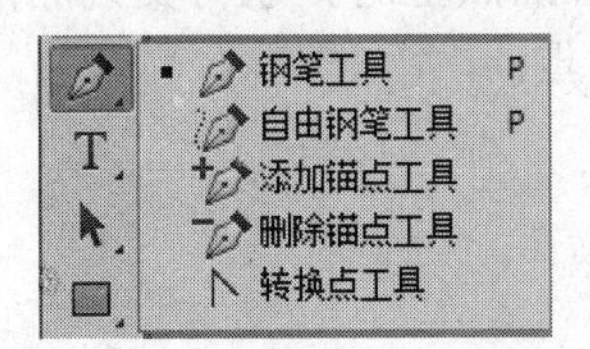

图 7-3-1　路径创建工具和路径编辑工具

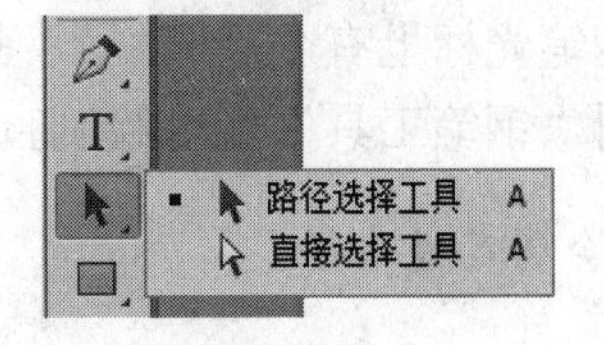

图 7-3-2　路径选择工具

7.3.1 钢笔工具

钢笔工具是 Photoshop 中最常用的绘图工具，可以用来绘制各种形状的矢量图形。选择工具箱中的“钢笔工具”后，其属性栏如图 7-3-3 所示。

图 7-3-3 “钢笔工具”的属性栏

“钢笔工具”属性栏中各选项的含义如下。

1）绘图模式下拉列表：“钢笔工具”的绘图模式只可以选择路径和形状。像素模式不能选择，显示为灰色。“钢笔工具”的绘图模式默认为路径。

2）“选区”按钮：单击该按钮，可将路径转换为选区。

3）“蒙版”按钮：单击该按钮，可将路径转换为蒙版。

4）“形状”按钮：单击该按钮，可将路径转换为形状。

5）路径操作按钮：单击该下拉按钮，弹出的下拉列表中包括合并形状、减去顶层形状、与形状区域相交、排除重叠形状和合并形状组件等，可用于对路径进行操作，得到新的路径。

6）路径对齐方式按钮：单击该下拉按钮，可在弹出的下拉列表中选择路径的对齐方式，包括水平方向对齐和垂直方向对齐等。使用前需要使用“路径选择工具”选择要对齐的多条路径。

7）路径排列方式按钮：单击该下拉按钮，可在弹出的下拉列表中选择路径的排列方式，包括将置于顶层和前移一层等。使用前需要使用“路径选择工具”选择要排列的多条路径。

8）“设置”按钮：单击该下拉按钮，会弹出“橡皮带”复选框。如果选中“橡皮带”复选框，可以在创建路径的过程中自动产生连接线段，而不是等到单击创建锚点后才在两个锚点之间创建线段。

9）“自动添加/删除”复选框：选中该复选框后，使用“钢笔工具”绘制时，当将鼠标指针移动到路径上时，其会变为添加锚点的状态，钢笔光标上有个“+”号，此时单击可在当前路径添加一个锚点。当鼠标指针移动到一个锚点上时，它将变为删除锚点的状态，钢笔光标上有个“-”号，此时单击可删除该锚点。

使用“钢笔工具”可以绘制直线路径和曲线路径。

1. 绘制直线路径

选择工具箱中的“钢笔工具”，在图像中的任意位置单击，将创建第 1 个锚点；将鼠标指针移动到其他位置单击，则创建第 2 个锚点，两个锚点之间自动以直线连接；再将鼠标指针移动到其他位置单击，则创建第 3 个锚点，第 2 个锚点和第 3 个锚点之间生成一条新的直线路径。按顺序单击创建各个锚点，最后按键盘上的 Esc 键取消绘制状态，绘制出直线路径，如图 7-3-4 所示。

在图 7-3-4 的绘制过程中，如果绘制完第 3 个锚点后，再将鼠标指针移动到锚点 1 单击，结束绘制状态，将绘制出闭合的直线路径，如图 7-3-5 所示。

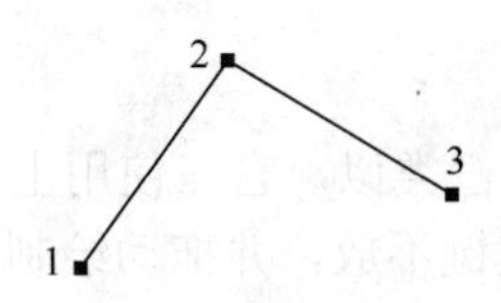

图 7-3-4　直线路径

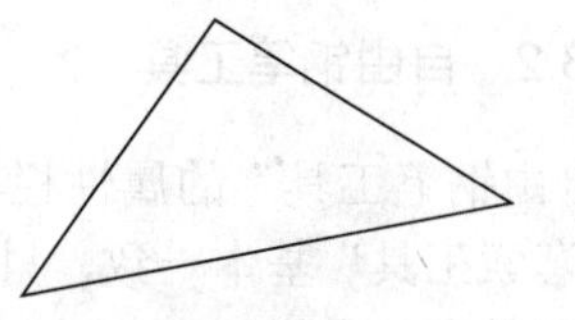

图 7-3-5　闭合的直线路径

在直线的绘制过程中，按住 Shift 键不放，可沿水平、垂直或 45° 的倍数方向绘制直线。

2. 绘制曲线路径

选择工具箱中的“钢笔工具”，在图像中路径的第 1 个锚点处单击，并按住鼠标左键拖动，将创建一个带有方向线的锚点。此时创建的锚点是一个平滑点，连接的线段是曲线。释放鼠标左键后将鼠标指针移到另一位置后单击并拖动，创建路径的第 2 个平滑锚点，释放鼠标左键，在起点与终点间即可创建一条曲线路径。按键盘上的 Esc 键结束绘制，结果如图 7-3-6 所示。

在图 7-3-6 的绘制过程中，如果绘制完第 2 个锚点后，再将鼠标指针移动到锚点 1，按住鼠标左键并拖动，将绘制出闭合的曲线路径，如图 7-3-7 所示。

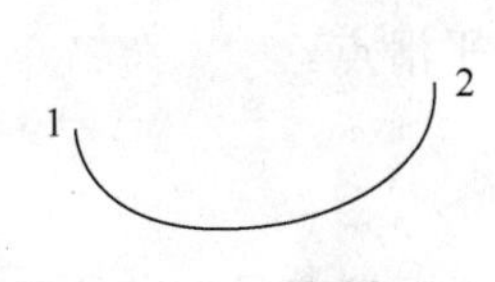

图 7-3-6　曲线路径

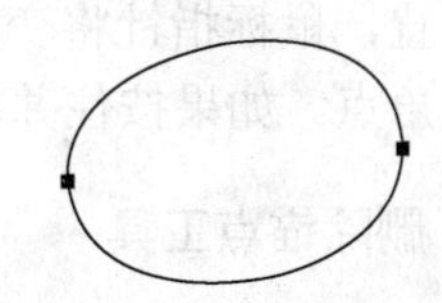

图 7-3-7　闭合的曲线路径

调整锚点的方向线可以调整曲线段的形状。默认情况下，锚点的方向线两边长度一致，且在同一水平线上，如图 7-3-8 所示。按住 Alt 键可以单独调整一边的手柄方向和长度，锚点两边的方向线互不影响，如图 7-3-9 所示。按住 Ctrl 键可以伸长或缩短一边的手柄长度，方向线保持在同一水平线上，如图 7-3-10 所示。按住 Shift 键可以伸长或缩短一边的手柄长度，方向线保持在同一水平线上，不过只能以 45° 的倍数改变方向线，如图 7-3-11 所示。

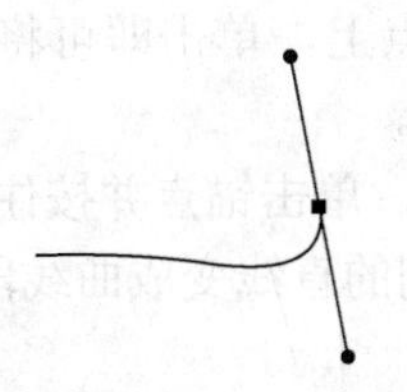

图 7-3-8　方向线 1

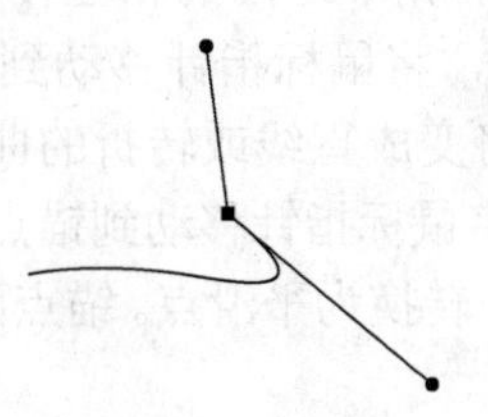

图 7-3-9　方向线 2

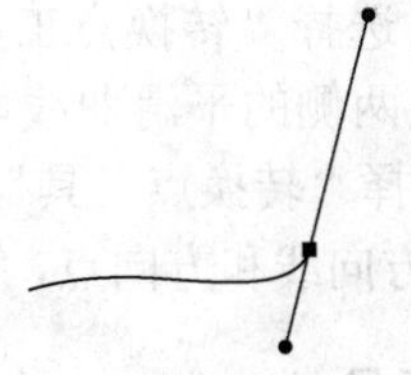

图 7-3-10　方向线 3

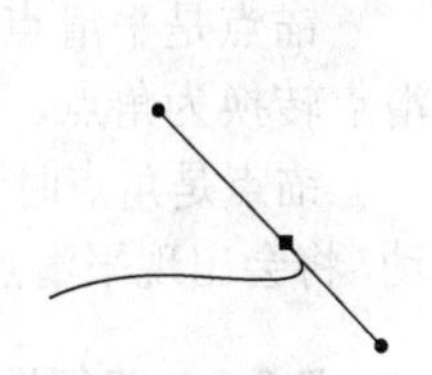

图 7-3-11　方向线 4

7.3.2 自由钢笔工具

“自由钢笔工具”的属性栏与“钢笔工具”的属性栏类似，它在使用上与选区工具中的“套索工具”基本一致，只需在图像中按住鼠标左键不放，并拖动绘制出所需的形状后，释放鼠标左键即可创建所需要的路径，如图 7-3-12 所示。

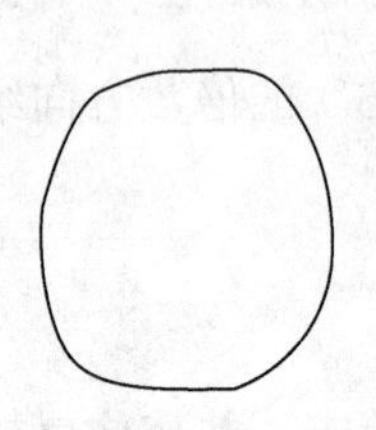

图 7-3-12 利用“自由铅笔工具”创建路径

在“自由钢笔工具”属性栏中，有一个“磁性的”复选框☑磁性的。默认状态下，该复选框没有被选中。此时“自由钢笔工具”与“套索工具”类似，可以直接在图像中绘制随意的路径。当选中该复选框后，“自由钢笔工具”就变成了磁性钢笔工具，使用上与“磁性套索工具”类似。使用磁性钢笔工具，可以直接根据物体表面的轮廓，自动依附到物体边缘，创建出包含已有形状的轮廓，同时还可在属性栏中单击“设置”按钮，在弹出的下拉列表中，对于生成路径的曲线拟合、宽度、对比和频率等进行自定义设置。

7.3.3 添加锚点工具

“添加锚点工具”用于在路径上添加新的锚点。“钢笔工具”也具有添加锚点的功能。

选择工具箱中的“钢笔工具”或“添加锚点工具”后，将鼠标指针移动到路径上没有锚点的位置，鼠标指针将变成添加锚点的状态，钢笔光标上有个“+”号，此时单击可添加一个角点。如果按住并拖动鼠标，则可增加一个平滑点。

7.3.4 删除锚点工具

“删除锚点工具”用于删除路径上已经存在的锚点。“钢笔工具”也具有删除锚点的功能。

选择工具箱中的“钢笔工具”或“删除锚点工具”，将鼠标指针移动到要删除的锚点处，鼠标指针将变成删除锚点的状态，钢笔光标上有个“-”号，此时单击即可删除该锚点。

7.3.5 转换点工具

“转换点工具”用于实现锚点在平滑点和角点之间的相互转换。

锚点是平滑点时，选择“转换点工具”，将鼠标指针移动到锚点上，单击即可将平滑点转换为角点。锚点两侧的平滑曲线段将变成直线或转折的曲线。

锚点是角点时，选择“转换点工具”，将鼠标指针移动到锚点上，单击锚点并按住拖动，将会出现平滑点的方向线和方向点，角点转换为平滑点。锚点两侧的直线变成曲线段。

7.3.6 路径选择工具

利用路径选择工具可以选择路径并进行编辑操作。路径选择工具包括路径选择工具和直接选择工具两种。

使用“路径选择工具”可以选择整条路径。选择工具箱中的“路径选择工具”，将鼠标指针移动到路径中的某一位置单击，即可选中该路径。

也可以使用“路径选择工具”选择多个路径，方法是在图像区域画一个定界框，定界框内的多个路径将被选中。可以对选中的路径进行移动、组合和对齐等操作。

7.3.7 直接选择工具

直接选择工具可以选中路径中的锚点，通过移动路径中的锚点，调整手柄和控制点的方向和位置，使路径形状得以改变。

使用“直接选择工具”单击路径，路径上的锚点将变成空心状态，可以单击锚点，并进行移动操作。对于平滑点，单击某个锚点后，将出现方向线，调整方向线将改变该处路径的形状。

7.4 路径面板

7.4.1 认识路径面板

“路径”面板用于保存和管理路径。“路径”面板中列出的路径包括永久路径、工作路径和矢量蒙版。选择“窗口”→“路径”命令，打开“路径”面板，如图 7-4-1 所示。单击“路径”面板右上角的按钮，可以打开“路径”面板控制菜单，如图 7-4-2 所示。

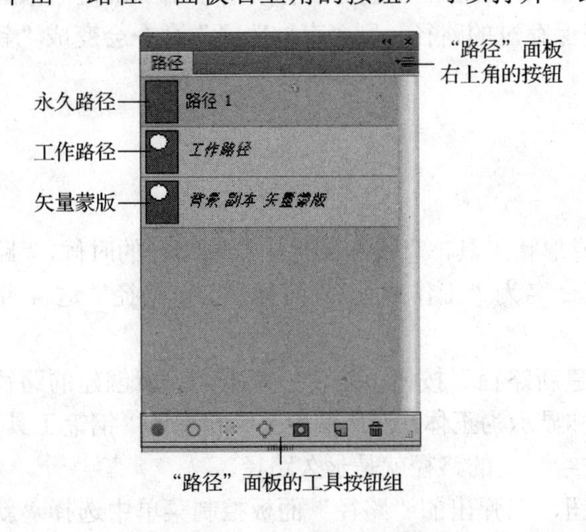

图 7-4-1 “路径”面板

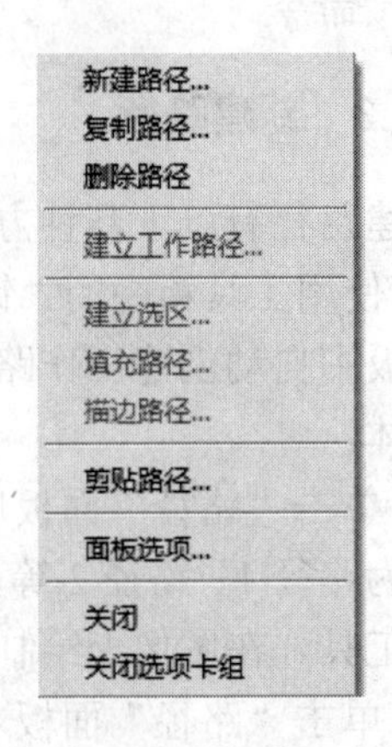

图 7-4-2 “路径”面板控制菜单

在“路径”面板的下方有一组工具按钮，单击相应的按钮可以实现路径的填充、描边、与选区互换、添加蒙版、新建和删除等。各按钮的功能说明如下。

1）“用前景色填充路径”按钮：用前景色填充路径内部。

2）“用画笔描边路径”按钮：用画笔对路径边缘进行描边。

3）“将路径作为选区载入”按钮：将当前路径转换为选区。

4）“从选区生成工作路径”按钮：从当前的选区中生成工作路径。

5）“添加图层蒙版”按钮：从当前路径创建图层蒙版。

6）“创建新路径”按钮：可以创建新的路径。

7）“删除当前路径”按钮：可以删除当前选择的路径。

7.4.2 永久路径与工作路径

Photoshop 中的路径分为两类，即工作路径和永久路径。没有单击“路径”面板中的“创建新路径”按钮就直接绘制的路径为工作路径，也称临时路径，路径名是斜体，如图 7-4-1 所示。工作路径在非选择的状态下会被替代，也就是会丢失。

永久路径会被保存下来，路径名为正体，如图 7-4-1 所示。可以将工作路径保存为永久路径，将工作路径保存为永久路径的方法有以下两种。

1）直接双击工作路径，弹出“存储路径”对话框，单击“确定”按钮完成存储后，工作路径会成为永久路径。

2）单击“路径”面板右上角的按钮，弹出“路径”面板控制菜单。在菜单中选择“存储路径”命令，在弹出的“存储路径”对话框中设置好名称后，单击“确定”按钮即可。如果选择的不是工作路径，而是保存过的路径，则“存储路径”命令会变成“新建路径”命令。

7.4.3 新建路径

新建路径有以下几种方法。

1）使用工具箱中的“钢笔工具”或形状工具，直接在图像中绘制路径的时候，“路径”面板中自动创建工作路径，并将其命名为“工作路径”，而且“工作路径”这 4 个字是斜体。

2）单击“路径”面板底部的“创建新路径”按钮，新建一个路径。所创建的路径名默认为路径 1、路径 2 等，路径的名称显示为正体。然后使用工具箱中的“钢笔工具”或形状工具，在图像上绘制路径，此时绘制出的路径就是永久路径。

3）单击“路径”面板右上角的按钮，在弹出的“路径”面板控制菜单中选择“新建路径”命令，弹出“新建路径”对话框，如图 7-4-3 所示。单击“确定”按钮，也会在“路径”面板中新建一个路径。

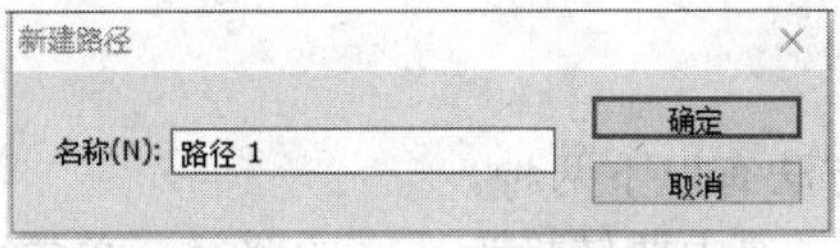

图 7-4-3 “新建路径”对话框

7.4.4 复制路径

复制路径有以下几种方法。

1）选择要复制的路径，使用工具箱中的“路径选择工具”，在图像窗口中按住 Alt 键拖动路径，将复制出一条新路径。

2）选择要复制的路径，在“路径”面板中，将需要复制的路径拖放到底部的“创建新路径”按钮上，就可以将所选的路径复制为一个新路径。

3）选择要复制的路径，在“路径”面板中单击右上角的按钮，在弹出的“路径”面板控制菜单中选择“复制路径”命令，在弹出的“复制路径”对话框中设置好复制路径的名称后，单击“确定”按钮，将复制出一条新路径。

7.4.5 删除路径

删除路径有以下几种方法。

1）使用工具箱中的“路径选择工具”，在图像窗口中选择要删除的路径，按 Delete 键即可删除路径。

2）在“路径”面板中，单击右上角的按钮，在弹出的“路径”面板控制菜单中选择“删除路径”命令即可删除路径。

3）在“路径”面板中，将需要删除的路径拖到底部的“删除当前路径”按钮上，就可以将所选的路径删除。

4）在“路径”面板中，选择要删除的路径，单击面板底部的“删除当前路径”按钮，将弹出删除确认对话框，如图 7-4-4 所示。单击“是”按钮，即可删除路径。

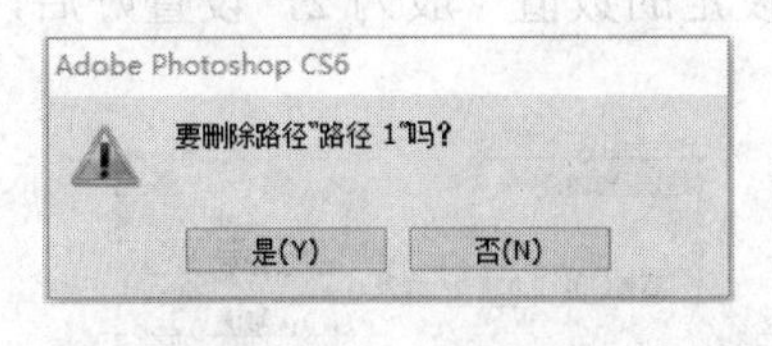

图 7-4-4 删除路径

7.4.6 路径与选区

路径与选区可以相互转换。路径和选区的相互转换可通过如下方法实现。

1．将路径转换为选区

将路径转换为选区的方法有以下两种。

1）在“路径”面板中，选中要转换为选区的路径，单击面板底部的“将路径作为选区载入”按钮，在图像窗口将得到一个选区。路径也仍然保留在“路径”面板中。

2）在“路径”面板中，单击右上角的按钮，在弹出的“路径”面板控制菜单中选择“建立选区”命令，弹出“建立选区”对话框，如图 7-4-5 所示。设置好后，单击“确定”按钮，在图像窗口将得到一个选区。路径仍然保留在“路径”面板中。

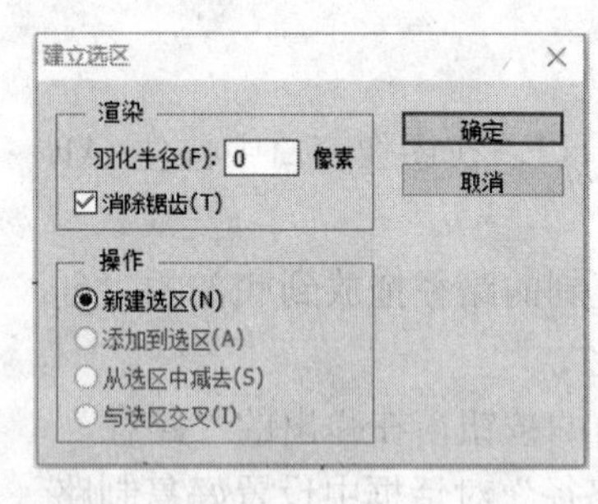

图 7-4-5 “建立选区”对话框

“建立选区”对话框中各选项的含义如下。

① “羽化半径”选项：用于设定羽化边缘的数值。

② “消除锯齿”复选框：用于消除边缘的锯齿。

③ “新建选区”单选按钮：用于由路径创建一个新的选区。

④ “添加到选区”单选按钮：用于将由路径创建的选区添加到当前选区中。

⑤ “从选区中减去”单选按钮：用于从一个已有的选区中减去当前路径创建的选区。

⑥ “与选区交叉”单选按钮：用于在路径中保留路径与选区重复的部分。

2．将选区转换为路径

将选区转换为路径的方法有以下两种。

1）在“路径”面板中，单击面板底部的“从选区生成工作路径”按钮，将创建出一条工作路径。

2）在“路径”面板中，单击右上角的按钮，在弹出的“路径”面板控制菜单中选择“建立工作路径”命令，弹出如图 7-4-6 所示的“建立工作路径”对话框。对话框中的容差影响生成路径的锚点数，范围是 0.5～10.0。为了便于编辑生成的路径，容差不易设置得过大或过小，在此处设定的数值一般为 2，设置好后，单击“确定”按钮，将创建出一条工作路径。

图 7-4-6 “建立工作路径”对话框

7.4.7 填充和描边路径

路径只有在经过填充或描边处理后，才会成为图像。填充和描边路径主要是通过“路径”面板底部的“用前景色填充路径”按钮、“用画笔描边路径”按钮，以及“路径”面板控制菜单中的“填充路径”命令和“描边路径”命令来实现的。

1. 填充路径

“路径”面板底部的“用前景色填充路径”按钮，用于将当前的路径内部完全填充为前景色。如果用户只选中了一条路径的局部或选中了一条未闭合的路径，则填充的区域是将路径的首尾以直线段连接后所确定的闭合区域。如图 7-4-7 所示为一条未闭合的路径，图 7-4-8 所示为前景色为绿色时，单击“用前景色填充路径”按钮的结果。

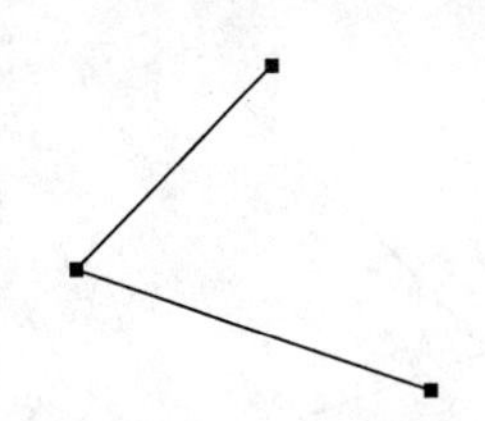
图 7-4-7　未闭合的路径

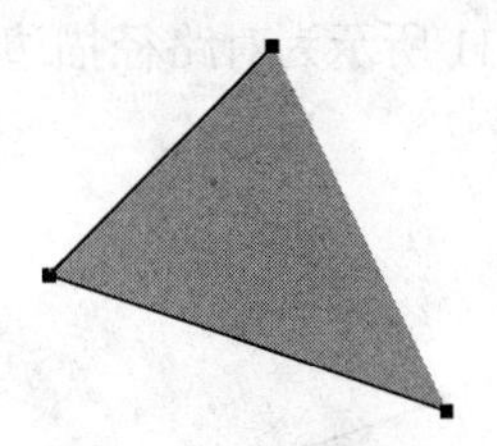
图 7-4-8　填充路径

在“路径”面板中，单击右上角的按钮，在弹出的“路径”面板控制菜单中选择“填充路径”命令，弹出如图 7-4-9 所示的“填充路径”对话框。对话框用于使用指定的颜色、图案等内容来填充路径。在“图层”面板中，也可以在按住 Alt 键的同时，单击“用前景色填充路径”按钮，也会弹出该对话框。

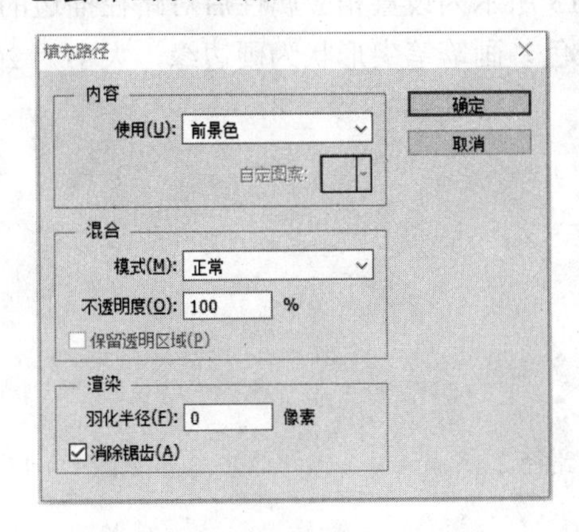

图 7-4-9　“填充路径”对话框

1）对话框中的“内容”选项组用于确定具体所使用的填充色或填充类型，包括前景色、背景色、图案、黑色、中灰色和白色等。默认情况下使用的是前景色。

2）在“混合”选项组中，“模式”选项用于设置混合模式，“不透明度”选项用于设置填充色的不透明度，“保留透明区域”选项用在非背景图层的图层中，用于保护图层中的透明区域。

3)“渲染”选项组中有两个选项，主要是为了防止填充区域边缘出现锯齿效果。其中，“羽化半径”选项决定羽化范围，单位为像素；“消除锯齿”选项则确定是否使用光滑设置。

2. 描边路径

“路径”面板底部的“用画笔描边路径”按钮，用于使用前景色沿路径的外轮廓进行边界勾勒，在图像中留下路径的外观，得到的是位图图像。如图 7-4-10 所示为原始路径，图 7-4-11 所示为对路径描边后的效果。

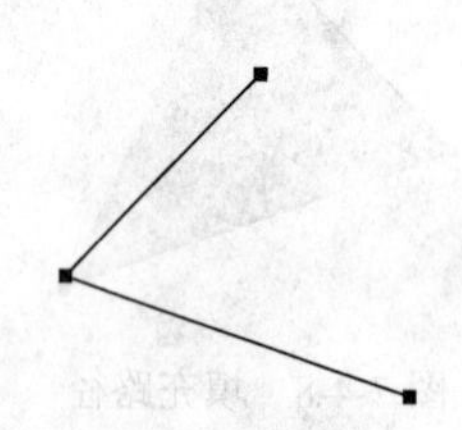

图 7-4-10　原始路径 1

图 7-4-11　路径描边 1

描边路径实际上是使用“画笔工具”沿着路径以一定的步长进行移动所导致的效果。所以在进行描边前，可以先对“画笔工具”进行设置，以得到需要的描边效果。如图 7-4-12 所示为原始路径，图 7-4-13 所示为设置相应属性后对路径描边的效果。当前效果的属性设置内容为：前景色为绿色，画笔笔尖形状为硬边缘，大小为 20 像素，间距为 100%。

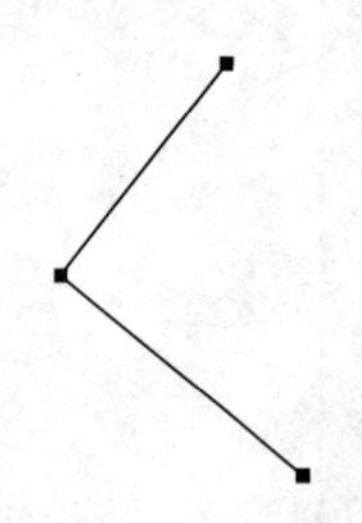

图 7-4-12　原始路径 2

图 7-4-13　路径描边 2

7.5 形状工具

Photoshop 中的形状工具一般用于绘制具有一定规格的图形，通过路径编辑可以创建出各种类型的矢量形状。这些工具包括矩形工具、圆角矩形工具、椭圆工具、多边形工具、直线工具及自定形状工具，如图 7-5-1 所示。各种工具的使用方法基本相同。

图 7-5-1　形状工具

使用形状工具绘制图形的方法与选框工具类似，不过形状工具能通过调整路径的锚点来随意改变形状，而且放大、缩小等操作都不会有损失，这是各种选框工具所不具备的。

形状工具组中的各种形状工具，既可以绘制形状图层，也可以绘制路径。绘制路径时需要选择绘图模式为“路径”，其属性栏与“钢笔工具”的属性栏一致，如图 7-5-2 所示。绘制形状时需要选择绘图模式为“形状”，属性栏如图 7-5-3 所示。

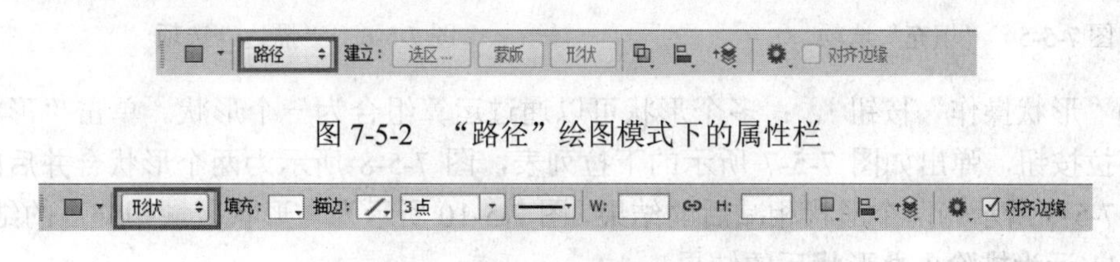

图 7-5-2　“路径”绘图模式下的属性栏

图 7-5-3　“形状”绘图模式下的属性栏

7.5.1　矩形工具

使用“矩形工具”可以绘制出正方形和矩形，其使用方法与“矩形选框工具”类似。在绘制时，按住 Shift 键可以绘制出正方形，按住 Alt 键可以以鼠标单击点为中心绘制矩形，按住 Shift+Alt 组合键可以以鼠标单击点为中心绘制正方形。

在绘制前，需要在属性栏中设置相关属性，然后进行绘制。“矩形工具”的属性栏如图 7-5-4 所示。

图 7-5-4　“矩形工具”的属性栏

1）填充：设置形状的填充内容，可以选择无填充、纯色填充、渐变填充、图案填充和拾色器，进行相应的设置，如图 7-5-5 所示。

2）描边：设置描边的线条类型、位置等，如图 7-5-6 所示。

“描边”下拉列表中的各选项说明如下。

① 对齐：设置描边的位置，可选择外部、内部或居中。

② 端点：设置线段两头的类型。

③ 角点：设置角的类型。

3）宽度/高度文本框  W: ⊖ H: ：可以设置矩形的宽度和高度。

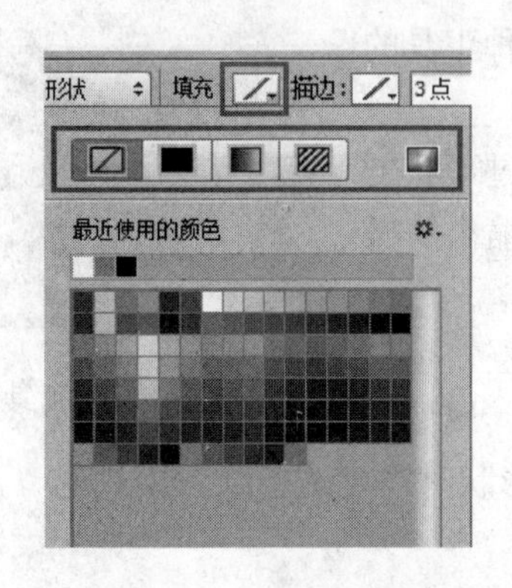

图 7-5-5 “填充”选项

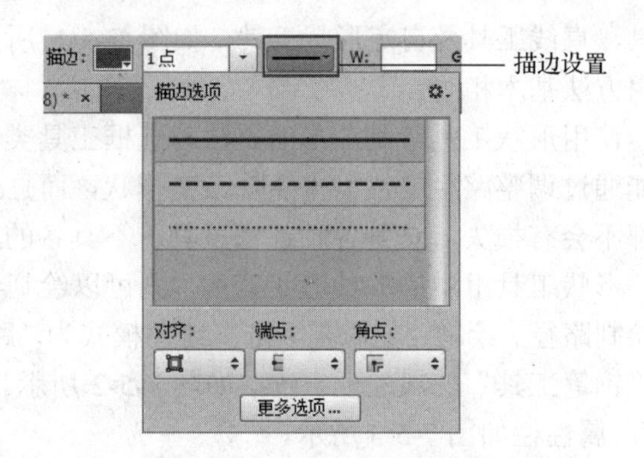

图 7-5-6 “描边”选项

4）“形状操作”按钮 ：多个形状可以通过运算组合为一个形状。单击“形状操作”下拉按钮，弹出如图 7-5-7 所示的下拉列表，图 7-5-8 所示为两个形状合并后的结果，图 7-5-9 所示为两个形状相减后的结果，图 7-5-10 所示为与形状区域相交后的结果，图 7-5-11 示为排除重叠形状后的结果。

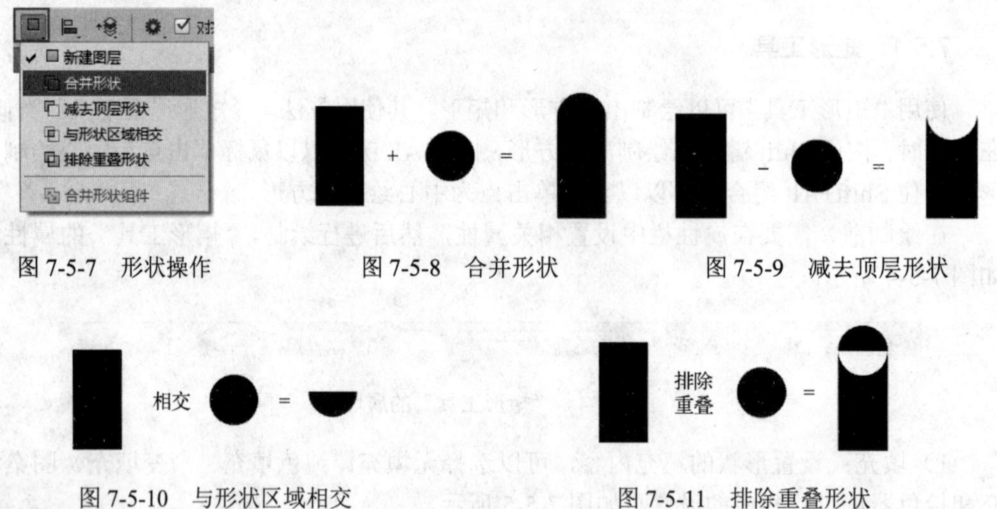

图 7-5-7 形状操作　　图 7-5-8 合并形状　　图 7-5-9 减去顶层形状

图 7-5-10 与形状区域相交　　图 7-5-11 排除重叠形状

5）对齐方式按钮 ：单击该下拉按钮，可在弹出的下拉列表中选择形状的对齐方式，包括水平方向对齐和垂直方向对齐等。

6）排列方式按钮 ：单击该下拉按钮，可在弹出的下拉列表中选择形状的排列方式，包括将置于顶层和前移一层等。

7）“设置”按钮 ：单击“设置”按钮可以指定矩形的创建方法，如图 7-5-12 所示。

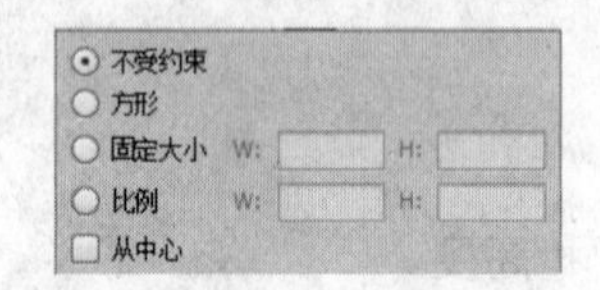

图 7-5-12 指定矩形的创建方法

对话框中各选项的含义如下。

① 不受约束：按住鼠标左键并拖动鼠标，可以绘制任意大小和比例的矩形。

② 方形：按住鼠标左键并拖动鼠标，只能绘制正方形。

③ 固定大小：在W和H文本框中，输入宽度和高度值后，按住鼠标左键并拖动，只能绘制出固定大小的矩形。

④ 比例：在W和H文本框中输入数值后，按住鼠标左键并拖动，只能绘制出固定宽高比例的矩形。

⑤ 从中心：选中此复选框后，按住鼠标左键并拖动，鼠标的单击点将成为绘制矩形的中心。

7.5.2 圆角矩形工具

使用“圆角矩形工具”可以创建出具有圆角效果的矩形，其创建方法和属性栏与“矩形工具”基本相同，区别是其属性栏中多了一个“半径”选项。“半径”选项用来设置圆角的半径，值越大，圆角越大。如图7-5-13所示是半径为10像素的圆角矩形，图7-5-14所示是半径为30像素的圆角矩形。

图7-5-13 半径为10像素的圆角矩形

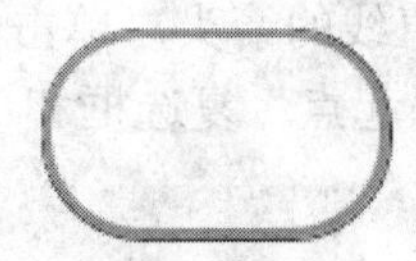

图7-5-14 半径为30像素的圆角矩形

7.5.3 椭圆工具

使用“椭圆工具”可以创建出椭圆和圆形，其创建方法和属性栏与“矩形工具”基本相同。如果要创建椭圆，选择工具箱中的“椭圆工具”然后拖动鼠标进行绘制即可。在绘制时，按住Shift键可以绘制出圆形，按住Alt键可以以鼠标单击点为中心绘制椭圆，按Shift+Alt组合键可以以鼠标单击点为中心绘制圆形。

7.5.4 多边形工具

使用“多边形工具”可以创建出正多边形（最少为3条边）和星形。其属性栏中的“边”文本框，用于设置多边形的边数，属性栏中的“设置”按钮用于设置多边形的形状，单击该按钮，弹出如图7-5-15所示的下拉列表。如图7-5-16所示为选中“平滑拐角”复选框绘制的多边形，图7-5-17所示为选中“星形”复选框绘制的多边形，图7-5-18所示为同时选中“平滑拐角”复选框和“星形”复选框绘制的多边形。

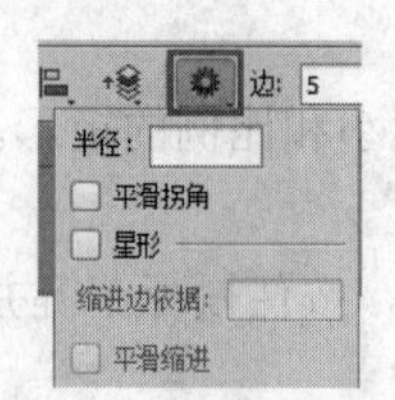

图 7-5-15　设置多边形的形状

图 7-5-16　选中“平滑拐角”复选框绘制的多边形

图 7-5-17　选中“星形”复选框绘制的多边形

图 7-5-18　同时选中“平滑拐角”复选框和“星形”复选框绘制的多边形

7.5.5　直线工具

使用“直线工具”可以创建出直线或带有箭头的线段。其属性栏中的“设置”按钮⚙用于设置直线的箭头，单击该按钮，弹出如图 7-5-19 所示的下拉列表。如图 7-5-20 所示为选中“起点”复选框和“终点”复选框绘制的直线箭头。

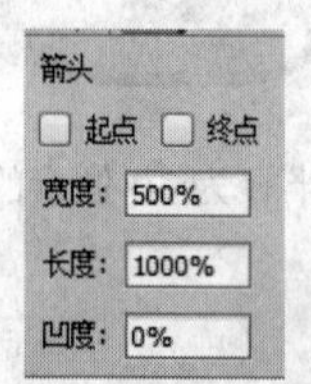

图 7-5-19　“设置”下拉列表

图 7-5-20　直线箭头

7.5.6　自定形状工具

使用“自定形状工具”可以创建出非常多的形状。这些形状既可以是 Photoshop 的预设，也可以是我们自定义或加载的外部形状。单击属性栏中的“形状”按钮，弹出如图 7-5-21 所示的自定义形状拾色器，在其中可以选择需要的形状。单击自定义形状拾色器右上角的“设置”按钮，弹出如图 7-5-22 所示的下拉列表，可以选择添加、删除、载入形状等。如图 7-5-23 所示为选择下拉列表中的“动物”命令弹出的提示框，在提示框中单击“追加”按钮，自定义形状拾色器将在保留已有形状的基础上，增加动物类的形状。如图 7-5-24 所示为选择自定义形状绘制的图像效果。

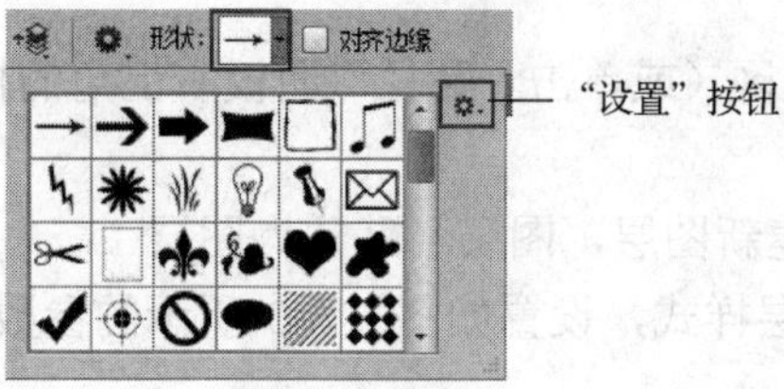

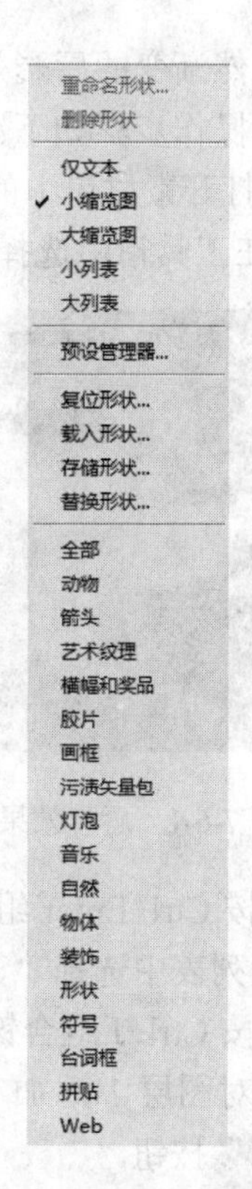

"设置"按钮

图 7-5-21　自定义形状拾色器

图 7-5-22　"设置"下拉列表

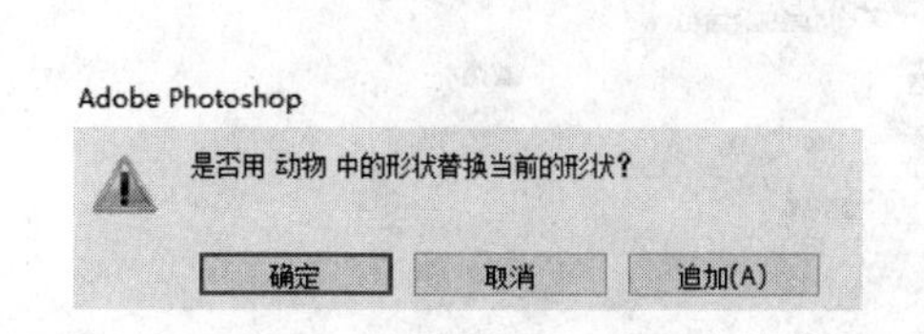

图 7-5-23　追加形状

图 7-5-24　选择自定义形状绘制的图像效果

7.6 路径综合应用

7.6.1 加唇彩

【案例 1】 在素材文件"唇彩.jpg"中，使用路径工具创建线条光滑流畅的嘴唇选区，为嘴唇添加自然渐变的唇彩效果。最终效果如图 7-6-1 所示，将文件保存为“唇彩.psd”。

其具体的操作步骤如下。

步骤 1：打开素材包中的图片“唇彩.jpg”。

步骤 2：在工具箱中选择“钢笔工具”，在嘴唇区域绘制并编辑如图 7-6-2 所示的路径。

图 7-6-1　唇彩效果图

图 7-6-2　绘制路径

步骤 3：按 Ctrl+Enter 组合键将路径变为选区（或单击“路径”面板右上角的按钮，在弹出的下拉列表中选择“建立选区”命令）。

步骤 4：按 Ctrl+J 组合键，为选区色块创建新图层，图层名默认为图层 1。

步骤 5：对图层 1 添加“渐变叠加”的图层样式，设置如图 7-6-3 所示的参数，然后单击“确定”按钮。

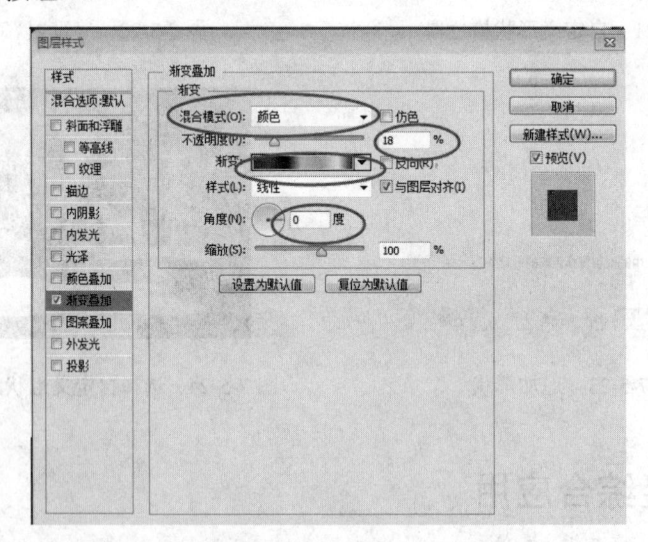

图 7-6-3　添加图层样式

步骤 6：保存文件为“唇彩.psd”。

7.6.2 路径描边

【案例2】在素材文件“人物.jpg”中创建特殊描边效果，素材文件“三叶草.jpg”将作为画笔笔尖形状应用到描边效果上。最终效果如图7-6-4所示，将文件保存为“路径描边.psd”。

其具体的操作步骤如下。

步骤1：打开素材包中的图片“三叶草.jpg”和“人物.jpg”。

步骤2：使用“矩形选框工具”选中三叶草，选择“编辑”→“定义画笔预设”命令，弹出如图7-6-5所示的“画笔名称”对话框。输入名称为“三叶草”，单击“确定”按钮结束画笔的定义。

图7-6-4 效果图

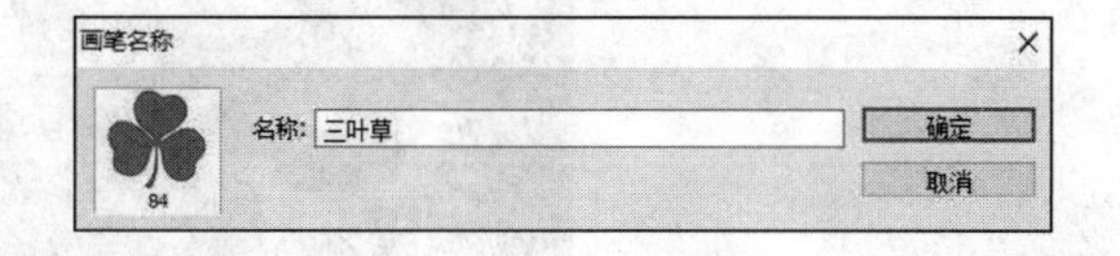

图7-6-5 定义画笔预设

步骤3：复制“人物.jpg”背景图层，并修改图层名为“描边人像”。

步骤4：将选区转换为路径。使用选区工具，选中“描边人像”的背景，切换到“路径”面板，单击“从选区生成工作路径”按钮，将选区转换为路径，如图7-6-6所示。

步骤5：为路径描边。

1）选择工具箱中的“画笔工具”，设置前景色为绿色，单击“切换画笔面板”按钮，设置画笔形状为“三叶草”形状，大小为50，间距为130%。

2）切换到“路径”面板，选中路径，单击“用画笔描边路径”按钮，实现路径描边的效果。

3）在“路径”面板空白处单击，隐藏路径。

步骤6：将“背景”图层的人像选中，按Ctrl+J组合键复制人像，并得到新图层。将新图层命名为“人像”，并将其移到“描边人像”图层的上方，如图7-6-7所示。

步骤7：保存文件为“路径描边.psd”。

图 7-6-6　从选区生成工作路径

图 7-6-7　复制人像

7.6.3　应用形状工具绘制图形

【案例 3】应用各种形状工具，绘制图形。最终效果如图 7-6-8 所示，并将文件保存为“形状.psd”。

图 7-6-8　效果图

其具体的操作步骤如下。

步骤 1：新建图像文件，大小为 600×500 像素，颜色模式选择 RGB 颜色。修改背景为黑色。

步骤 2：在形状工具组中选择“椭圆工具”，设置填充颜色为黄色、描边为无，如图 7-6-9 所示。按住 Shift 键在图像窗口中画出圆形。然后打开“属性”面板（选择“窗口”→“属性”命令），设置羽化值为 15 像素，如图 7-6-10 所示。

步骤 3：在形状工具组中选择“自定形状工具”，在自定义形状拾色器中，单击右上角的“设置”按钮，在弹出的下拉列表中选择形状类别，分别追加“动物”和“自然”两种形状。

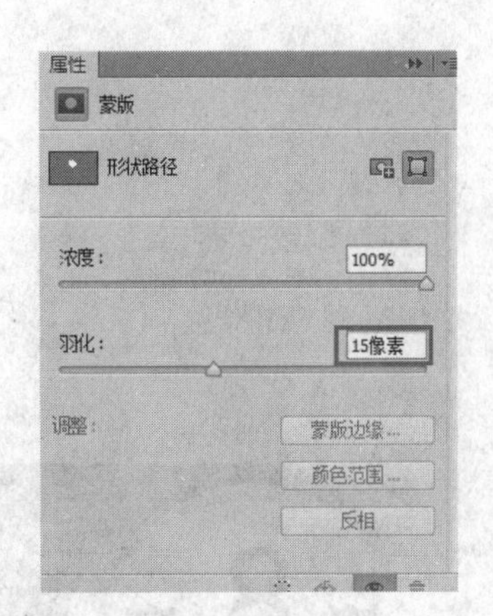

图 7-6-9 “椭圆工具”的属性栏

图 7-6-10 “属性”面板

步骤 4：在自定义形状拾色器中选择“猫”形状，然后在黄色的月亮中画出一只猫，并修改猫的填充颜色为黑色，效果如图 7-6-11 所示。

步骤 5：在自定义形状拾色器中选择“模糊点 1”形状，然后画出两堆积雪，并修改填充颜色为白色，效果如图 7-6-12 所示。

图 7-6-11 追加形状

图 7-6-12 画出积雪

步骤 6：依次在画布中添加“树”、“雪花”、“狗”和“爪印（狗）”，最终结果如图 7-6-8 所示。

步骤 7：将文件保存为“形状.psd”。

第 8 章 文字的应用

文字的运用是平面设计中非常重要的一部分，在实际操作过程中，很多作品需要文字来说明主题和传达信息。在 Photoshop 中可以输入和编辑文字，并进行排版操作，此外还可以对文字进行艺术化处理，从而得到富有创造力的视觉效果。本章将详细讲解文字的编辑方法和应用技巧。

8.1 文字的类型

Photoshop 中的文字工具可以制作出各种各样的文本，如横排文字、直排文字、点文字、段落文字、变形文字、路径文字、文字蒙版及各种文字特效等。

1）横排文字：文字方向平行于水平面，如图 8-1-1 所示。

2）直排文字：文字方向垂直于水平面，如图 8-1-2 所示。

图 8-1-1　横排文字

图 8-1-2　直排文字

3）点文字：一行文字，可以是横排或直排的文字。点文字多用于处理字数较少的文本，如图 8-1-3 所示。

4）段落文字：在定界框内输入的一组文字，可以自动换行，可以做调整文字区域大小等操作。段落文字常用于处理文字数量较大的文本，如图 8-1-4 所示。

图 8-1-3　点文字

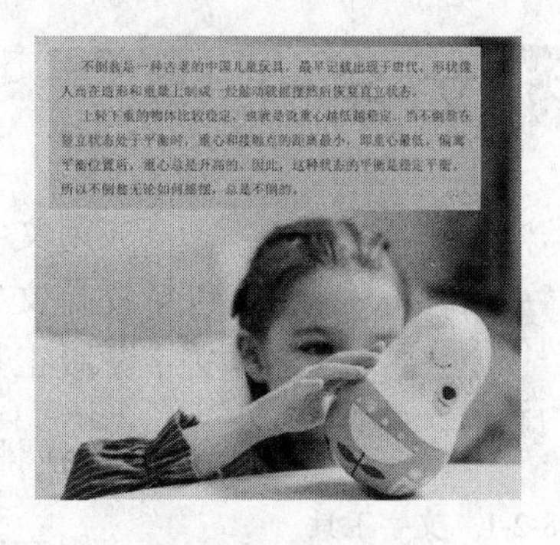

图 8-1-4　段落文字

5）变形文字：形状有变形效果的文字。通过文字属性工具栏的变形按钮来设置，如图 8-1-5 所示。

6）路径文字：在路径上创建的文字，文字会沿着路径排列。当改变路径的形状时，文字的排列方式也会随之发生改变，如图 8-1-6 所示。

图 8-1-5　变形文字

图 8-1-6　路径文字

7）文字蒙版：文字蒙版的内容不是普通的文字，而是以选区的形式存在的，如图 8-1-7 所示。

图 8-1-7　文字蒙版

8.2　文字工具

应用文字工具，可以实现对文字的输入和编辑。文字工具包括横排文字工具、直排文字工具、横排文字蒙版工具和直排文字蒙版工具，如图 8-2-1 所示。

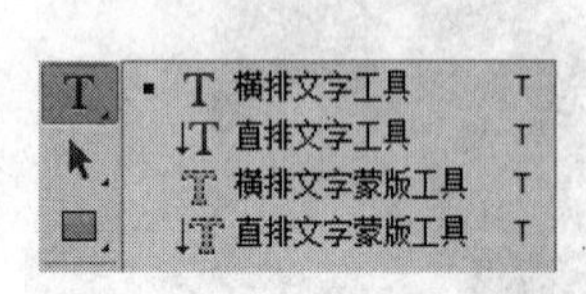

图 8-2-1　文字工具

1. 横排文字工具

使用文字工具创建文字前，需要先对文字的基本属性进行设置，包括文本的字体、字号和颜色等属性。这些属性都可以通过文字工具的属性栏进行设置。

创建文字时，在工具箱中选择“横排文字工具”，其属性栏如图 8-2-2 所示。

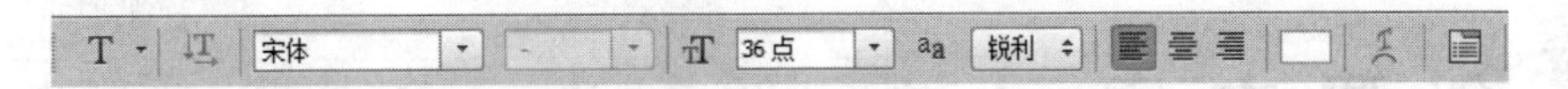

图 8-2-2 “横排文字工具”的属性栏

“横排文字工具”属性栏的各选项说明如下。

1）文本方向按钮：用于选择文字输入的方向，单击该按钮可将横排文字转换为直排文字。

2）字体选项：用于设置文字的字体。

3）字体样式选项：用于设置文字的字体样式，包括 Narrow、Italic、Bold、Bold Italic、Black 共 5 种。不是所有的字体都支持字体样式。

4）消除锯齿按钮：用于设置消除字体锯齿的方法，包括无、锐利、犀利、浑厚和平滑 5 种。

5）文本对齐按钮：用于设置文本的对齐方式，包括左对齐、居中对齐和右对齐。

6）颜色按钮：用于设置文本的颜色。

7）变形按钮：用于创建变形文字。

8）按钮：用于打开“字符”和“段落”面板。

开始文字输入后，属性栏上会增加两个按钮。

9）用于取消对文字的所有操作。

10）用于确认当前编辑，结束文字的输入。

2. 直排文字工具

使用“直排文字工具”，可以在图像中创建垂直文本。“直排文字工具”的属性栏和“横排文字工具”的属性栏的功能基本相同，这里不再赘述。

3. 横排文字蒙版工具

使用“横排文字蒙版工具”，可以在图像中创建水平文本的选区。选区创建工具的属性栏和文字创建工具的属性栏的功能也基本相同，这里不再赘述。

4. 直排文字蒙版工具

使用“直排文字蒙版工具”，可以在图像中建立垂直文本的选区。选区创建工具的属性栏和文字创建工具的属性栏的功能也基本相同，这里不再赘述。

8.3 创建文字

8.3.1 创建点文字

创建点文字就是以点的方式建立文字图层。

【案例 1】在素材文件“花开.jpg”中创建点文字，其中包括横排文字和直排文字。最终效果如图 8-3-1 所示，将文件保存为“花开.psd”。

图 8-3-1 点文字效果图

其具体的操作步骤如下。

步骤 1：打开素材包中的图片“花开.jpg”。

步骤 2：在工具箱中选择“横排文字工具”，在其属性栏中设置字体为华文行楷，字号为 36 点，消除锯齿为浑厚，字体颜色为#da16ae，如图 8-3-2 所示。

步骤 3：将鼠标指针定位在图像中，此时将出现光标闪烁点，输入文本“乌云终将散去”。输入完成后，单击属性栏中的“提交所有当前编辑”按钮✔，结束文本的输入。此时将自动生成文本图层，如图 8-3-3 所示。

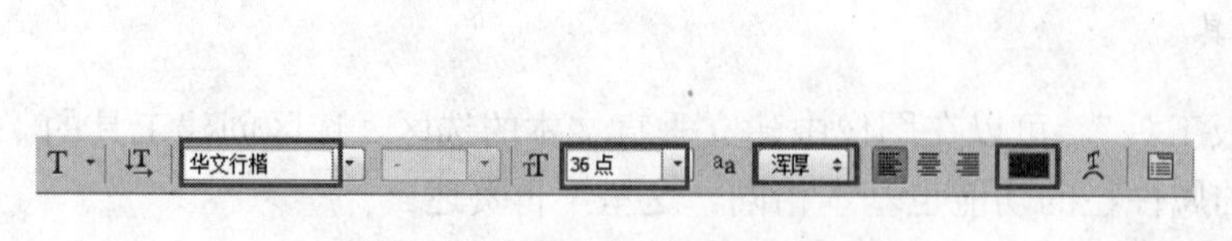

图 8-3-2 “横排文字工具”的属性栏

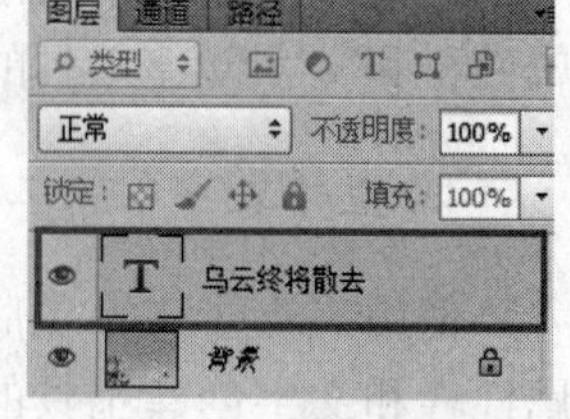

图 8-3-3 生成的文本图层

步骤 4：在图像窗口中使用相同的方法，设置相同的属性，输入“天空必定晴朗”。

步骤5：在工具箱中选择“直排文字工具”，在其属性栏中设置字体为华文隶书，字号为60点，消除锯齿为浑厚，字体颜色为#5f7101，如图8-3-4所示。

步骤6：在图像右侧输入竖排文字，输入文本“春暖花开”。输入完成后，单击属性栏中的“提交所有当前编辑”按钮✓，结束竖排文字的输入。

步骤7：保存文件为“花开.psd”，效果图的图层信息如图8-3-5所示。

图8-3-4 “直排文字工具”的属性栏

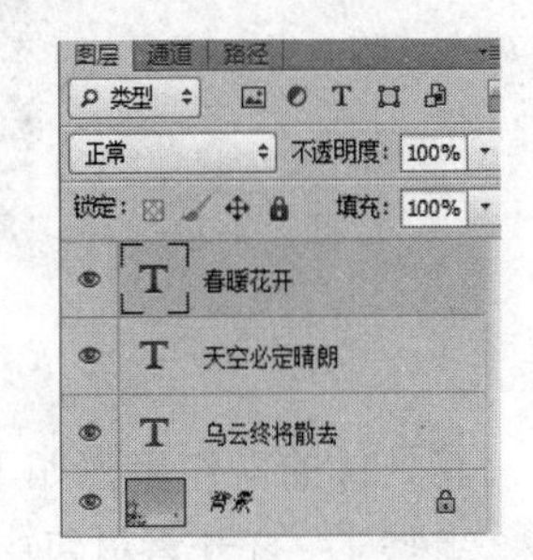

图8-3-5 效果图的“图层”面板

文本操作小技巧：

1）输入文本时，将鼠标指针移动到文本以外，单击并拖动，可以移动文本。

2）输入结束后，可以选定文本图层，使用“移动工具”移动文本。

3）创建好的文本，使用文字工具在文字上单击可再次进行编辑。

4）输入点文字时，按Enter键，可以实现换行。

5）在设置文本属性前，如果当前“图层”面板中选择了文本图层，需要先切换到其他的图层，否则当前已创建好的文本图层的属性也会被修改。

6）结束文本输入也可以使用Ctrl+Enter组合键。

7）输入文本后直接在“图层”面板中单击当前的文本图层，也可结束文本的输入。

8）直排文字的输入，可以先使用“横排文字工具”以横排文字形式输入，结束后，单击属性栏中的按钮，可以将横排文字转换为直排文字。

9）选中文本图层，按Ctrl+T组合键可以对文本框进行旋转、拉伸等自由变形操作。

8.3.2 创建段落文字

段落文字的创建方法与点文字的创建方法基本类似。不同的是：点文字是直接在窗口上单击开始输入文字的；段落文字在创建文字前要先用文字工具绘制定界框，定界框用来定义段落文字的边界，要在定界框内单击并输入文字。

【案例2】在素材文件“四个自信.jpg”中创建段落文字。段落文字的内容在文字素材文件“四个自信.txt”中选取。最终效果如图8-3-6所示，将文件保存为“四个自信.psd”。

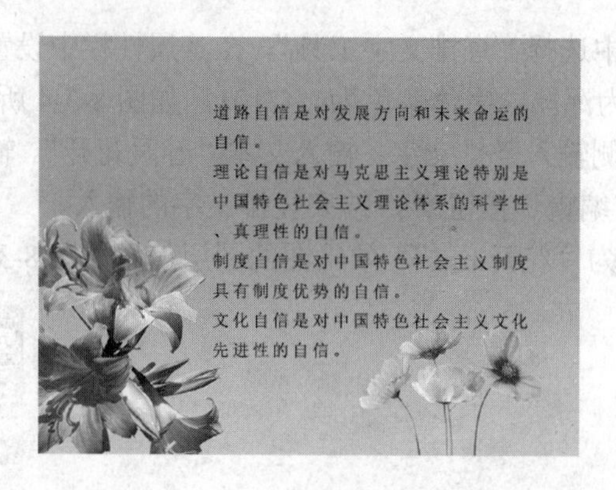

图 8-3-6　段落文字效果图

其具体的操作步骤如下。

步骤 1：打开素材包中的图片“四个自信.jpg”。

步骤 2：在工具箱中选择“横排文字工具”，在其属性栏中设置字体为宋体，字号为 18 点，消除锯齿为浑厚，字体颜色为黑色，如图 8-3-7 所示。

图 8-3-7　设置文字属性

步骤 3：在图像窗口中的空白部分单击并拖动鼠标，绘制定界框，直到定界框大小合适，如图 8-3-8 所示。

图 8-3-8　绘制定界框

步骤 4：打开文字素材文件“四个自信.txt”，复制所有文字。

步骤 5：在定界框中单击，按 Ctrl+V 组合键将文字粘贴到定界框内。然后单击属性栏中“提交所有当前编辑”按钮确认输入。

步骤 6：保存文件为“四个自信.psd”，效果图的图层信息如图 8-3-9 所示。

段落文本框具有自动换行的功能，如果输入的文字较多，当文字遇到文本框边缘时，会自动切换到下一行显示。如果输入的文字需要分出段落，可以按 Enter 键进行操作。

按 Alt 键，单击并拖动鼠标定义定界框时，会弹出“段落文字大小”对话框，可以精确定义定界框的大小，如图 8-3-10 所示。

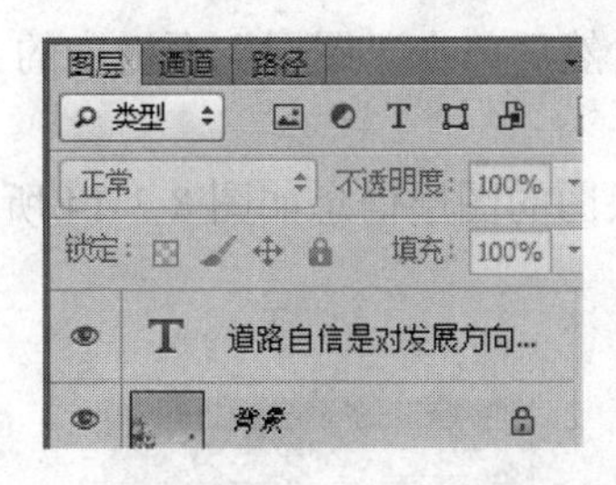

图 8-3-9　效果图的图层信息

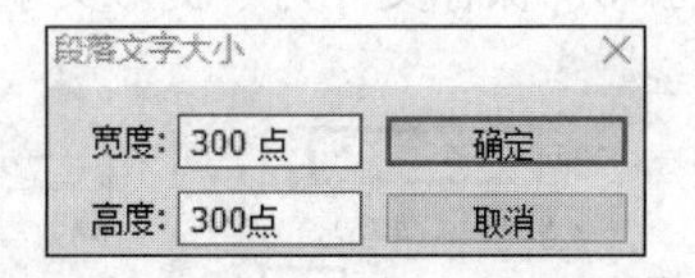

图 8-3-10　“段落文字大小”对话框

8.3.3　创建变形文字

创建好的文字可以进行变形，制作出一些特殊的效果，如扇形、拱形、旗帜和波浪等。

【案例 3】在素材文件“变形文字梨花.jpg”中创建点文字，并对文本进行变形。最终效果如图 8-3-11 所示，将文件保存为“变形文字梨花.psd”。

图 8-3-11　变形文字的效果图

其具体的操作步骤如下。

步骤 1：打开素材包中的图片“变形文字梨花.jpg”。

步骤 2：在工具箱中选择“横排文字工具”，在其属性栏中设置字体为华文行楷，字号为 36 点，消除锯齿为浑厚，字体颜色为#c10bc8，如图 8-3-12 所示。

图 8-3-12　设置文字的属性

步骤 3：将鼠标指针定位在图像中，此时将出现光标闪烁点，输入文本“千树万树梨花开”。输入完成后，单击属性栏中的“提交所有当前编辑”按钮，结束文本的输入。

步骤 4：单击属性栏中的“创建文字变形”按钮，弹出“变形文字”对话框，在“样式”下拉列表中选择“下弧”样式，设置弯曲为+16%、水平扭曲为+47%、垂直扭曲为+2%，如图 8-3-13 所示。

步骤 5：单击“确定”按钮，完成变形的设置。然后单击“图层”面板中的文本图层，结束文本的设置。

步骤 6：保存文件为“变形文字梨花.psd”，效果图的图层信息如图 8-3-14 所示。

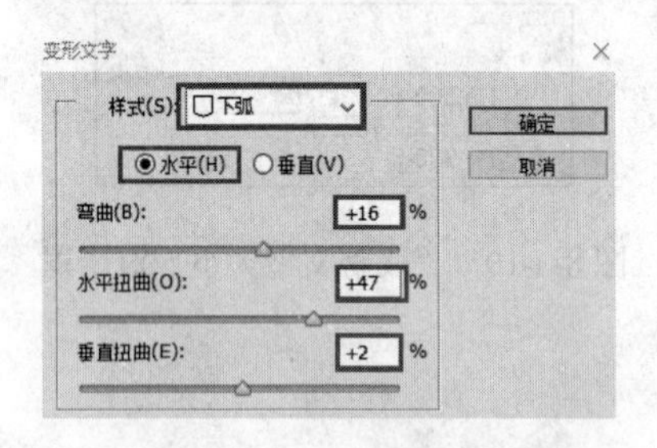

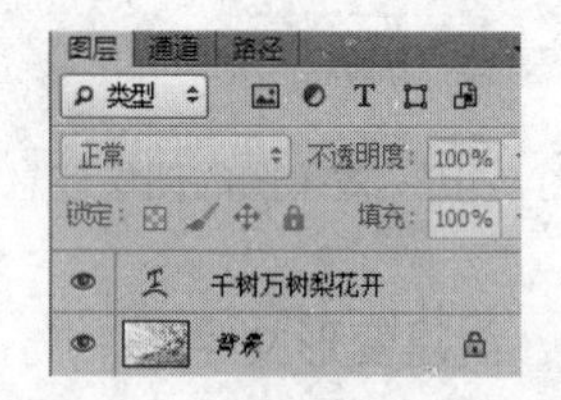

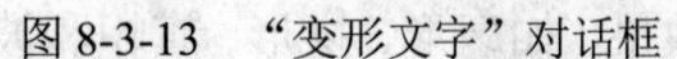

图 8-3-13 “变形文字”对话框　　图 8-3-14 变形文字效果图的图层信息

在选择变形效果或设置变形样式的参数时，图像窗口中将同步显示文字变形后的效果，如果对设置的效果不满意，可重新选择样式或重新设置参数。变形参数的作用如下。

1）水平/垂直：用于选择文本扭曲的方向。

2）弯曲：用于设置文本的弯曲程度。

3）水平扭曲/垂直扭曲：用于对文本应用透视。

如图 8-3-15 所示为样式选择扇形后，设置不同参数的效果。

图 8-3-15 扇形样式下设置不同参数的变形效果

8.3.4 创建路径文字

路径文字是指在路径上创建的文字，文字会沿着路径排列。当改变路径形状时，文字的排列方式也会随之发生改变。路径文字的创建，需要先绘制出路径的轨迹，然后在路径中输入需要的文本。路径文字创建之后，还可以编辑路径，使路径的轨迹更符合需求。

【案例 4】在素材文件“路径文字梨花.jpg”中创建路径文字，最终效果如图 8-3-16 所示，将文件保存为“路径文字梨花.psd”。

其具体的操作步骤如下。

步骤1：打开素材包中的图片“变形文字梨花.jpg”。

步骤2：在工具箱中选择“钢笔工具”，在图像窗口中创建一段路径，路径轨迹如图8-3-17所示。

图8-3-16　路径文字的效果图

8-3-17　路径轨迹

步骤3：在工具箱中选择“横排文字工具”，在其属性栏中设置字体为华文行楷，字号为36点，消除锯齿为浑厚，字体颜色为#c10bc8，如图8-3-18所示。

图8-3-18　设置字体、字号、颜色

步骤4：将鼠标指针移动到路径上输入文字的起点处，此时鼠标指针将变成S状。单击路径会出现闪烁的光标，此处成为输入文字的起点，输入文字“千树万树梨花开”。输入完成后，单击属性栏中的“提交所有当前编辑”按钮，结束路径文字的输入，也可以单击“图层”面板中生成的文本图层，确认路径文字的输入。

步骤5：保存文件为“路径文字梨花.psd”，效果图的图层信息如图8-3-19所示。输入完成后，除了“图层”面板中生成了文本图层外，在“路径”面板也自动生成了文字路径图层，如图8-3-20所示。

图8-3-19　路径文字效果图的图层信息

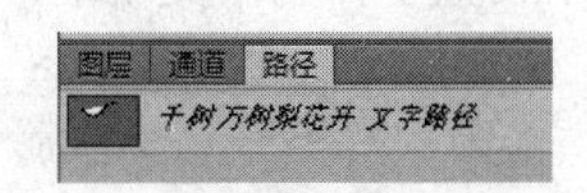

图8-3-20　“路径”面板中的文字路径图层

路径文字创建好后，还可进行路径编辑、文字移动和翻转等操作。

1）编辑文字路径：使用“直接选择工具”单击路径，通过移动锚点或调整方向线修改路径的形状，文字会沿修改后的路径重新排列。

2）移动文字：使用“路径选择工具”，在路径上单击，将以单击点作为文字的新起点，从而实现了文字的移动。

3）翻转文字：使用“路径选择工具”，在路径上单击并朝路径的另一侧拖动文字即可实现文字的翻转。

如果是封闭的路径，可以在路径的内部填充文字。将鼠标指针移到创建好的封闭路径内时，鼠标指针会变成形状，单击即可开始路径内文字的输入。

8.3.5 创建文字选区

使用文字蒙版工具输入文字后，文字将以选区的形式出现。文字蒙版工具包括“横排文字蒙版工具”和“直排文字蒙版工具”，其属性栏与文字工具相同。不同的是，使用文字蒙版工具在图像窗口中单击后，将自动切换到蒙版模式，输入文字并单击“提交所有当前编辑”按钮后，得到的是文字选区。

【案例 5】使用文字蒙版工具对素材文件“玫瑰.jpg”进行编辑，创建出玫瑰文字。最终效果如图 8-3-21 所示，将文件保存为“玫瑰.psd”。

图 8-3-21 玫瑰文字效果图

其具体的操作步骤如下。

步骤 1：打开素材包中的图片“玫瑰.jpg”，复制背景图层，得到“背景 副本”图层。

步骤 2：选择“背景 副本”图层，然后在工具箱中选择“横排文字蒙版工具”，在其属性栏中设置字体为华文琥珀，字号为 150 点，消除锯齿为浑厚，如图 8-3-22 所示。

图 8-3-22 设置字体的属性

步骤 3：将鼠标指针定位在图像中，此时将自动切换到蒙版模式，输入文本“玫瑰”。输入完成后，单击属性栏中的“提交所有当前编辑”按钮，结束文本的输入，此时将得到一个文字选区，如图 8-3-23 所示。

步骤 4：按 Ctrl+Shift+I 组合键反选选区，将选中文字以外的区域。按 Delete 键删除这个区域。

步骤 5：新建图层 1，用颜色#95e7ae 填充，并将其拖动到“背景 副本”图层的下方，如图 8-3-24 所示。

图 8-3-23 文字选区

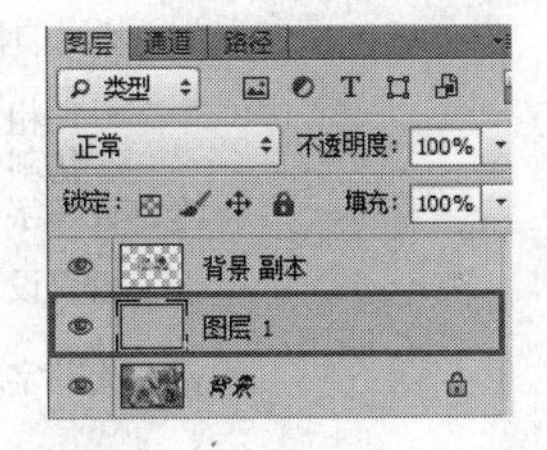

图 8-3-24 新建图层

步骤 6：将文件保存为“玫瑰.psd”。

通过文字蒙版工具创建的文字选区与普通的选区相同，可以对其进行移动、复制、填充、描边或其他操作。

8.4 编辑文字

文本创建好后，还可以应用“字符”、“段落”面板和“文字”命令进行编辑和调整。

8.4.1 “字符”面板

“字符”面板用于设置文字的基本属性，如设置文字的字体、字号、字符间距及文字颜色等。

选择任意一个文字工具，单击属性栏中的“切换字符和段落面板”按钮，或者选择“窗口”→“字符”命令都可以打开“字符”和“段落”面板，如图 8-4-1 所示。

通过设置面板选项即可设置文字属性。用户也可以通过面板菜单中的相关命令进行文字属性的设置。

由于部分设置选项与文字属性栏中的选项相同，这里不再赘述，以下介绍其他部分选项。

1）行距：用于调整文本中各个文字行之间的垂直间距，同一段落的行与行之间可以设置不同的行距，但文字行中的最大行距决定了该行的行距。设置行距之前，先选择要设置行距的一段文字，然后在“设置行距”下拉列表中选择一个行距值，或者在文本框中输入新的行距值，实现行距的修改。如图 8-4-2 所示为行距为 30 的效果，图 8-4-3

所示为行距为60的效果。

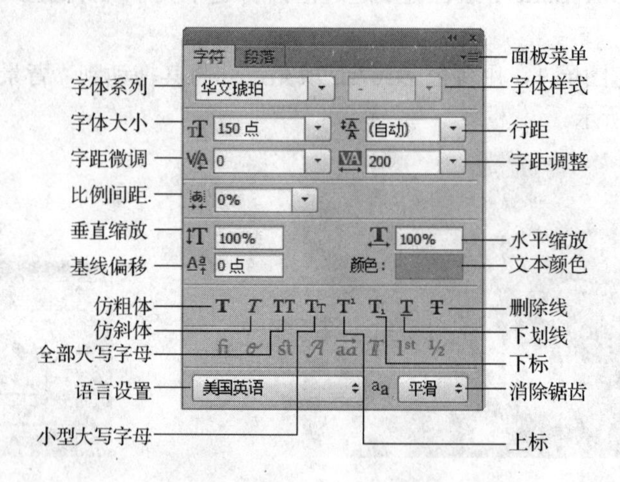

图 8-4-1 “字符”面板

图 8-4-2 行距为30的效果

图 8-4-3 行距为60的效果

2）字距微调：用于对两个字符之间的字距进行细微的调整。在设置前需先将光标插入需要进行字距微调的两个字符之间，然后输入需要调整的字距值。如图8-4-4所示为字距微调前的效果，图8-4-5所示为字距微调后的效果。

图 8-4-4 字距微调前

图 8-4-5 字距微调后

3）字距调整：用于设置所有文字之间的字距。可以直接输入字距，也可以在其下拉列表中选择字距。当字距为正值时，字距将变大；当字距为负值时，字距将缩小。如图 8-4-6 所示为设置字距为 0 的效果，图 8-4-7 所示为设置字距为 100 的效果。

图 8-4-6　字距为 0 的效果

图 8-4-7　字距为 100 的效果

4）垂直缩放：通过设置文字的垂直缩放比例，调整文字的高度。如图 8-4-8 所示为设置垂直缩放前的效果，图 8-4-9 所示为设置垂直缩放比例为 200%的效果。

图 8-4-8　无垂直缩放

图 8-4-9　垂直缩放比例为 200%

5）水平缩放：通过设置文字的水平缩放比例，调整文字的宽度。如图 8-4-10 所示为设置水平缩放前的效果，图 8-4-11 所示为设置水平缩放比例为 200%的效果。

图 8-4-10　无水平缩放

图 8-4-11　水平缩放比例为 200%

6）基线偏移：用于设置文字与文字基线之间的距离。当值为正数时，文字上移；当值为负数时，文字下移。如图 8-4-12 所示为设置基线偏移前的效果，图 8-4-13 所示为设置基线偏移为 150 点的效果。

图 8-4-12　无偏移

图 8-4-13　基线偏移为 150 点

8.4.2　“段落”面板

“段落”面板用于设置段落文本的编排方式，如设置段落文本的对齐方式、缩进值等。选择任意一个文字工具，单击属性栏中的“切换字符和段落面板”按钮，或者选择“窗口”→“段落”命令都可以打开“字符”和“段落”面板，通过设置选项可以设置段落文本的属性，如图 8-4-14 所示。

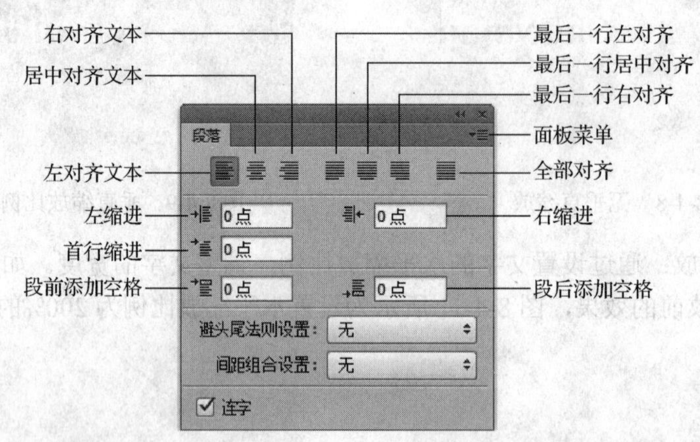

图 8-4-14　“段落”面板

“段落”面板中常用选项的含义如下。

1）左对齐文本：用于设置文字的对齐方式为向左，此时段落右端将参差不齐。

2）居中对齐文本：用于设置文字的对齐方式为居中对齐，此时两端的文本将参差不齐。

3）右对齐文本：用于设置文字的对齐方式为向右，此时段落左端将参差不齐。

4）最后一行左对齐：用于设置文字最后一行的对齐方式为向左，其他行左右两端对齐。

5）最后一行居中对齐：用于设置文字最后一行的对齐方式为居中，其他行左右两端对齐。

6）最后一行右对齐：用于设置文字最后一行的对齐方式为向右，其他行左右两端对齐。

7）全部对齐：用于在字符间添加额外的间距，使文本左右两端对齐。

8）左缩进：当文字为横排文字时，可以设置段落文本向右的缩进量；当文本为直排文字时，可设置段落文本向下的缩进量。

9）右缩进：当文字为横排文字时，可以设置段落文本向左的缩进量；当文本为直排文字时，可设置段落文本向上的缩进量。

10）首行缩进：当文本为横排文字时，可以设置段落文本第一行文字向右的缩进量；当文本为直排文字时，可以设置段落文本第一列文字向下的缩进量。

11）段前添加空格：用于设置当前段落与另一个段落之间的间距。

8.4.3 编辑文字命令

在输入文字后，可以根据设计制作的需要，对文字进行一系列的转换。“文字”菜单中有一些编辑命令，可以用文字创建工作路径，将文字转换为形状，还可以栅格化文字图层。

1. 用文字创建工作路径

在图像中创建好文本，如图 8-4-15（a）所示，选择“文字”→“创建工作路径”命令，可创建一条工作路径，如图 8-4-15（b）所示。新创建的路径与文字图层没有关联，可以独立地修改文字图层，也可以独立地使用路径。这条路径同普通路径一样，可以在新的图层中进行填充、描边或作为选区使用，也可以通过调整锚点得到个性化的变形文字。

（a）　　　　（b）

图 8-4-15　用文字创建工作路径

2. 将文字转换为形状

在图像中创建好文本，如图 8-4-16（a）所示，“图层”面板的图层信息如图 8-4-16（b）所示。选择“文字”→“转换为形状”命令后，原来的文字图层被形状图层所代替，如图 8-4-16（c）所示。将文字转换为形状后，将不再具备文字工具的编辑功能，如调整字符格式和段落格式等，只能作为普通的形状处理。这个形状图层与普通形状一样，可以修改填充、描边等，也可以通过修改形状的路径来改变形状，得到个性化的变形文字。

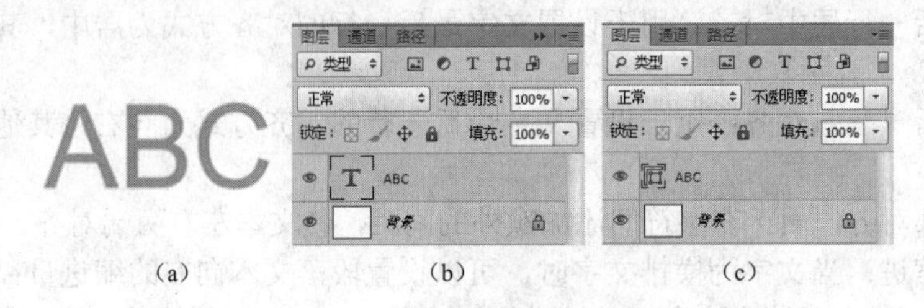

（a）　　（b）　　（c）

图 8-4-16　将文字转换为形状

3．栅格化文字图层

在 Photoshop 中创建的文字属于矢量图形，但有一些命令和工具只能用于位图，如滤镜或进行扭曲、透视等变换操作。因此，有些时候需要对文字图层进行栅格化处理，将文字变成像素图像。文字栅格化后，将不再具备文字工具的编辑功能，如调整字符格式和段落格式等，只能作为普通的位图处理。

在图像中创建好文本，如图 8-4-17（a）所示，“图层”面板的图层信息如图 8-4-17（b）所示。选择“文字”→“栅格化文字图层”命令后，原来的文字图层被普通图层所代替，如图 8-4-17（c）所示。这个图层与普通图层一样，可以应用滤镜或进行扭曲、透视等变换操作。

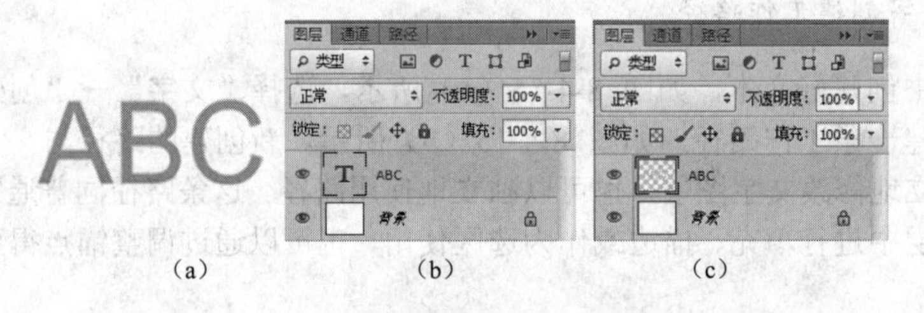

（a）　　（b）　　（c）

图 8-4-17　栅格化文字图层

【案例 6】在素材文件“文字栅格化素材.jpg”中，通过将文字栅格化后切片，制作出特别的文字效果。最终效果如图 8-4-18 所示，将文件保存为“文字栅格化.psd”。

其具体的操作步骤如下。

步骤 1：打开素材包中的图片“文字栅格化素材.jpg”。

步骤 2：新建图层 1，在图层 1 中绘制如图 8-4-19 所示大小的一个矩形选区，并填充为白色。

图 8-4-18 切片文字的效果图

图 8-4-19 白色矩形选区

步骤 3：在工具箱中选择横排文字工具。在属性栏中设置字体为 Arial，字号为 120 点，消除锯齿为浑厚，字体颜色为#1b76a7，如图 8-4-20 所示。

图 8-4-20 设置字体、字号、颜色

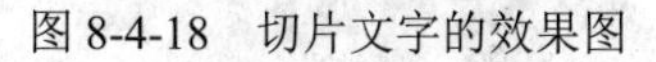

步骤 4：在图像中输入文本"SMILE"。输入完成后，"图层"面板中新增了一个 SMILE 文字图层，如图 8-4-21 所示。移动文字 SMILE 到白色矩形上，如图 8-4-22 所示。

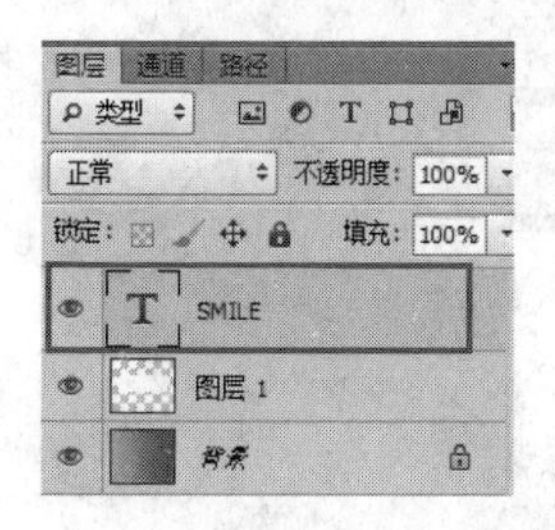

图 8-4-21 新增的 SMILE 文字图层

图 8-4-22 移动文字到白色矩形上

步骤 5：选择"文字"→"栅格化文字图层"命令，原来的文字图层变成了普通图层，如图 8-4-23 所示。

步骤 6：在"图层"面板中选择 SMILE 图层和图层 1 右击，在弹出的快捷菜单中选择"合并图层"命令，两个图层将合并为一个图层，如图 8-4-24 所示。

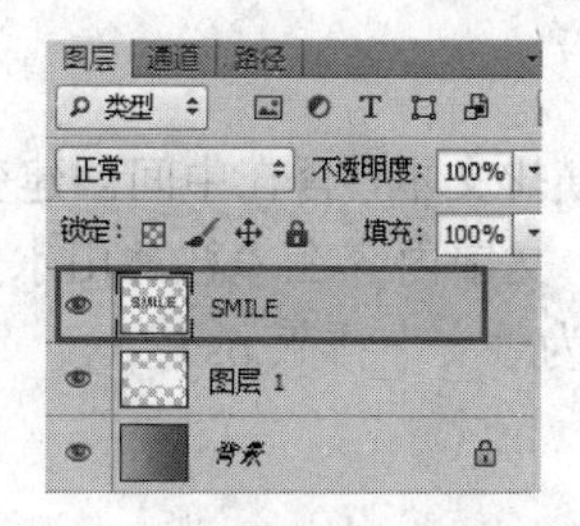

图 8-4-23 栅格化文字图层

图 8-4-24 合并图层

步骤 7：隐藏背景图层。

步骤 8：在 SMILE 图层上，使用“矩形选框工具”选择如图 8-4-25 所示的区域。然后使用“移动工具”将所选的区域移到上方，并取消选区。移动后的效果如图 8-4-26 所示。

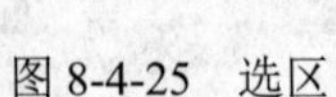
图 8-4-25　选区

图 8-4-26　移动后的效果

步骤 9：使用与步骤 8 同样的方法，重复进行先选择选区再移动的操作，将 SMILE 图层的内容分割成如图 8-4-27 所示的效果。

图 8-4-27　分割的效果

步骤 10：显示背景图层，得到最终效果。

步骤 11：保存文件为“文字栅格化.psd”。

8.5 文字综合应用

【案例 7】在素材文件“桂林山水.jpg”中先创建横排文本，再在中间创建变形文本，最后创建段落文本，并对文本图层的样式进行设置。文字内容在“桂林山水.txt”中选取。完成后的最终效果如图 8-5-1 所示，将文件保存为“文字排版.psd”。

其具体的操作步骤如下。

步骤 1：输入横排文字。

1）打开素材包中的图片“桂林山水.jpg”，在工具箱中选择“横排文字工具”。

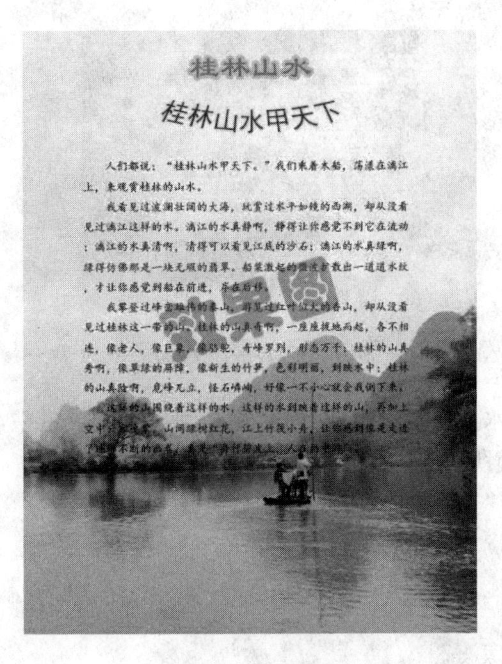

图 8-5-1　效果图

2）在其属性栏中设置字体为隶书，字号为 30 点，消除锯齿为锐利，字体颜色为#41a859。

3）在图像窗口上方的空白处输入文本“桂林山水”，然后单击属性栏中的“提交所有当前编辑”按钮完成输入。

步骤 2：给文本设置描边样式。

给“桂林山水”文本图层添加图层样式，在打开的“图层样式”对话框中选中“描边”复选框，在“大小”文本框中输入 3，设置颜色的值为#cdcdb6。

步骤 3：创建横排文字，并创建“凸起”变形效果。

1）创建一个横排文本，设置其字体为黑体，字号为 24 点，字体颜色为#c905fa，输入文本“桂林山水甲天下”。

2）单击属性栏中的“创建文字变形”按钮，弹出“变形文字”对话框，在“样式”下拉列表中选择“扇形”样式。

3）在“弯曲”和“垂直扭曲”文本框中输入−17 和 4。

4）单击“确定”按钮完成设置。

步骤 4：输入段落文字。

1）选择工具箱中的“横排文字工具”，在图像窗口中绘制出定界框，然后在属性栏中设置字体为楷体，字号为 11，字体颜色为黑色。

2）打开“段落”面板，设置“首行缩进”为 22，如图 8-5-2 所示。

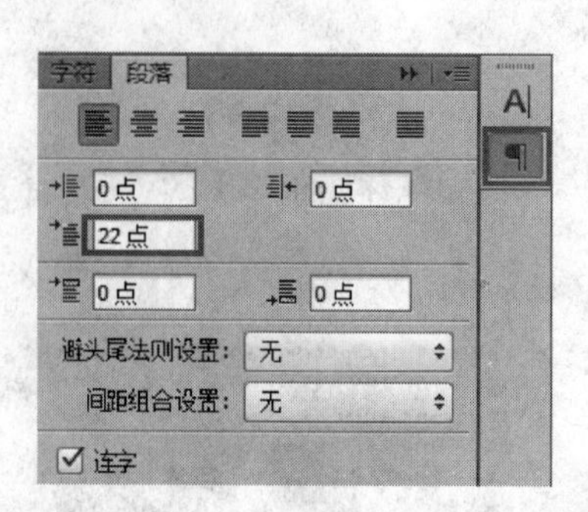

图 8-5-2 “段落”面板

3）打开“桂林山水.txt”文件，将内容复制到文本定界框中，调整定界框，完成后单击属性栏中的“提交所有当前编辑”按钮完成输入。

4）将文件保存为“文字排版.psd”。

第 9 章

滤镜的应用

滤镜是 Photoshop 最重要的功能之一，主要用来制作各种特殊效果。滤镜操作简单，但功能非常强大，不仅可以调整照片，而且可以创作出绚丽无比的创意图像。Photoshop 中的滤镜有 100 多种，且每种滤镜都有各自的特点。本章主要介绍各种滤镜的功能、特点与应用。

9.1 滤镜概述

Photoshop 中的所有滤镜按分类放置在“滤镜”菜单中，使用时只需要从该菜单中选择这项命令即可，所以滤镜的操作是非常简单的。但是真正用起来却很难恰到好处，滤镜通常需要结合通道、选区和图层等 Photoshop 技术一起使用，才能取得最佳艺术效果。如果想在最适当的时候应用滤镜到最适当的位置，除了一定的美术功底之外，还需要用户具备对滤镜的操控能力，甚至需要具有很丰富的想象力。

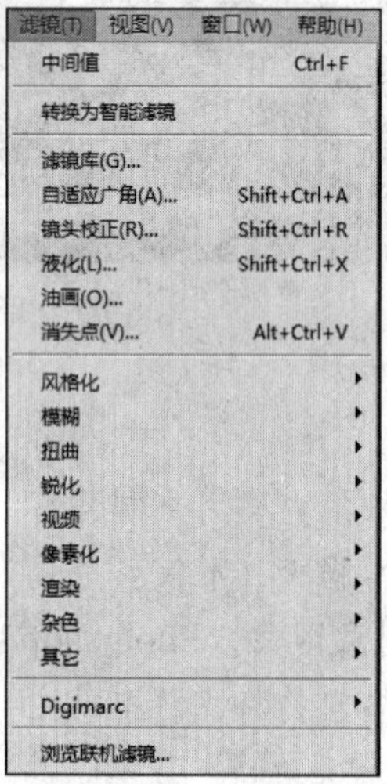

Photoshop 的“滤镜”菜单提供了多种功能的滤镜，这些滤镜可以制作出奇妙的图像效果。“滤镜”菜单被分为 6 部分，用横线分开，如图 9-1-1 所示。

图 9-1-1 “滤镜”菜单

1）第 1 部分是最近一次使用的滤镜。最近没有使用滤镜时，它是灰色的，不可选择。当使用一种滤镜后，直接选择该命令或按 Ctrl+F 组合键即可重复使用该滤镜。

2）第 2 部分是转换为智能滤镜，该命令可将普通滤镜转换为智能滤镜。

3）第 3 部分是 6 种特殊滤镜，每种滤镜的功能都比较强大。

4）第 4 部分是 9 种滤镜，每种滤镜中都有包含其他滤镜的子菜单。

5）第 5 部分是常用外挂滤镜，当没有安装常用外挂滤镜时，它是灰色的，不可选择。

6）第 6 部分是浏览联机滤镜。

9.2 智能滤镜

普通滤镜处理图像时，对原图的修改是不可逆的。智能滤镜是为智能对象添加的滤镜。智能滤镜应用的所有滤镜都不会破坏原图像，而且在调节滤镜方面具有更多的选项。

当对图像应用了智能滤镜之后，可以随时恢复到添加智能滤镜前的状态。当对图像应用了普通滤镜之后，如果超出了“历史记录”面板所能记录的步骤范围并被保存后，就再也无法恢复到添加普通滤镜前的状态。

当图像应用同样的智能滤镜或普通滤镜，且参数设置相同时，图像的最终视觉效果是一样的。

为图像添加智能滤镜，首先要将图层转换为智能对象，然后为该图层添加的滤镜都是智能滤镜。

将图层转换为智能对象的方法有两种：一是在“图层”面板中右击需要添加滤镜的

图层，在弹出的快捷菜单中选择“转换为智能对象”命令；二是选择“滤镜”→“转换为智能滤镜”命令，在弹出的提示框中单击“确定”按钮，即可将图层转换为智能对象。

9.3 特殊滤镜

9.3.1 滤镜库

滤镜库是由多种滤镜组合而成的一个库，它可以提供许多滤镜的预览，可以为同一图像应用多个滤镜，也可以打开或关闭一个或多个滤镜的效果，复位滤镜及更改应用滤镜的顺序，甚至还可以使用对话框中的其他滤镜替代原有的滤镜。

选择“滤镜”→“滤镜库”命令，弹出“滤镜库”对话框，如图 9-3-1 所示。“滤镜库”对话框的左侧是预览区，中间是可供选择的滤镜，右侧是参数设置区。预览区用来预览图像添加滤镜后的效果。滤镜库中共包含 6 组滤镜，单击某一组滤镜前的按钮，可以展开该滤镜组，滤镜的缩略图显示了使用该滤镜后的效果，单击某一滤镜即可使用该滤镜。右侧的参数设置区会显示该滤镜的参数选项，预览区显示了当前使用滤镜的效果。下面重点介绍几组滤镜。

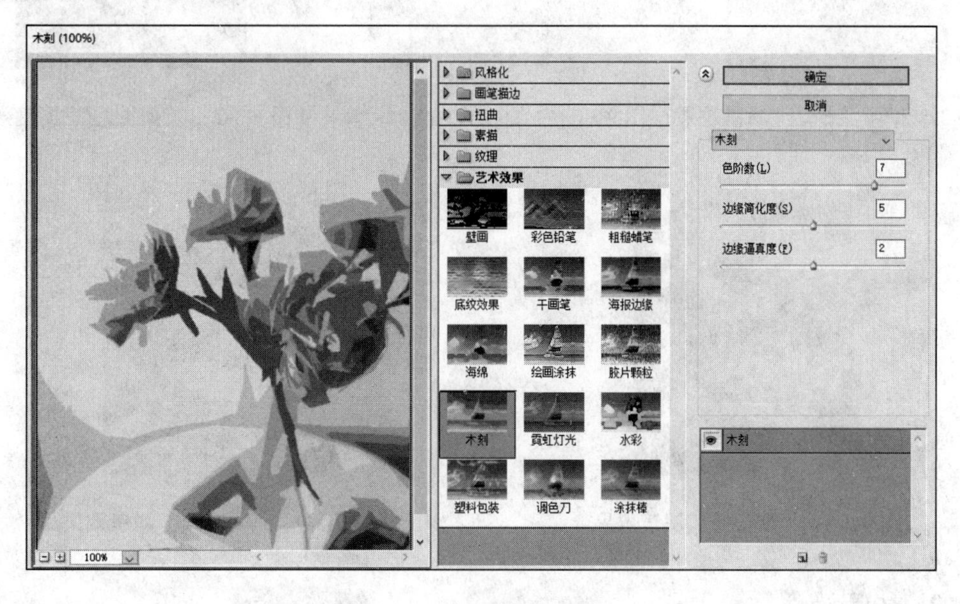

图 9-3-1 “滤镜库”对话框

1. 画笔描边

“画笔描边”滤镜通过不同的油墨和画笔勾画图像，产生绘画效果。“画笔描边”滤镜组中的各种滤镜效果如图 9-3-2～图 9-3-9 所示。

图 9-3-2 “成角的线条”滤镜效果

图 9-3-3 “墨水轮廓”滤镜效果

图 9-3-4 “喷溅”滤镜效果

图 9-3-5 “喷色描边”滤镜效果

图 9-3-6 “强化的边缘”滤镜效果

图 9-3-7 “深色线条”滤镜效果

图 9-3-8 “烟灰墨”滤镜效果

图 9-3-9 “阴影线”滤镜效果

2. 纹理

“纹理”滤镜可以使图像中各颜色之间产生过渡变形的效果。“纹理”滤镜组中的各种滤镜效果如图 9-3-10～图 9-3-15 所示。

图 9-3-10 “龟裂缝”滤镜效果

图 9-3-11 “颗粒”滤镜效果

图 9-3-12 “马赛克拼贴”滤镜效果

图 9-3-13 “拼缀图”滤镜效果

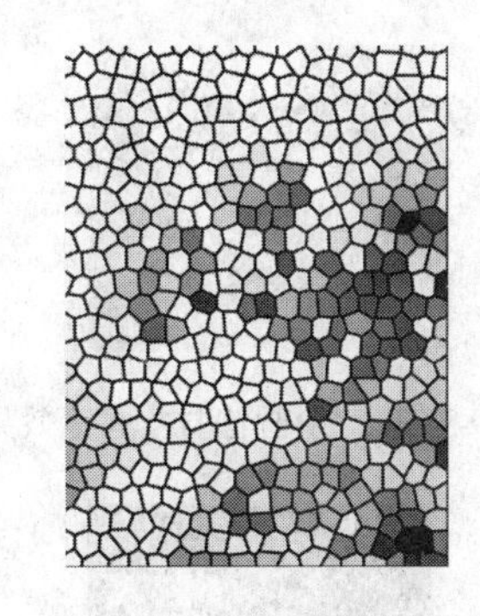

图 9-3-14 “染色玻璃”滤镜效果

图 9-3-15 “纹理化”滤镜效果

3. 艺术效果

“艺术效果”滤镜可以制作特殊的绘画效果。“艺术效果”滤镜组中的各种滤镜效果如图 9-3-16～图 9-3-30 所示。

图 9-3-16 “壁画”滤镜效果

图 9-3-17 “彩色铅笔”滤镜效果

图 9-3-18 “粗糙蜡笔”滤镜效果

图 9-3-19 “底纹效果”滤镜效果

图 9-3-20 “干画笔”滤镜效果

图 9-3-21 “海报边缘”滤镜效果

图 9-3-22 “海绵”滤镜效果

图 9-3-23 “绘画涂抹”滤镜效果

图 9-3-24 “胶片颗粒”滤镜效果

图 9-3-25 “木刻”滤镜效果

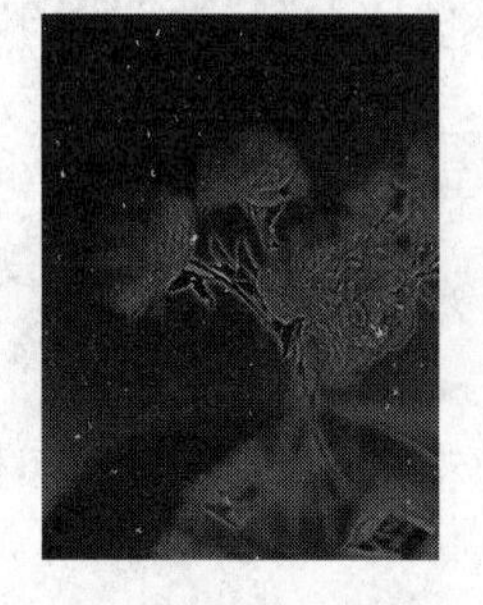

图 9-3-26 “霓虹灯光”滤镜效果

图 9-3-27 “水彩”滤镜效果

图 9-3-28 “塑料包装”滤镜效果

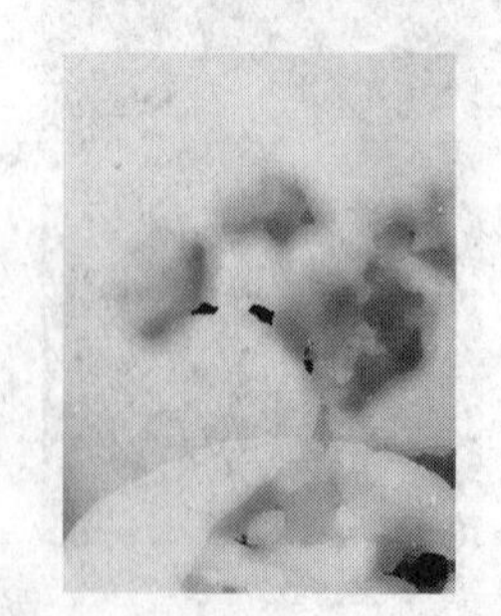

图 9-3-29 “调色刀”滤镜效果

图 9-3-30 “涂抹棒”滤镜效果

9.3.2　自适应广角滤镜

自适应广角滤镜的设计初衷是用来校正广角镜头畸变，不过它其实还有一个更有用的作用是找回由于拍摄时相机倾斜或仰俯丢失的平面。自适应广角滤镜能对图像的范围进行调整，使图像得到类似使用不同镜头拍摄的视觉效果。其一般可用于对相机镜头拍摄效果不佳的照片进行处理，使其达到广角的效果。如图 9-3-31 所示为原图，添加自适应广角滤镜后的效果如图 9-3-32 所示。

图 9-3-31　原图

图 9-3-32　添加自适应广角滤镜后的效果

9.3.3　镜头矫正滤镜

镜头矫正滤镜可以自动修正使用广角镜头拍摄时出现在照片中的变形、暗角、紫边等缺陷，用于修复常见的镜头曲线，也可以用来旋转图像或修复由于相机垂直或水平倾斜而导致的图像透视现象。如图 9-3-33 所示为有些倾斜的原图，添加镜头矫正滤镜后的效果如图 9-3-34 所示。

图 9-3-33　有些倾斜的原图

图 9-3-34　添加镜头矫正滤镜后的效果

9.3.4　液化滤镜

液化滤镜是修饰图像和创建艺术效果的强大滤镜，它能够非常灵活地对图像进行收缩、推拉、扭曲、旋转等变形处理，可以用来修改图像的任意区域，如放大图像中人物的眼睛。选择“滤镜”→“液化”命令，可以弹出“液化”对话框，选中“高级模式”复选框，会出现液化滤镜的所有可用功能与工具，如图 9-3-35 所示。

图 9-3-35　“液化”对话框

“液化”对话框提供了几个变形工具，选择这些工具后，按住鼠标左键拖动鼠标时，即可扭曲画笔区域内的图像，扭曲集中在画笔区域的中心，效果会随着用户按住鼠标左键或在某个区域中重复拖动而增强。“液化”对话框中常用的工具介绍如下。

1）向前变形工具：单击该按钮并拖动鼠标可以向前推动像素。

2）重建工具：单击该按钮并拖动鼠标，可以将变形后的图像恢复为原来的效果。

3）顺时针旋转扭曲工具：当选中“高级模式”复选框后，工具栏中会出现该工具，单击该按钮并按住鼠标不动或拖动鼠标时可顺时针旋转像素，如果按住 Alt 键进行操作，则逆时针旋转像素。

4）褶皱工具：单击并按住鼠标不动或拖动鼠标时可以使像素向画笔区域的中心移动，图像会产生向内收缩的效果。

5）膨胀工具：单击并按住鼠标不动或拖动鼠标时，可以使像素朝着离开画笔区域中心的方向移动，图像会产生向外膨胀的效果。

6）左推工具：当垂直向上拖动该工具时像素向左移动，如果向下拖动则像素会向右移动；如果围绕对象顺时针拖动鼠标，则可以增加其大小，逆时针拖动鼠标可以减小其大小；在拖动时按住 Alt 键，可以在垂直向上拖动鼠标时向右推像素，或者在垂直向下拖动鼠标时向左推像素。

7）冻结蒙版工具：如果只对局部图像进行变形处理，可以使用该工具，在需要保护的区域上拖动鼠标，将这部分图像冻结。该区域内的图像不会受到变形操作的影响。

8）解冻蒙版工具：在冻结区域拖动鼠标即可解除冻结。

如图9-3-36所示为小狗原图，选择“滤镜”→“液化”命令，弹出“液化”对话框，在对话框中使用变形工具从小狗的耳朵处向外涂抹，制作变形耳朵的效果，如图9-3-37所示。

图9-3-36　小狗原图

图9-3-37　变形耳朵的效果

9.3.5　油画滤镜

油画滤镜可以将普通的图案效果转换为手绘油画效果，为图像增加油画风格。如图9-3-38所示为原图，选择“滤镜”→“油画”命令，在弹出的如图9-3-39所示的“油画”对话框中进行参数设置，单击“确定”按钮，即可得到如图9-3-40所示的油画滤镜的效果。

图9-3-38　原图

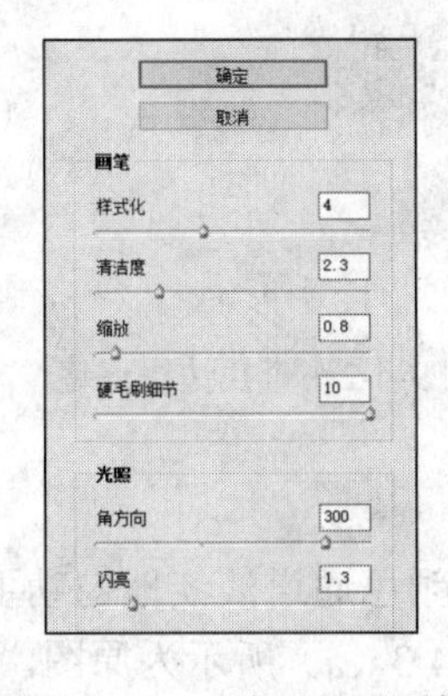

图9-3-39　“油画”对话框

图9-3-40　油画滤镜的效果

在“油画”对话框中，画笔可以通过样式化、清洁度、缩放和硬毛刷细节等参数来调节画笔的笔触效果，光照可以调节光线的角度与闪亮度。

9.3.6 消失点滤镜

消失点滤镜根据透视来改变物体位置或复制物体。它可以在包含透视平面的图像中进行透视校正编辑。在使用消失点滤镜时，首先要在图像中指定透视平面，然后进行绘画、仿制、复制、粘贴及变换的操作，所有的操作都采用该透视平面来处理。

9.4 滤镜组的应用

9.4.1 风格化滤镜组

风格化滤镜主要作用于图像的像素，可以强化图像的色彩边界，所以图像的对比度对此类滤镜的影响较大。风格化滤镜组中的各种滤镜如图 9-4-1 所示。

图 9-4-1 风格化滤镜组

1. 查找边缘滤镜

查找边缘滤镜能自动搜索像素对比度变化剧烈的边缘，将高反差区变亮、低反差区变暗，其他区域则介于两者之间，硬边变为线条，而柔边变粗，形成一个清晰的轮廓。该滤镜无相应的对话框，如图 9-4-2（a）所示为原图，图 9-4-2（b）所示为添加查找边缘滤镜后的效果。

（a）

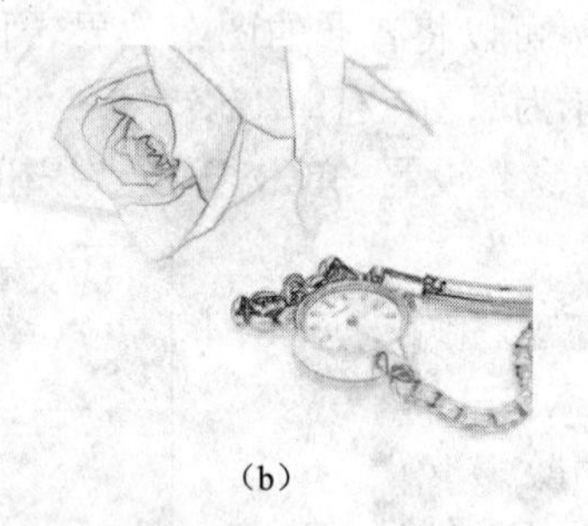
（b）

图 9-4-2 查找边缘滤镜

2. 等高线滤镜

等高线滤镜可以查找并为每个颜色通道淡淡地勾勒主要亮度区域，也可获得与等高线图中的线条类似的效果，如图 9-4-3（a）所示为原图，图 9-4-3（b）所示为“等高线”对话框，其预览区中为添加等高线滤镜后的效果。

在“等高线”对话框中可以调整色阶和边缘。色阶用来设置绘制边缘的基准亮度等级，边缘用来设置处理图像边缘的位置及边缘的产生方法。

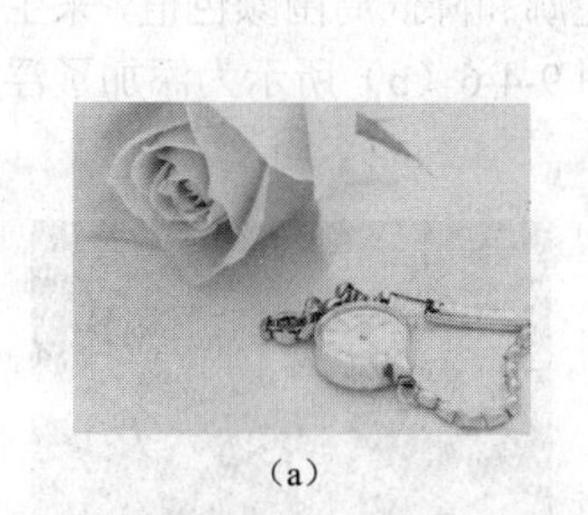
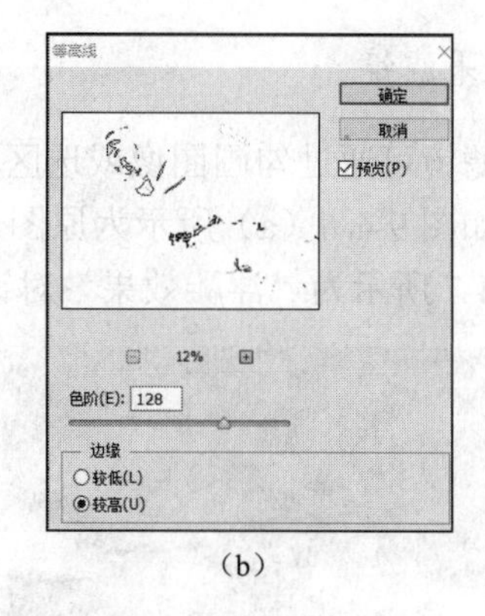

（a）　　　　（b）

图 9-4-3　等高线滤镜

3. 风滤镜

风滤镜可以在图像中增加一些细小的水平线来模拟风吹效果，风吹的方向包括向左吹和向右吹。如果要创建来自其他方向的风，可以先将图像旋转，再应用该滤镜。如图 9-4-4（a）所示为原图，图 9-4-4（b）所示为添加了风滤镜的效果图，图 9-4-5 所示为“风”对话框。在“风”对话框中可以选择 3 种类型的风，还可以设置风源的方向。

（a）　　　　（b）

图 9-4-4　风滤镜

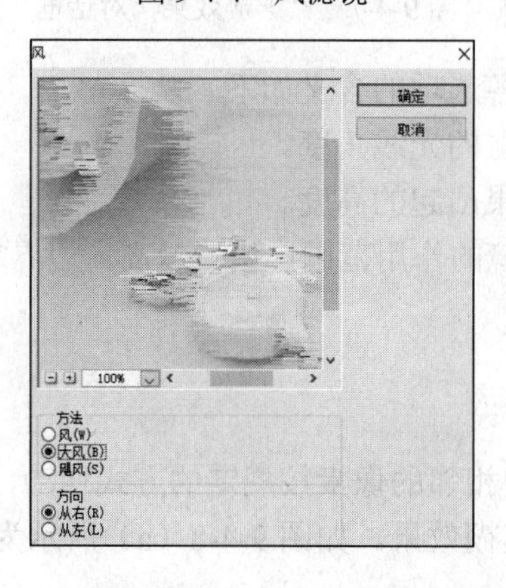

图 9-4-5　“风”对话框

4. 浮雕效果滤镜

浮雕效果滤镜可通过勾画图像或选区的轮廓和降低周围颜色值，来生成凸起或凹陷的浮雕效果。如图 9-4-6（a）所示为原图，图 9-4-6（b）所示为添加了浮雕效果滤镜的效果图，图 9-4-7 所示为“浮雕效果”对话框。

（a）

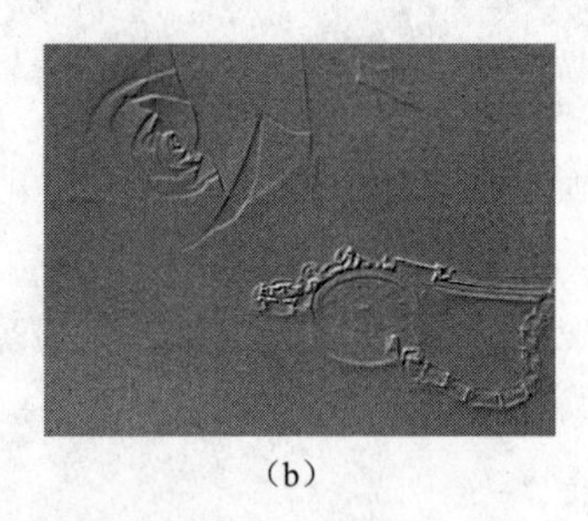

（b）

图 9-4-6 浮雕效果滤镜

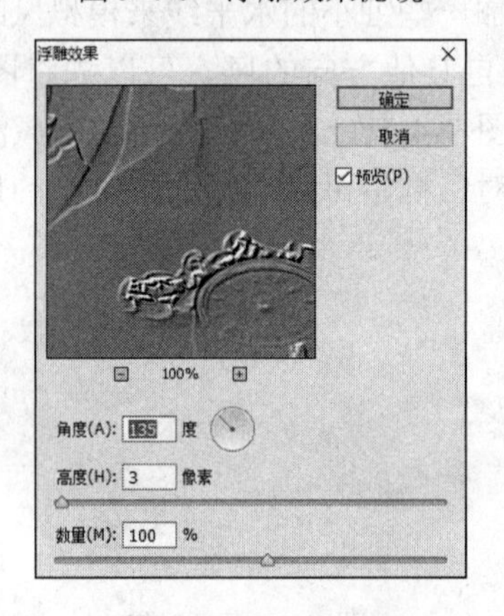

图 9-4-7 “浮雕效果”对话框

“浮雕效果”对话框中各选项的含义如下。

1）角度：设置照射浮雕的光线角度。

2）高度：设置浮雕效果凸起的高度。

3）数量：设置浮雕滤镜的作用范围，该值越高，边界越清晰。值小到一定程度时，整个图像会变灰。

5. 扩散滤镜

扩散滤镜可以将图像中相邻的像素按规定的方式移动，使图像扩散，形成一种透过磨砂玻璃观察对象的分离模糊效果。如图 9-4-8（a）所示为原图，图 9-4-8（b）所示为添加扩散滤镜后的效果。

（a）

（b）

图 9-4-8　扩散滤镜

“扩散”对话框中各选项的含义如下。

1）正常：对图像的所有区域都进行扩散处理，像素将随机移动。

2）变暗优先：用较暗的像素替换亮的像素，暗部像素扩散。

3）变亮优先：用较亮的像素替换暗的像素，只有亮部像素产生扩散。

4）各向异性：在颜色变化最小的方向上搅乱像素。

6. 拼贴滤镜

拼贴滤镜会根据指定的值将图像分成块状，并使其偏离原来的位置，生成不规则的瓷砖效果。各砖块之间的空隙可以在“拼贴”对话框中设定，如图 9-4-9 所示。图 9-4-10（a）所示为原图，图 9-4-10（b）所示为背景色为黑色时添加拼贴滤镜的效果。

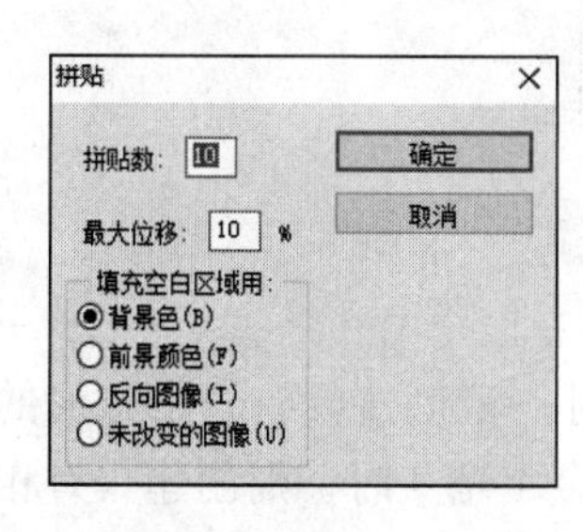

图 9-4-9　“拼贴”对话框

（a）

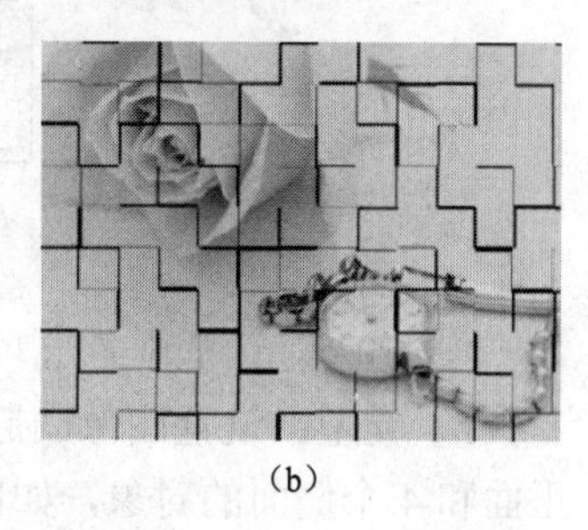
（b）

图 9-4-10　拼贴滤镜

“拼贴”对话框中各选项的含义如下。

1）拼贴数：设置图像拼贴块的数量，当拼贴数达到 99 时，整个图像被填充空白区域。

2）最大位移：设置拼贴块间的间隙。

3）填充空白区域用其中的选项中设定的对象将覆盖空白区域。

7. 曝光过度滤镜

曝光过度滤镜可以产生类似于显影过程中将摄影照片短暂曝光的效果。它的实现是通过将图像反相，然后分别比较原图与反相后的图的 3 个通道的大小，将小的值输出，得到曝光过度效果。该滤镜无相应的对话框。如图 9-4-11（a）所示为原图，图 9-4-11（b）所示为添加曝光过度滤镜的效果。

（a）

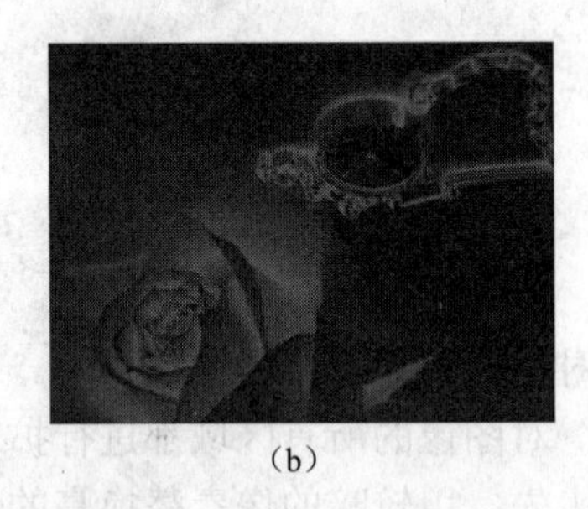
（b）

图 9-4-11　曝光过度滤镜

8. 凸出滤镜

凸出滤镜可以将图像分成一系列大小相同且有机重叠放置的立方体或锥体，能产生特殊的 3D 效果。如图 9-4-12 所示为“凸出”对话框。

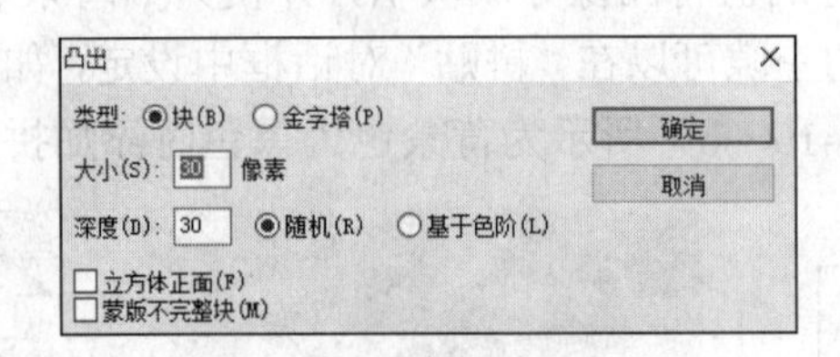

图 9-4-12　“凸出”对话框

“凸出”对话框中各选项的含义如下。

1）类型：设置图像凸起的方式。当类型设置为“块”时，可创建具有一个方形的正面和 4 个侧面的对象，如图 9-4-13 所示；当类型设置为“金字塔”时，则创建具有相交于一点的 4 个三角形侧面的对象，如图 9-4-14 所示。

2）大小：设置立方体或金字塔底面的大小。该值越高，生成的立方体或锥体越大。

3）深度：设置凸出对象的高度。

4）立方体正面：选中该复选框后将失去图像整体轮廓，生成的立方体只显示单一的颜色。

5）蒙版不完整块：选中该复选框后，所有图像都将包含在凸出的范围之内，即凸出的部分不会超过画布大小。

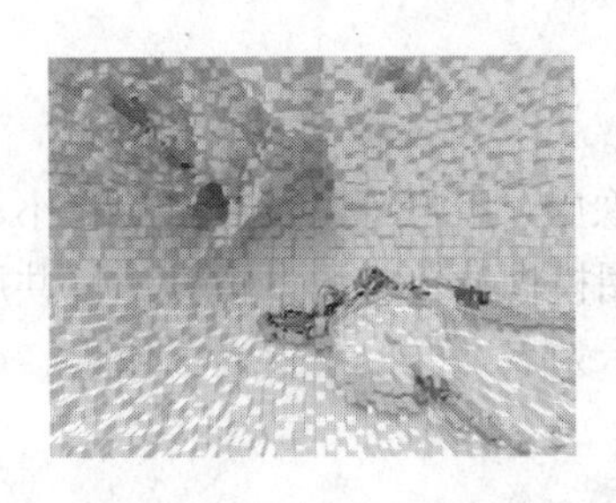

图 9-4-13　类型设置为“块”

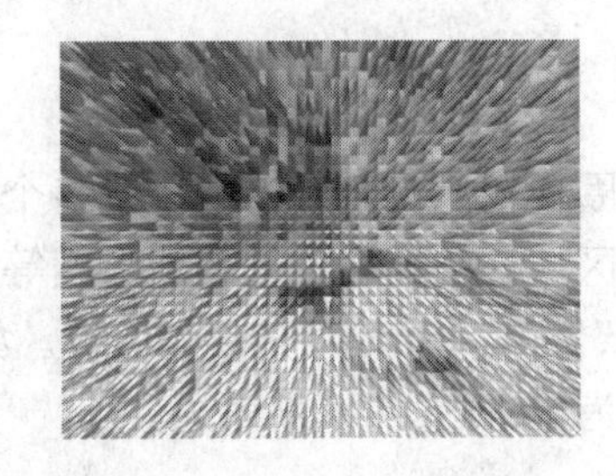

图 9-4-14　类型设置为“金字塔”

9.4.2　模糊滤镜组

模糊滤镜可以使图像中过于清晰或对比度过于强烈的区域产生模糊效果，也可用于制作柔和阴影。模糊滤镜组中包含14种滤镜，如图9-4-15所示。

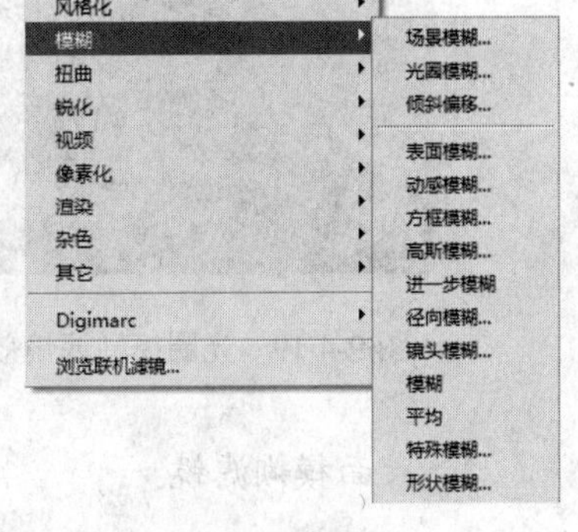

图 9-4-15　模糊滤镜组

1. 场景模糊滤镜

场景模糊滤镜可以使画面不同区域呈现不同模糊的效果。可以选择多个模糊的中心点，每个中心点在面板中可以独立地调整模糊参数。“场景模糊”对话框打开后有两个面板，即“模糊工具”和“模糊效果”面板，如图 9-4-16 和图 9-4-17 所示。如图 9-4-18 所示为点 1 的模糊值为 2 像素、点 2 的模糊值为 15 像素的模糊效果。

两个面板中的主要选项说明如下。

1）模糊：用于设置模糊的强度，单位是像素。

2）光源散景：用于控制光照强度。数值越大，高光区域的亮度就越高。

3）散景颜色：用于设置散景区域的颜色。

4）光照范围：调整散景的光照范围。

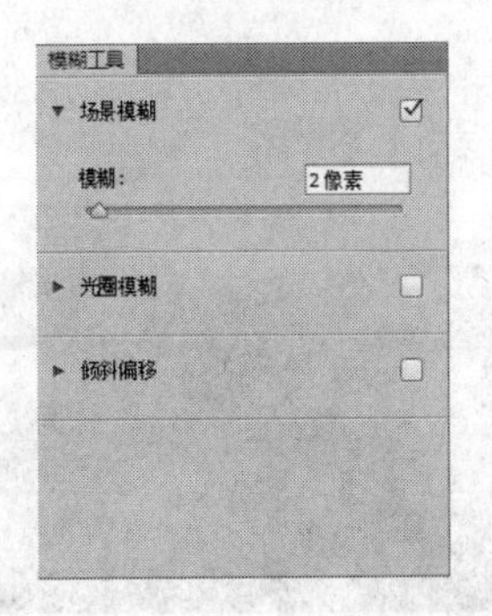

图 9-4-16　“模糊工具”面板

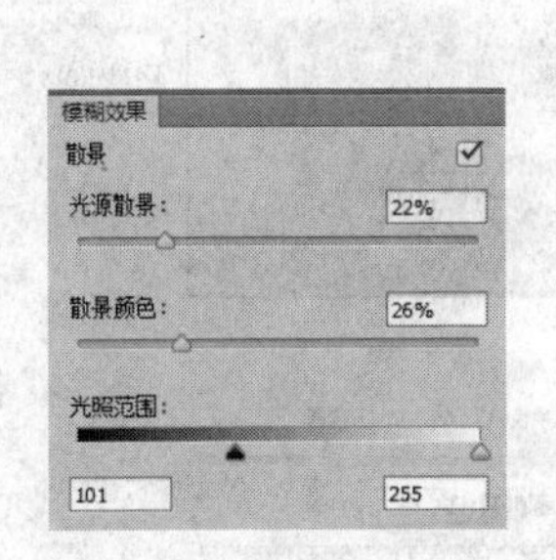

图 9-4-17　“模糊效果”面板

图 9-4-18　场景模糊效果

2. 光圈模糊滤镜

光圈模糊滤镜可以将一个或多个焦点添加到图像中，用户可以对焦点的大小、形状及焦点区域外的模糊数量和清晰度等进行设置。光圈模糊滤镜与场景模糊滤镜共用“模糊工具”面板和“模糊效果”面板。如图 9-4-19 所示为点 1 的模糊值为 2 像素、点 2 的模糊值为 15 像素的模糊效果。

3. 倾斜模糊滤镜

倾斜模糊滤镜也叫倾斜偏移滤镜，可用于模拟相机拍摄的移轴效果，其效果类似于微缩模型。倾斜模糊滤镜与场景模糊滤镜也共用“模糊工具”面板和“模糊效果”面板。如图 9-4-20 所示为点 1 的模糊值为 2 像素、点 2 的模糊值为 15 像素的模糊效果。

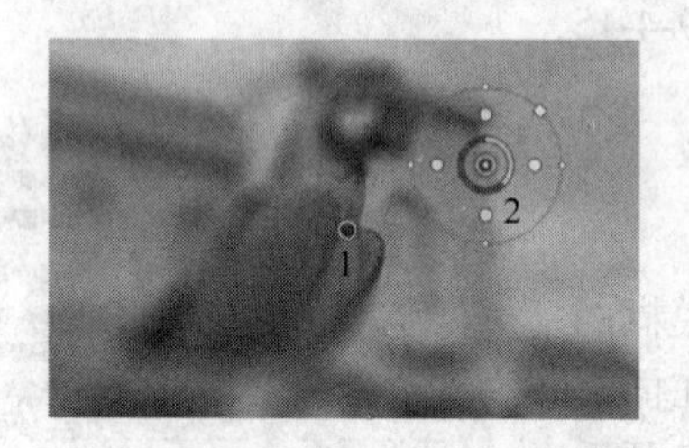

图 9-4-19 光圈模糊滤镜效果

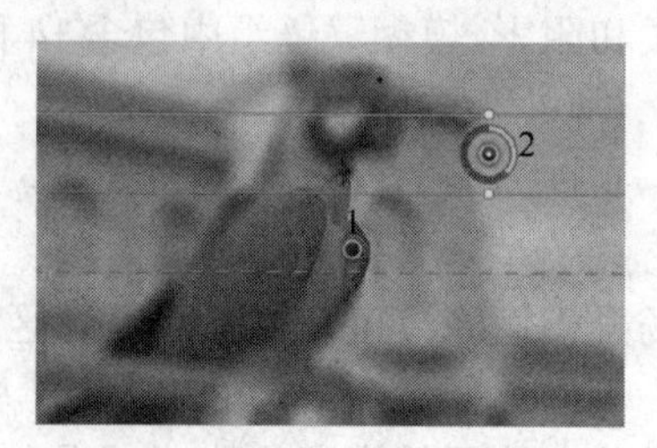

图 9-4-20 倾斜模糊滤镜效果

4. 表面模糊滤镜

表面模糊滤镜能够在保留边缘的同时模糊图像，该滤镜可以用来创建特殊效果并消除杂质和颗粒。如图 9-4-21 所示为原图，选择“滤镜”→“模糊”→“表面模糊”命令，弹出如图 9-4-22 所示的“表面模糊”对话框，在其中设置参数后单击“确定”按钮，即可得到如图 9-4-23 所示的滤镜效果。

图 9-4-21 原图

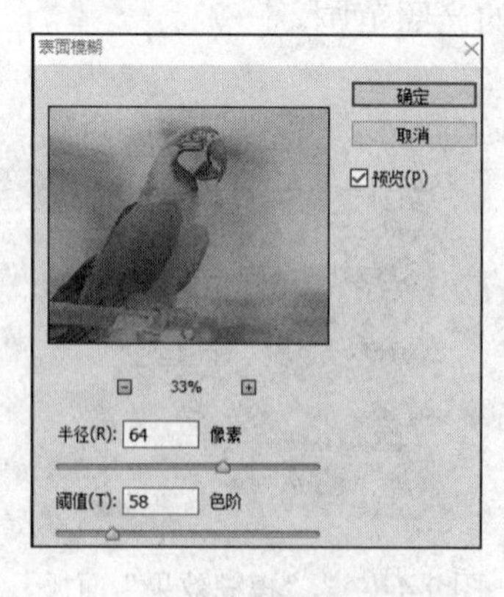

图 9-4-22 “表面模糊”对话框

图 9-4-23 表面模糊滤镜效果

“表面模糊”对话框中各选项的含义如下。

1）半径：设置模糊取样区域的大小。

2）阈值：控制相邻像素色调值与中心像素值相差多大时才能成为模糊的一部分，色调差小于阈值的像素将保持不变。

5. 动感模糊滤镜

动感模糊滤镜经常用来体现运动状态，夸张运动速度。它可以沿指定的方向，以指定的强度模糊图像。如图 9-4-24 所示为“动感模糊”对话框，图 9-4-25 所示为添加了动感模糊滤镜的效果。

图 9-4-24 “动感模糊”对话框

图 9-4-25 动感模糊滤镜效果

“动感模糊”对话框中各选项的含义如下。

1）角度：设置模糊的方向，可以直接输入角度数值也可以拖动指针调整。

2）距离：用来设置像素移动的距离。

6. 方框模糊滤镜

方框模糊滤镜以一定大小的矩形为单位，对矩形内包含的像素点进行整体模糊运算。滤镜的参数“半径”可以用于计算给定像素平均值的区域大小。如图 9-4-26 所示为“方框模糊”对话框，图 9-4-27 所示为添加了方框模糊滤镜的效果。

图 9-4-26 “方框模糊”对话框

图 9-4-27 方框模糊滤镜效果

7. 高斯模糊滤镜

高斯模糊滤镜是比较常用的模糊类滤镜，它可以添加低频细节，使图像产生一种朦胧的效果。通过参数“半径”可以设置模糊的范围，值越高，模糊效果越强。如图 9-4-28 所示为“高斯模糊”对话框，图 9-4-29 所示为添加了高斯模糊滤镜的效果。

图 9-4-28 “高斯模糊”对话框

图 9-4-29 高斯模糊滤镜效果

8. 进一步模糊滤镜

进一步模糊滤镜可重复对同一对象使用，逐步加强模糊效果。如果一个对象经过其他模糊处理后，基本效果已经满意，但模糊程度稍有欠缺，这时可以使用进一步模糊滤镜进行加强。这个滤镜没有对话框，不用设置参数。如图 9-4-30 所示为添加了进一步模糊滤镜的效果。

图 9-4-30 进一步模糊滤镜效果

9. 径向模糊滤镜

径向模糊滤镜可以模拟缩放或旋转的相机所产生的模糊，产生一种融化的模糊效果。如图 9-4-31 所示为“径向模糊”对话框，图 9-4-32 所示为模糊方法选择了旋转的滤镜效果，图 9-4-33 所示为模糊方法选择了缩放的滤镜效果。

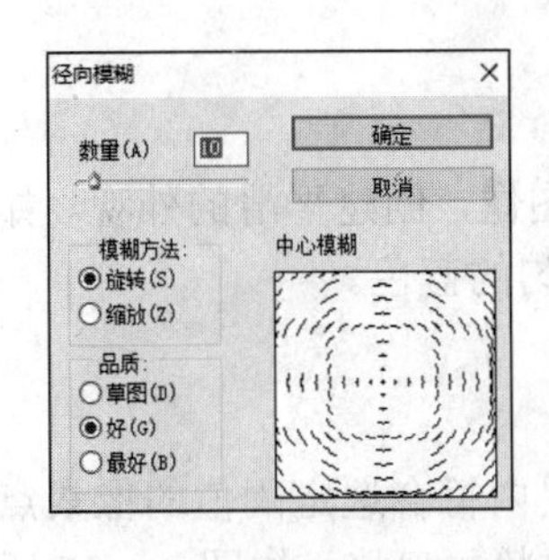

图 9-4-31 “径向模糊”对话框　　图 9-4-32 旋转滤镜效果　　图 9-4-33 缩放滤镜效果

“径向模糊”对话框中各选项的含义如下。

1）数量：用来设置模糊的强度，该值越高，模糊效果越强烈。

2）旋转：选择该项则可以沿同心圆环线模糊。

3）缩放：选择该项则可以沿径向线模糊。

4）品质：用来设置模糊后的效果。品质为草图处理速度最快，但会产生颗粒，品质为好或最好可以产生较好的平滑效果，但区别并不明显。

5）中心模糊：在文本框中，单击可以将单击点设置为模糊的原点，原点位置不同，模糊中心也不相同。

10. 镜头模糊滤镜

镜头模糊滤镜可以模拟相机镜头的景深效果，通过调整参数（主要是形状、半径和叶片弯度）来精确控制模糊效果，如图 9-4-34 所示为添加了镜头模糊滤镜后的效果。

11. 模糊滤镜

模糊滤镜可对边缘过于清晰、对比度过于强烈的区域进行光滑处理，能够产生轻微的模糊效果。这个滤镜没有对话框，可重复对同一对象使用，逐步加强模糊效果。其模糊效果比进一步模糊滤镜的效果稍弱。如图 9-4-35 所示为添加了模糊滤镜的效果。

图 9-4-34 镜头模糊滤镜效果　　图 9-4-35 模糊滤镜效果

12. 平均滤镜

平均滤镜可以查找图像的平均颜色，然后以该颜色填充图像，创建平滑的外观。如图 9-4-36 所示为使用平均滤镜将选区内的图像更改为一块均匀的蓝色。

13. 特殊模糊滤镜

特殊模糊滤镜自动区别对象的边界并锁定该边界，对边界内符合选定阈值的像素点进行模糊运算。设置合适的阈值，可以使对象呈现出逼真的水粉画风格。如图 9-4-37 所示为添加了特殊模糊滤镜的效果。

图 9-4-36　平均滤镜效果

图 9-4-37　特殊模糊滤镜效果

14. 形状模糊滤镜

形状模糊滤镜以一定大小的形状为单位，对形状范围内包含的像素点进行整体模糊运算。如图 9-4-38 所示为“形状模糊”对话框，在其中设置好参数后，单击“确定”按钮，得到的形状模糊滤镜效果如图 9-4-39 所示。

图 9-4-38　“形状模糊”对话框

图 9-4-39　形状模糊滤镜效果

“形状模糊”对话框中各选项的含义如下。

1）半径：用来设置形状的大小，值越高，模糊效果越强。

2）形状列表：选择列表中的任意一个形状即可使用，单击列表右侧的“设置”按钮，可以在弹出的下拉列表中载入其他形状库。

9.4.3 扭曲滤镜组

扭曲滤镜是使用几何学的原理来把一幅图像变形以创造出三维效果或其他的整体变化，生成一组从波纹到扭曲图像的变形效果。

扭曲滤镜组中包含 12 种滤镜，其中玻璃、海洋波纹和扩散亮光滤镜位于滤镜库中，其他滤镜可以通过“滤镜”→“扭曲”命令，然后在弹出的子菜单中来选择相应的命令。扭曲滤镜组中的各种滤镜如图 9-4-40 所示。

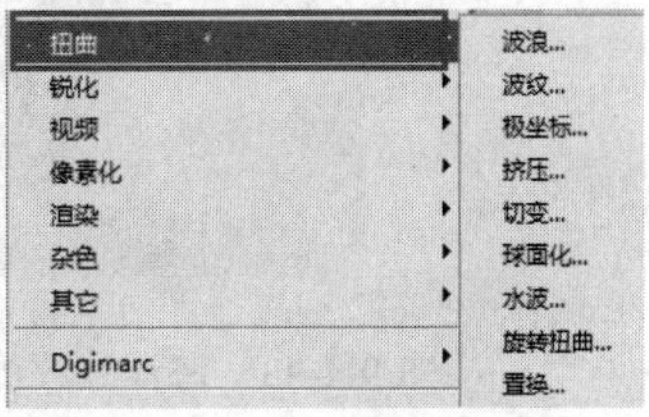

图 9-4-40 扭曲滤镜组

1. 玻璃滤镜

玻璃滤镜在滤镜库中，其可以使图像产生一种透过玻璃观察图像的效果。在“玻璃”对话框中可以选择不同的纹理效果，使图像看起来像是透过不同类型的玻璃来观看的。如图 9-4-41 所示为原图，图 9-4-42 所示为添加了玻璃滤镜的效果。

图 9-4-41 原图

图 9-4-42 玻璃滤镜效果

2. 海洋波纹滤镜

海洋波纹滤镜在滤镜库中，其可以使图像产生一种在海水中漂浮的效果。海洋波纹滤镜产生的波纹细小，边缘有较多的抖动，图像看起来就像是在水下。如图 9-4-43 所示为添加了海洋波纹滤镜的效果。

3. 扩散亮光滤镜

扩散亮光滤镜在滤镜库中，用于产生一种弥漫的光照效果，使图像中较亮的区域产生一种光亮效果。在“扩散亮光”对话框中，可以减小发光量，增加数量，然后单击“确定”按钮即可得到如图 9-4-44 所示的扩散亮光滤镜效果。

图 9-4-43　海洋波纹滤镜效果

图 9-4-44　扩散亮光滤镜效果

4. 波浪滤镜

波浪滤镜可以在图像上创建波状起伏的图案，生成波浪效果。如图 9-4-45 所示为添加了波浪滤镜的效果。

5. 波纹滤镜

波纹滤镜与波浪滤镜的工作方式相同，但提供的选项较少，只能控制波纹的数量和波纹的大小。在“波纹”对话框中，增加数量，然后单击“确定”按钮即可得到如图 9-4-46 所示的波纹滤镜效果。

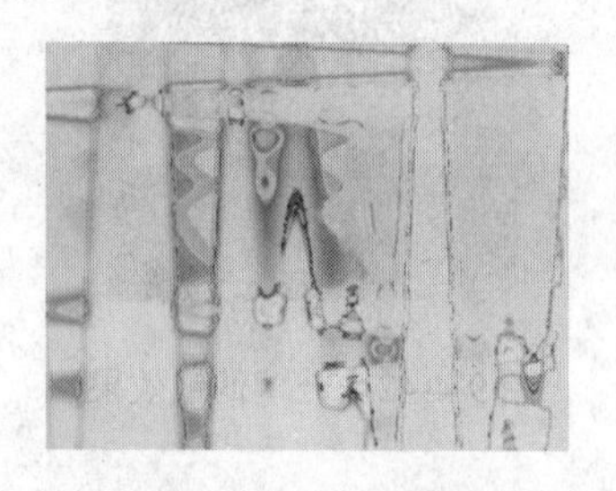

图 9-4-45　波浪滤镜效果

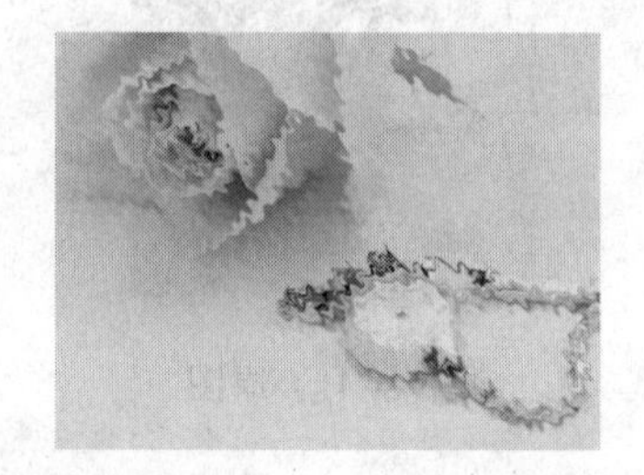

图 9-4-46　波纹滤镜效果

6. 极坐标滤镜

极坐标滤镜可以将图像从平面坐标转换到极坐标，或从极坐标转换到平面坐标，使图像产生极端变形效果。如图 9-4-47 所示为平面坐标转换为极坐标的效果，图 9-4-48 所示为极坐标转换为平面坐标的效果。

7. 挤压滤镜

挤压滤镜可以挤压图像。当挤压数量为正值时，图像向内凹陷；当挤压数量为负值时，图像向外凸出。如图 9-4-49 所示为挤压数量为正值时的效果，图 9-4-50 所示为挤压数量为负值时的效果。

图 9-4-47　平面坐标转换为极坐标的效果

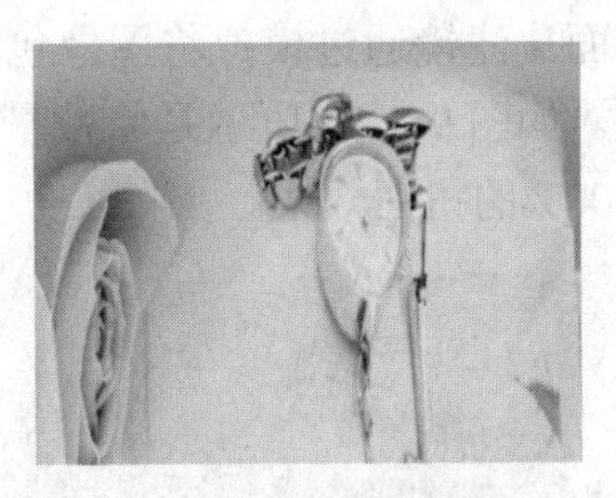

图 9-4-48　极坐标转换为平面坐标的效果

图 9-4-49　挤压数量为正值时的效果

图 9-4-50　挤压数量为负值时的效果

8. 切变滤镜

切变滤镜比较灵活，可以自己设定曲线来扭曲图像。在“切变”对话框中，在方格框的垂直线上单击即可创建切片点，拖动切片点可实现图像的切片变形。对话框中的“折回”选项，可在空白区域中填入溢出图像之外的图像内容，如图 9-4-51 所示；对话框中的“重复边缘像素”选项，可在图像边缘不完整的空白区填入扭曲边缘的像素颜色，如图 9-4-52 所示。

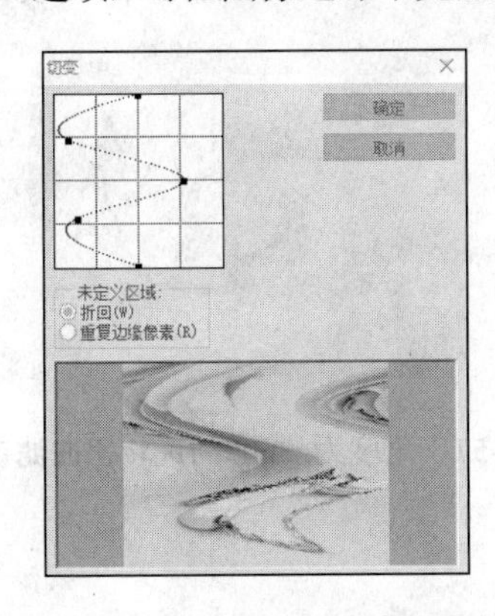

图 9-4-51　折回切变滤镜

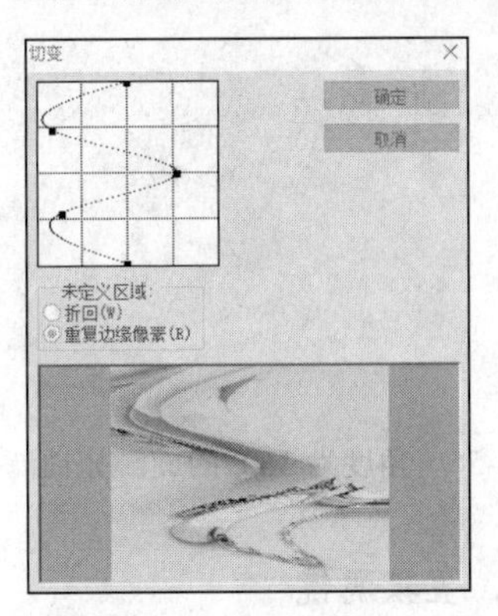

图 9-4-52　重复边缘像素切变滤镜

9. 球面化滤镜

球面化滤镜通过模拟将图像包在球上，并扭曲和伸展来适合球面，使图像产生球面化效果。如图 9-4-53 所示是将数量设置为 100%的扭曲效果，图 9-4-54 所示是将数量设置为-100%的扭曲效果。

图 9-4-53 数量设置为 100%的扭曲效果

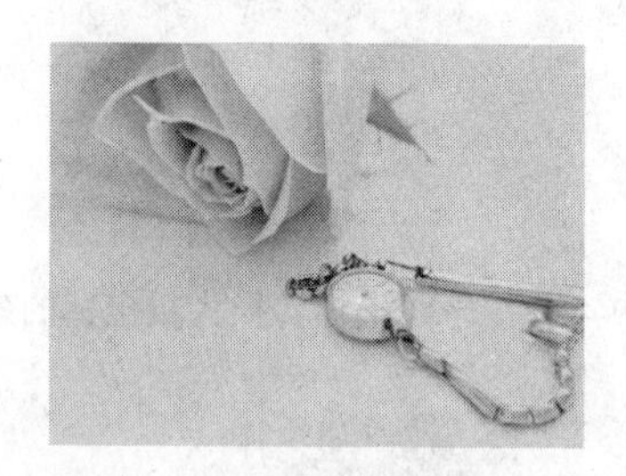

图 9-4-54 数量设置为-100%的扭曲效果

10. 水波滤镜

水波滤镜可以模拟水池中的波纹，在图像中产生类似于向水池中投入石子后水面的变化形态。如图 9-4-55 所示为设置数量为 50、起伏为 10 的水波滤镜效果。

图 9-4-55 水波滤镜效果

11. 旋转扭曲滤镜

旋转扭曲滤镜可以使图像产生旋转的效果，旋转会围绕图像中心进行，其中心旋转的程度比边缘大。当角度为正值时沿顺时针方向旋转，如图 9-4-56 所示为角度为 360° 的旋转扭曲滤镜效果；角度为负值时则沿逆时针方向旋转，如图 9-4-57 所示为角度为-360° 的旋转扭曲滤镜效果。

图 9-4-56 角度为 360° 的旋转扭曲滤镜效果

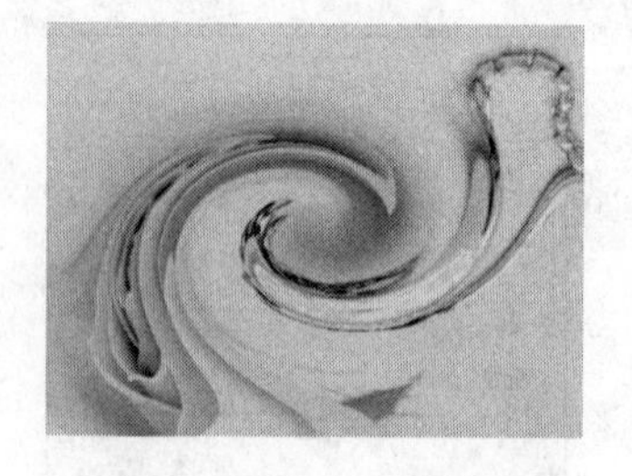

图 9-4-57 角度为-360° 的旋转扭曲滤镜效果

12. 置换滤镜

置换滤镜可以使图像产生移位效果，移位的方向不仅与参数设置有关，还与位移图有密切关系。使用置换滤镜需要两个文件，一个是要编辑的图像文件，另一个是位移图文件，位移图文件充当移位模板，用于控制位移的方向。用于充当移位模板的文件，必须是.psd 格式的文件，否则将不能进行操作。

9.4.4 锐化滤镜组

锐化滤镜组主要通过增强相邻像素间的对比度来减弱，甚至消除图像的模糊，使图像变得轮廓分明，效果清晰。锐化滤镜组包括的滤镜如图 9-4-58 所示。

图 9-4-58 锐化滤镜组

1. USM 锐化滤镜

USM 锐化滤镜通过增大相邻像素之间的对比度，使图像边缘变得更清晰。如图 9-4-59 所示为原图，如图 9-4-60 所示为“USM 锐化”对话框，在其中设置好参数后，单击“确定”按钮，即可得到如图 9-4-61 所示的 USM 锐化滤镜的效果。

图 9-4-59 原图

图 9-4-60 “USM 锐化”对话框

图 9-4-61 USM 锐化滤镜效果

“USM 锐化”对话框中各选项的含义如下。

1）数量：用于设置锐化效果的精细程度。

2）半径：用于设置图像锐化的半径范围大小。

3）阈值：只有相邻像素之间的差值达到所设置的阈值时才会被锐化。

2. 进一步锐化滤镜和锐化滤镜

进一步锐化滤镜和锐化滤镜的作用相似，只是进一步锐化滤镜的锐化效果更加强烈。锐化滤镜可以增加图像像素之间的对比度，使图像清晰。这两种滤镜均无参数设置对话框。如图 9-4-62 所示为两次进一步锐化后的效果，图 9-4-63 所示为两次锐化后的效果。

图 9-4-62　两次进一步锐化的效果

图 9-4-63　两次锐化的效果

3. 锐化边缘滤镜

锐化边缘滤镜可以查找图像中颜色发生显著变化的区域，然后将其锐化。锐化边缘滤镜只锐化图像的边缘，同时保留总体的平滑度。如图 9-4-64 所示为 4 次锐化边缘后的效果。

图 9-4-64　4 次锐化边缘后的效果

4. 智能锐化滤镜

智能锐化滤镜与 USM 锐化滤镜相似，并且补充和扩展了 USM 锐化滤镜，它可通过锐化算法、阴影和高光来精确地控制图像，设置相对比较复杂。如图 9-4-65 所示为原图，图 9-4-66 所示为“智能锐化”对话框。

图 9-4-65　原图

图 9-4-66　“智能锐化”对话框

“智能锐化”对话框中各选项的含义如下。

1）数量：设置锐化量。其值越大，像素边缘的对比度越强，图像看起来更加锐利。

2）半径：决定边缘像素周围受锐化影响的像素数量。半径越大，受影响的边缘就越宽，锐化的效果也就越明显。

3）移去：设置对图像进行锐化的锐化算法，其中高斯模糊是USM锐化滤镜使用的方法，镜头模糊将检测图像中的边缘和细节，动感模糊尝试减少由于相机或主体移动而导致的模糊效果。

4）更加准确：用更慢的速度处理文件，以便更精确地移去模糊。

智能锐化滤镜高级设置的“锐化”选项卡与基本设置类似，“阴影”和“高光”的选项卡相同。“阴影”和“高光”选项卡中各选项的含义如下。

1）渐隐量：调整高光或阴影的锐化量，以免锐化过度。

2）色调宽度：控制阴影或高光中间色调的修改范围。

3）半径：指定阴影或高光的像素数量。

9.4.5 视频滤镜组

视频滤镜组包含两种滤镜，即NTSC颜色和逐行两种滤镜，它们能够将普通的图像转换为视频设备可以接收的图像。

1. NTSC颜色滤镜

NTSC颜色滤镜可以将色域限制在电视机可以正确显示的范围，以防止过饱和颜色渗到电视扫描中，这样Photoshop中的图像便可以被电视接收。

2. 逐行滤镜

通过隔行扫描方式显示画面的电视，以及相关的视频设备中，捕捉的图像都会出现扫描线，逐行滤镜可以移去视频图像中的奇数行或偶数行的隔行线，使视频上捕捉的运动图像变得平衡。如图9-4-67所示为“逐行”对话框。

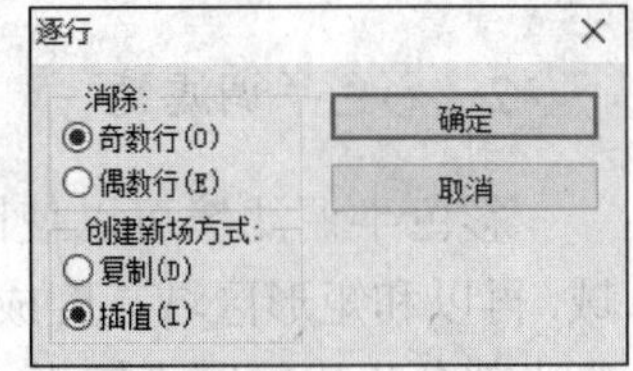

图9-4-67 “逐行”对话框

“逐行”对话框中各选项的含义如下。

1）消除：选中“奇数行”单选按钮，可删除奇数扫描线；选中“偶数行”单选按钮，可删除偶数扫描线。

2）创建新场方式：用于设置消除行后用何种方式来填充空白区域。选中“复制”单选按钮，可复制被删除部分周围的像素来填充空白区域；选中“插值”单选按钮，可以利用被删除部分周围的像素，通过插值的方法进行填充。

9.4.6 像素化滤镜组

像素化滤镜通过将图像中相似颜色值的像素转化为色块的方法，使图像分块或平面化。像素化滤镜组中的各种滤镜如图 9-4-68 所示。

图 9-4-68 像素化滤镜组

1. 彩块化滤镜

彩块化滤镜可以使纯色或相近颜色的像素结成像素块。使用该滤镜可以使图像看起来像手绘的图像，也可以使现实主义图像产生类似抽象派的绘画效果。彩块化滤镜没有相应的对话框。如图 9-4-69 所示为原图，图 9-4-70 所示为多次彩块化后的效果。

图 9-4-69 原图

图 9-4-70 多次彩块化后的效果

2. 彩色半调滤镜

彩色半调滤镜可以使图像变为网点效果，它先将图像的每一个通道划分为矩形区域，再以和矩形区域亮度成比例的圆形替代这些矩形，圆形的大小与矩形的亮度成比例。高光部分生成的网点较小，阴影部分生成的网点较大，如图 9-4-71 所示是“彩色半调”对话框，图 9-4-72 所示是添加了彩色半调滤镜的效果。

“彩色半调”对话框中各选项的含义如下。

1）最大半径：生成网点的半径。

2）网角（度）：用于设置每个颜色通道的网点角度。如果图像为灰度模式，只能使用通道 1；当图像为 RGB 模式时，可以使用 3 个通道；当图像为 CMYK 模式时，可以使用所有的通道。当各个通道中的网角（度）设置的数值相同时，网点会重叠显示出来。

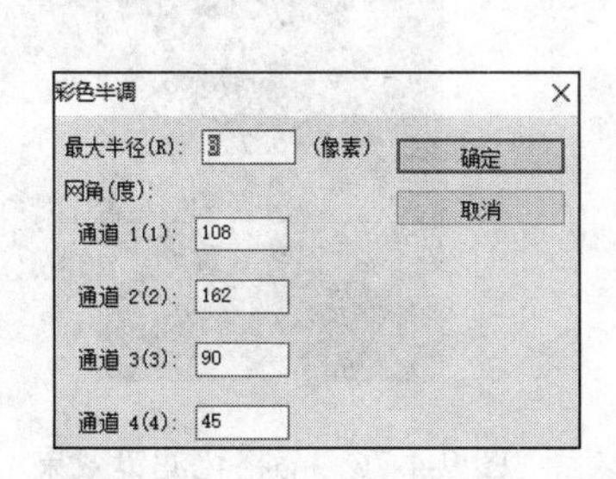

图 9-4-71 “彩色半调”对话框

图 9-4-72 彩色半调滤镜效果

3. 点状化滤镜

点状化滤镜可以将图像中的颜色分散为随机分布的网点，如同点状绘画效果，背景色将作为网点之间的画布区域。如图 9-4-73 所示是“点状化”对话框，图 9-4-74 所示是添加了点状化滤镜的效果，在“点状化”对话框中的“单元格大小”文本框中可设置彩色斑点的大小。

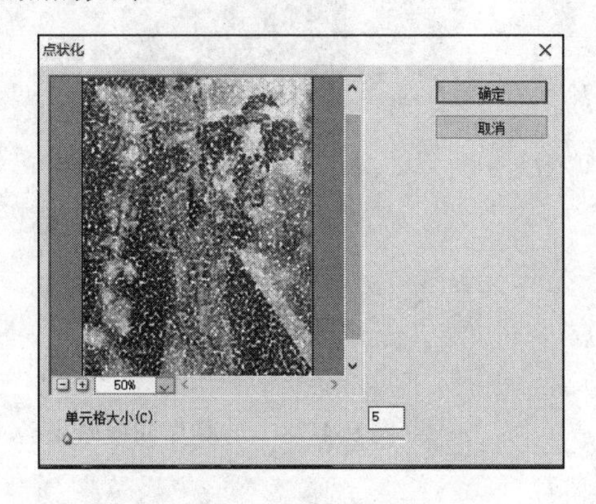

图 9-4-73 “点状化”对话框

图 9-4-74 点状化滤镜效果

4. 晶格化滤镜

晶格化滤镜可以使图像中相近的像素集中到多边形色块中，从而使图像产生类似冰块的块状效果。如图 9-4-75 所示是“晶格化”对话框，图 9-4-76 所示是添加了晶格化滤镜的效果。“晶格化”对话框中的参数与点状化滤镜的相同。

图 9-4-75　“晶格化”对话框

图 9-4-76　晶格化滤镜效果

5. 马赛克滤镜

马赛克滤镜可以使像素结为方形块，再给块中的像素应用平均颜色创建马赛克效果。使用该滤镜可以制作出电视中的马赛克画面。如图 9-4-77 所示为“马赛克”对话框，图 9-4-78 所示是添加了马赛克滤镜的效果。“马赛克”对话框中的“单元格大小”用于设置马赛克的大小。

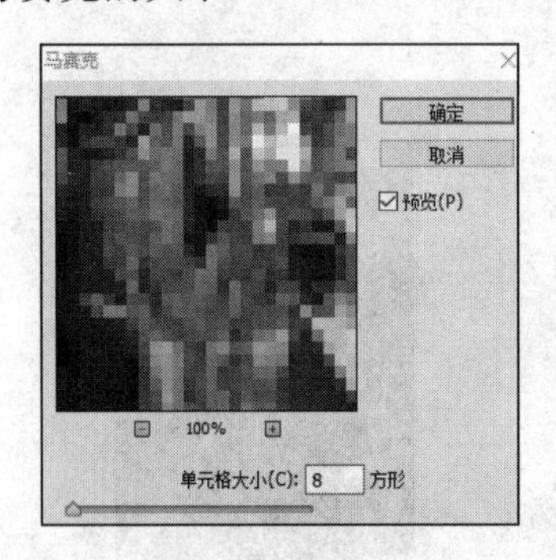

图 9-4-77　“马赛克”对话框

图 9-4-78　马赛克滤镜效果

6. 碎片滤镜

碎片滤镜可以把图像复制 4 次，并向 4 个方向偏移，然后将这几个图像的像素叠加起来求平均值，作为新图像的像素值，使图像产生一种没有对准焦距的模糊效果。此滤镜无相应的对话框。如图 9-4-79 所示为应用碎片滤镜后的效果。

7. 铜版雕刻滤镜

铜版雕刻滤镜可以在图像中随机生成各种不规则的直线、曲线和斑点，使图像产生年代久远的金属板效果。如图 9-4-80 所示是“铜版雕刻”对话框，在“类型”下拉列表中可以选择一种网点图案，包括精细点、中等点、粒状点、粗网点、短直线、中长直线等。如图 9-4-81 所示为类型选择“短直线”后的效果，图 9-4-82 所示为类型选择“短描边”后的效果。

图 9-4-79　碎片滤镜效果

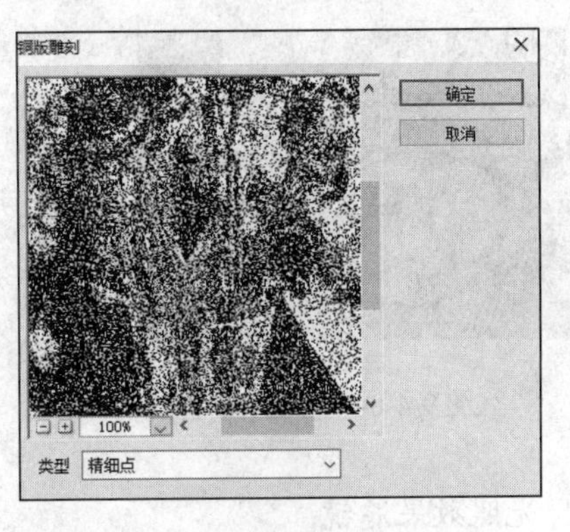

图 9-4-80　“铜版雕刻”对话框

图 9-4-81　类型为“短直线”的效果

图 9-4-82　类型为“短描边”的效果

9.4.7　渲染滤镜组

渲染滤镜可以在图片中产生不同的光源效果。渲染滤镜组中的各种滤镜如图 9-4-83 所示。

图 9-4-83　渲染滤镜组中的各种滤镜

1. 分层云彩滤镜

分层云彩滤镜用于给图像中添加一个分层云彩效果。添加的云彩并没有完全覆盖图像，而是和现有的像素进行混合，混合的方式与差值模式混合颜色的方式相同。这个滤镜没有相应的对话框，不用设置参数。如图 9-4-84 所示为原图，图 9-4-85 所示为应用 1 次分层云彩滤镜的效果。

图 9-4-84　原图

图 9-4-85　应用 1 次分层云彩滤镜的效果

2. 光照效果滤镜

光照效果滤镜是一个比较特殊的滤镜，它可以对图像使用不同类型的光源进行照射，如设置光源颜色和物体的反射特性等，然后根据这些设定产生光照，模拟三维光照效果，从而使图像产生类似光线照明的效果。如图 9-4-86 所示为“光照效果”面板，图 9-4-87 所示为应用光照效果滤镜后的效果。

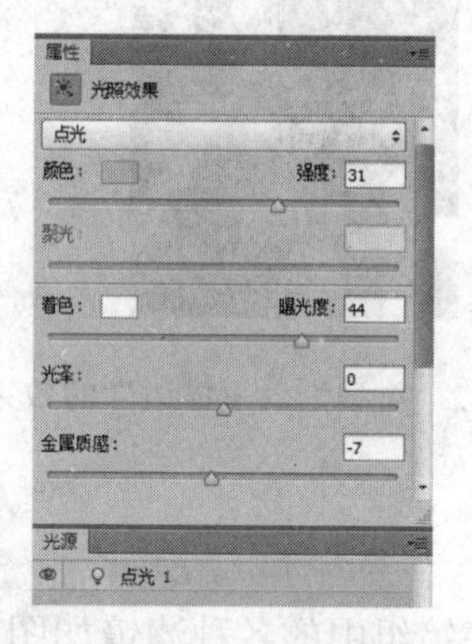

图 9-4-86　“光照效果”面板

图 9-4-87　光照效果滤镜效果

3. 镜头光晕滤镜

镜头光晕滤镜通过为图像添加不同类型的镜头，从而模拟镜头产生的炫光效果。它可以模拟亮光照射到相机镜头所产生的折射，常用来表现玻璃或金属等反射的反射光，或用来增强日光和灯光效果。如图 9-4-88 所示为“镜头光晕”对话框，在光晕中心预览框中，单击或拖动十字线可以指定光晕的中心。如图 9-4-89 所示为应用镜头光晕滤镜后的效果。

图 9-4-88　“镜头光晕”对话框

图 9-4-89　镜头光晕滤镜效果

“镜头光晕”对话框中各选项的含义如下。

1）光晕中心：在对话框中的图像缩略图上单击或拖动十字线，可以指定光晕的中心。

2）亮度：设置光晕的强度范围为 10%～300%。

3）镜头类型：设置不同类型镜头的光影。

4. 纤维滤镜

纤维滤镜可以使用前景色和背景色创建纤维效果。如图 9-4-90 所示为“纤维”对话框，图 9-4-91 所示为前景色为白色、背景色为#d7a9d6 时创建的纤维滤镜效果。

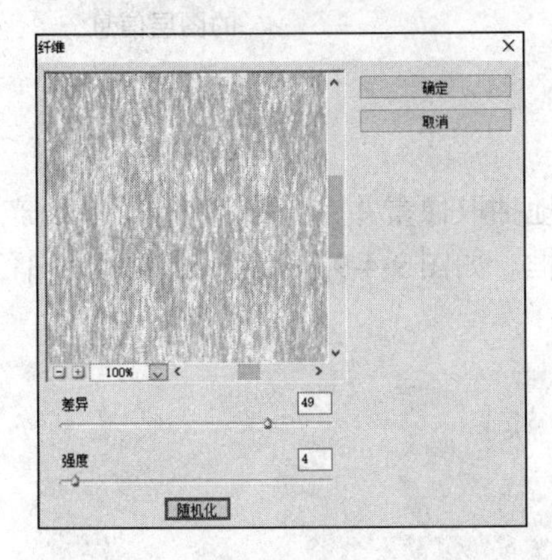

图 9-4-90　“纤维”对话框

图 9-4-91　纤维滤镜效果

“纤维”对话框中各选项的含义如下。

1）差异：用于调整纤维的变化纹理形状，可以控制颜色的变化方式，较低的值会产生较长的、有颜色的纤维，较高的值会产生非常短的、颜色分布变化更大的纤维。

2）强度：可以控制纤维的外观，如果值较低会产生松散的织物效果，如果值较高会产生短的绳状纤维。

3）“随机化”按钮：单击该按钮可随机产生一种纤维效果。

【案例 1】应用纤维滤镜，在素材文件“时光.jpg”上增加如图 9-4-92 所示的纤维状效果，然后将文件保存为“时光.psd”。

其具体的操作步骤如下。

步骤 1：打开素材包中的图片“时光.jpg”。

步骤 2：新建图层 1，填充为白色。

步骤 3：设置前景色为#74a3c0、背景色为#e6d5c9，选择“滤镜”→“渲染”→“纤维”命令，弹出“纤维”对话框，在对话框中设置“差异”为 24、“强度”为 13，然后单击“确定”按钮，得到如图 9-4-93 所示的效果。

步骤 4：将图层 1 的混合模式设置为“柔光”，即可得到最终效果，如图 9-4-92 所示。

步骤 5：将文件保存为“时光.psd”，效果图的图层信息如图 9-4-94 所示。

图 9-4-92　应用纤维滤镜的最终效果

图 9-4-93　设置纤维滤镜后的效果

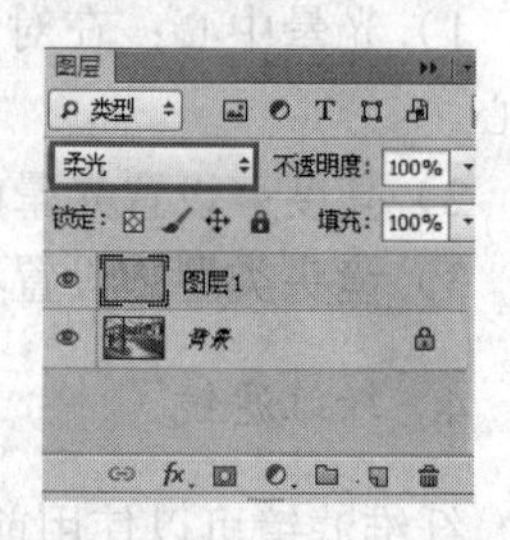

图 9-4-94　纤维滤镜效果图的图层信息

5. 云彩滤镜

云彩滤镜是通过在前景色和背景色之间随机地抽取像素并完全覆盖图像，从而产生类似柔和云彩的效果。云彩滤镜没有相应的对话框。如图 9-4-95 所示为前景色为白色、背景色为#d7a9d6 时应用云彩滤镜的效果。

图 9-4-95　云彩滤镜效果

9.4.8 杂色滤镜组

杂色滤镜组主要是向图像中添加杂点或去除图像中的杂点。杂色滤镜组中的各种滤镜如图 9-4-96 所示。

1. 减少杂色滤镜

减少杂色滤镜可以用来消除图像中的杂色。如图 9-4-97 所示为“减少杂色”对话框。

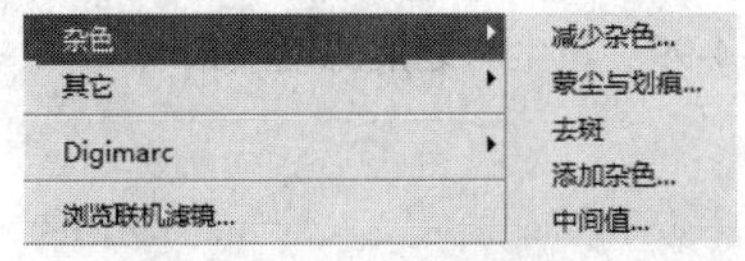

图 9-4-96　杂色滤镜组

图 9-4-97　“减少杂色”对话框

“减少杂色”对话框中各选项的含义如下。

1）强度：设置减少杂色的强度。其值越大，去除杂质的能力就越大。

2）保留细节：设置保留边缘和图像细节。值越大，图像细节保留就越多，但杂色的去除能力就减弱了。

3）减少杂色：去除随机的颜色像素。其值越大，减少的颜色杂质越多。

4）锐化细节：对图像的细节进行锐化。其值越大，细节锐化就越明显，但杂色也很明显。

5）移去 JPEG 不自然感：选中该复选框，将去除由于使用 JPEG 品质设置存储图像而导致的斑驳的图像伪像和光晕。

减少杂色滤镜的高级选项用于对图像中的单个通道进行杂色处理，以减少不需要的杂色。选中对话框中的“高级”单选按钮，可以显示高级选项。其中，“整体”选项卡与基本调整方式中的选项基本相同。“每通道”选项卡可以对各个颜色通道进行处理。如果亮度杂色在一个或两个颜色通道中较明显，便可以从“通道”下拉列表中选择颜色通道，拖动“强度”和“保留细节”滑块，来减少该通道中的杂色。

2. 蒙尘与划痕滤镜

蒙尘与划痕滤镜可通过更改相应的像素来减少杂色。该滤镜对于去除扫描图像中的杂点和折痕特别有效。如图 9-4-98 所示为“蒙尘与划痕”对话框，为了在锐化图像和隐藏瑕疵之间取得平衡，可尝试半径与阈值设置的各种组合，或者在图像的选中区域应用该滤镜。如图 9-4-99 所示为应用蒙尘与划痕滤镜后的效果。

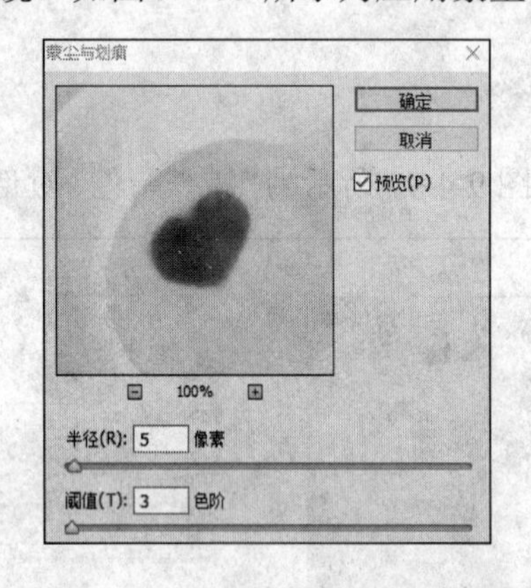

图 9-4-98 “蒙尘与划痕”对话框

图 9-4-99 蒙尘与划痕滤镜效果

“蒙尘与划痕”对话框中各选项的含义如下。

1）半径：设置图像模糊的程度。

2）阈值：设置像素差异多大才能被视为杂点。该值越高，去除杂点的效果就越弱。

3. 去斑滤镜

去斑滤镜可以检测图像边缘发生显著颜色变化的区域，并模糊除边缘外的所有选区，消除图像中的斑点，同时保留细节。这个滤镜没有相应的对话框，不用设置参数。通常在图像的选中区域应用该滤镜。

4. 添加杂色滤镜

添加杂色滤镜可以将随机的像素应用于图像，模拟在高速胶片上拍照的效果。该滤镜也可以用来减少羽化选区或渐变填充中的条纹，或是经过重大修饰的区域，看起来更加真实。如图 9-4-100 所示为“添加杂色”对话框，在其中设置好参数后，单击“确定”按钮，即可得到如图 9-4-101 所示的效果。

“添加杂色”对话框中各选项的含义如下。

1）数量：设置图像中生成杂色的数量。其值越大，生成的杂色数量越多。

2）分布：设置杂色的分布方式。平均分布会随机地在图像中加入杂点，生成的效果比较柔和；高斯分布会沿一条曲线来添加杂点，杂点效果较为强烈。

3）单色：选中该复选框，杂点只影响原有像素的亮度，像素的颜色不会改变。

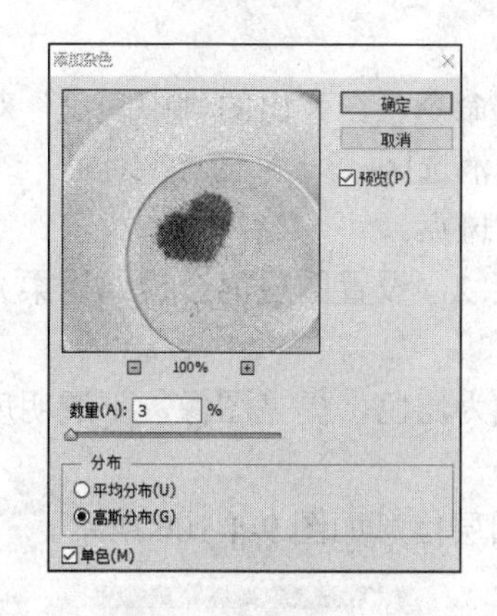

图 9-4-100 “添加杂色”对话框

图 9-4-101 添加杂色滤镜效果

5. 中间值滤镜

中间值滤镜通过混合选区中像素的亮度来减少图像的杂色，该滤镜可以通过搜索像素选区的半径范围，来查找亮度相近的像素，扔掉与相邻像素差异太大的像素，并用搜索到的像素的中间亮度值来替换中心像素，实现消除或减少图像的杂色。如图 9-4-102 所示为有瑕疵的原图，在如图 9-4-103 所示的“中间值”对话框中设置好参数后，单击“确定”按钮，即可得到如图 9-4-104 所示的中间值滤镜效果。

图 9-4-102 有瑕疵的原图

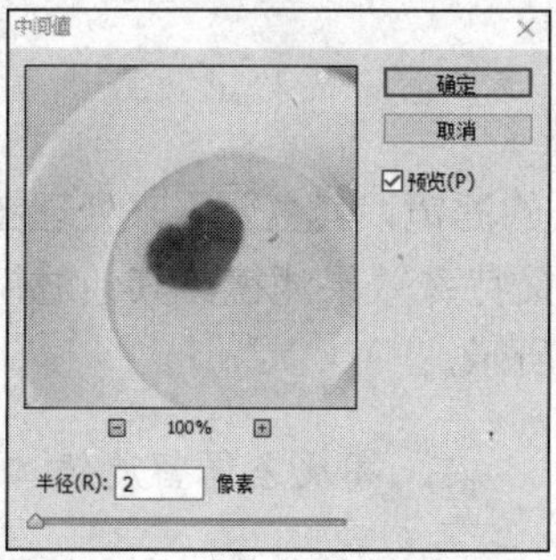

图 9-4-103 “中间值”对话框

图 9-4-104 中间值滤镜效果

【案例 2】综合应用杂色滤镜，实现快速脸部祛斑，完成效果如图 9-4-105 所示，将文件保存为“祛斑.psd”。

其具体的操作步骤如下。

步骤 1：打开素材包中的图片“祛斑.jpg”。

步骤 2：复制背景图层，生成背景副本图层，隐藏背景图层，使用魔棒工具、路径工具等勾选脸部选区，注意不要选择鼻翼、眼睛、眉毛、耳朵和嘴唇。

步骤 3：选择“滤镜”→“杂色”→“祛斑”命令，反复按 Ctrl+F 组合键，执行多次祛斑操作。

步骤 4：选择“滤镜”→“杂色”→“中间值”命令，在弹出的“中间值”对话框中设置半径为 2，然后单击“确定”按钮。结束后取消选区。

步骤 5：使用“污点修复画笔工具”祛除明显的斑点。

步骤 6：复制背景副本图层，生成背景副本图层 2，设置图层混合模式为柔光，加强明暗对比。

步骤 7：再复制一个新图层，设置图层混合模式为滤色，提亮图像，不透明度设为 50%。

步骤 8：将文件保存为“祛斑.psd”，效果图的图层信息如图 9-4-106 所示。

图 9-4-105　祛斑后的效果图

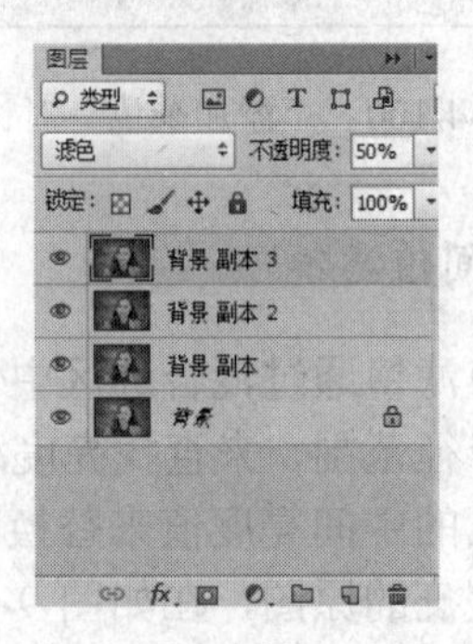

图 9-4-106　“图层”面板

9.4.9　其他滤镜组

其他滤镜组不同于其他分类的滤镜，其主要用来处理图像的某些细节部分，也可自定义特殊效果滤镜。其他滤镜组中的各种滤镜如图 9-4-107 所示。

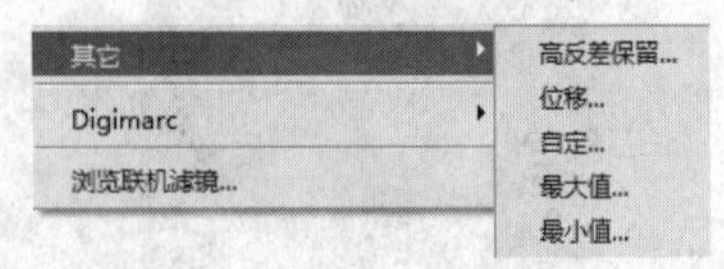

图 9-4-107　其他滤镜组

1. 高反差保留滤镜

高反差保留滤镜可以在图像中有强力颜色过渡的地方，按指定的半径保留边缘细节，并且不显示图像的其余部分。该滤镜对于从图像中取出艺术线条和大的黑白区域非常有用。如图 9-4-108 所示为原图，图 9-4-109 所示为“高反差保留”对话框，在其中设置好参数后，单击“确定”按钮，即可得到如图 9-4-110 所示的高反差保留滤镜效果。

“高反差保留”对话框中的“半径”选项，用于调整原图像保留的程度，该值越高，保留的原图像越多，如果该值为 0，则整个图像会变成灰色。

图 9-4-108　原图

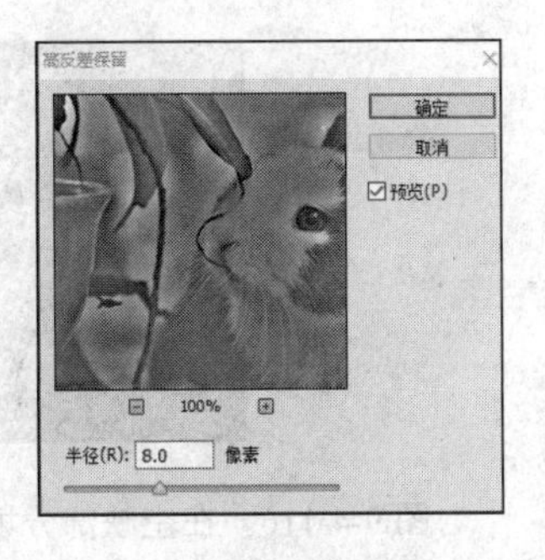

图 9-4-109　“高反差保留”对话框

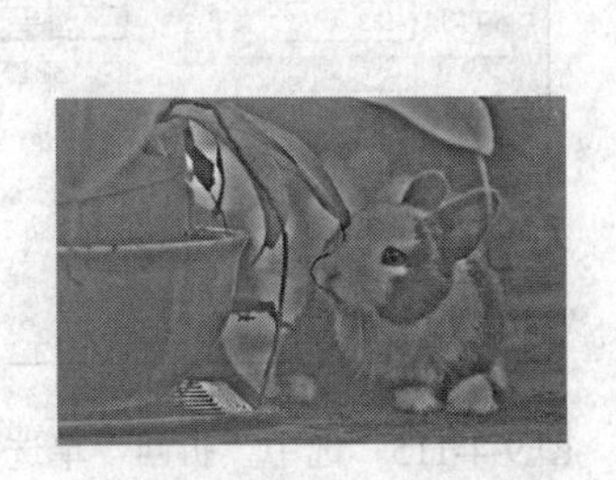

图 9-4-110　高反差保留滤镜效果

2. 位移滤镜

位移滤镜可以水平或垂直地偏移图像，对于偏移生成的空缺区域，可以选择不同的方式来填充。如图 9-4-111 所示为“位移”对话框，在其中设置好参数后，单击“确定”按钮，即可得到如图 9-4-112 所示的以背景色填充空缺区域的效果。

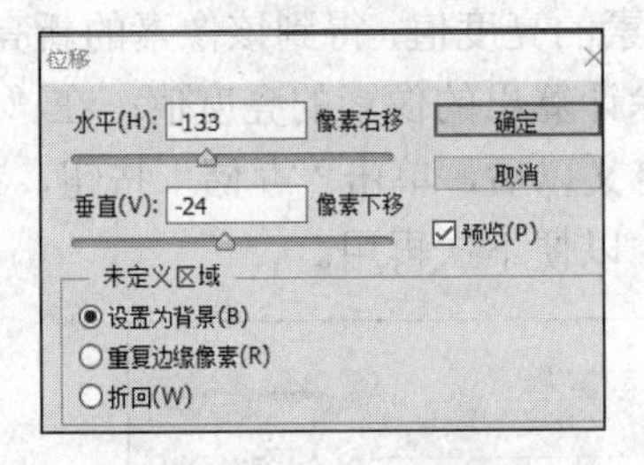

图 9-4-111　“位移”对话框

图 9-4-112　以背景色填充空缺区域的效果

如果选中“未定义区域”选项组中的“重复边缘像素”单选按钮，那么在图像边界的空缺部分填入边缘的像素颜色。参数设置和效果分别如图 9-4-113 和图 9-4-114 所示。

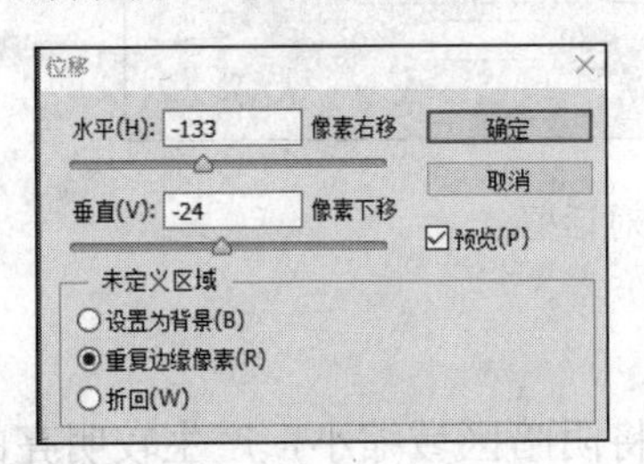

图 9-4-113　选中“重复边缘像素”单选按钮

图 9-4-114　在图像边界的空缺部分填入边缘像素颜色的效果

如果选中“未定义区域”选项组中的“折回”单选按钮，那么会在空缺部分填入溢出图像之外的内容，参数设置和效果分别如图 9-4-115 和图 9-4-116 所示。

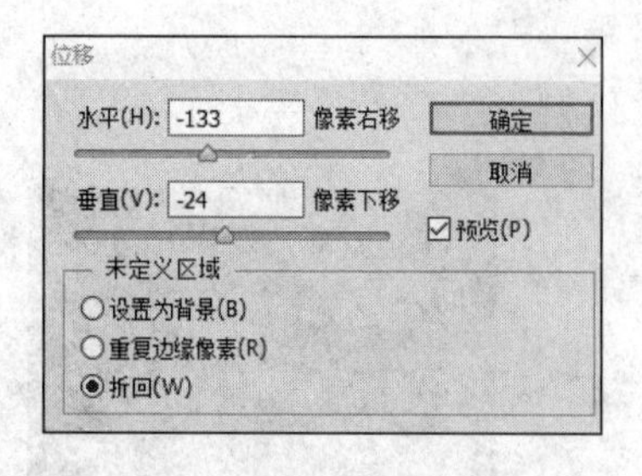

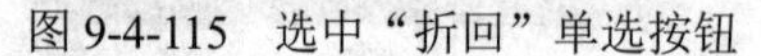

图 9-4-115 选中“折回”单选按钮　　图 9-4-116 在空缺部分填入溢出图像之外的内容的效果

3. 自定滤镜

自定滤镜可以创建自定义的滤镜效果，该滤镜可根据预定义的数学运算，更改图像中每个像素的亮度值。用户可以自定并存储创建的自定义滤镜，并将它们用于其他 Photoshop 图像。如图 9-4-117 所示为“自定”对话框，“自定”对话框中有一个 5×5 的数据框矩阵，矩阵最中间的方格代表目标像素，其余方格代表目标像素周围对应位置上的像素；在方格中输入一个值后，将以该值去乘像素的亮度值，得到该像素的新亮度值。在“缩放”文本框中输入一个值后，将以该值去除计算出的像素的亮度值；在“位移”文本框中输入的值，则与缩放计算结果相加；自定义以后，单击“存储”按钮，在弹出的“存储”对话框中将设置的滤镜存储到系统中，以便下次再用。

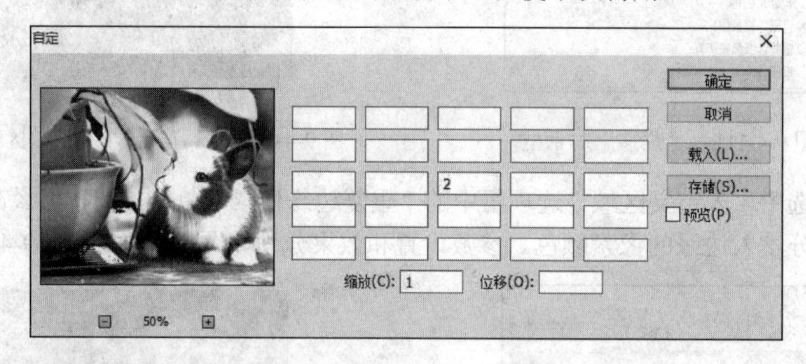

图 9-4-117 “自定”对话框

4. 最大值和最小值滤镜

最大值滤镜可以将图像中的明亮区域扩大，将阴暗区域缩小，产生较明亮的图像效果；最小值滤镜可以将图像中的明亮区域缩小，将阴暗区域扩大，产生较阴暗的图像效果。如图 9-4-118 所示为应用最大值滤镜的效果，图 9-4-119 所示为应用最小值滤镜的效果。

图 9-4-118　最大值滤镜效果

图 9-4-119　最小值滤镜效果

9.5 滤镜综合应用

9.5.1 液化瘦身

在素材文件“液化.jpg”中应用液化滤镜实现瘦身效果。如图 9-5-1（a）所示为原图，图 9-5-1（b）所示为最终效果图，将文件保存为“液化瘦身.jpg”。

（a）

（b）

图 9-5-1　液化瘦身效果图

其具体的操作步骤如下。

步骤 1：打开素材包中的图片“液化.jpg”。

步骤 2：选择“滤镜”→“液化”命令，弹出“液化”对话框。

步骤 3：单击左侧的“向前变形工具”按钮，选中“高级模式”复选框，按以下参数设置：画笔大小为 100，画笔密度为 0，画笔压力为 40，对胳膊和腰部进行液化（选中“显示背景”复选框，可查看液化的前后对比）。

步骤 4：将文件保存为“液化瘦身.jpg”。

9.5.2 制作海报边缘

在素材文件“海报边缘.jpg”中应用海报边缘滤镜。如图 9-5-2（a）所示为原图，图 9-5-2（b）所示为效果图，将文件保存为“海报.jpg”。

（a）

（b）

图 9-5-2　海报边缘效果图

其具体的操作步骤如下。

步骤 1：打开素材包中的图片“海报边缘.jpg”。

步骤 2：应用快速蒙版工具对人像外的背景建立选区，方法如下。

1）单击工具箱中的“以快速蒙版模式编辑”按钮，然后选择“画笔工具”，对人像进行涂抹。

2）单击工具箱中的“以标准模式编辑”按钮（退出快速蒙版），得到人像选区。选择“选择”→“反选”命令得到背景选区。

步骤 3：选择“滤镜”→“滤镜库”命令，在弹出的“滤镜库”对话框中选择“艺术效果”→“海报边缘”，参数任意，然后单击“确定”按钮。

步骤 4：将文件保存为“海报.jpg”。

第10章

综合应用案例

本章通过5个综合案例详细地讲述了运用Photoshop制作这些案例的流程和方法，每个案例都是从实用、专业的角度出发，剖析各个知识点，以练代讲，使学生在练中学、学中悟。希望学生能够根据素材、步骤和提示完成每个案例的制作，这样才可以快速掌握和理解Photoshop的技术精髓。

本章中的每个案例都尝试把思想政治教育融入专业课堂，帮助学生树立正确的价值观和道德素养，也希望学生更多地关注每一个案例所包含的设计思路和艺术表现技巧，充分发挥想象，大胆尝试，提高设计的艺术水准和审美能力。

10.1 制作“武汉加油”抗疫海报

2019 年底，由 COVID-19 病毒（简称新冠肺炎）引起的疫情来势凶猛，遍及全球。武汉是我国第一个受灾的城市，也是我国受灾最严重的城市。制作“武汉加油”抗疫海报印证了中国人民上下同心战胜新冠肺炎的斗志与决心，讴歌了所有为此奋战一线的“逆行者”英雄们的大无畏精神，谱写了历史的篇章，其效果图如图 10-1-1 所示。

图 10-1-1 “武汉加油”抗疫海报效果图

本节涉及的知识点包括图层、选区、变形、调色、渐变填充、图层混合模式、图层样式、蒙版等。

制作抗疫海报的具体操作步骤如下。

步骤 1：打开 10.1 素材文件夹中的全部图片，以武汉城市夜景为背景图层。单击“图层”面板底部的“创建新的填充或调整图层”按钮，在弹出的下拉列表中选择“纯色”命令，填充为黑色，并设置填充图层的混合模式为叠加。选择“渐变工具”，在颜色填充蒙版上绘制出上黑下白的渐变填充，目的是把背景图层的下部颜色压暗，保持天空的明亮度，其效果如图 10-1-2 所示。

图 10-1-2　上黑下白的渐变填充效果图及“图层”面板

步骤 2：把各种病毒图案复制到背景图层中，多复制几份，调整其大小及位置，让病毒分布在背景的下部。选中全部病毒图层右击，在弹出的快捷菜单中选择“拼合图像”命令，所有的病毒都集中到了一个图层中，重命名该图层为“病毒”。

步骤 3：选中病毒图层，单击“图层”面板底部的“创建新的填充或调整图层”按钮，在弹出的下拉列表中选择“亮度/对比度”命令，参数设置如图 10-1-3 所示。然后设置病毒图层的不透明度为 80%，如图 10-1-4 所示，其效果如图 10-1-5 所示。

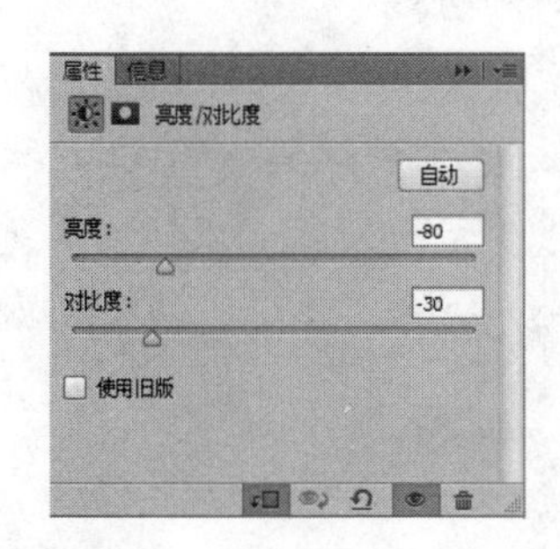

图 10-1-3　亮度/对比度参数

图 10-1-4　设置不透明度为 80%

图 10-1-5　设置图层不透明度后的效果图

步骤 4：把星光图像复制到背景中，使用变形工具调整图像的大小及位置，让星光在城市的上半部分区域。设置星光图层的混合模式为“滤色”。使用合适的选区工具，把心形手势照片中的手选中，并复制到背景图层的中部，使用变形工具调整图像的大小及位置。给星光图层添加空白蒙版，用黑色画笔在蒙版上涂抹，把手下方及心形中间的星光抹掉，如图 10-1-6 所示。

图 10-1-6　复制星光图像并添加心形手势的效果及“图层”面板

步骤 5：把孔明灯复制到背景中，多复制几份，然后调整其大小及位置。再调整孔明灯图层与手势图层之间的层次关系，让一些孔明灯在手的前方，一些在后方。新建一个组，命名为“孔明灯”。把所有的孔明灯图层及手势图层放入组内。

步骤 6：双击某个孔明灯图层，添加“外发光”效果，具体参数设置如图 10-1-7 所示。把该图层样式复制到其他全部孔明灯图层中，如图 10-1-8 所示。

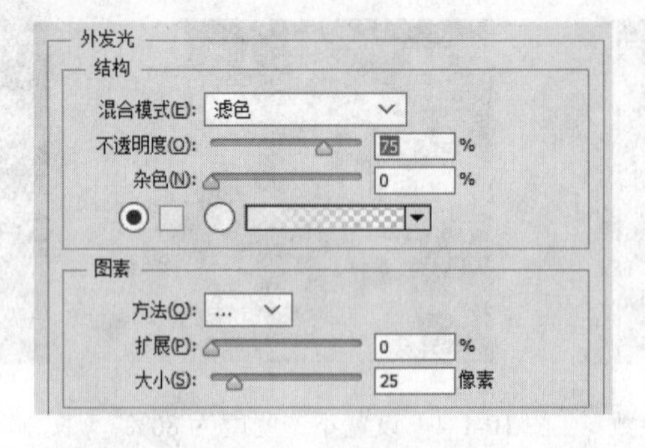

图 10-1-7　外发光参数

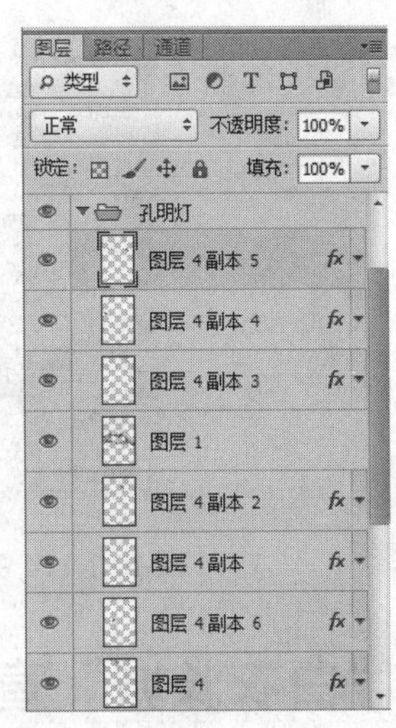

图 10-1-8　给孔明灯添加外发光样式的效果及“图层”面板

步骤 7：把文字图片中的“武汉加油”4 个字，分开单独地复制到背景中，调整它们的大小及位置。新建一个组，命名为“文字”。把所有的文字图层放入组内。给文字图层添加“颜色叠加”的图层效果，参数设置如图 10-1-9 所示，结果如图 10-1-10 所示。

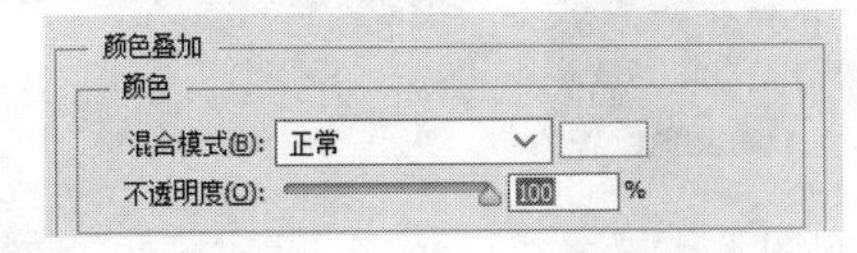

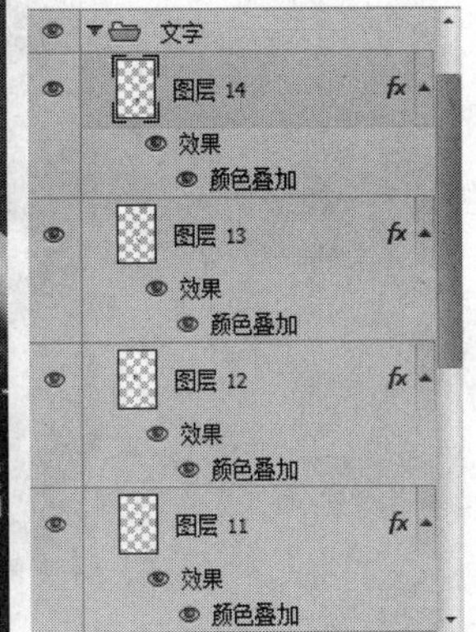

图 10-1-9　颜色叠加参数

图 10-1-10　添加文字并设置图层样式的效果及“图层”面板

步骤 8：选择文字工具，单击属性栏中的“切换字符和段落面板”按钮，弹出“字符”面板，参数设置如图 10-1-11 所示。在背景的底部中央输入文字“抗击病毒 众志成城”，最后得到如图 10-1-1 所示的效果图。

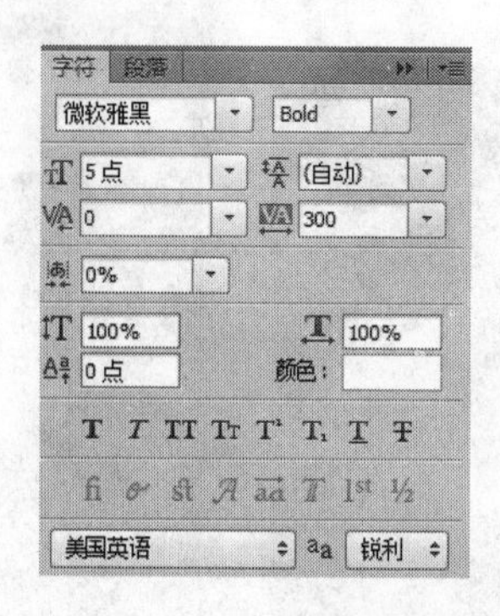

图 10-1-11　字符参数的设置

10.2　制作“白衣长城”宣传海报

“白衣誓言，经得起战火燃烧”，在疫情面前，无数医护工作者用坚守和奉献筑起白衣长城，诠释着医者仁心的使命与担当，其效果图如图 10-2-1 所示。

图 10-2-1　“白衣长城”效果图

本节涉及的知识点包括选框工具、渐变工具、画笔、油漆桶、滤镜、蒙版、文字工具、图层样式等。

其具体的操作步骤如下。

步骤 1：选择“文件”→“新建”命令，在弹出的“新建”对话框中设置参数：文件名为“白衣长城”，长度为 900 像素，宽度为 800 像素，分辨率为 300 像素/英寸，白色背景，然后单击“确定”按钮。

步骤 2：设置前景色为# ecdaaf，按 Alt+Delete 组合键填充背景图层。

步骤 3：新建图层 1，选择“椭圆选框工具”，按 Shift 键拖出一个正圆形选框；选择“渐变工具”，设置如图 10-2-2 所示的渐变色，径向渐变填充圆形选区，如图 10-2-3 所示。按 Ctrl+T 组合键对图层 1 的圆进行变形，结果如图 10-2-4 所示。

图 10-2-2　渐变颜色设置

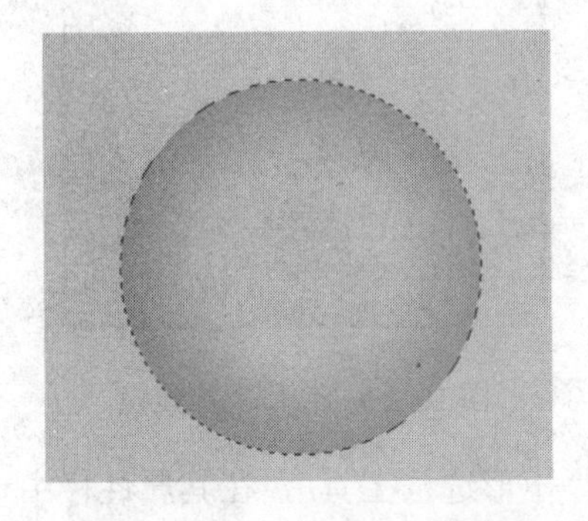

图 10-2-3　渐变填充圆形选区

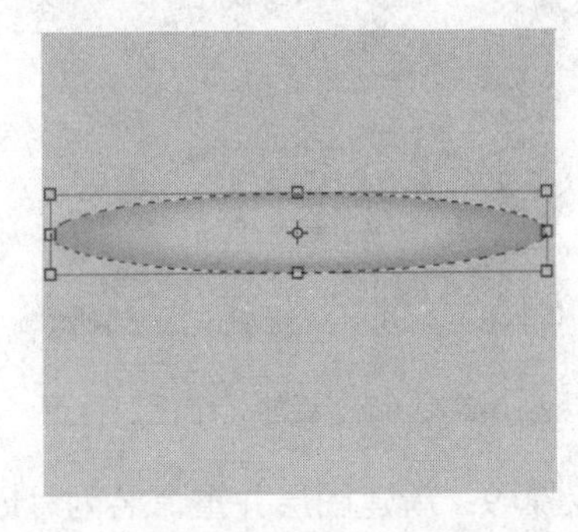

图 10-2-4　变形后的效果

步骤 4：选择图层 1，单击“图层”面板底部的“添加图层蒙版”按钮为图层 1 添加蒙版，用黑色画笔在蒙版上涂抹，达到如图 10-2-5 所示的效果。

步骤 5：按 Ctrl+J 组合键复制图层 1，把复制的图层重命名为图层 2；选择图层 2，按 Ctrl+T 组合键，适当缩小图形的大小、调整图形的位置，如图 10-2-6 所示。

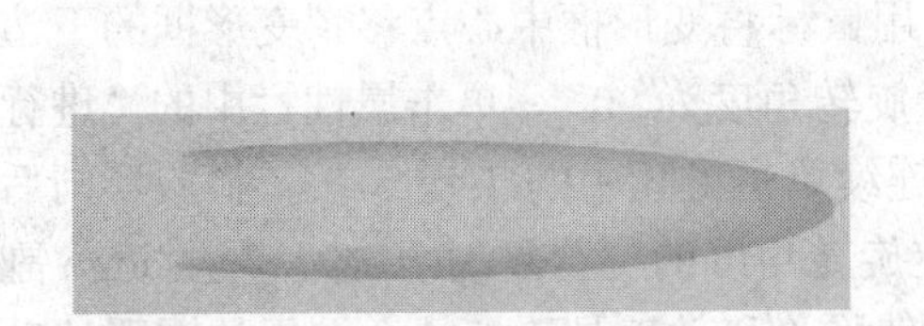

图 10-2-5　在图层 1 蒙版涂抹后的效果

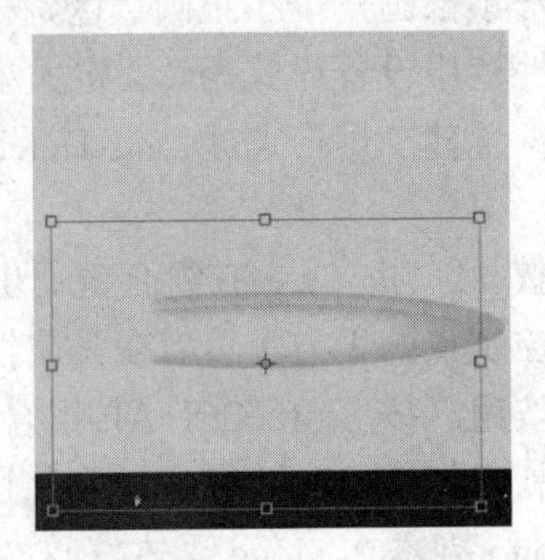

图 10-2-6　调整图层 2 的大小和位置

步骤 6：设置图层 1 的不透明度为 50%，按住 Shift 键的同时单击图层 1 和图层 2 选择两个图层，然后单击“图层”面板底部的“连接图层”按钮连接两个图层。

步骤 7：按 Ctrl+J 组合键复制图层，得到图层 1 副本和图层 2 副本，分别重命名为图层 3 和图层 4。选择“编辑”→“变换”→“水平翻转”命令，把图层 3、图层 4 水平翻转后，分别拖动 4 个图层到如图 10-2-7 所示的位置，设置图层 2 和图层 4 的不透明度分别为 80%和 60%。

步骤 8：新建图层 5，使用“矩形选框工具”绘制出如图 10-2-8 所示白色区域的矩形选区，设置前景色为#ffffff，选择“油漆桶工具”填充选区，然后取消选区。

图 10-2-7　调整后的 4 个图层位置

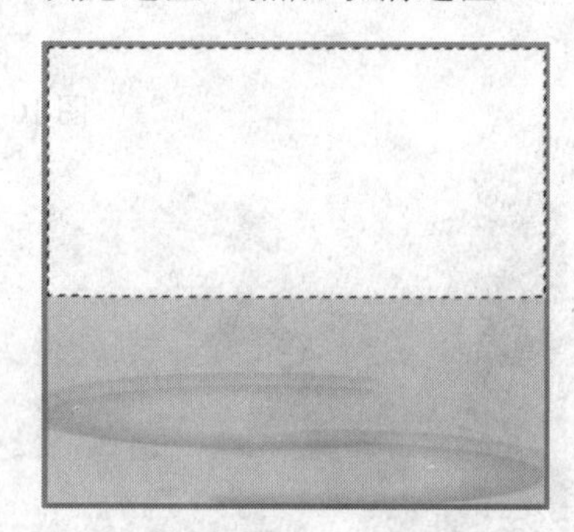

图 10-2-8　绘制医疗旗帜

步骤 9：新建图层并重命名为“logo”，选择“矩形选框工具”，在其属性栏中设置样式为“固定大小”，宽度为 72 像素，高度为 72 像素，在 logo 图层单击建立正方形选区。设置前景色为#FF0000，使用“油漆桶工具”填充正方形选区，然后按 Ctrl+D 组合键取消选区。

步骤 10：选择“编辑”→“变换”→“旋转”命令，在属性栏中的“设置旋转”文本框中输入 45，然后单击“进行变换”按钮。使用“椭圆选框工具”按住 Shift 键在红色正方形顶部画一个小正圆选区，按 Delete 键删除选区内的像素。选择“矩形选框工具”，在其属性栏中设置样式为“固定大小”，宽度为 58 像素，高度为 80 像素，在如图 10-2-9 所示的位置建立矩形选区，按 Delete 键删除选区内的像素，然后按 Ctrl+D 组合键取消选区。

步骤 11：按 Ctrl+T 组合键调出变形框，用鼠标将变形框中心点移到变形框的下边框上的控制点的下方，然后在其属性栏中设置旋转角度为 90°，单击属性栏中的“进行变换”按钮。按 Shift+Ctrl+Alt 组合键的同时连续单击键盘中的 T 键 3 次，将图形向后旋转复制（每按一次 T 键，就会将图形在指定旋转角度的位置复制一次），产生 logo 副本 1、logo 副本 2、logo 副本 3 这 3 个图层，使用“移动工具”把 4 个图层的图形移动到如图 10-2-10 所示的位置（若某个图形不能严格对齐，可按 Ctrl+T 组合键，调出变形框后进行精确的位置调整）。合并 4 个图层并重命名为“logo”。

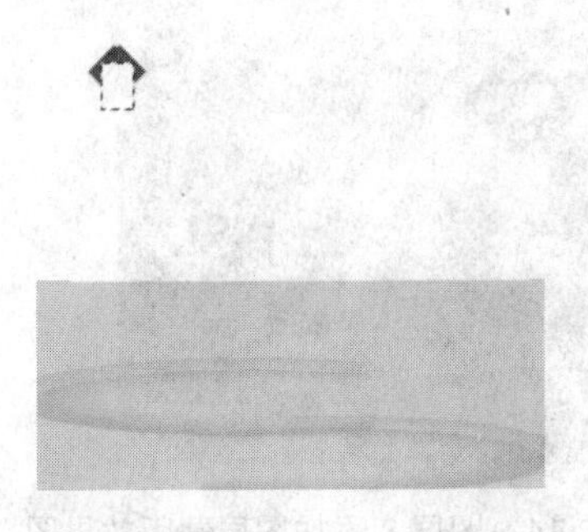

图 10-2-9　绘制医疗标志

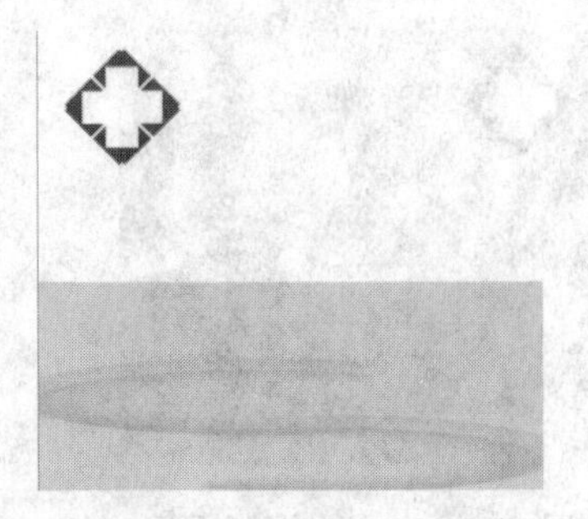

图 10-2-10　合并后的 logo

步骤 12：新建图层 6，按 Ctrl 键的同时单击图层 5 图标，载入矩形选区。选择图层 6 作为当前图层，选择“渐变工具”，对选区进行黑白对称渐变，模式设为差值，多次不规则地拖动鼠标，为白色医疗旗帜制作波纹，效果如图 10-2-11 所示。

步骤 13：选择图层 6 作为当前图层，选择“滤镜”→“模糊”→“高斯模糊”命令，在弹出的“高斯模糊”对话框中，设置半径为 15 像素，单击“确定”按钮。选择“滤镜”→“风格化”→“查找边缘”命令；然后单击“图层”面板底部的“创建新的填充或调整图层”按钮，在弹出的下拉列表中选择“色阶”命令，在弹出的面板中，拖动“中间调”和“高光”滑块到如图 10-2-12 所示的位置。将波纹所在图层 6 的模式设为“正片叠底”，效果如图 10-2-12 所示。

图 10-2-11　绘制波纹

图 10-2-12　调整波纹色阶

步骤 14：打开“素材 1.psd”，使用“移动工具”把长城所在图层拖入白衣长城窗口，形成图层 7；使用“魔棒工具”单击长城图案，在图层 7 建立长城选区。选择“渐变工具”，设置渐变颜色从左#f6bd33 到右#8b0000 的线性渐变，填充选区，然后取消选择，按 Ctrl+T 组合键，调整长城的图案大小和位置，效果如图 10-2-13 所示。

步骤 15：打开“素材 2.jpg”，使用“移动工具”把素材 2 拖入白衣长城窗口，形成图层 8，按 Ctrl+T 组合键调整医生图像大小和位置；单击“图层”面板底部的“添加图层蒙版”按钮，为图层 8 添加图层蒙版，利用黑白渐变工具和黑色画笔工具在图层蒙版相应位置填充和涂抹，达到如图 10-2-14 所示的效果。

图 10-2-13　添加长城图层

图 10-2-14　图层 8 添加图层蒙版效果图

步骤 16：打开“素材 3.psd”，按 Ctrl 键在素材 3 的“图层”面板单击图层 1 图标，建立病毒选区，选择“编辑”→“定义画笔预设”命令，在弹出的“画笔名称”对话框的“名称”文本框中输入“冠状病毒”，如图 10-2-15 所示，然后单击“确定”按钮。

步骤 17：切换到白衣长城窗口，单击“图层”面板底部的“创建新图层”按钮，新建图层 9，设置前景色为#ad3581，选择“画笔工具”，在属性栏中单击“画笔设置”按钮，打开“画笔设置”面板，设置画笔大小为 30 像素，间距为 150%，分别设置“形状动态”中的“大小抖动”为 50%，勾选“颜色动态”，设置“散布”面板的相关参数，如图 10-2-16 所示。使用“画笔工具”在图层 9 的相应位置涂抹，画出如图 10-2-17 所示的效果。

步骤 18：选择“横排文字工具”，设置字体为华文行楷，大小为 40 点，颜色为#ed0b30，输入“白衣长城”。选择文字图层，单击“图层”面板底部的“图层样式”按钮，在弹出的“图层样式”对话框中为文字添加黄色外发光效果。效果图如图 10-2-18 所示。

图 10-2-15　定义画笔预设

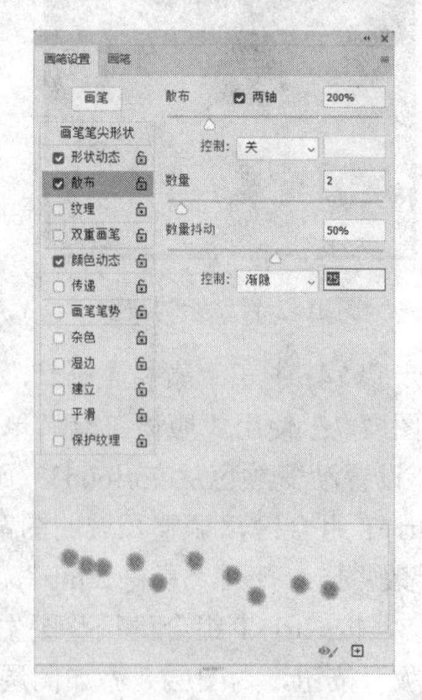

图 10-2-16　“画笔设置”面板

图 10-2-17　画笔效果图

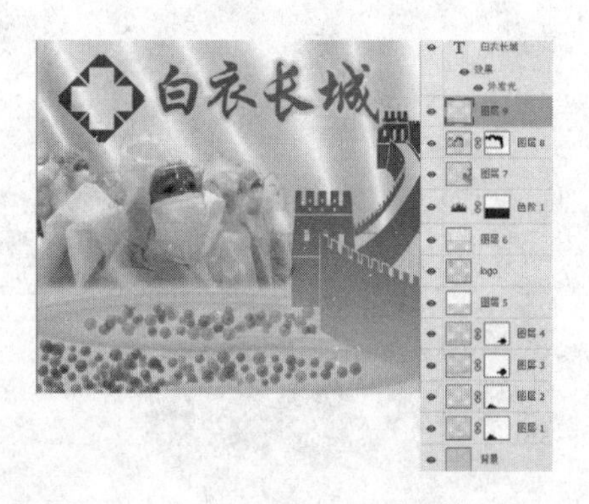

图 10-2-18　文字效果和图层信息

10.3 制作“逆行者”版画

这是一场没有硝烟的战争，面对传播能力强、致病感染率高的新型冠状病毒，成千上万身着白衣的英雄儿女，奔赴救治战场，迎面而上！他们以凡人之躯，倾凡人之力，逆行在这条难关重重的路上，舍小家为大家，不分昼夜与疫情赛跑。背对着他们，则是千家万户中每一位中国人的疫情防控战，没有前方和后方，所有的中国人背靠着背，肩并着肩，共渡难关！本节的任务是制作“逆行者”版画，效果如图 10-3-1 所示。

图 10-3-1　“逆行者”效果图

本节涉及的知识点包括路径工具、路径描边、路径填充、自由变换、渐变填充、选区、滤镜、蒙版、文字工具、图层样式、通道、图像计算。

其具体的操作步骤如下。

步骤 1：选择“文件”→“新建”命令，在弹出的“新建”对话框中新建一个文件名“逆行者”、高为 1024 像素、宽为 768 像素、分辨率为 300 像素/英寸、背景色为白色的 RGB 图像文件。

步骤 2：新建图层 1，选择“渐变工具”，设置渐变色如图 10-3-2 所示，线性渐变填充图层 1，单击“图层”面板底部的“添加图层样式”按钮，在弹出的下拉列表中选择“渐变叠加”命令，在弹出的“图层样式”对话框中设置如图 10-3-2 所示的渐变颜色，渐变效果如图 10-3-3 所示。

图 10-3-2　设置渐变颜色

图 10-3-3　渐变填充与渐变叠加效果图

步骤 3：新建图层 2，选择“钢笔工具”大致画出如图 10-3-4 所示的路径，然后利用“直接选择工具”拖动控制点和方向线，调整至如图 10-3-4 所示的形状。调整左下角的方向线时，按住 Alt 键再拖动方向线，可以把直线方向线拖成 V 字形，可以精确地调整左下角的形状。

步骤 4：使用工具箱中的“路径选择工具”，在路径上单击选择路径，按 Ctrl+T 组合键调出变形框，用鼠标将变形框的中心点移到变形框的左下角的控制点中，然后在其属性栏中设置旋转角度为 30°，单击属性栏中的“进行变换”按钮。按 Shift+Ctrl+Alt 组合键的同时连续按键盘上的 T 键 12 次，将路径向后旋转复制，效果如图 10-3-5 所示。

图 10-3-4　使用“钢笔工具”创建路径

图 10-3-5　复制后的路径

步骤 5：选择图层 2 作为当前图层，在“路径”面板中选择路径 1，设置前景色为#ff5d54，画笔大小为 1 像素，把路径移动到左下角，单击“路径”面板底部的“用画笔描边路径”按钮，然后把路径移动到右下角如图 10-3-6 所示的位置。

图 10-3-6 用前景色描边路径

步骤 6：单击“路径”面板右上角的按钮，在弹出的下拉列表中选择“复制路径”命令 2 次，把复制的路径分别命名为“路径 2”和“路径 3”。选择路径 2，选择“编辑”→“变换”→“缩放”命令，在属性栏中设置宽 W 为 80%、高 H 为 80%；选择路径 3，选择“编辑”→“变换”→“缩放”命令，在属性栏中设置宽 W 为 60%、高 H 为 60%。新建图层 3，选择图层 3 作为当前图层，设置前景色为#ff3335，画笔大小为 1 像素，在“路径”面板中按 Shift 键单击路径 1、路径 2、路径 3，选择 3 个路径，单击“路径”面板底部的“用画笔描边路径”按钮。

步骤 7：新建图层 4，把路径 2 拖到下部中间位置，设置前景色为#ffffff、画笔大小为 1 像素，单击“路径”面板底部的“用画笔描边路径”按钮。设置前景色为#ff5555，单击“路径”面板底部的“用前景色填充路径”按钮。把路径 3 拖到左下角位置，单击“路径”面板底部的“将路径作为选区载入”按钮，选择“渐变工具”，将渐变色设置为#8610f0 到#ffffff 的渐变，用径向渐变工具填充选区。把路径 3 拖到右下角的位置，单击“路径”面板底部的“将路径作为选区载入”按钮，选择“渐变工具”，将渐变色设置为#78e81d 到#ffffff 的渐变，用径向渐变工具填充选区；效果如图 10-3-7 所示。在“路径”控制面板中删除路径 1、路径 2、路径 3。

步骤 8：新建图层 5，设置前景色为#ffffff，在“画笔设置”面板中设置画笔大小为 25 像素、间距为 800%，在“散布”中设置数量为 2、数量抖动为 30%、散布为 400%，选中“两轴”复选框；在“形状动态”中设置大小抖动为 80%。在图层 5 不同位置单击画笔，绘制如图 10-3-8 所示的发光点；单击“图层”面板底部的“添加图层样式”按钮，在弹出的下拉列表中选择“外发光”命令，在弹出的“图层样式”对话框中设置颜色为#ffffff、扩展为 15 像素、大小为 25 像素，然后单击“确定”按钮，效果如图 10-3-8 所示。

图 10-3-7　渐变填充选区

图 10-3-8　添加白色画笔及外发光样式

步骤 9：新建图层 6，选择“画笔工具”，单击属性栏中的“切换画笔设置面板”按钮，打开“画笔设置”面板，单击“画笔”选项卡右上角的按钮，在弹出的下拉列表中选择“导入画刷”命令，导入素材文件夹中的“星光.abr”画刷，设置前景色为#ffffff，选择合适的星光画笔，在“画笔设置”面板中设置画笔大小为 100 像素，取消步骤 8 对画笔的所有设置，在如图 10-3-9 所示的位置绘制两个星光。

步骤 10：打开素材包中的图片“云彩.jpg”，使用“移动工具”把云彩图案拖到逆行者窗口上部，调整云彩的宽窄和位置，如图 10-3-10 所示。新建图层 7，设置前景色为#fff100，选择软圆画笔，大小为 500 像素，硬度为 0%，在云彩的下边缘处单击画出黄色的圆，如图 10-3-10 所示。

图 10-3-9　绘制星光

图 10-3-10　导入云彩和用黄色软画笔绘制的圆

步骤 11：为云彩图层添加图层蒙版，设置前景色为黑色，用柔性画笔在云彩的下边缘涂抹，使云彩图层边缘和背景融为一体；为图层 7 添加图层蒙版，用柔性画笔在黄色圆的下半部分涂抹，擦掉下半部分的圆，效果如图 10-3-11 所示。

步骤 12：选择“钢笔工具”，在属性栏中单击“路径”按钮，按住 Shift 键绘制如图 10-3-12 所示的长直线，按 Ctrl+T 组合键调出变形框，用鼠标将其中心点移到直线的最左端的控制点中，然后在其属性栏中设置旋转角度为-10°，单击属性栏中的“进行变换”按钮。按 Shift+Ctrl+Alt 组合键的同时连续按键盘中的 T 键 16 次，将路径向后旋转复制，效果如图 10-3-13 所示。

步骤 13：新建图层 8，使用“路径选择工具”选择所有的路径，设置前景色为#fee30d，选择硬边圆画笔，画笔大小为 2 像素，在“路径”面板单击“用画笔描边路径”按钮，然后单击“路径”面板底部的“删除当前路径”按钮删除所有路径。选择图层 8 作为当前图层，使用“椭圆选框工具”，按 Shift+Alt 组合键拖动鼠标，按如图 10-3-14 所示的位置建立圆形选区，按 Delete 键，清除选框内的光线像素，设置图层 8 的混合模式为“柔光”，效果如图 10-3-14 所示。

图 10-3-11　为云彩图层和图层 7 添加图层蒙版

图 10-3-12　使用“钢笔工具”绘制直线路径

图 10-3-13　旋转复制路径后的效果

图 10-3-14　建立圆形选区

步骤 14：打开素材包中的图片“医生 1.jpg”和“医生 2.jpg”，使用“矩形选框工具”，设置羽化为 5 像素，选取医生照片，复制粘贴到逆行者窗口，形成图层 9 和图层 10，设置两个图层的混合模式为“明度”，效果如图 10-3-15 所示。

步骤 15：打开“通道”面板，单击“创建新通道”按钮建立新的通道“Alpha 1”，并使其成为当前通道，选择文字工具，设定文字大小为 70 点，输入“逆行者”3 个字。将文字移到合适位置，取消选定，效果如图 10-3-16 所示。

图 10-3-15　插入医生图片

图 10-3-16　在 Alpha 1 通道输入文字

步骤 16：复制通道“Alpha 1”为通道“Alpha 2”，并使通道 Alpha 2 作为当前通道。选择“滤镜”→“模糊”→“高斯模糊”命令，在弹出的“高斯模糊”对话框中设置半径为 5，如图 10-3-17 所示。

步骤 17：复制通道“Alpha 2”为通道“Alpha 3”，并使通道 Alpha 2 作为当前通道，“通道”面板如图 10-3-18 所示。在通道“Alpha 2”中选择“滤镜”→“其他”→“位移”命令，在弹出的“位移”对话框中设置水平为-4、垂直为-4，在“未定义区域”选项组中选中“设置为透明”单选按钮，如图 10-3-19 所示，然后单击“确定”按钮。

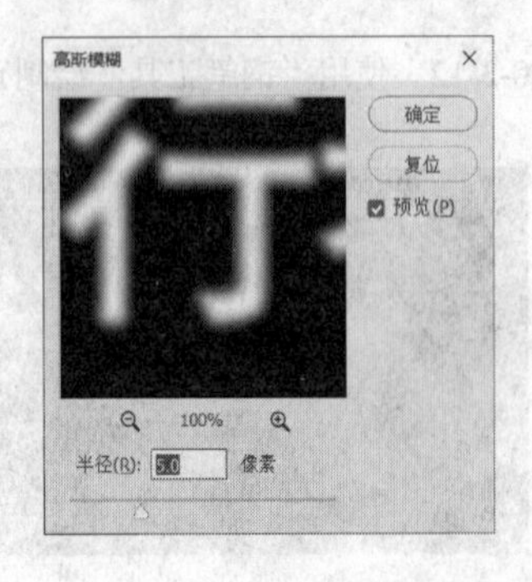

图 10-3-17　对 Alpha 2 通道进行高斯模糊

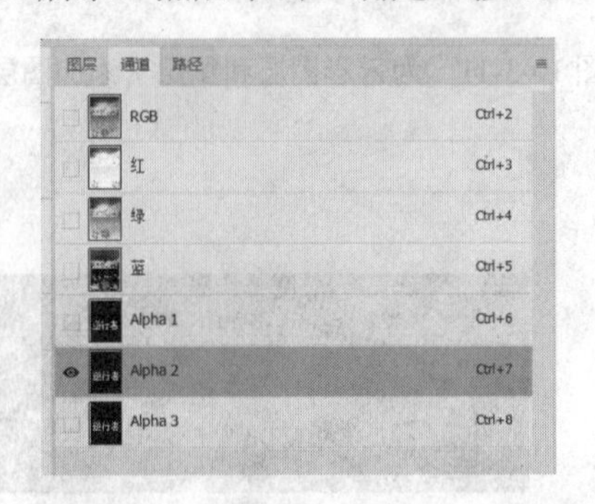

图 10-3-18　“通道”面板

步骤 18：将通道 Alpha 3 作为当前通道，选择“滤镜”→“其他”→“位移”命令，在弹出的“位移”对话框中设置水平为 4、垂直为 4，在“未定义区域”选项组中选中“设置为透明”单选按钮，然后单击“确定”按钮。

步骤 19：选择“图像”→“计算”命令，在弹出的“计算”对话框中对通道 Alpha 2 和通道 Alpha 3 进行差值混合为新通道，得到通道“Alpha 4”。“计算”对话框和图像效果如图 10-3-20 和图 10-3-21 所示。

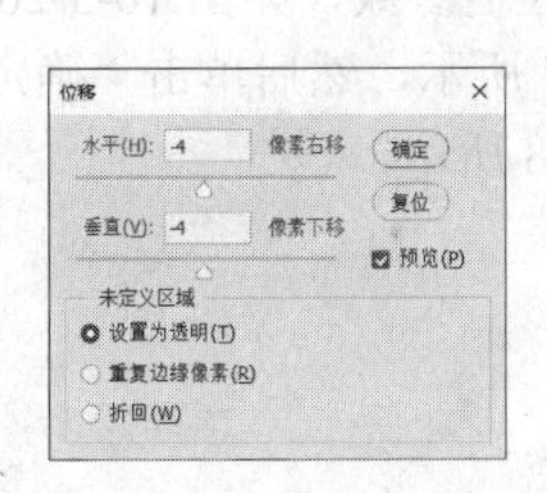

图 10-3-19　为通道 Alpha 2 添加位移路径

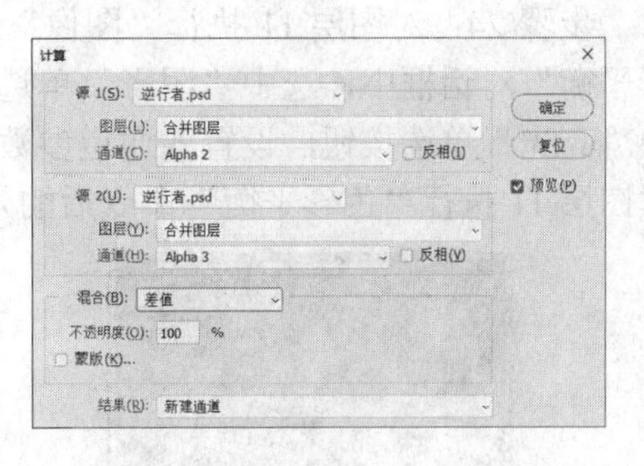

图 10-3-20　“计算”对话框

步骤 20：将通道 Alpha 4 作为当前通道，选择“图像”→“调整”→“反相”命令，反转图像色彩。选择“图像”→“调整”→“色阶”命令，在弹出的“色阶”对话框中单击“自动”按钮和“确定”按钮。执行后的图像效果如图 10-3-22 所示。

图 10-3-21　执行“计算”命令后的文字效果 　　图 10-3-22　执行“反相”和“色阶”命令后的效果

步骤 21：选择“图像”→“调整”→“曲线”命令，弹出“曲线”对话框，按如图 10-3-23 所示进行设置，然后单击“确定”按钮。执行“曲线”命令后的图像效果如图 10-3-24 所示。

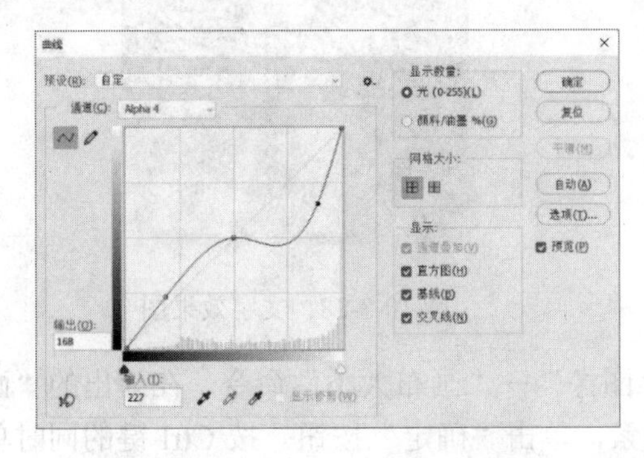

图 10-3-23　“曲线”对话框

图 10-3-24　执行“曲线”命令后的效果

步骤 22：选择通道 Alpha 4 作为当前通道，选择“选择”→“全部”命令，再按 Ctrl+C 组合键，将通道 Alpha 4 的内容复制到剪贴板中。

步骤 23：选择“通道”面板的 RGB 复合通道，在“图层”面板中单击底部的“创建新图层”按钮，新建图层 11，在图层 11 中按 Ctrl+V 组合键粘贴。选择“魔棒工具”，在其属性栏选中“连续”复选框，设置容差为 5，在图层 11 空白处单击，按 Delete 键删除文字以外的像素，效果如图 10-3-25 所示。

步骤 24：对图层 11 执行“图像”→“调整”→“色彩平衡”命令，在弹出的“色彩平衡”对话框中，选中“阴影”单选按钮，设置各通道参数，如图 10-3-26 所示。选中“高光”单选按钮，设置各通道参数，如图 10-3-27 所示，然后单击“确定”按钮。对图层 11 执行“色彩平衡”命令后的效果如图 10-3-28 所示。

图 10-3-25　图层 11 删除白色像素后的效果图

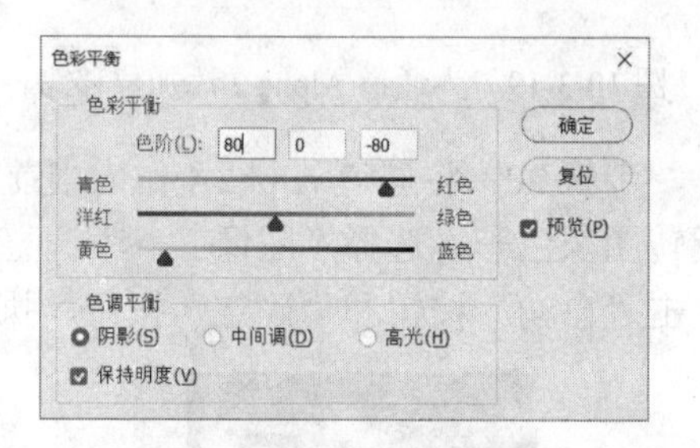

图 10-3-26　“阴影”色彩平衡对话框

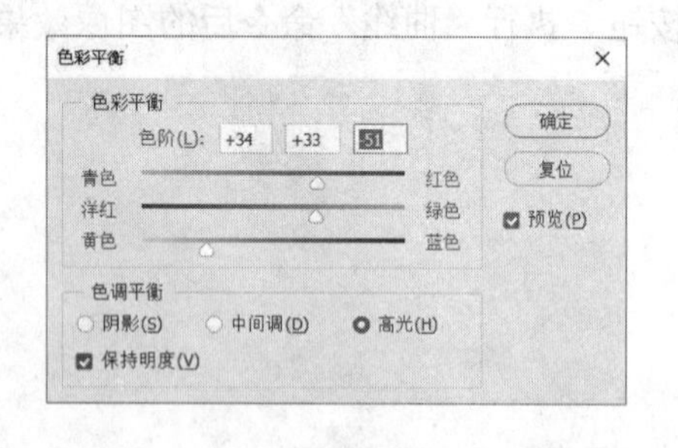

图 10-3-27　“高光”色彩平衡对话框

图 10-3-28　文字效果图

步骤 25：设置背景色为#ffffff，选择“图像”→“画布大小”命令，在弹出的“画布大小”对话框中设置长和宽各增加 20 像素，单击“确定”按钮。按 Ctrl 键的同时单击图层 1 载入选区，按 Ctrl+Shift+I 组合键反选。新建图层 12，设置前景色为#d6a73b，按 Alt+Delete 组合键填充选区，效果如图 10-3-29 所示。按 Ctrl+D 组合键取消选区，双击图层 12 弹出“图层样式”对话框，选中“投影”“斜面和浮雕”“描边”3 个复选框，设置各参数如下。

1）投影：不透明度为 75%，角度为 36°，距离为 14 像素，扩展为 0%，大小为 8 像素。

2）斜面和浮雕：样式为“描边浮雕”，方法为“平滑”，深度为 164%，方向为“上”，大小为 16 像素，角度为 120°，使用全局光，高度为 30，高光模式为“滤色”、颜色为#f5edc8，不透明度为 75%；阴影模式为“正片叠底”、颜色为#7d6800，不透明度为 75%。

3）描边：大小为 18 像素，位置为“居中”，填充类型为“渐变”，渐变颜色预设为“Gold”，样式为“迸发状”，角度为 96°。

设置完成后单击“确定”按钮，给边框添加样式后的效果如图 10-3-30 所示，相应的“图层”面板信息如图 10-3-31 所示。

图 10-3-29　建立边框选区

图 10-3-30　给图层 12 添加图层样式后的效果

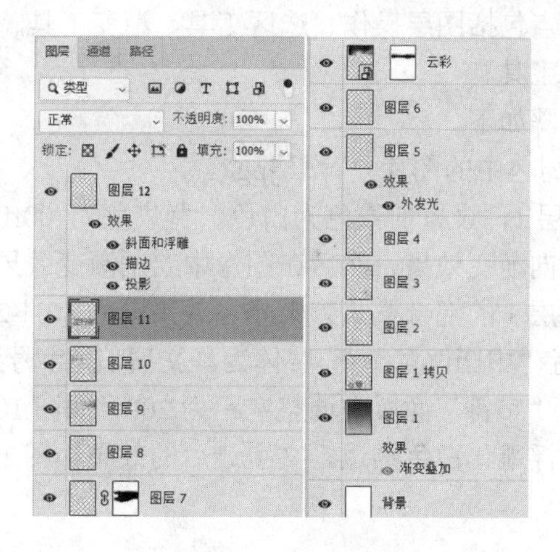

图 10-3-31　图层信息

10.4 制作“中国医师节”公益海报

2017 年 11 月 3 日，国务院通过了卫计委（今卫健委）关于“设立中国医师节”的申请，同意自 2018 年起，将每年的 8 月 19 日设立为“中国医师节”。中国医师节是经国务院同意设立的卫生与健康工作者的节日，体现了党和国家对卫生与健康工作者的关怀和肯定。

本节将综合多种 Photoshop 技术，制作一份“中国医师节”公益海报，效果如图 10-4-1 所示。

图 10-4-1　海报效果

本节涉及的知识点包括图层操作、选区工具、渐变工具、混合模式、样式、剪贴蒙版、形状工具、文字工具。

其具体的操作步骤如下。

步骤 1：打开素材包中的图片“背景.jpg”。

步骤 2：新建图层 1，设置前景色为白色、背景色为#00ffff，选择“渐变工具”，编辑渐变颜色，选择径向渐变效果，然后在图像中绘制渐变效果，如图 10-4-2（a）所示。绘制完成后，设置图层 1 的混合模式为柔光，效果图如 10-4-2（b）所示。

步骤 3：添加文字“中国医师节”，字体为华文琥珀，字号为 80 点，颜色为#14add4，如图 10-4-3 所示。在“字符”面板中调整字距为 200，如图 10-4-4 所示。再为文字添加样式：投影、斜面和浮雕、白色描边。文字最后的效果如图 10-4-5 所示。

(a)

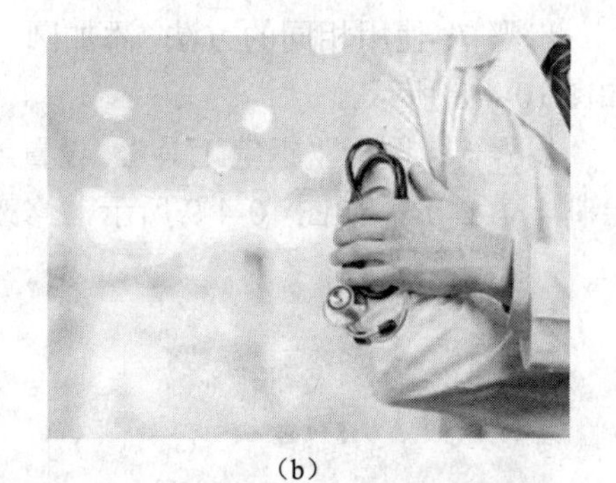

(b)

图 10-4-2　图层 1 的渐变效果

图 10-4-3　文字属性设置

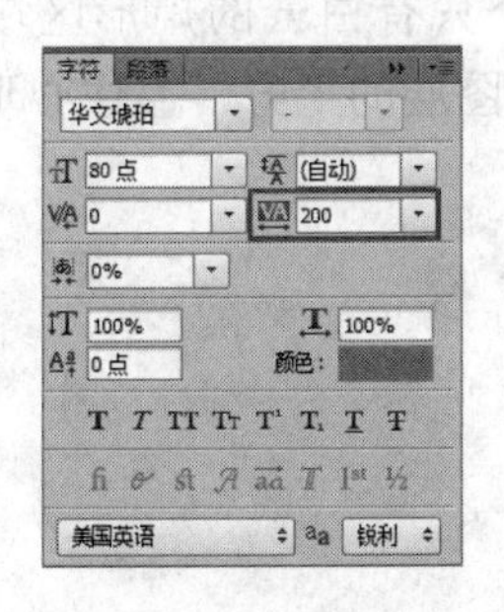

图 10-4-4　字距设置

图 10-4-5　文字效果图

步骤 4：添加文字“8 月 19 日”，字号为 40 点。其他设置与“中国医师节”一样。

步骤 5：绘制圆角矩形，填充颜色为#d3e2e7，如图 10-4-6 所示。

步骤 6：添加文字“弘扬救死扶伤的人道主义精神”，字体为隶书，字号为 30 点，颜色为#205b5d。再为文字添加样式为白色描边，效果如图 10-4-7 所示。

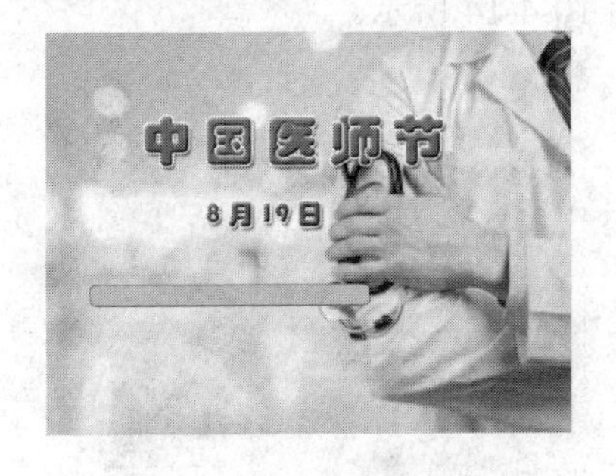

图 10-4-6　绘制圆角矩形

图 10-4-7　添加文字后的效果

步骤 7：使用相同的方法，添加圆角矩形和文字“不断为增进人民健康作出新贡献”，如图 10-4-8 所示。

步骤 8：选择“钢笔工具”，设置绘图模式为“形状”，填充为红色，在图像左上角绘制一个心形，如图 10-4-9 所示，修改图层名为心形。

图 10-4-8　添加文字和圆角矩形后的效果

图 10-4-9　绘制心形

步骤 9：打开素材包中的图片“白云.jpg”，选择一个只有白云的矩形区域，如图 10-4-10 所示。复制白云到背景图像中，并移到“心形”图层的上方，盖住心形，如图 10-4-11 所示。修改图层名为白云，如图 10-4-12 所示。

图 10-4-10　白云选区

图 10-4-11　白云放置的效果

图 10-4-12　“白云”图层

步骤 10：设置图层“白云”的混合模式为滤色，并在“心形”与“白云”图层之间建立剪贴蒙版，如图 10-4-13 所示。心形效果如图 10-4-14 所示。

图 10-4-13　剪贴蒙版

图 10-4-14　心形效果图

步骤 11：同时选中“白云”和“心形”图层右击，在弹出的快捷菜单选择“复制图层”命令，将得到两个图层的副本，如图 10-4-15 所示。然后合并两个副本图层得到“白云 副本”图层，如图 10-4-16 所示。

图 10-4-15　复制图层

图 10-4-16　合并图层

步骤 12：移动“白云 副本”图层到适当位置并调整大小，如图 10-4-17 所示。

步骤 13：复制多份“白云 副本”图层到其他位置并调整合适的大小。最终得到如图 10-4-1 所示的效果。

步骤 14：保存文件，修改文件名为“中国医师节”。其图层信息如图 10-4-18 所示。

图 10-4-17　移动副本图层

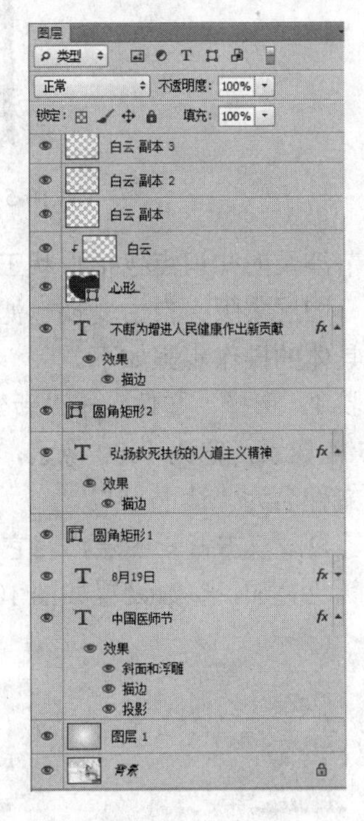

图 10-4-18　图层信息

10.5 制作“世界读书日”宣传画

书籍和阅读是文明的主要载体，要实现中华民族的伟大复兴，传承和发扬历史文明是必不可少的一部分，阅读书籍无疑是传承文明最好的途径。每年的 4 月 23 日是世界读书日，这是为了提醒我们需要阅读，而不是只在这一天想起阅读。愿我们每天都能过成读书日。本节的任务是制作“世界读书日”宣传画，其效果如图 10-5-1 所示。

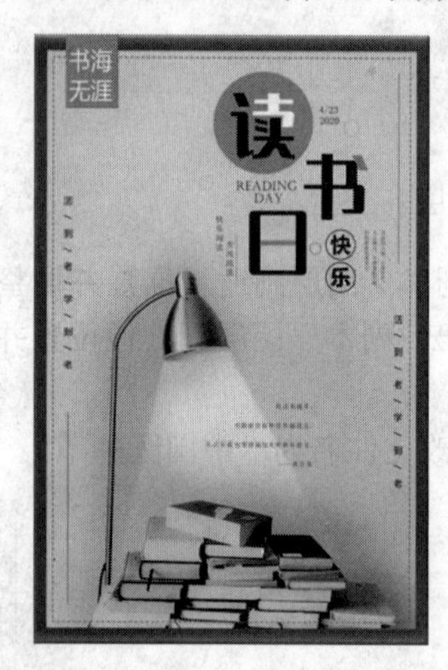

图 10-5-1 “世界读书日”宣传画效果图

本节涉及的知识点包括形状工具、钢笔工具、选区工具、调色工具、文字工具、图层样式、图层蒙版、自由变换、滤镜等。

其具体的操作步骤如下。

步骤 1：选择“文件”→“新建”命令，在弹出的“新建”对话框中新建一个画布，长为 1504 像素，宽为 1000 像素，分辨率为 96 像素/英寸，背景色为白色，颜色模式为 RGB，文件名为“读书日”。

步骤 2：双击背景图层，将它转换为普通图层，并添加图层样式——斜面和浮雕、光泽和颜色叠加，参数设置如图 10-5-2～图 10-5-4 所示，颜色叠加中的颜色为#ee8085。

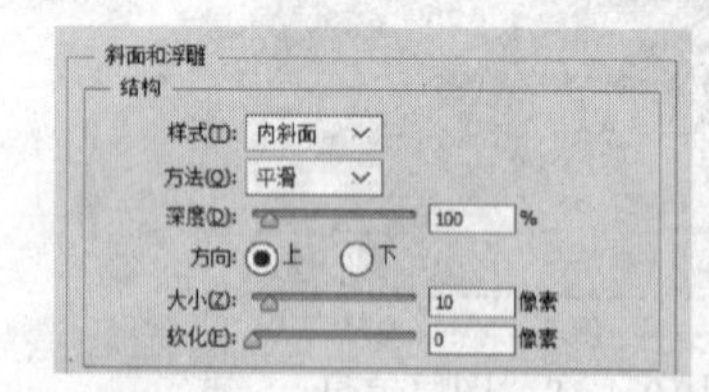

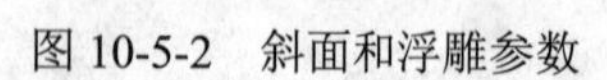
图 10-5-2 斜面和浮雕参数

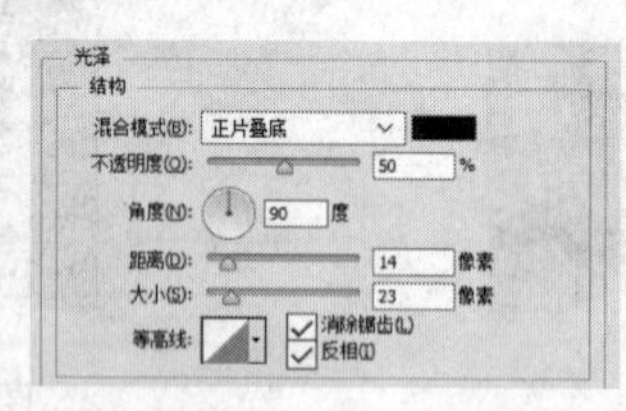

图 10-5-3 光泽参数

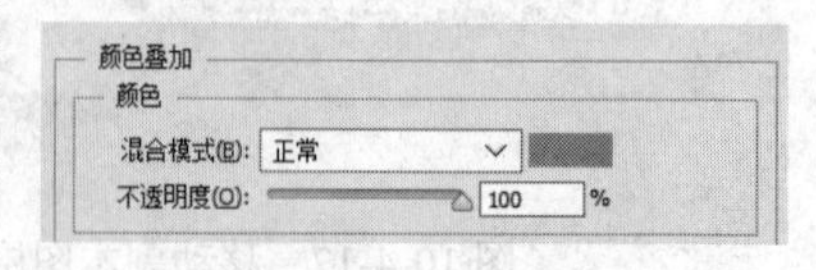

图 10-5-4 颜色叠加参数

步骤 3：打开素材包中的图片“书本.jpg”，把书本图片复制到画布中，调整书本图片的大小，使图片在画布中央，且周边留有一定的距离。使用“套索工具”（羽化 20）把台灯及书本区域选中，如图 10-5-5 所示，按 Ctrl+J 组合键将其复制到图层 2 中，并设置图层 2 的混合模式为正片叠底。给图层 2 添加曲线调整图层，压暗暗部，保持亮部不变，参数可参考图 10-5-6。按住 Alt 键在曲线调整图层和图层 2 之间单击，创建剪贴蒙版，如图 10-5-7 所示。

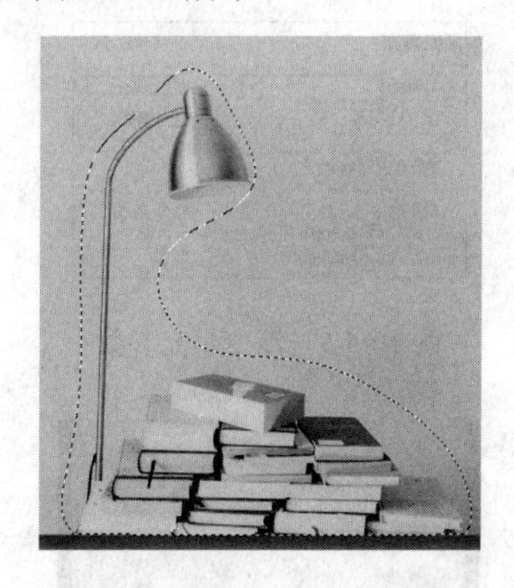

图 10-5-5　选中台灯及书本区域

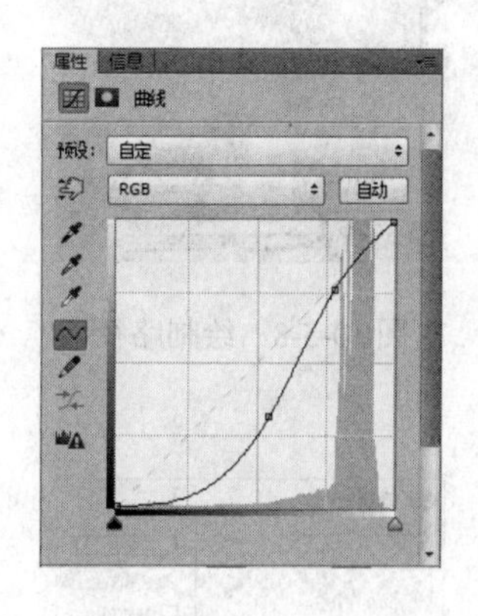

图 10-5-6　曲线参数

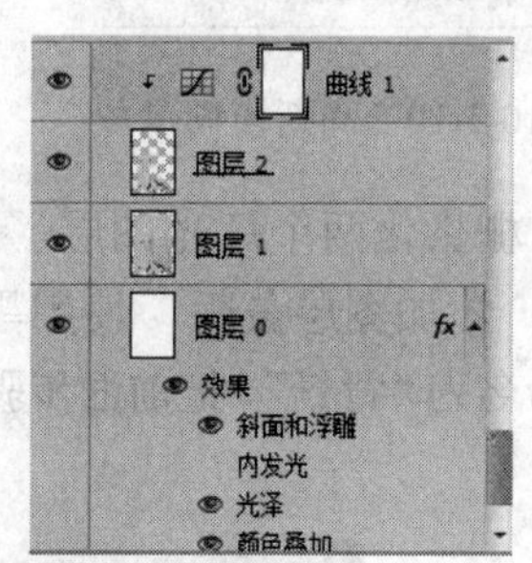

图 10-5-7　步骤 3 的效果图及“图层”面板

步骤 4：使用“钢笔工具”（模式为路径）在图层 1 上绘制出如图 10-5-8 所示的路径，然后单击“图层”面板底部的“创建新的填充或调整图层”按钮，在弹出的下拉列表中选择“渐变”命令，在弹出的“渐变填充”对话框中添加由白色到透明的渐变填充，参数如图 10-5-9 所示。复制渐变填充 1 图层，得到副本。对副本添加滤镜（模糊-高斯模糊），参数如图 10-5-10 所示，设置不透明度为 50%。设置渐变填充 1 图层的不透明度为 30%，然后单击“确定”按钮，得到如图 10-5-11 所示的效果。

图 10-5-8　绘制路径

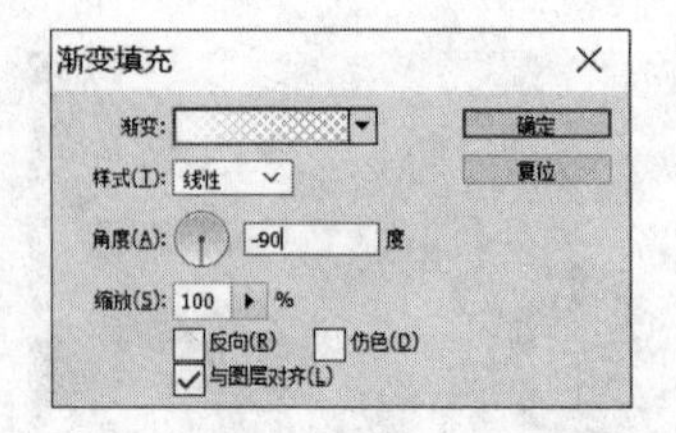

图 10-5-9　渐变填充参数

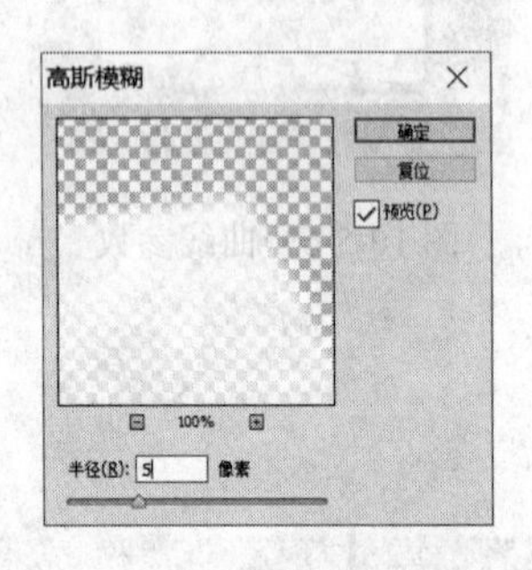

图 10-5-10　高斯模糊参数

图 10-5-11　步骤 4 的效果图

步骤 5：栅格化两个灯光图层，合并成一个图层。把渐变填充 1 图层拖到图层 1 和图层 2 之间，添加图层蒙版，使用黑色画笔（笔触：柔边圆），涂抹边缘生硬的地方。新建组，重命名为“背景”。把前面步骤处理过的图层都拖到背景组中，如图 10-5-12 所示。

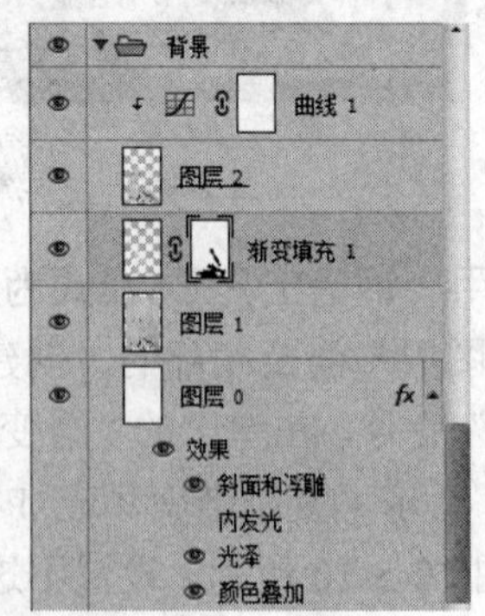

图 10-5-12　步骤 5 的整体效果图及“图层”面板

步骤 6：使用“矩形工具”，其属性栏的设置如图 10-5-13 所示，在书本图片稍内部的地方画出一个虚线矩形框。使用“直线工具”，其属性栏的设置如图 10-5-14 所示，在矩形框内部的左下角画出一条虚线，复制一份，移动到矩形框右上角的内部。

图 10-5-13 “矩形工具”的属性栏 1　　图 10-5-14 “直线工具”的属性栏

步骤 7：使用“直排文字工具”，单击属性栏中的“切换字符和段落面板”按钮，打开“字符”面板，参数设置如图 10-5-15 所示，在左上角和右下角分别输入“活/到/老/学/到/老”。

步骤 8：新建组，重命名为“边框”。把步骤 6 和步骤 7 处理过的图层都拖到边框组中，如图 10-5-16 所示。

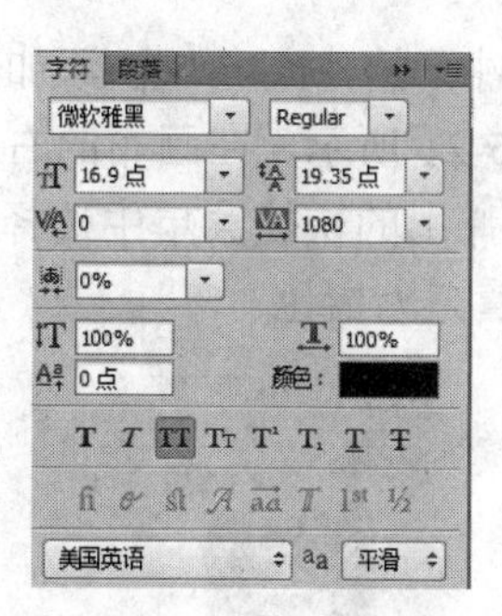

图 10-5-15 “字符”面板的参数

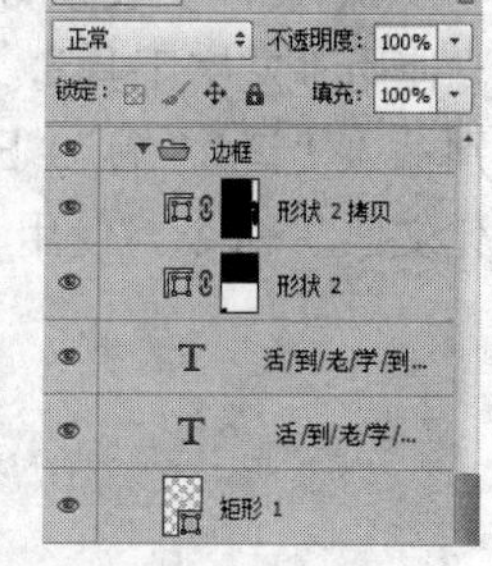

图 10-5-16 步骤 8 的整体效果图和“图层”面板

步骤 9：使用“矩形工具”，设置前景色为#ee8085，其属性栏的设置如图 10-5-17 所示，在左上角绘制出一个矩形，添加图层样式——斜面和浮雕，参数如图 10-5-18 所示。

图 10-5-17 “矩形工具”的属性栏 2

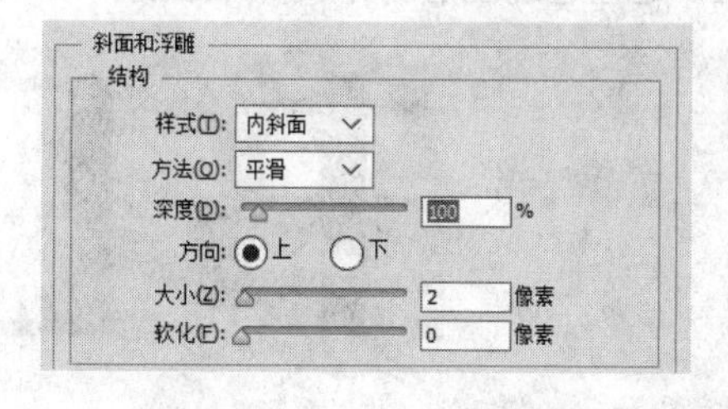

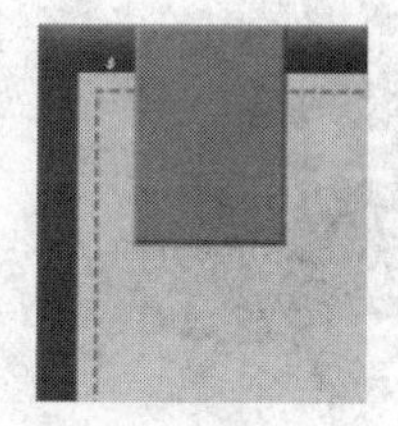

图 10-5-18 斜面和浮雕参数及步骤 9 的局部效果图

步骤 10：使用“横排文字工具”，设置前景色为白色，单击属性栏中的“切换字符和段落面板”按钮，在打开的“字符”面板中进行设置，如图 10-5-19 所示，在矩形中输入“书海无涯”。

步骤 11：新建组，重命名为标签。把步骤 9 和步骤 10 处理过的图层都拖到标签组中，如图 10-5-20 所示。

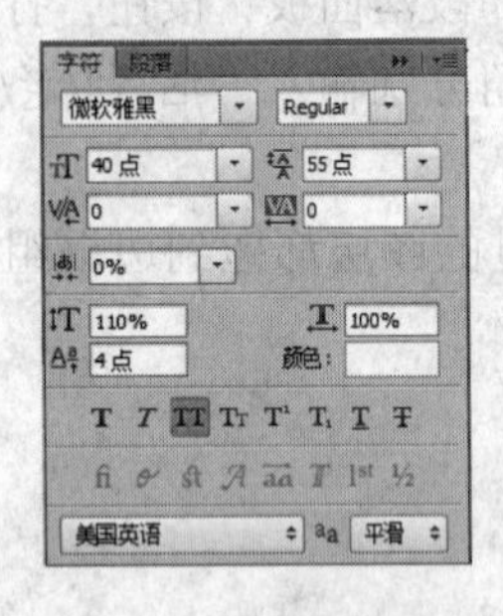

图 10-5-19　输入文字后的局部效果

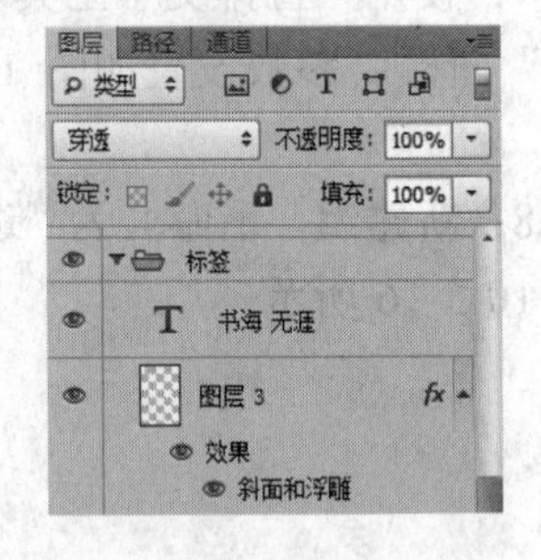

图 10-5-20　步骤 11 的“图层”面板

步骤 12：安装素材文件夹中的“胡晓波男神体.otf”文件，给 Photoshop 添加新字体。使用“文字工具”，颜色为黑色，属性栏的设置如图 10-5-21 所示。在画布的右上角分别输入“读”“书”“日”3 个字。选择“读”图层右击，在弹出的快捷菜单中选择“栅格化文字”命令。使用“魔棒工具”，选中读字的一部分，填充为白色。

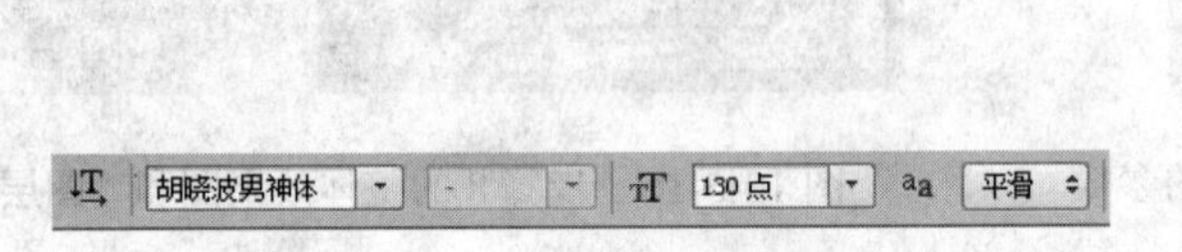

图 10-5-21　文字工具的属性栏及步骤 12 的分区效果图

步骤 13：使用“椭圆工具”，模式为形状，设置颜色为#ee8085，画出一个圆形。把该图层拖动到“读”图层下方，如图 10-5-22 所示。

步骤 14：参考步骤 12，处理“书”图层和“日”图层，效果如图 10-5-23 所示。新建组，重命名为“读书日”。把步骤 12～14 处理过的图层都拖到读书日组中，如图 10-5-24 所示。

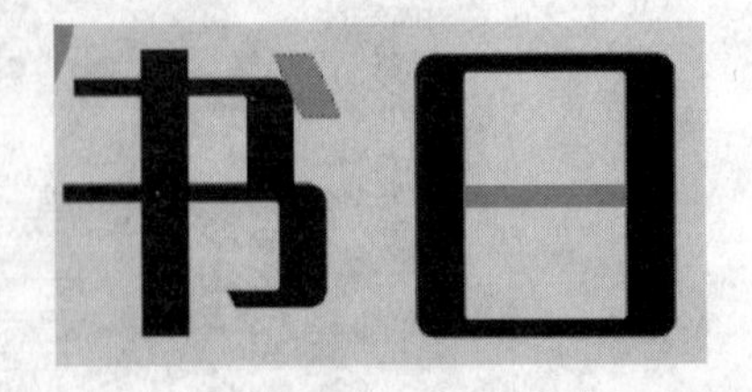

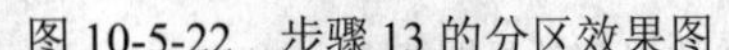

图 10-5-22　步骤 13 的分区效果图　　　图 10-5-23　处理“书”图层和“日”图层的分区效果图

图 10-5-24　步骤 14 的整体效果图及“图层”面板

步骤 15：使用“文字工具”，其属性栏的设置如图 10-5-25 所示，分别输入“快”和“乐”两个字。使用“椭圆工具”，其属性栏的设置如图 10-5-26 所示，分别画出两个圆把“快”和“乐”两个字圈起来，如图 10-5-27 所示。

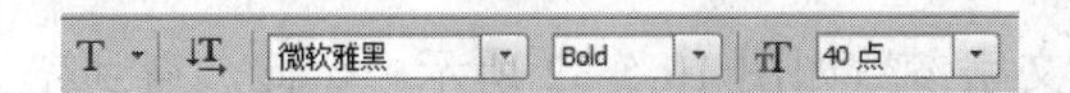

图 10-5-25　文字工具的属性栏

图 10-5-26　椭圆工具的属性栏

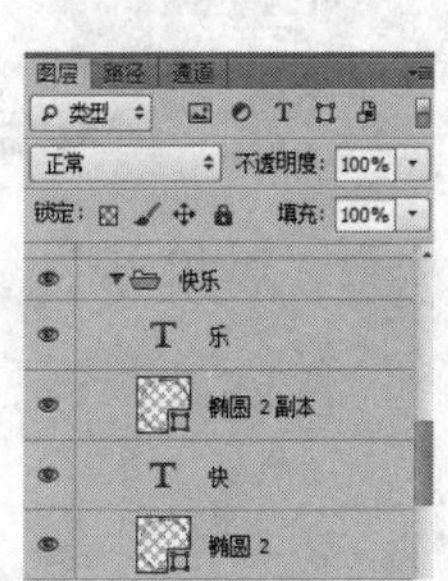

图 10-5-27　步骤 15 的分区效果图及“图层”面板

步骤 16：参考步骤 6 和步骤 7，在日字左边添加虚线和竖排文字，文字参数如图 10-5-28 所示。

步骤 17：在读字右边添加横排文字，文字参数如图 10-5-29 所示。

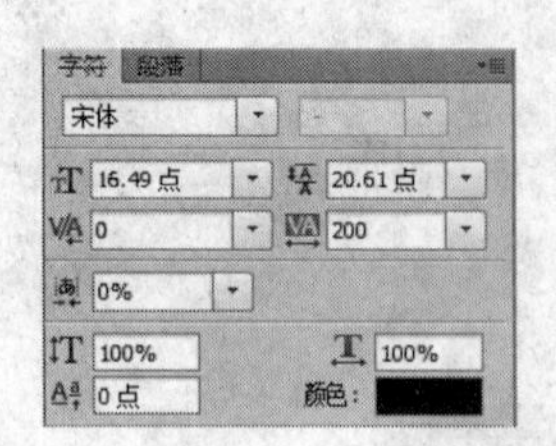

图 10-5-28 “字符”面板及步骤 16 的效果图

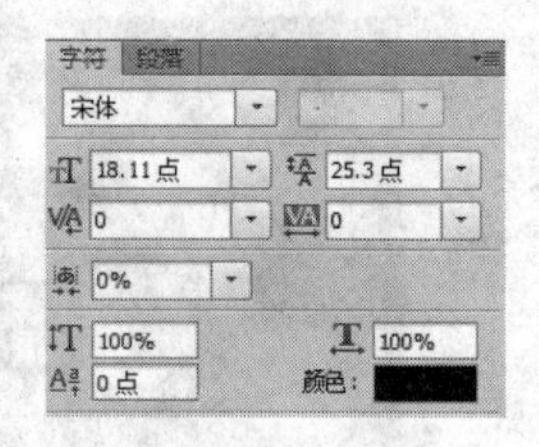

图 10-5-29 “字符”面板及步骤 17 的效果图

步骤 18：在“读”字和“日”字中间添加文字，文字参数如图 10-5-30 所示。

步骤 19：在“快乐”文字右边添加竖排文字，文字参数如图 10-5-31 所示。

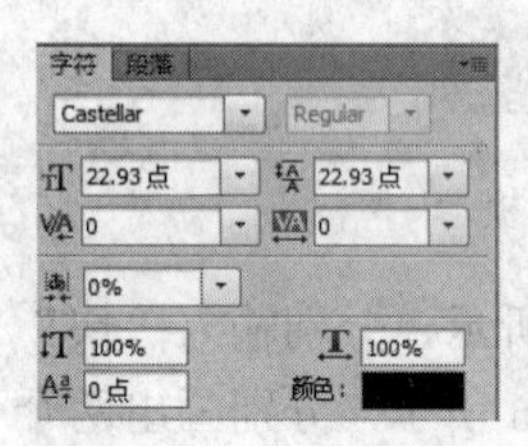

图 10-5-30 “字符”面板及步骤 18 的效果图

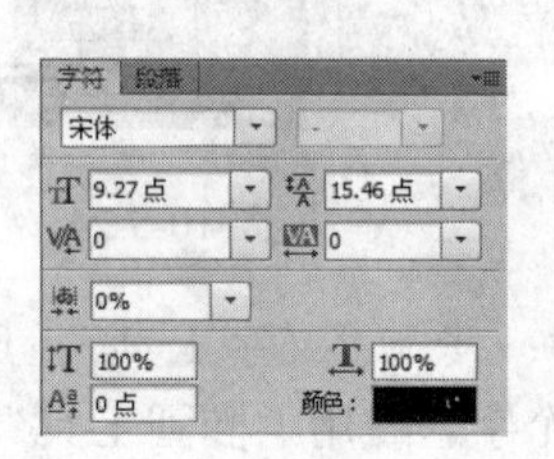

图 10-5-31 “字符”面板及步骤 19 的效果图

步骤 20：在台灯右边添加横排文字，文字参数如图 10-5-32 所示。至此，得到完成图。

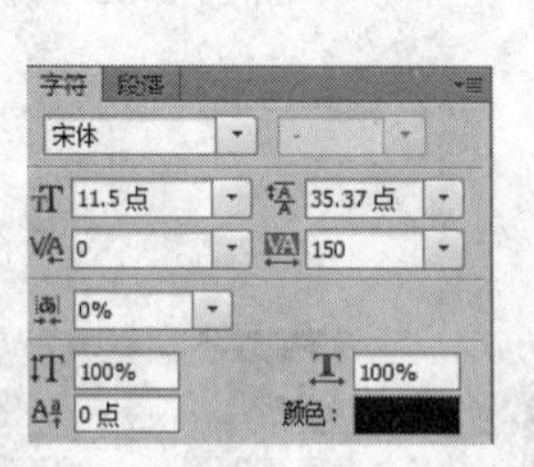

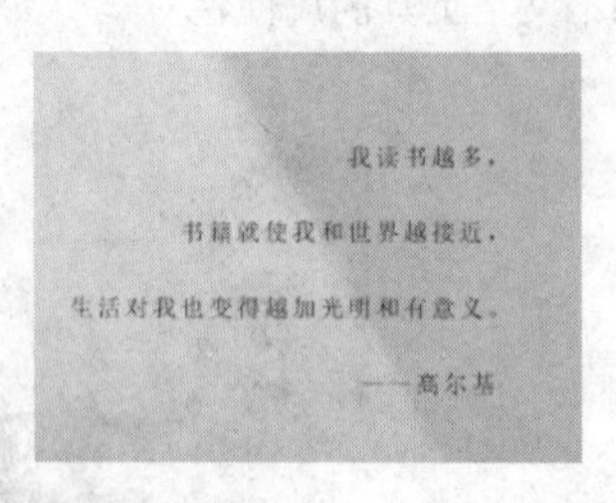

图 10-5-32 “字符”面板及步骤 20 的效果图

参 考 文 献

关文涛，2018．选择的艺术：Photoshop 图像处理深度剖析[M]．4 版．北京：人民邮电出版社．

李金明，李金荣，2012．中文版 Photoshop CS6 完全自学教程[M]．北京：人民邮电出版社．

赵祖荫，2019．Photoshop CC 2017 图形图像处理教程[M]．2 版．北京：清华大学出版社．